U0241272

中国工程院重大咨询项目
中国农业资源环境若干战略问题研究

农业高效用水卷

中国农业水资源高效利用战略研究

王　浩　汪　林　主　编
杨贵羽　张宝忠　吴文勇　副主编

中国农业出版社
北　京

图书在版编目（CIP）数据

中国工程院重大咨询项目·中国农业资源环境若干战略问题研究．农业高效用水卷：中国农业水资源高效利用战略研究/王浩，汪林主编．—北京：中国农业出版社，2019.8
ISBN 978-7-109-25514-2

Ⅰ．①中…　Ⅱ．①王…　②汪…　Ⅲ．①农业资源-研究报告-中国　②农业环境-研究报告-中国　③农田水利-节约用水-研究-中国　Ⅳ．①F323.2　②X322.2　③S279.2

中国版本图书馆CIP数据核字（2019）第095512号

农业高效用水卷：中国农业水资源高效利用战略研究
NONGYE GAOXIAO YONGSHUI JUAN：ZHONGGUO NONGYE SHUIZIYUAN GAOXIAO LIYONG ZHANLÜE YANJIU

审图号：GS（2018）6807号

中国农业出版社
地址：北京市朝阳区麦子店街18号楼
邮编：100125
责任编辑：孙鸣凤
版式设计：北京八度出版服务机构
责任校对：巴洪菊
印刷：北京通州皇家印刷厂
版次：2019年8月第1版
印次：2019年8月北京第1次印刷
发行：新华书店北京发行所
开本：889mm×1194mm　1/16
印张：20.5
字数：360千字
定价：180.00元

本书编委会

顾　问：山　仑　　康绍忠

主　编：王　浩　　汪　林

副主编：杨贵羽　张宝忠　吴文勇

编　委（按姓氏笔画排序）：

王　浩　　王　蕾　　石萌莎　　任　理

刘　钰　　杜丽娟　　李　佩　　李孟南

杨贵羽　　吴文勇　　汪　林　　张宝忠

张雪靓　　张瑀桐　　胡雅琪　　姚懿真

贾　玲　　唐克旺　　彭致功　　雷　波

课题组成员名单

组　　长：王　浩　中国工程院院士，中国水利水电科学研究院教授级高级工程师
　　　　　汪　林　中国水利水电科学研究院教授级高级工程师

副 组 长：杨贵羽　中国水利水电科学研究院教授级高级工程师
　　　　　张宝忠　中国水利水电科学研究院教授级高级工程师
　　　　　吴文勇　中国水利水电科学研究院教授级高级工程师

顾　　问：山　仑　中国工程院院士，西北农林科技大学水土保持研究所研究员
　　　　　康绍忠　中国工程院院士，中国农业大学教授

主要成员：刘　钰　中国水利水电科学研究院教授级高级工程师
　　　　　唐克旺　中国水利水电科学研究院教授级高级工程师
　　　　　彭致功　中国水利水电科学研究院高级工程师
　　　　　杜丽娟　中国水利水电科学研究院高级工程师
　　　　　雷　波　中国水利水电科学研究院高级工程师
　　　　　王　蕾　中国水利水电科学研究院高级工程师
　　　　　贾　玲　中国水利水电科学研究院高级工程师
　　　　　任　理　中国农业大学教授
　　　　　姚懿真　中国水利水电科学研究院硕士研究生
　　　　　张瑀桐　中国水利水电科学研究院硕士研究生
　　　　　胡雅琪　中国水利水电科学研究院博士研究生
　　　　　李孟南　吉林省水利水电勘测设计研究院工程师
　　　　　张雪靓　中国农业大学博士研究生
　　　　　李　佩　中国农业大学博士研究生
　　　　　石萌莎　中国农业大学硕士研究生

前言

P R E F A C E

随着我国粮食生产不断向北方转移，灌溉面积于1996年逆转为北方大于南方，农业水资源短缺、耕地亩均水资源量不足、水土资源匹配错位等问题更加突出。尽管2000年以来全国农业灌溉面积呈增长趋势，但农业用水量基本维持在3 860亿m^3左右，呈现“零”增长。全国七大农业主产区中的五大区（东北平原、黄淮海平原、汾渭平原、河套灌区和甘肃新疆主产区）、800多个粮食主产县的60%集中在常年灌溉区和补充灌溉区，水稻、小麦、玉米三大粮食作物播种面积逐渐向常年灌溉区和补充灌溉区集中，这些都增加了对灌溉用水的需求。多年平均情形下灌溉缺水量超过300亿m^3，灌溉农业面临严峻挑战：一是农业干旱缺水态势进一步增加，北方农业水资源胁迫度增加；二是粮作种植布局与降水分布不匹配，对灌溉的依赖性增加；三是灌溉开采量不断增加，华北浅层地下水位持续下降；四是高效节水工程和信息化建设滞后，农业用水效率偏低。

在新形势下，我国粮食生产的主要矛盾已由总量不足转变为结构性矛盾，同时我国北方多数地区地表水资源开发程度已超过上限，地下水严重超采，黄河以北农业主产区地下水利用濒临危机，难以持续。推进农业供给侧结构性改革、适水种植、强化节水是当前和今后一个时期提高农业水资源质量和效率、建设10亿亩高标准农田、保障粮食安全的重要任务。

本书是在中国工程院重大咨询项目“中国农业资源环境若干战略问题研究”第一课

题“中国农业水资源高效利用战略研究”成果基础上，经过系统整理编撰而成，由课题报告和专题报告两部分组成。第一部分课题报告共分六章，系统梳理和介绍了我国农业用水态势及面临的问题、保障粮食安全的水资源需求阈值、现代灌溉农业和现代旱作农业、农业非常规水灌溉安全保障策略、农业水资源高效利用战略举措以及结论与建议。第二部分包括三个专题：专题一，保障我国粮食安全的水资源需求阈值及高效利用战略研究，从数量和质量上研究我国农业用水的变化态势及利用效率，分析未来保障国家粮食安全和农产品供给的水资源需求阈值，提出保障粮食和农产品安全的农业水资源合理利用战略举措；专题二，现代农业高效用水模式及有效管理措施，研究不同分区典型作物灌溉需水量时空分布规律，分析典型地区农业用水效率空间变异规律，提出现代灌溉农业和旱作农业分区优化技术模式及其管理措施；专题三，农业非常规水灌溉安全保障策略，从利用规模和空间分布上评价我国农业非常规水资源开发利用现状，分析非常规水资源利用效益与生境影响，提出我国农业非常规水利用前景及保障策略。

本书编撰过程中，得到了项目组组长石玉麟院士、中国工程院高中琪局长等的热情指导和帮助，得到了项目组其他课题组专家的大力协助，在此一并致以衷心感谢！

本书由多人合作完成，为了保持专题的相对独立性，在总体协调的前提下，编辑过程中尽可能保持各章节的特性。受时间和水平的限制，许多问题还有待于深入研究，错误和不足之处在所难免，欢迎批评指正！

本书编委会

2018年3月

C O N T E N T S

专题报告

专题报告一　保障我国粮食安全的水资源需求阈值及高效利用战略研究

专题报告三　中国农业非常规水灌溉安全保障策略

课题报告
中国农业水资源高效利用
战略研究

一、我国农业用水态势及面临的问题

（一）我国水资源安全现状

我国淡水资源总量为2.8万亿m^3，但人均占有量少，时空分布不均，水土资源不相匹配，加之快速发展的经济社会和城市化进程对水资源需求日益增加，水资源供需矛盾突出，引发了一系列与水相关的生态环境问题。据统计，2015年我国水资源开发利用率为21.8%，北方地区（松花江区除外）水资源开发利用率均超过40%的国际警戒线，海河区水资源开发利用率最高，达到119.7%；南方地区水资源开发利用率均不足21%（表0-1）。

表0-1　2015年水资源一级区开发利用率

单位：亿m^3，%

区域	2015年水资源量			当地供水量			水资源开发利用率		
	总量	地表水	地下水	总量	地表水	地下水	总量	地表水	地下水
全国	27 963	26 901	7 797	6 103.1	4 969.4	1 069.2	21.8	18.5	13.7
松花江区	1 480	1 276	474	501.5	293.0	206.9	33.9	23.0	43.7
辽河区	304	227	163	203.3	96.3	102.6	67.0	42.5	63.1
海河区	260	108	214	311.6	84.4	208.1	119.7	77.8	97.4
黄河区	541	435	337	474.7	342.1	123.9	87.7	78.6	36.7
淮河区	854	607	374	515.4	346.3	159.0	60.3	57.0	42.5
长江区	10 330	10 190	2 546	2 126.0	2 041.6	71.6	20.6	20.0	2.8
东南诸河区	2 548	2 537	554	326.5	318.2	7.0	12.8	12.5	1.3
珠江区	5 337	5 324	1 163	857.0	820.0	32.7	16.1	15.4	2.8
西南诸河区	5 014	5 014	1 176	103.3	99.3	3.7	2.1	2.0	0.3
西北诸河区	1 294	1 183	796	683.8	528.2	153.7	52.8	44.6	19.3

目前，我国呈现出大量与水相关的生态环境问题。根据相关统计，20世纪末，全国600多座城市中有400多座城市存在供水不足问题，其中缺水较为严重的城市达110个，城市缺水总量约60亿m^3。海河、淮河、辽河和黄河中下游地区等北方河流的生态环境用水长期处于匮缺状态，在多年平均条件下缺水88亿m^3（郦建强等，2011），主要河流断流，白洋淀、七里海等12个主要湿地总面积较20世纪50年代减少了5/6（王浩等，

2016)；地下水超采严重，超采区涉及21个省（自治区、直辖市)，集中分布在华北平原、长江三角洲和甘肃—新疆绿洲等地区（陈飞等，2016)。

根据《2015中国水资源公报》，在全国23.5万km的评价河长中，水质超过Ⅳ类的占25.8%；在面积大于100km^{2}的41个评价湖泊中，水质超过Ⅳ类的占65.9%；在全国评价的3 048个重要江河湖泊水功能区中，水质不符合水功能区限制纳污红线主要控制指标要求的占29.2%。根据《2015中国水环境质量公报》，在全国423条主要河流、62座重点湖泊（水库）的967个国控地表水监测断面（点位）中，Ⅰ～Ⅲ类、Ⅳ～Ⅴ类、劣Ⅴ类水质断面（点位）分别占64.5%、26.7%、8.8%。以水量、水质和水生态三大基本要素为约束条件，当前我国水资源承载能力状况可以归为五大区（表0-2、图0-1)：

一是超过水资源承载能力的区域，即不安全区域，包括海河区、黄河中下游、淮河中游及沂沭泗、山东半岛、辽河流域，存在水资源与经济社会发展匹配关系差的问题，区域水资源开发利用率均在70%以上，生态环境恶化，严重制约了经济社会的可持续发展，其中以海河流域南系最为严重。黄河流域中下游是传统干旱区，自国务院实行黄河水量分配方案以来，特别是近5年黄河泥沙量减少，潼关站实测泥沙量由2001年的1.33亿t下降到2015年的0.55亿t，相应减少了对冲沙水量的需求，增加了机动水量。

二是接近水资源承载能力的区域，即较不安全区域，主要位于西北诸河片区的河西内陆河、吐哈盆地、天山北麓、塔里木河等西北干旱地区。该区域水资源禀赋差，生态环境脆弱，目前水资源开发利用率已超过50%，基本没有挖掘潜力，成为典型的资源型缺水地区。

三是水资源承载能力富裕度不高，环境和生态较安全，可认为是水资源安全状况一般的区域，主要包括松花江流域、淮河上游及下游地区、内蒙古高原及青藏高原内陆河、东北和西北的跨界河流。该区域水资源开发利用程度已接近50%，但仍有一定的开发潜力。特别是松花江流域，在北方地区水资源相对丰富，开发利用程度较低，随着三江连通工程①的建设，区域水资源安全状况将进一步提高。

四是水资源开发尚有一定潜力的区域，即较安全地区，包括长江下游及岷沱江、嘉陵江、汉江等支流，珠江南北盘江、东江、珠江三角洲及粤西桂南诸河、海南岛、浙东沿海诸河。该区域水资源承载能力有一定的富裕度，但太湖流域、珠江三角洲等地区水环境状况较差，存在水质性缺水问题，粤西浙东等沿海地区水源和供水调蓄能力不足。

① 三江连通工程：以黑龙江支流鸭蛋河入江口作为渠首，然后向南穿过嘟噜河、梧桐河、鹤立河和阿凌达河，至松花江左岸注入松花江，增加工程范围内灌区面积和灌溉水量。

五是水资源安全区域（仍具有一定开发潜力的区域），包括长江上中游（除岷沱江、嘉陵江、汉江）、珠江、西江、北江、东南诸河（除浙东沿海诸河），西南诸河。该区域水资源开发利用率维持在10%～30%，水资源富裕度较高，水资源开发尚有一定潜力，水生态环境状况良好。

表0–2　我国区域水资源安全状况

区域	水资源承载状况	水环境承载状况	水生态安全状况	综合评价
海河区、黄河中下游、淮河中游及沂沭泗和山东半岛、辽河流域	不安全	较安全	不安全	不安全
河西内陆河、吐哈盆地、天山北麓、塔里木河	较不安全	较安全	一般	较不安全
松花江流域、淮河上游及下游地区、内蒙古高原及青藏高原内陆河、东北和西北跨界河流	一般	较安全	较安全	安全状况一般
长江下游及岷沱江、嘉陵江、汉江等支流，珠江南北盘江、东江、珠江三角洲及粤西桂南诸河、海南岛、浙东沿海诸河	较安全	较安全	较安全	较安全
长江上中游（除岷沱江、嘉陵江、汉江）、珠江、西江、北江、东南诸河（除浙东沿海诸河）、西南诸河	安全	安全	安全	安全

资料来源：郦建强，王建生，颜勇，2011. 我国水资源安全现状与主要存在问题分析[J]. 中国水利（23）：42–51.

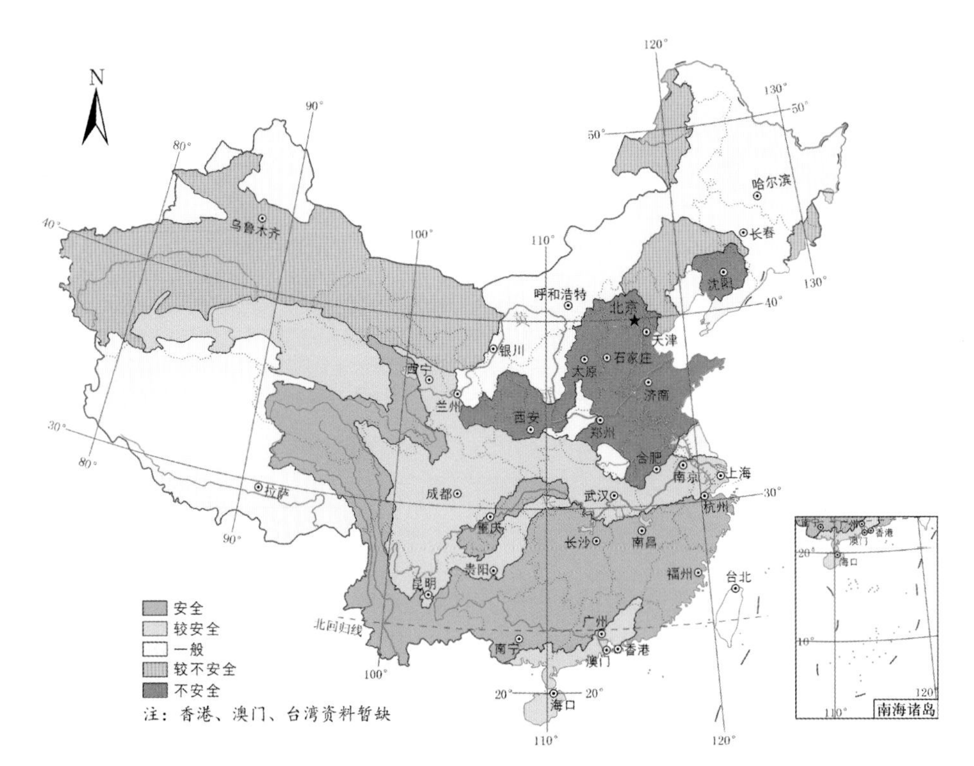

图0–1　当前中国水资源安全状况

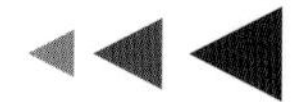

（二）农业用水特征及发展态势

1. 农业对灌溉依赖度高，新增灌溉面积难度大

我国水资源丰枯变化大、区域分布不均，灌溉面积发展在很大程度上决定农业发展的前景。根据《全国水利统计年鉴2016》，2015年我国灌溉面积达到10.81亿亩，位列全球第二，其中耕地灌溉面积9.88亿亩，占总灌溉面积的90%以上，耕地灌溉率为48.8%，远高于美国（16%）、澳大利亚（5%），我国农业发展对水资源的依赖程度高。

随着土地资源的紧缺，我国耕地被占用严重，2000—2010年全国耕地被占用3 471万亩，其中有效灌溉面积占用达2 383万亩，占68.5%。2010—2015年耕地面积因建设占用、灾毁、生态退耕、农业结构调整等原因逐年下降，虽然耕地实施18亿亩红线制度，基本保持占补平衡，但补充耕地的质量较差，很多不具备灌溉条件，耕地“占优补劣”现象突出且难以逆转。另外，我国后备耕地资源匮乏，据最新数据显示，全国后备耕地资源总面积8 029万亩，其中4 721.97万亩受水资源利用条件的限制，短期内不适宜开发利用。保护现有灌溉面积和灌溉质量，建设旱涝保收、高产稳产的高标准农田，是保障我国农业生产稳定的关键。

2. 灌溉面积持续增长，农业用水总量趋于零增长

根据《中国水利统计年鉴》，1949—2015年我国农田有效灌溉面积从2.39亿亩发展到9.88亿亩，增加了7.49亿亩，期间经历了四个发展阶段：中华人民共和国成立初期的初级快速发展阶段、1958—1980年飞速发展阶段、1980—1995年节水灌溉发展起步阶段和1995—2015年节水灌溉快速发展阶段（图0-2）。1980年、1998年和2010年农田

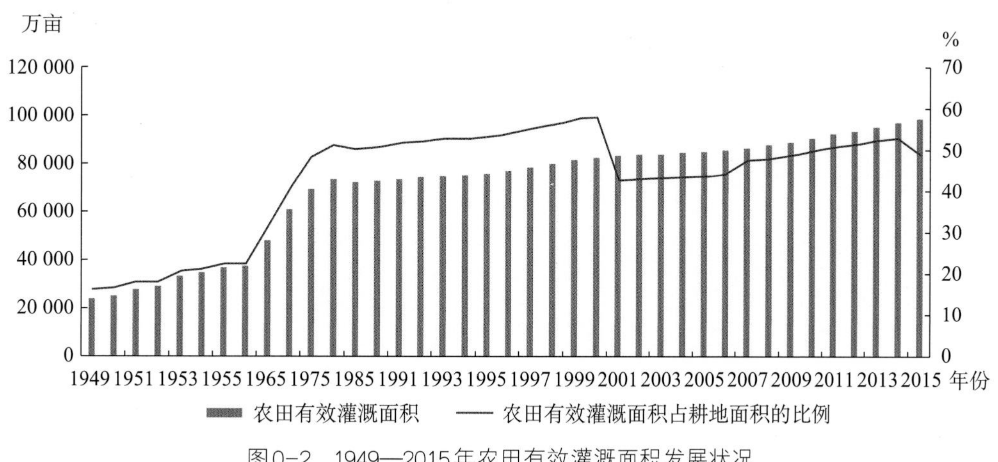

图0-2　1949—2015年农田有效灌溉面积发展状况

有效灌溉面积先后突破7亿亩、8亿亩和9亿亩；2015年全国农田有效灌溉面积占耕地面积（按20.25亿亩计）比例达到48.8%。

在空间上，灌溉面积发展北方快于南方，以1996年为界，由南方大于北方逆转为北方大于南方（图0-3）。全国近70%的农田有效灌溉面积集中分布在河南、山东、黑龙江、辽宁、吉林、内蒙古、河北、江苏、安徽、江西、湖北、湖南、四川13个粮食主产省（自治区）（表0-3）。

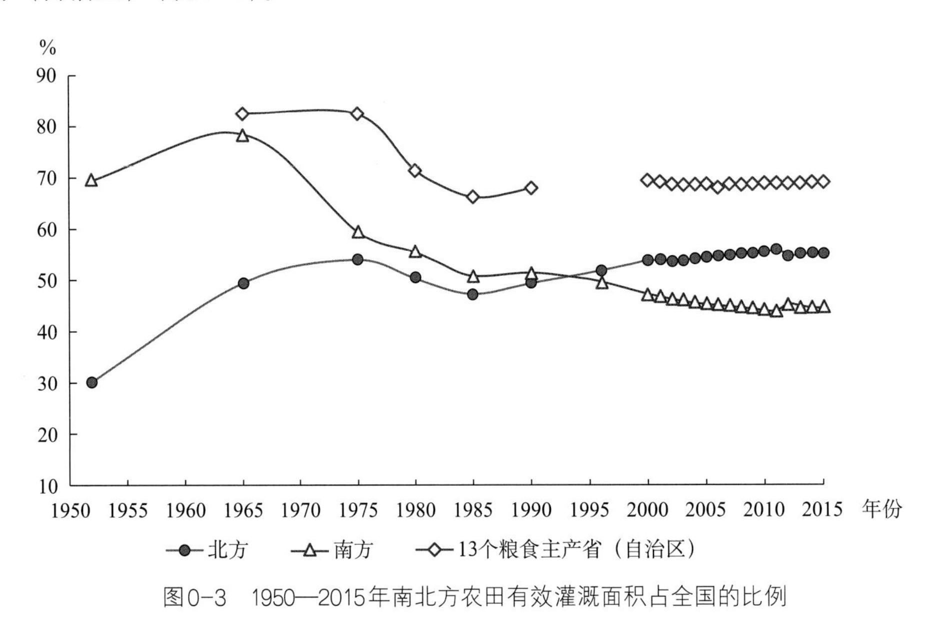

图0-3　1950—2015年南北方农田有效灌溉面积占全国的比例

表0-3　13个粮食主产省（自治区）农田有效灌溉面积

单位：万亩，%

地区		农田有效灌溉面积				农田有效灌溉面积占全国的比例			
		2001年	2005年	2010年	2015年	2001年	2005年	2010年	2015年
全国		83 613	84 844	92 522	98 809	100.00	100.00	100.00	100.00
13个粮食主产省（自治区）		57 417	58 400	63 882	68 521	68.67	68.83	69.05	69.35
北方7省（自治区）	河北	6 665	6 766	6 895	6 672	7.97	7.97	7.45	6.75
	内蒙古	3 657	4 053	4 609	4 630	4.37	4.78	4.98	4.69
	辽宁	2 249	2 290	2 383	2 280	2.69	2.70	2.58	2.31
	吉林	2 321	2 421	2 711	2 686	2.78	2.85	2.93	2.72
	黑龙江	3 278	3 591	6 499	8 296	3.92	4.23	7.02	8.40
	山东	7 196	7 185	7 480	7 447	8.61	8.47	8.08	7.54
	河南	7 204	7 296	7 726	7 816	8.62	8.60	8.35	7.91
	小计	32 570	33 602	38 303	39 827	38.95	39.6	41.40	40.31

（续）

地区		农田有效灌溉面积				农田有效灌溉面积占全国的比例			
		2001年	2005年	2010年	2015年	2001年	2005年	2010年	2015年
南方6省	江苏	5 829	5 727	5 727	5 929	6.97	6.75	6.19	6.00
	安徽	4 896	4 996	5 321	6 601	5.86	5.89	5.75	6.68
	江西	2 832	2 747	2 802	3 042	3.39	3.24	3.03	3.08
	湖北	3 526	3 549	3 684	4 349	4.22	4.18	3.98	4.40
	湖南	4 013	4 036	4 144	4 670	4.80	4.76	4.48	4.73
	四川	3 751	3 743	3 901	4 103	4.49	4.41	4.22	4.15
	小计	24 847	24 798	25 579	28 694	29.72	29.23	27.65	29.04

随着灌溉面积的发展，我国农业用水量先后经历了快速增长、缓慢增长和相对稳定三个阶段。2000年以来，尽管全国农业灌溉面积呈现增长趋势，但农业用水量变化并不明显（图0-4），基本维持在3 860亿m^{3}左右，呈现"零"增长，占国民经济总用水量的比例整体呈下降趋势，由2001年的68.7%降到2015年的63.1%，其中松花江区、西南诸河区、西北诸河区、黄河区农业用水占比在70%～90%。

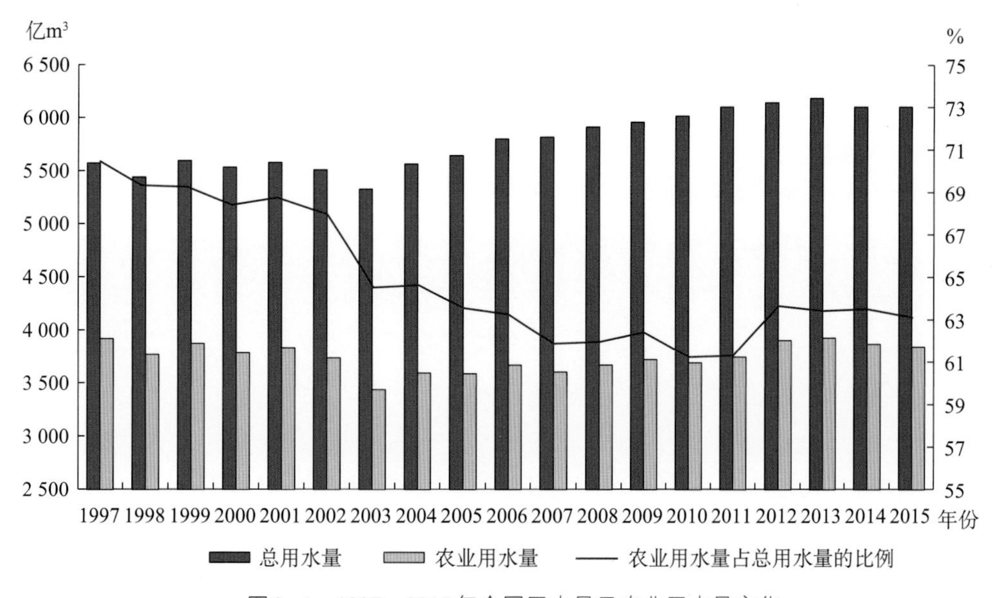

图0-4　1997—2015年全国用水量及农业用水量变化

在空间上，随着灌溉面积不断向北方转移，农业用水量呈北方增加、南方减少态势，北方农业用水量占全国农业用水量的比例从2001年的46.7%增加到2015年的48.9%，南方则由53.3%降到51.1%（图0-5）。13个粮食主产省（自治区）农业用水量整体呈缓慢增长趋势（表0-4），2015年达到2 137亿m^3，占全国农业用水量的55.5%，主要集中在黑龙江（313亿m^3）、江苏（279亿m^3）和湖南（195亿m^3）。

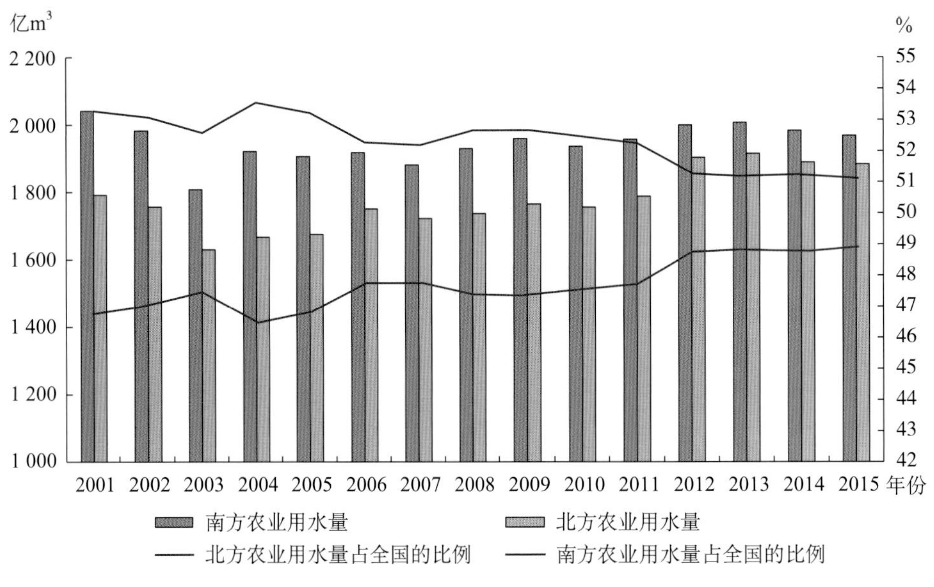

图0-5 2001—2015年南北方农业用水量变化

表0-4 13个粮食主产省（自治区）农业用水情况

单位：亿 m³,%

地区		农业用水量				占全国农业用水量的比例			
		2001年	2005年	2010年	2015年	2001年	2005年	2010年	2015年
全国		3 826	3 580	3 689	3 852	100	100	100	100
13个粮食主产省（自治区）		2 089	1 888	2 045	2 137	54.6	52.7	55.4	55.5
北方7省（自治区）	河北	161	150	144	135	4.2	4.2	3.9	3.5
	内蒙古	157	144	134	140	4.1	4.0	3.6	3.6
	辽宁	84	87	90	89	2.2	2.4	2.4	2.3
	吉林	77	66	74	90	2.0	1.9	2.0	2.3
	黑龙江	189	192	250	313	4.9	5.4	6.8	8.1
	山东	183	156	155	143	4.8	4.4	4.2	3.7
	河南	160	115	125	126	4.2	3.2	3.4	3.3
	小计	1 010	911	972	1 036	26.4	25.4	26.3	26.9
南方6省	江苏	281	264	304	279	7.3	7.4	8.2	7.2
	安徽	124	114	167	158	3.2	3.2	4.5	4.1
	江西	150	135	151	154	3.9	3.8	4.1	4.0
	湖北	176	142	138	158	4.6	4.0	3.7	4.1
	湖南	224	201	186	195	5.9	5.6	5.0	5.1
	四川	124	122	127	157	3.2	3.4	3.5	4.1
	小计	1 079	977	1 073	1 101	28.2	27.3	29.1	28.6

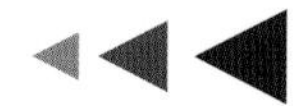

3．节灌面积不断发展，用水效率仍然偏低

“九五”时期以来农田灌溉发展，尤其是节水灌溉发展受到国家高度重视，经过近20年的发展，全国节水灌溉在规模、质量和效益上均呈现长足发展。2015年底，全国节水灌溉工程面积达到4.66亿亩，占耕地灌溉面积的47.16%；高效节水灌溉面积2.69亿亩，占节水灌溉面积的57.7%（图0–6），其中喷灌、微灌和低压管道输水灌溉面积分别为0.56亿亩、0.79亿亩和1.34亿亩（表0–5）。然而，高效节水灌溉面积比例小，节水率较高的喷灌和微灌占灌溉面积比重仅为13.68%，而德国和以色列在2002年以前就达到了100%，日本在旱地灌溉中达到90%，美国早在2000年就达到了52%。

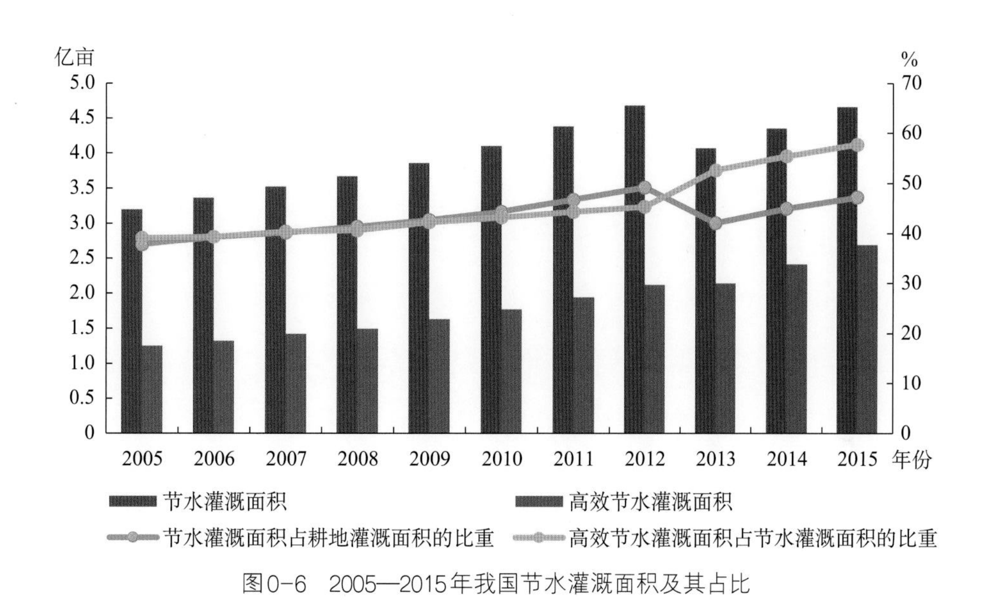

图0–6　2005—2015年我国节水灌溉面积及其占比

表0–5　2000—2015年我国节水灌溉面积发展情况

单位：亿亩

年份	节水灌溉面积	其中				
		喷灌	微灌	低压管灌	渠道防渗	其他
2000	2.46	0.32	0.02	0.54	0.95	0.63
2001	2.62	0.35	0.03	0.59	1.04	0.61
2002	2.79	0.37	0.04	0.62	1.14	0.62
2003	2.92	0.40	0.06	0.67	1.21	0.58
2004	3.05	0.40	0.07	0.71	1.28	0.59
2005	3.20	0.41	0.09	0.75	1.37	0.58
2006	3.36	0.42	0.11	0.79	1.44	0.60

(续)

年份	节水灌溉面积	其中				
		喷灌	微灌	低压管灌	渠道防渗	其他
2007	3.52	0.43	0.15	0.84	1.51	0.60
2008	3.67	0.42	0.19	0.88	1.57	0.61
2009	3.86	0.44	0.25	0.94	1.67	0.56
2010	4.10	0.45	0.32	1.00	1.74	0.59
2011	4.38	0.48	0.39	1.07	1.83	0.61
2012	4.68	0.51	0.48	1.13	1.92	0.64
2013	4.07	0.45	0.58	1.11	1.93	
2014	4.35	0.47	0.70	1.24	1.94	
2015	4.66	0.56	0.79	1.34	1.97	

数据来源：中华人民共和国水利部，2016. 中国水利统计年鉴2016[M]. 北京：中国水利水电出版社.

根据《中国水资源公报》和相关统计数据分析，我国农业灌溉水利用系数由2007年的0.475增长到2015年0.536，提高了12.8%，农业用水效率逐年提高，但整体偏低，仅为发达国家的75%，其中大型灌区灌溉水有效利用系数0.479，中型灌区灌溉水有效利用系数0.492，小型灌区灌溉水有效利用系数0.528，井灌区灌溉水有效利用系数0.723（表0-6）；耕地实灌面积亩均灌溉用水量由2001年479m^{3}减少到2015年394m^3，降低了85m^3；灌溉面积上的灌溉水粮食产量由2001年1.21kg/m^{3}增加到2015年1.42kg/m^3（图0-7），仅为发达国家的70%。而西方发达国家灌溉水粮食产量平均为2kg/m^3，以色列达到2.32kg/m^3。

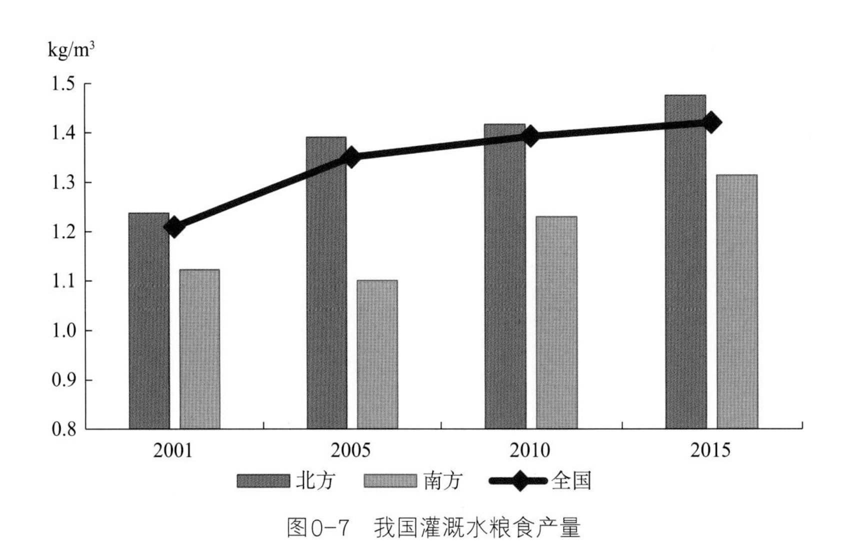

图0-7　我国灌溉水粮食产量

表0-6　2015年我国农田灌溉水有效利用系数

地区	农田灌溉水有效利用系数	不同规模与类型灌区农田灌溉水有效利用系数			
		大型灌区	中型灌区	小型灌区	井灌区
全国	0.536	0.479	0.492	0.528	0.723
北京	0.710	0.584	0.594	—	0.738
天津	0.687	0.584	0.659	0.711	0.789
河北	0.670	0.471	0.582	0.627	0.722
山西	0.530	0.454	0.483	0.457	0.622
内蒙古	0.521	0.390	0.430	0.546	0.755
辽宁	0.587	0.505	0.529	0.650	0.814
吉林	0.563	0.477	0.483	0.538	0.669
黑龙江	0.590	0.430	0.439	0.533	0.691
上海	0.735	—	0.650	0.732	—
江苏	0.598	0.539	0.547	0.641	0.692
浙江	0.582	0.531	0.565	0.602	—
安徽	0.524	0.464	0.496	0.564	0.671
福建	0.533	0.468	0.520	0.554	0.681
江西	0.490	0.444	0.471	0.501	—
山东	0.630	0.495	0.513	0.566	0.848
河南	0.601	0.476	0.474	0.556	0.707
湖北	0.500	0.481	0.493	0.530	—
湖南	0.496	0.488	0.477	0.498	—
广东	0.481	0.429	0.458	0.504	0.589
广西	0.465	0.488	0.424	0.449	—
海南	0.563	0.482	0.554	0.661	—
重庆	0.480	—	0.485	0.471	—
四川	0.454	0.437	0.442	0.467	—
贵州	0.451	—	0.438	0.448	—
云南	0.451	0.450	0.437	0.449	—
西藏	0.417	0.402	0.428	0.384	—
陕西	0.556	0.531	0.521	0.525	0.789
甘肃	0.541	0.529	0.529	0.537	0.678
青海	0.489	—	0.471	0.461	0.582
宁夏	0.501	0.463	0.519	0.696	0.722
新疆	0.527	0.481	0.525	0.598	0.825
兵团	0.556	0.549	0.566	—	—

注：不同规模与类型灌区的灌溉水有效利用系数为2014年数据。
数据来源：中国农村水利网。

（三）农业用水面临的形势和问题

人均水资源少、耕地实灌面积亩均水资源量不足、水土资源匹配错位等是影响粮食生产的本底因素。随着经济社会发展中工农业用水竞争加剧，粮食生产向北方转移，这些不利因素的影响更加明显；同时，全球气候变化对水资源和农作物生长特性影响的不确定性，进一步加剧了农业发展的不稳定性。面对我国未来粮食的刚性需求，灌溉农业发展面临着诸多问题。

1．农业干旱缺水态势进一步加剧，北方农业水资源胁迫度增加

我国多年（1956—2000年）平均降水量为61 775亿m^3，北方占31.5%，南方占68.5%；2001年以来全国降水整体呈现波动中上升趋势，但与多年平均值相比，近15年减少了2.41%，主要减少集中在华北、西南和东北地区。我国多年（1956—2000年）平均水资源量为2.8万亿m^3，北方占18.8%，南方占81.2%；2001年以来南北方分布没有根本改变，耕地却向北方集中（2015年，北方耕地占59.6%，南方耕地占40.4%），2015年北方亩均水资源占有量约为南方的1/6。随着全球气候变化，极端干旱事件频发，未来50年我国仍将面临平均温度普遍升高的情势，根据《第三次气候变化国家评估报告》(2015)，到21世纪末可能增温幅度为1.3～5.0℃，届时农业灌溉需水量将增加，农业干旱缺水态势将进一步加剧。

2015年我国粮食总产为6.21亿t（北方占56.1%，南方占43.9%）。粮食主产区范围减少并不断向北方集中，由2007年13省减为2015年7省，传统的主产区湖北、江西、辽宁、江苏、湖南、四川6省滑入平衡区；主销区由7个扩大到13个，青海、西藏、广西、贵州、重庆、云南6省（自治区）由平衡区落入主销区，加剧了水土资源的错位，农业水资源胁迫度增加。

2．粮作种植布局与降水分布不匹配，对灌溉的依赖性增加

全国七大农业主产区中的五大区（东北平原、黄淮海平原、汾渭平原、河套灌区和甘肃新疆主产区）集中分布在常年灌溉区和补充灌溉区。全国800多个粮食主产县，60%集中在常年灌溉区和补充灌溉区。2001—2015年，全国水稻播种面积增加了2 105万亩，其中北方增加了2 725万亩；小麦播种面积尽管减少了785万亩（2015年为3 796万亩），北方仍占全国的67.6%，其中黄淮海平原区占全国的48.4%；玉米播种面积增长了3.73亿亩，88%增加在北方。粮食生产区位及三大粮食作物播种面积逐渐向常年灌

 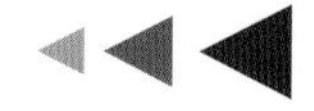

溉区和补充灌溉区集中，增加了灌溉用水需求。

3．灌溉开采量不断增加，北方地区浅层地下水位持续下降

根据《中国水资源公报2015》，除松花江区，我国北方地区水资源开发利用率均已超过国际公认的40%警戒线，其中华北地区最高，达到118.6%。地下水资源开发利用率，除西北诸河区，其他分区均在增加，华北地区达到105.2%，黄淮海平原、松辽平原及西北内陆盆地山前平原等地区地下水位持续下降。

华北平原以冬小麦和夏玉米复种为主，农业地下水用水量不断增加，形成了冀枣衡、沧州、南宫三大深层地下水漏斗区。据有关统计，京津冀年超采地下水约68亿m^3，地下水累计超采量超过1 000亿m^3，地下水超采面积占平原区的90%以上。自2014年始，财政部、水利部、农业部、国土资源部联合开展河北省地下水超采综合治理试点工作，项目区地下水压采效果初步显现，加上2016年区域整体降水特丰等因素的影响，2016年浅层地下水位较治理前上升0.58m，深层地下水位较治理前上升0.7m，但总体超采形势仍没有改变。

4．高效节水工程和现代灌溉管理体系建设滞后，农业用水效率偏低

长期土地分散经营模式下形成的分散用水方式，使当前节水灌溉规模小，高效节水灌溉面积占比相对较低，节水灌溉制度推行难，水资源利用效率偏低。2015年我国高效节水灌溉面积2.69亿亩，占耕地灌溉面积的27.2%；节水率较高的喷灌、微灌仅占耕地灌溉面积的13.7%，远不及发达国家2000年的水平；农业灌溉用水有效利用系数0.536（北方为0.58，南方为0.51），仅为发达国家的75%。同时，灌区监测体系尚未建立，农业用水计量缺位，农田水利信息化建设处于试点、探索阶段。农业水价偏低，水费实收率不足（现在仅为70%），超过40%的灌区管理单位运行经费得不到保障。灌区信息化建设滞后，管理制度缺失，制约着节水灌溉技术推广和实施效果。

二、保障粮食安全的水资源需求阈值

自古以来，人随水走，有水就有粮。水土资源错位的自然禀赋，形成了我国粮食生产区域不平衡的布局。随着农田灌溉面积的发展以及农业种植中心向北方转移，灌溉农业有效保障了我国的粮食生产（图0-8），先后形成了四大粮仓，即黄淮平原（“得中原者得天下”，第1代粮仓）—太湖平原（“苏常熟，天下足”，南粮北运，隋唐时期，第2

代粮仓）—长江中下游（洞庭湖）平原（“湖广熟，天下足”，明代，第3代粮仓）—东北（三江）平原（北粮南运，20世纪80年代，第4代粮仓）（张正斌等，2013）。

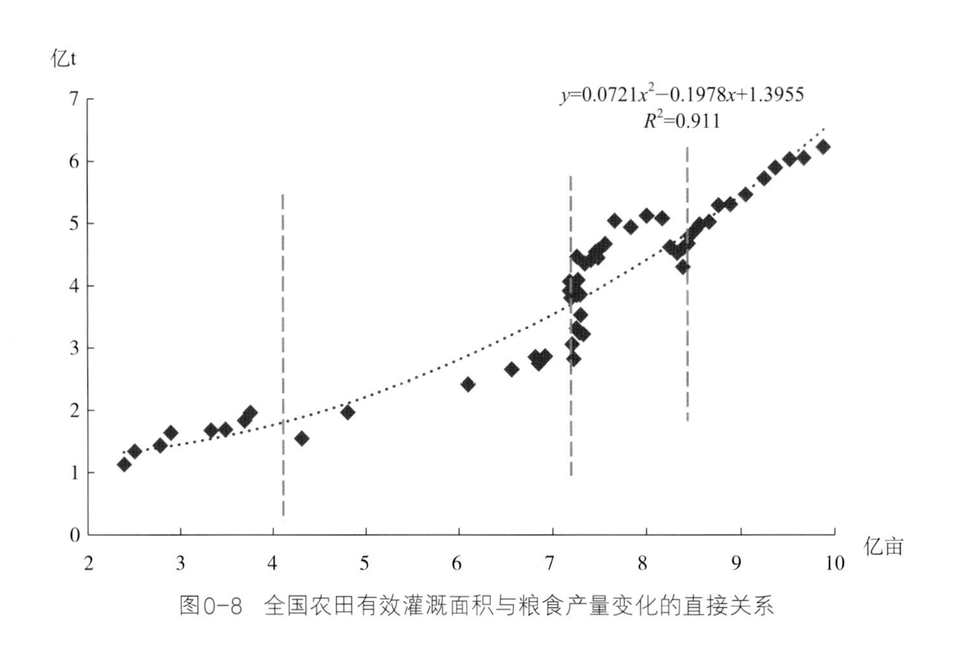

图0-8　全国农田有效灌溉面积与粮食产量变化的直接关系

（一）粮食生产与消费状况

按照《全国新增1 000亿斤粮食生产能力规划（2009—2020年）》，2007年以来，我国的粮食作物播种面积相对稳定，灌溉面积和粮食产量整体呈增加趋势，粮食生产、消费及其生产消费之差状况也发生了改变。与2007年相比，2015年粮食主产省区减少并向北方集中，南方主销省区扩大；粮食缺口总体扩大，尤其对北方饲料粮的依赖度增大，“北粮南运”的态势愈加明显。

1．粮食生产大于消费但区域发展不均衡

2015年我国粮食产量实现了“十二连增”，水稻、小麦、玉米、薯类四大粮食作物生产总量达到6.06亿t，相应粮食消费总量5.82亿t，粮食生产总量大于消费总量，粮食自给率达到104%；但区域间发展不均衡，主要表现为北方粮食产量大于消费量，南方反之。

（1）粮食生产贡献率（省级行政区粮食生产量/全国粮食生产量）

2015年河南、黑龙江粮食生产贡献率接近10%，北京、青海、西藏、上海不足0.3%（图0-9），13个粮食主产省（自治区）中，北方黑龙江、河南、山东、吉林、河北、内蒙古和辽宁7省（自治区）占47%，南方江苏、安徽、四川、湖南、湖北、江西

6省占30%（图0-10）。与2007年相比，粮食主产省（自治区）粮食生产贡献率呈现北方7省（自治区）增加、南方6省下降以及东北地区增长幅度较大的特征。

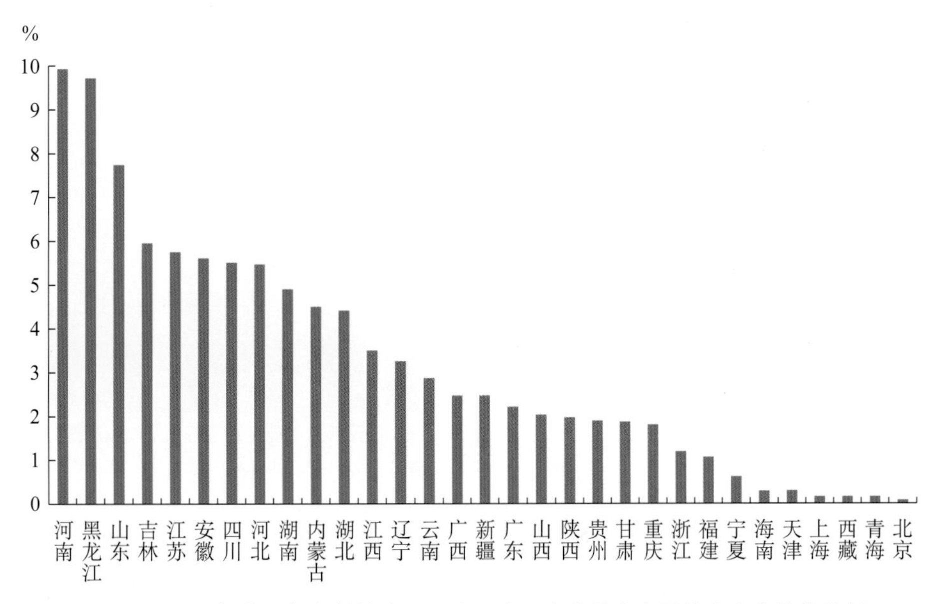

图0-9　2015年全国各省份粮食（不含豆类）生产量占全国粮食生产量的比例

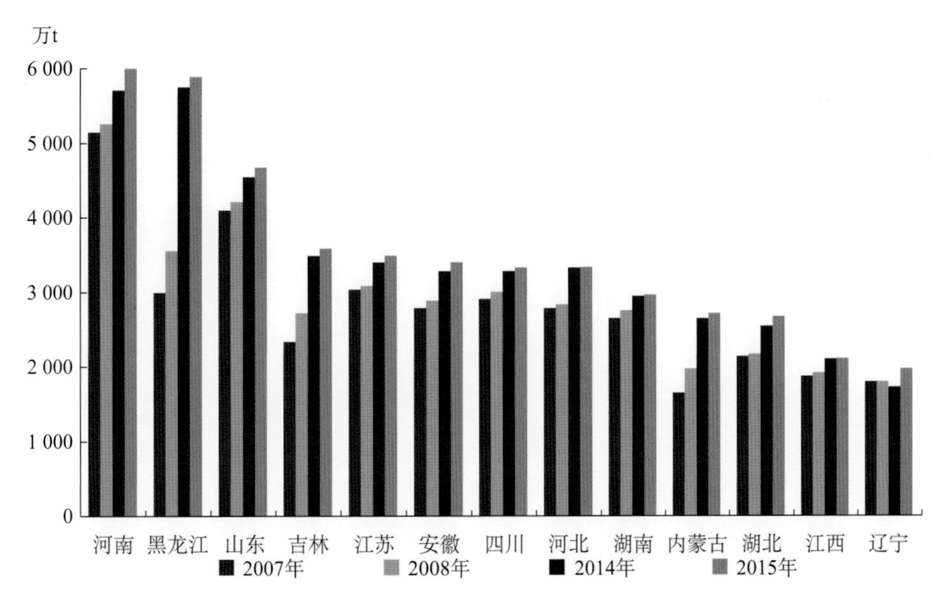

图0-10　2007—2015年13个粮食主产省（自治区）粮食（不含豆类）生产量变化

2015年全国12个省口粮（稻谷和小麦）生产量大于1 000万t（图0-11），提供了全国81%的商品粮。其中，北方河南、山东、黑龙江、河北4省对全国口粮生产的贡献率为30%；南方江苏、湖北、安徽、湖南、江西、四川、广西、广东8省（自治区）对全国口粮生产的贡献率为51%。粮食生产贡献率大于3%的吉林、内蒙古、辽宁则以种

植玉米为主，稻谷生产对全国口粮的贡献率均小于2%（图0-12）。

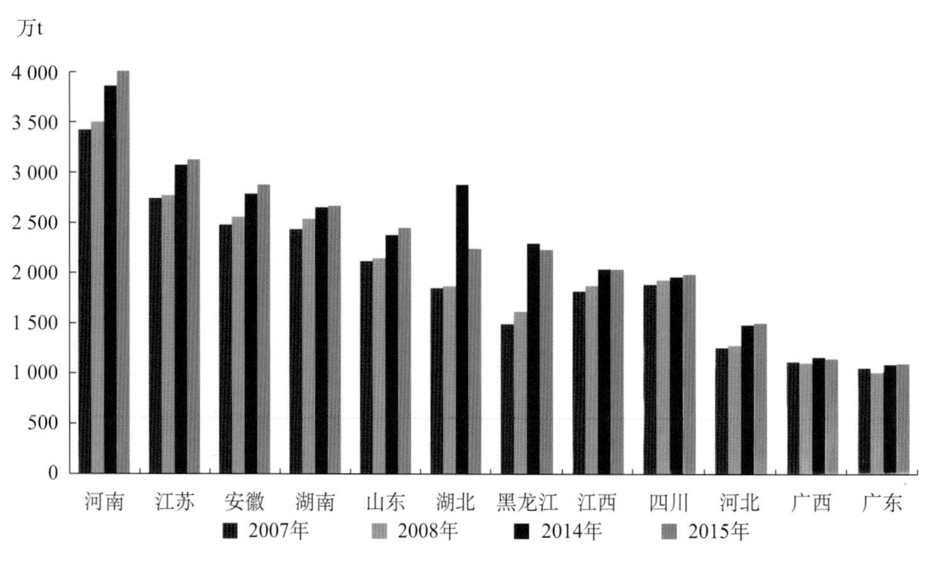

图0-11　2007—2015年12省（自治区）口粮（稻谷和小麦）生产量大于1000万t

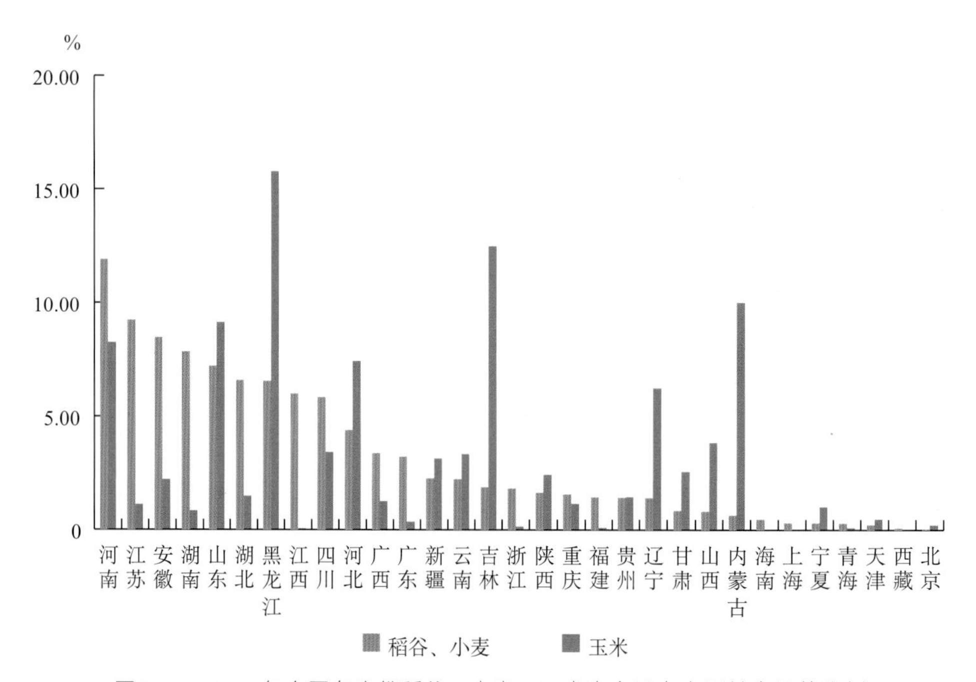

图0-12　2015年全国各省份稻谷、小麦、玉米生产量占全国总产量的比例

（2）粮食生产自给率（生产量/消费量）

2015年全国15个省（自治区）的粮食生产量大于消费量（图0-13），包括粮食生产贡献率大于3%的11个主产省（自治区），即北方黑龙江、吉林、河南、山东、河北、内蒙古和辽宁7省（自治区）和南方江苏、湖北、安徽、江西4省，以及新疆、宁夏、甘肃、山西4省（自治区）。

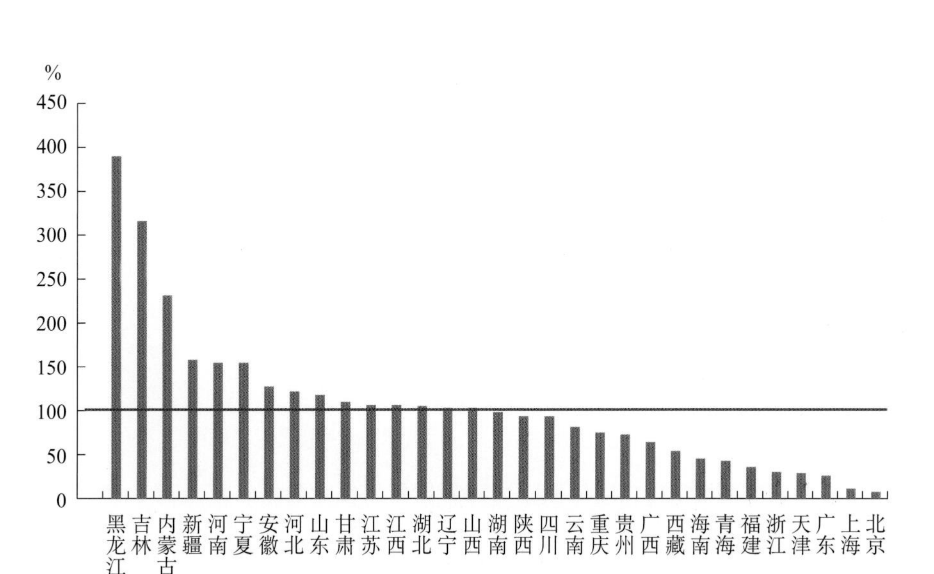

图0-13　2015年全国各省份粮食生产自给率

（3）粮食生产消费平衡率（生产和消费之差与消费之比）

2015年全国9个省（自治区）的生产消费平衡率大于等于10%，分别为黑龙江、吉林、内蒙古、新疆、河南、宁夏、安徽、河北、山东；除新疆、宁夏，其他均为粮食生产贡献率大于3%的主产省（自治区）。而同为主产省的江苏、江西、湖北生产消费平衡率为3%～10%，粮食生产略有剩余；湖南、四川为−6%～−2%，粮食生产量不抵消费量。

2015年全国13个省（自治区）生产消费平衡率小于−10%，包括北京、上海、广东、天津、浙江、福建、青海、海南、西藏、广西、贵州、重庆、云南。与2007年相比，粮食缺口省份增加了云南、广西、重庆、贵州和青海。生产消费平衡率介于−10%～10%的省份有甘肃、江苏、江西、湖北、辽宁、山西、湖南、陕西、四川（图0-14）。

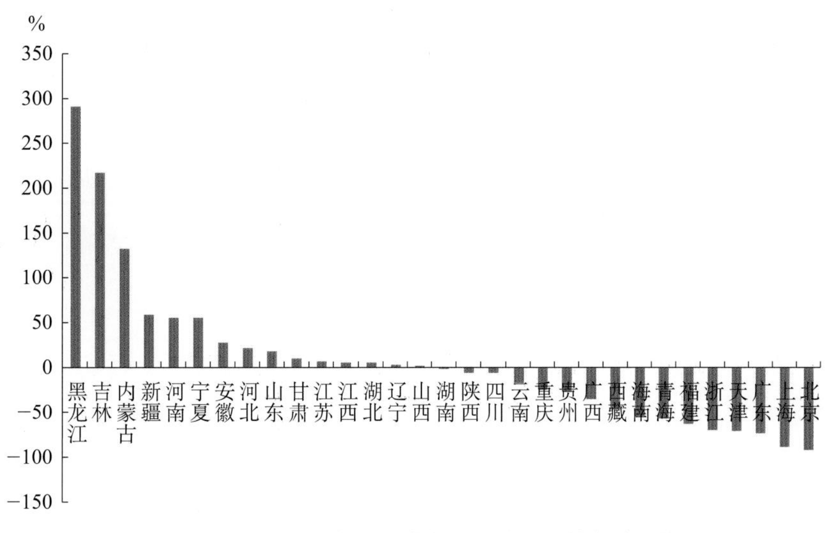

图0-14　2015年全国各省份粮食生产消费之差占消费的比例

2. 主产省区减少并向北方集中，南方主销省区增多

以粮食生产量与消费量之差为衡量指标，在理论上，当差值（生产－消费）>0时存在粮食调出的可能，反之，则具有粮食调入的需求。考虑到实际粮食消费存在弹性空间，本书以生产消费平衡率介于－10%～10%为标准划分粮食平衡区，以生产消费平衡率大于10%且生产贡献率大于3%为标准划分主产区，以生产消费平衡率小于－10%为标准划分主销区。2015年主产区、平衡区和主销区分布如下：

主产区。2015年粮食主产区包括黑龙江、吉林、内蒙古、河南、安徽、河北、山东7省（自治区）。与2007年、2008年相比，原为主产区的湖北、江西、辽宁、江苏、湖南、四川6省滑入平衡区。

主销区。2015年粮食主销区包括北京、上海、广东、天津、浙江、福建、青海、海南、西藏、广西、贵州、重庆、云南13个省（自治区、直辖市）。与2007年、2008年相比，增加了青海、西藏、广西、贵州、重庆、云南6省（自治区、直辖市），其中青海、西藏的粮食生产增长幅度小于消费增长幅度，出现粮食缺口，其余4个南方省（自治区、直辖市）粮食产量基本稳定或略有下滑，但粮食消费量增大，出现粮食缺口。

平衡区。2015年粮食平衡区包括宁夏、新疆、甘肃、江苏、江西、湖北、辽宁、山西、湖南、陕西、四川11省（自治区）。与2007年、2008年相比，原本属于平衡区的广西、重庆、贵州、云南、西藏、青海6省（自治区、直辖市）变为主销区，新增了原本属于主产区的辽宁、江西、湖北、湖南、四川。

3. 南方粮食缺口扩大，以缺少饲料粮和工业用粮为主

本书粮食消费量按两类统计：一类是口粮、种子用粮和粮食损耗；另一类是饲料粮和工业用粮。比较口粮作物（稻谷、小麦）生产量与其消费量（口粮、种子用量和粮食损耗三项之和），2015年7个原主销省区（北京、上海、广东、天津、浙江、福建、海南），除海南，口粮生产均不能满足自身口粮消费需求，其中北京、天津、上海的口粮自给率在36.8%以下，饲料和工业用粮缺口也占总缺口的55%以上。6个新增粮食主销省区（青海、西藏、广西、贵州、重庆、云南），除西藏、青海口粮生产不能满足自给（口粮自给率在49%以下），其余南方4省（自治区、直辖市）缺少的都是饲料粮和工业用粮（表0–7）。

在13个粮食主销省区中，饲料粮和工业用粮缺口占总缺口的13%～100%，其中粮食总缺口超过500万t的缺粮大省依次是广东3 854.5万t、浙江1 677.4万t、福建1 140.8万t、上海905万t、广西835万t和北京705.8万t（图0–15）。

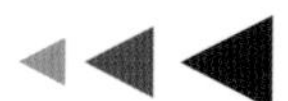

表0-7　2015年粮食主销省区粮食生产、消费与缺口分析

单位：万t，%

主销区	粮食生产量		粮食消费量	口粮、生产和损耗量				工业用粮	饲料粮	口粮自给率（生产/消费）	粮食缺口占比	
	总产量	其中口粮（稻谷、小麦）		口粮	种子用粮	粮食损耗	小计				口粮、生产和损耗	饲料和工业用粮
北京	61.9	11.3	767.7	222.0	16.2	58.0	296.2	163.8	307.6	5.1	40.4	59.6
上海	111.3	104.0	1 016.2	282.7	18.0	64.6	365.3	182.3	468.6	36.8	28.9	71.1
广东	1 336.5	1 088.7	5 191.1	1 446.0	81.0	290.1	1 817.1	819.1	2 554.9	75.3	18.9	81.1
天津	180.5	71.2	640.8	221.9	11.6	41.4	274.8	116.8	249.2	32.1	44.2	55.8
浙江	716.4	613.2	2 393.8	781.4	41.4	148.1	970.8	418.2	1 004.8	78.5	21.3	78.7
福建	637.8	485.6	1 742.6	504.4	28.7	102.6	635.7	289.8	817.1	96.3	13.6	86.4
青海	97.1	34.1	230.2	70.2	4.4	15.7	90.3	44.4	95.5	48.6	42.2	57.8
海南	181.9	153.3	408.3	93.1	6.8	24.4	124.3	68.8	215.2	164.6	—	100.0
西藏	98.6	23.8	184.9	87.6	2.4	8.7	98.7	24.5	61.8	27.2	86.7	13.3
广西	1 500.8	1 138.7	2 335.8	708.1	35.8	128.2	872.2	362.1	1 101.6	160.8	—	100.0
贵州	1 145.6	479.2	1 577.3	477.0	26.4	94.4	597.8	266.5	713.0	100.5	27.5	72.5
重庆	1 107.0	529.2	1 468.2	491.2	22.5	80.6	594.3	227.7	646.2	107.7	18.0	82.0
云南	1 740.0	750.3	2 124.9	632.7	35.4	126.8	794.9	358.0	972.0	118.6	11.6	88.4
合计	8 915.4	5 482.7	20 081.8	6 018.4	330.5	1 183.5	7 532.4	3 342.0	9 207.4	91.1	18.4	81.6

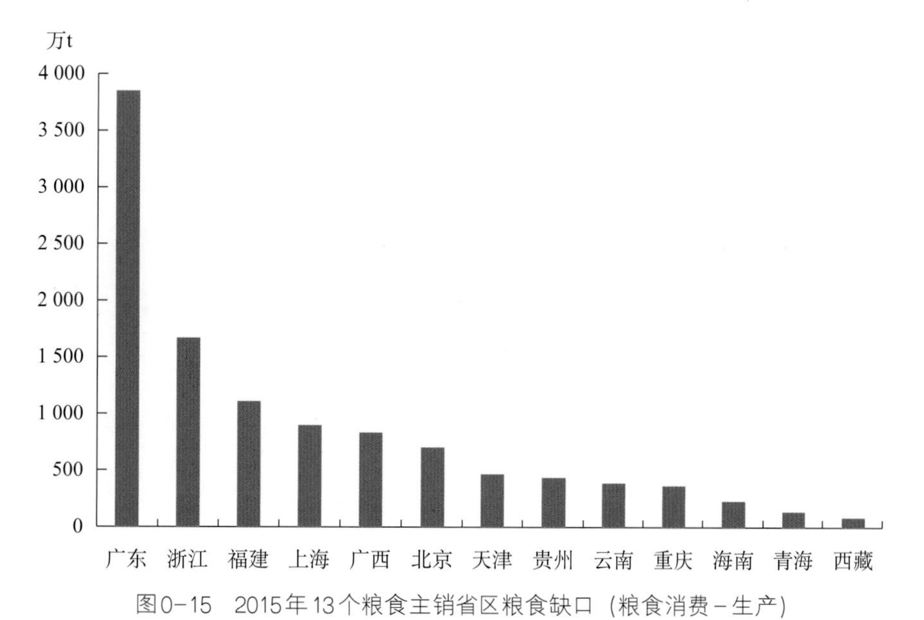

图0-15　2015年13个粮食主销省区粮食缺口（粮食消费－生产）

在主销区粮食缺口占比中，北京、天津、青海、西藏的口粮、生产和损耗缺口占总缺口30%以上，其他南方7省（自治区、直辖市）的饲料和工业用粮缺口均占70%以上。

总之，从消费类型上看，饲料粮和工业用粮不足是造成主销区粮食缺口的主要原因。从区域分布上看，我国粮食消费存在不均衡性，缺口主要集中在南方，从而造成“北粮南运”。从平衡区滑落到主销区的南方广西、重庆、贵州、云南4省（自治区、直辖市），也主要是饲料和工业用粮的短缺。总体上看，南方饲料粮生产不足严重影响了我国的粮食安全。

（二）适水种植与粮食生产关系

1．主产区、平衡区、主销区需水量与灌溉需求现状

按照联合国粮食及农业组织（FAO）推荐的彭曼—蒙蒂斯（Penman-Monteith）公式以及CropWat、ClimWat、FAO Stat等数据库数据，2015年我国粮食作物生产的总需水量北方大于南方，对灌溉水量（蓝水）的依赖度北方大于南方，但单位粮食生产需水量北方小于南方，说明在当前粮食生产条件下，粮食生产水分利用效率北方高于南方。在水土资源不相匹配、水资源供需矛盾日益突出、“北粮南运”进一步加剧北方水资源压力的现实条件下，充分挖掘天然有效降水（绿水）的利用潜力，减少灌溉水量（蓝水）的利用量，是全面提高水资源利用效率、保障粮食安全的努力方向。

以水稻、小麦、玉米为代表，2015年31个省（自治区、直辖市）主要粮食作物灌溉面积上单位粮食生产需水特征如下：

（1）水稻

在灌溉面积上，2015年单位水稻生产需水量：主产区＞主销区＞平衡区，平均值依次为0.98m^3、0.96m^3和0.81m^3，当前适水种植性差（图0-16）。灌溉水量（蓝水）占总需水量的比例：主产区（黑龙江、吉林除外）>0.5、主销区（北京、天津除外）<0.4。从适水种植节约灌溉水资源来看，水稻更适合在单位水稻生产需水量小于全国平均值且灌溉水量占比也较小的省区种植，如在主产区中的吉林、黑龙江，平衡区的江西、江苏、湖北、湖南，以及主销区中的重庆、浙江、福建、贵州、海南、广东、广西、云南种植。结合我国的水稻种植现状，在保护好东北水稻生产基地的同时，要努力开发南方地区的水稻种植，发挥绿水资源丰富的生产优势。

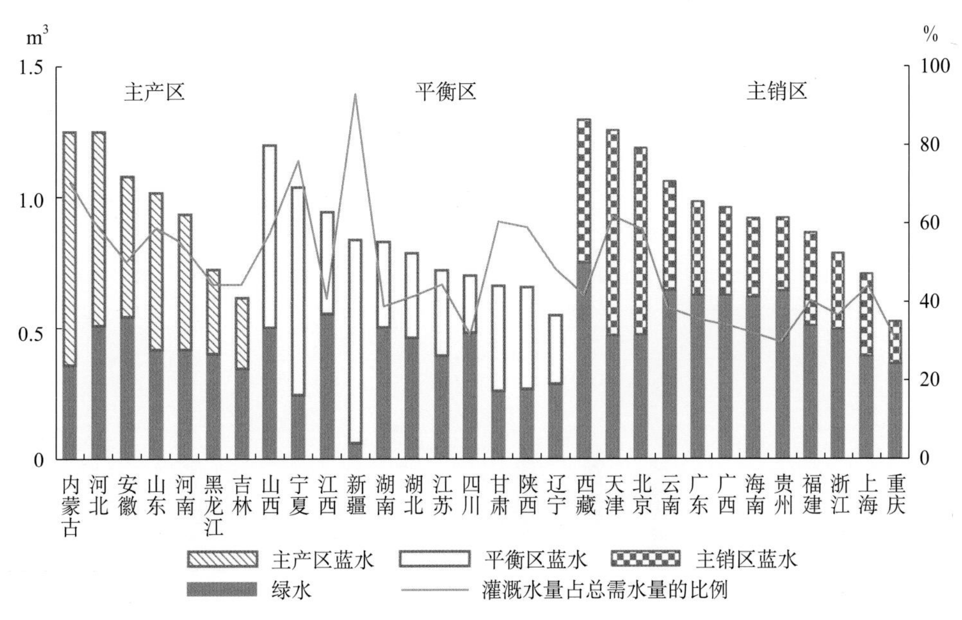

图0-16　2015年全国各省份灌溉面积上单位水稻生产需水量及灌溉水占比

（2）小麦

在灌溉面积上，2015年主产区、平衡区、主销区单位小麦生产需水量分别为0.80m^3、0.88m^3和0.86m^3，整体呈现主产区小于平衡区和主销区，基本遵循适水种植的分布格局（图0-17）。从单位小麦生产需水量来看，主产区中的安徽、河南、山东，平衡区中的湖北、辽宁、江苏，以及主销区中的重庆均适合小麦种植，其单位小麦生产需水量均小于全国平均值（0.85m^3）。结合目前华北地区地下水超采的现状，将小麦种植带从超采严重的京津冀地区南移至安徽、河南、山东、江苏地区，可降低单位小麦生产需水量。

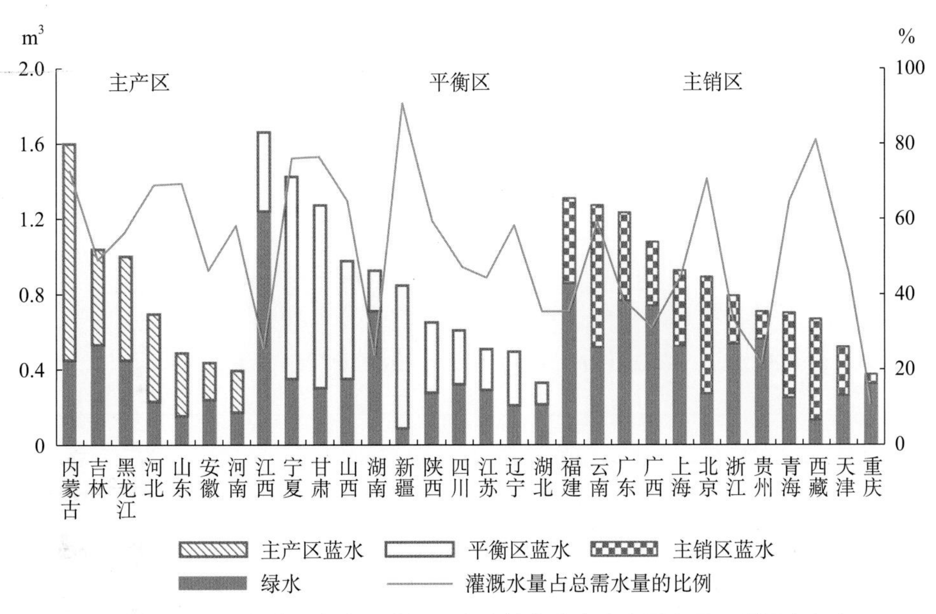

图0-17　2015年全国各省份灌溉面积上单位小麦生产需水量及灌溉水占比

2015年非灌溉面积上单位小麦生产需水量显著大于灌溉面积上需水量，主产区、平衡区、主销区单位小麦生产需水量的平均值分别为0.61m³、1.21m³和1.08m³（图0-18）。主产区小于主销区和平衡区，说明在粮食主产区的安徽、河南、山东发展小麦雨养种植较其他地区适宜。

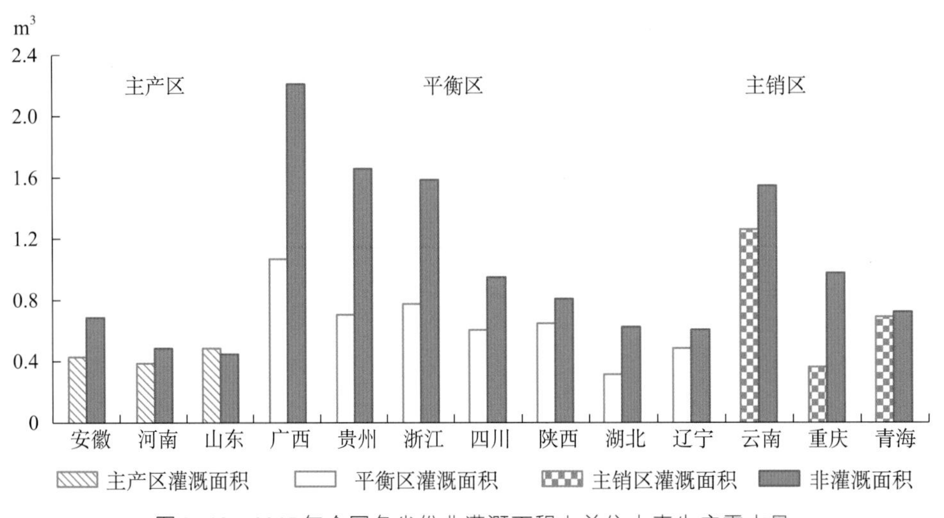

图0-18　2015年全国各省份非灌溉面积上单位小麦生产需水量

（3）玉米与青贮玉米

我国大部分地区都适宜种植玉米。在灌溉面积上，2015年主产区、平衡区、主销区单位玉米生产需水量的平均值分别为0.30m³、0.41m³和0.53m³（图0-19）。除新疆、内蒙古、宁夏、甘肃、青海，各省灌溉水量占比均低于50%，且主产区中的山东、安

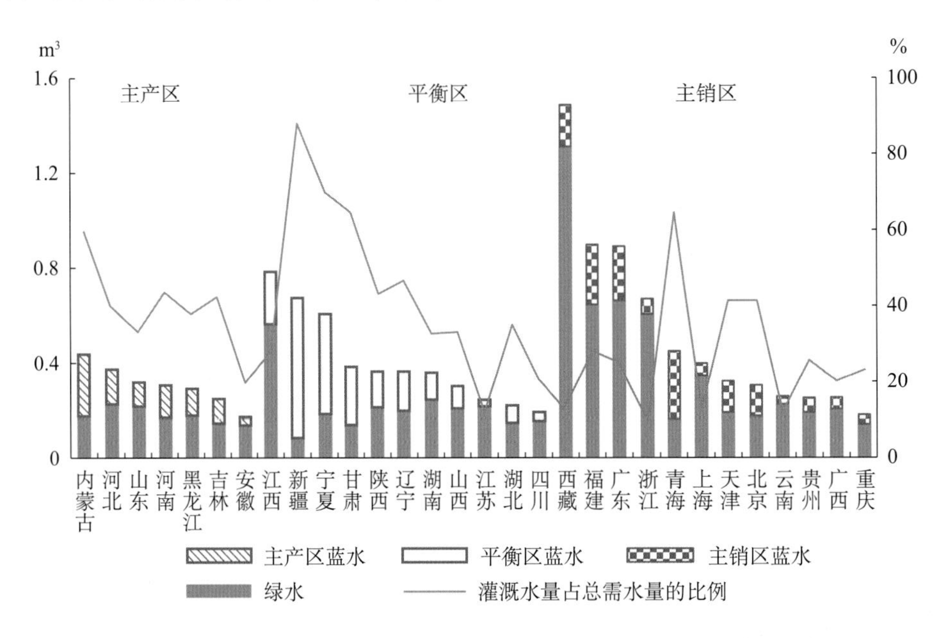

图0-19　2015年全国各省份灌溉面积上单位玉米生产需水量及灌溉水占比

徽，平衡区中的四川、江苏，主销区中云南、贵州、广西、重庆，其单位玉米生产需水量均小于全国平均值（$0.43m^3$）且灌溉水量占比较小。

在非灌溉面积上，2015年单位玉米生产需水量大于灌溉面积上需水量，主产区、平衡区、主销区单位玉米生产需水量的平均值分别为$0.53m^3$、$0.57m^3$和$0.52m^3$（图0-20）。

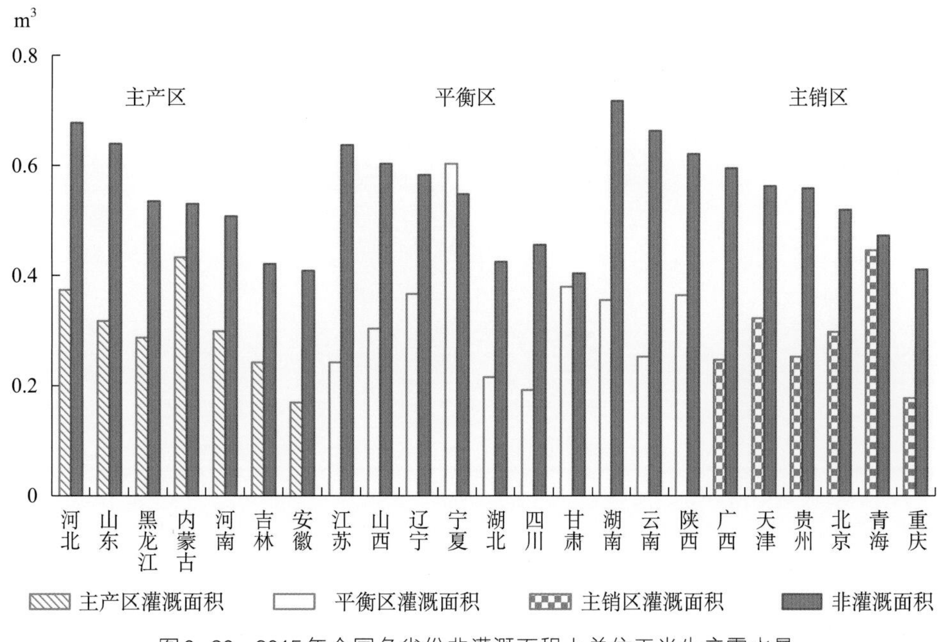

图0-20　2015年全国各省份非灌溉面积上单位玉米生产需水量

结合我国现有南方饲料粮短缺的问题，通过“粮改饲”将玉米种植改为青贮玉米种植，可省去灌浆水，亩均用水量可下降15%，同时亩产可从原来的0.5t玉米籽粒提高到全株青贮玉米3.5～4.0t。从能量的转化来看，1kg玉米籽粒产能443万J，1kg青贮玉米产能247万J，相当于种植一亩地的饲料粮比种植玉米产能提高2倍，每千克需水量减少一半多，节水效益明显。南方地区单位玉米生产需水量较小，灌溉水量占比较低，应根据实际情况扩大玉米及青贮玉米种植，发展种养结合，以保证饲料粮供给。

2．灌溉水量（蓝水）需求的空间分布特征

采用Local　Moran’s *I*指数对全国各省份水稻、小麦、玉米三种主要粮食作物的总需水量、灌溉面积上需要的灌溉水量、灌溉面积上生产单位粮食需要的灌溉水量进行空间分析，并采用生产单位粮食作物需要的灌溉水量省值与全国平均值之比，辨识主要粮食作物的适水种植规律（图0-21）。

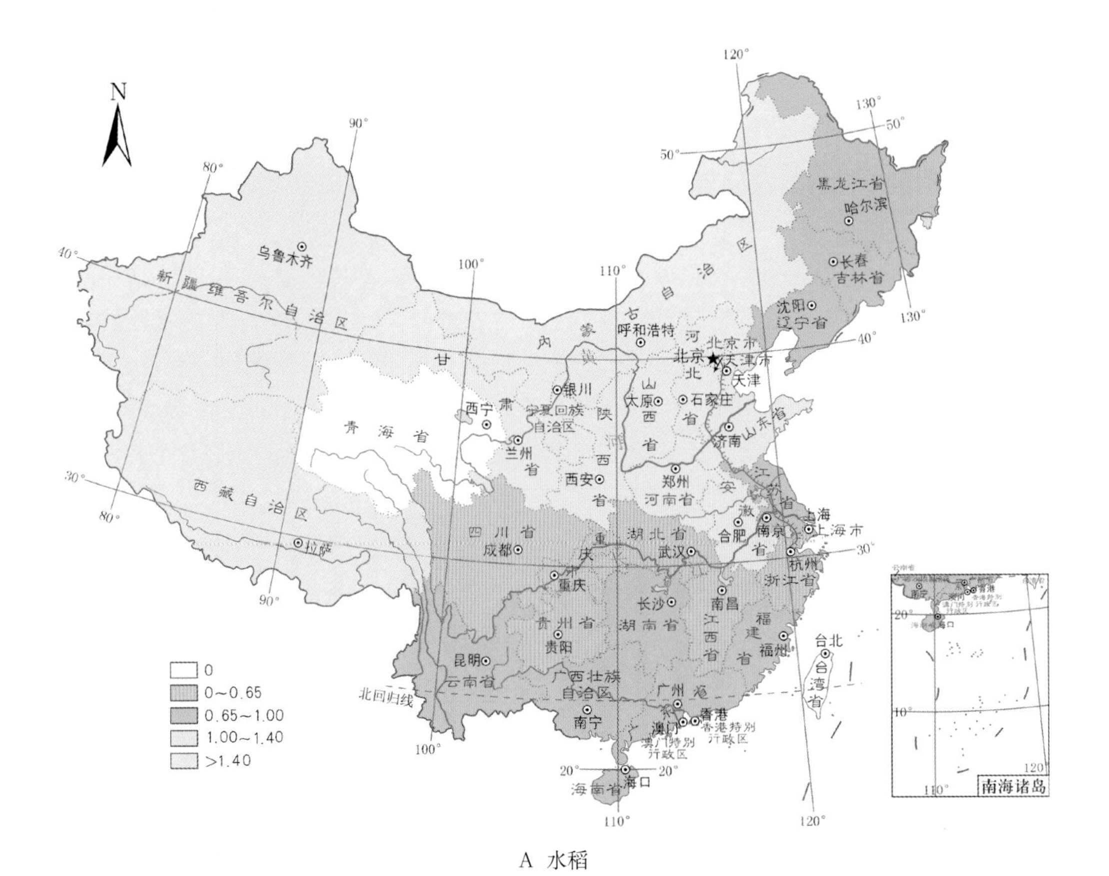
N
0
0~0.65
0.65~1.00
1.00~1.40
>1.40
乌鲁木齐
新疆维吾尔自治区
西藏自治区
拉萨
青海省
西宁
甘肃
兰州
宁夏回族自治区
银川
内蒙古自治区
呼和浩特
黑龙江省
哈尔滨
长春
吉林省
沈阳
辽宁省
北京
北京市
天津市
天津
河北
石家庄
山西省
太原
山东省
济南
陕西省
西安
河南省
郑州
江苏省
安徽
合肥
南京
上海
上海市
杭州
浙江省
湖北省
武汉
四川省
成都
重庆
贵州省
贵阳
湖南省
长沙
江西省
南昌
福建省
福州
台北
台湾省
云南省
昆明
广西壮族自治区
南宁
广州
澳门
澳门特别行政区
香港
香港特别行政区
海口
海南省
北回归线
南海诸岛

A 水稻

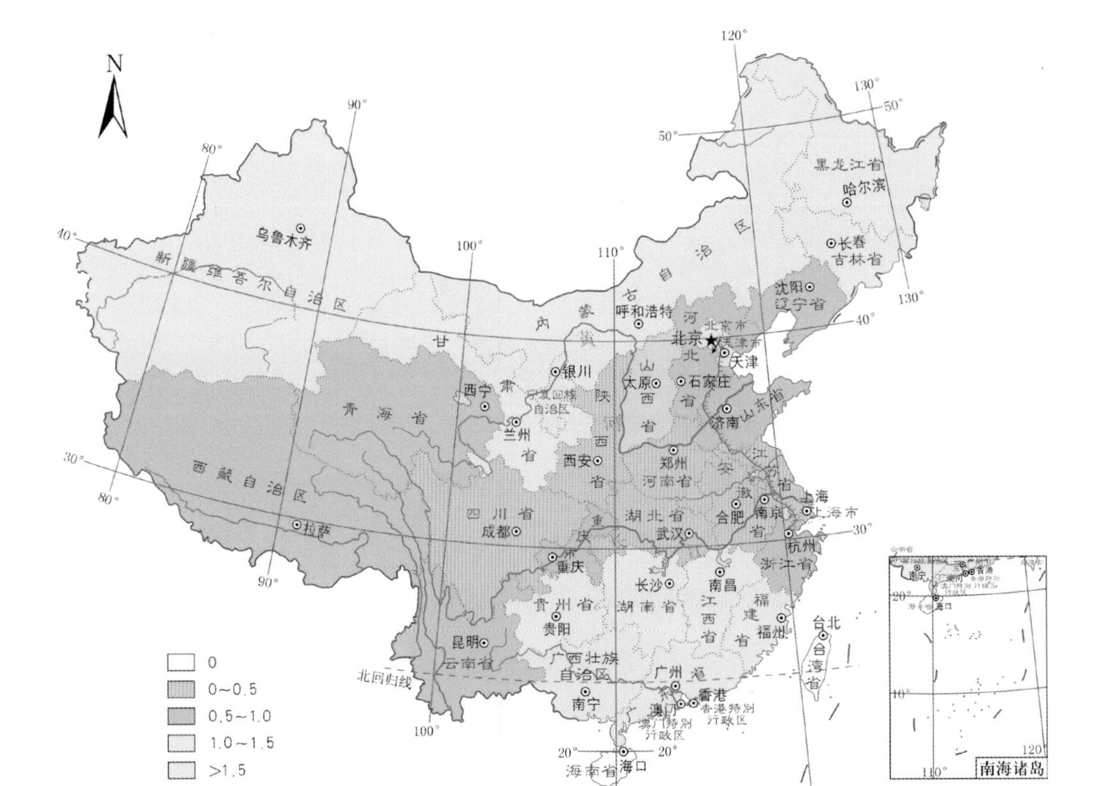
N
0
0~0.5
0.5~1.0
1.0~1.5
>1.5
乌鲁木齐
新疆维吾尔自治区
西藏自治区
拉萨
青海省
西宁
甘肃
兰州
宁夏回族自治区
银川
内蒙古自治区
呼和浩特
黑龙江省
哈尔滨
长春
吉林省
沈阳
辽宁省
北京
北京市
天津市
天津
河北
石家庄
山西省
太原
山东省
济南
陕西省
西安
河南省
郑州
江苏省
安徽
合肥
南京
上海
上海市
杭州
浙江省
湖北省
武汉
四川省
成都
重庆
贵州省
贵阳
湖南省
长沙
江西省
南昌
福建省
福州
台北
台湾省
云南省
昆明
广西壮族自治区
南宁
广州
澳门
澳门特别行政区
香港
香港特别行政区
海口
海南省
北回归线
南海诸岛

B 小麦

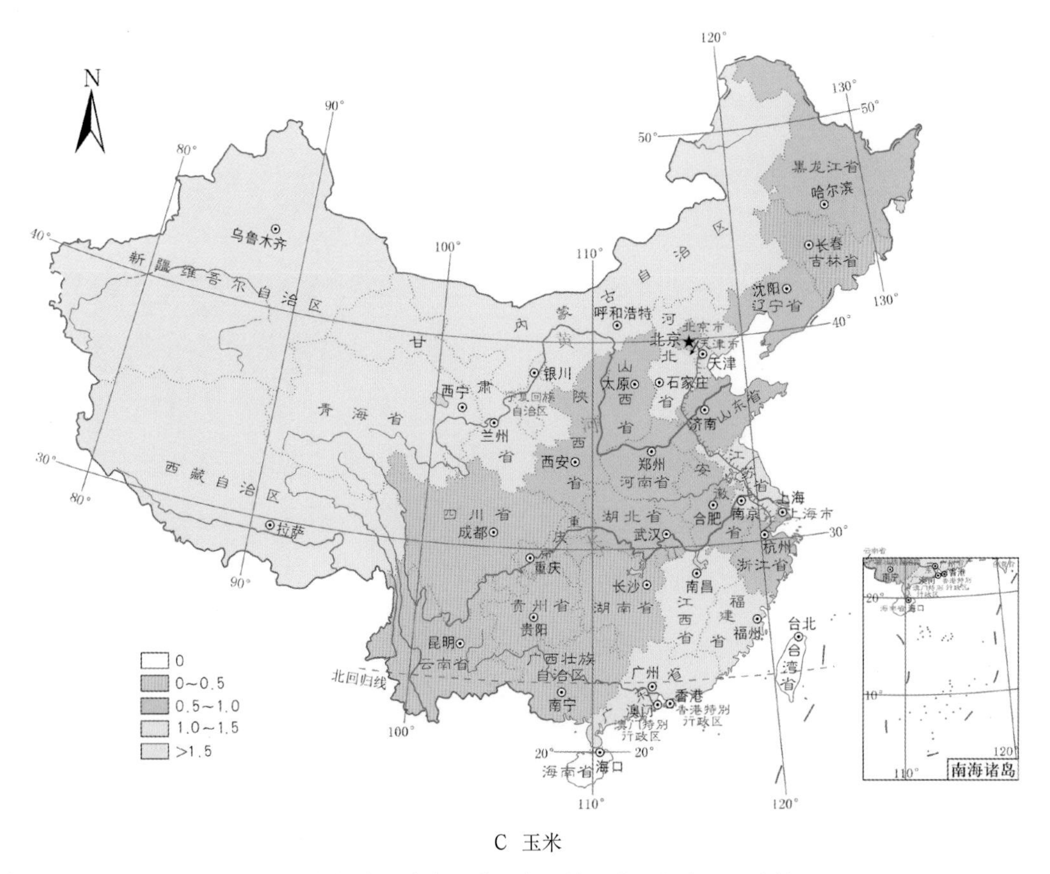

C 玉米

图0-21 生产单位粮食对灌溉水量的需求量与全国平均值之比

(1) 水稻

水稻生产对灌溉水量需求的低值区位于四川、重庆、贵州、湖北、江西、浙江6省(直辖市)，生产单位水稻对灌溉水量的需求量小于等于全国平均值的60%，是最适宜的水稻种植区域；其次是东北三省以及湖南、福建、云南、广西、广东和海南，生产单位水稻对灌溉水量的需求量小于等于全国平均值；而华北平原的部分省市生产单位水稻对灌溉水量的需求量，约为全国平均值的1.0～1.4倍，生产单位水稻对灌溉水量的需求量最高的区域为内蒙古、河北、新疆、西藏等地，最高达到全国平均值的1.8倍。

(2) 小麦

小麦生产对灌溉水量需求的低值区位于我国大陆带中间地带的江苏、安徽、河南、湖北、陕西、四川等省，生产单位小麦对灌溉水量的需求量小于全国平均值的一半，是小麦种植最适宜的区域；在山东、河北、青海等省，生产单位小麦对灌溉水量的需求量小于等于全国平均值；内蒙古、宁夏、广西生产单位小麦对灌溉水量的需求量大于全国平均值的1.5倍；其余省市生产单位小麦对灌溉水的需求量约为全国平均值的1.0～1.5倍。

(3) 玉米

玉米生产对灌溉水量的需求呈现区块分布的特点。生产单位玉米对灌溉水量需求量较小的主要有三个区域：一是东北地区的黑龙江、吉林和辽宁；二是南部的云贵川、广西、湖南地区；三是中部的山东、山西、安徽等地。这三个区域生产单位玉米对灌溉水量的需求量小于等于全国平均值，尤其是前两区域生产单位玉米对灌溉水量的需求量小于等于全国平均值的一半，从对农业水资源高效利用角度考虑，是玉米种植最适宜的区域。新疆玉米需水呈现一个明显高点，对灌溉水量的需求量大于全国平均值的2.4倍。其余省市生产单位玉米对灌溉水量的需求量大于全国平均值的1.0~2.4倍。

3. 粮食生产与消费中灌溉水量的区域转移

若按粮食生产量与消费量之差乘以其生产单位粮食所需的灌溉水量（蓝水）计算，2015年主产省区余粮中附着（消耗）的灌溉水量（虚拟水量）达到207.9亿m^3，主销省区缺粮中附着的灌溉水量约286.2亿m^3，平衡省区粮食略有剩余，附着的灌溉水量约54.1亿m^3（图0-22）。

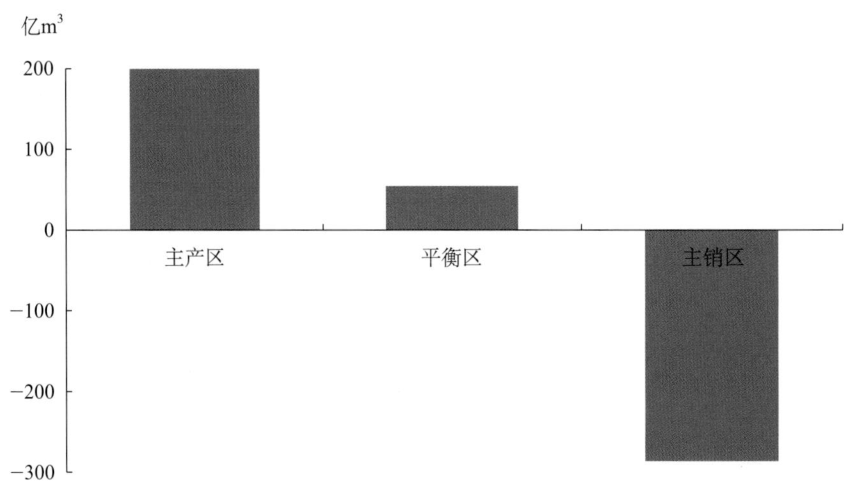

图0-22　2015年三区虚拟水运移分析

2015年北方河北、山西、内蒙古、辽宁、吉林、黑龙江、山东、河南、宁夏、甘肃、新疆11省（自治区）余粮共计1.23亿t，占全国余粮的比例高达91.2%，附着在粮食产品中的灌溉水量达到229亿m^3，通过粮食流通由北方流向南方，加剧了北方水资源短缺状况和南北方水资源的不平衡。全国各省份虚拟水的运移量如图0-23所示。

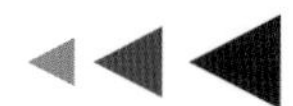

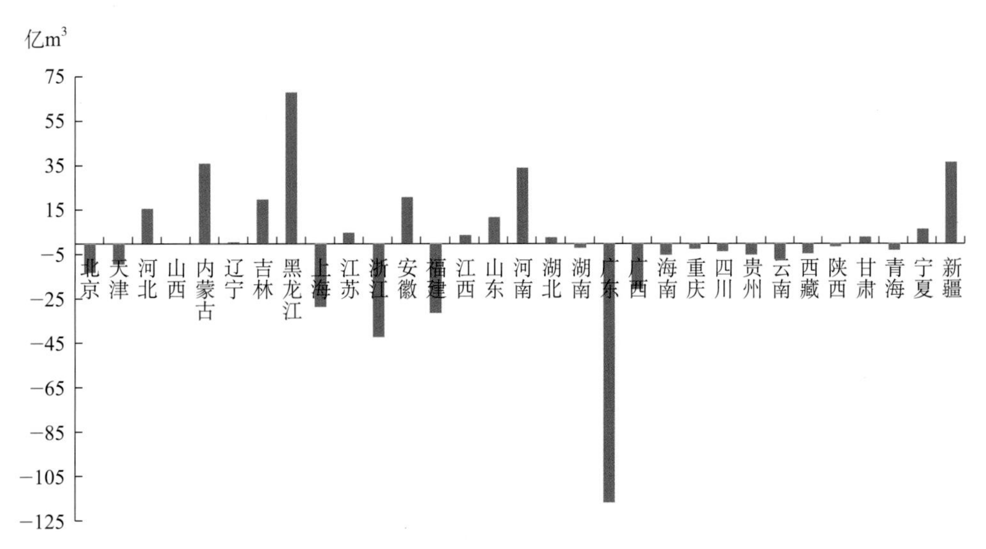

图0-23　2015年全国各省份虚拟水运移分析

（三）保障未来我国粮食生产安全的需水阈值分析

综合我国城乡居民饮食结构的变化以及未来人口的增长，按照土地承载力与粮食安全保障目标预测，2020年人均粮食消费需求量应满足479kg，需要粮食总量6.81亿t；2030年人均粮食消费需求量应满足536kg，需要粮食总量7.74亿t。

1. 发展目标与总体布局

（1）指导思想

以确保国家粮食安全（口粮自给）和重要农产品有效供给、加快现代农业和现代水利发展、促进生态文明为目标，以全面落实用水总量控制指标、转变农业用水方式、提高降水和灌溉水利用水平、建设旱涝保收高效稳产高标准农田为主线，以优化水土资源配置、夯实灌排设施基础、保护灌区生态环境、创新灌溉发展体制机制为重点，着力构建与资源环境承载能力、经济社会发展和美丽乡村建设要求相适应的现代灌溉农业体系和现代旱作农业体系。

（2）基本原则

——守住农业基本用水底线，高效利用水资源。坚持谷物基本自给、口粮绝对安全底线，适水种植，建设高标准节水灌溉农田，落实用水总量控制指标，保障合理的灌溉用水需求。

——坚持以水定灌，有进有退。以水资源承载能力倒逼灌溉规模调整，巩固和适度扩大南方水稻种植面积，适度调减华北地下水严重超采区小麦种植规模，水旱并举实现水资源可持续利用和灌溉的可持续发展。

——坚持开源节流并举，节水为先。科学开发利用再生水资源和微咸水资源，大力发展和推广喷灌、微灌、低压管灌等高效灌溉技术和渠道防渗技术，构建与新型农业经营体系相适应的现代灌溉农业体系。

——突出用水效率和效益，优化粮作布局。按照作物需水和灌溉水量的地区分布规律，适水种植、优化粮食作物区域布局，合理调配水资源，提高农业生产的比较效益。

（3）发展目标

总目标：建设现代灌溉农业和现代旱作农业体系。

具体目标：

到2025年，水土资源配置与灌溉发展布局趋于合理，灌排设施和信息化水平明显提升。在多年平均情形下，全国灌溉用水量控制在3 725亿m^3以内，农田有效灌溉面积达到10.2亿亩，节水灌溉工程面积达到7.76亿亩，节水灌溉率达到69%，其中高效节水灌溉工程面积达到4.35亿亩，高效节水灌溉率达到39%，农田灌溉水有效利用系数提高到0.57以上。

到2030年，基本完成现有灌区改造升级，新建一批现代灌区，基本实现灌溉现代化。在多年平均情形下，全国灌溉用水量控制在3 730亿m^3以内，农田有效灌溉面积达到10.35亿亩，节水灌溉工程面积达到8.5亿亩，节水灌溉率达到74%，其中高效节水灌溉工程面积达到5亿亩，高效节水灌溉率达到44%，农田灌溉水有效利用系数提高到0.60以上。

到2035年，力争全面建成以适产高效、精准智慧、环境友好型和云服务为特征的现代灌溉农业体系和现代旱作农业用水体系，适度发展灌溉面积，提高农田灌溉保证率，全国灌溉用水量趋于稳定。

（4）总体布局

北方地区总体“水少地多”，以高效节约利用水资源、提高水资源利用效率效益为中心，推行土地集约化利用和适产高效型限水灌溉（调亏灌溉）制度相结合，同时考虑小麦南移、农牧交错带以草业为主的种植结构调整。按“增东稳中调西”的原则，优化灌溉面积发展规模，东北地区重在节水增粮、黄淮海平原区重在节水压采、西部地区重在节水增收。

南方地区总体“水多地少”，以节约集约利用土地资源、提高土地资源利用效率效益为中心，稳定基本农田和控制排水型适宜灌溉相结合，果草结合，发展绿肥种植。按

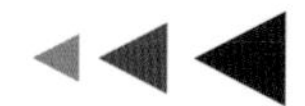

"调东稳中增西"的原则，优化灌溉面积发展规模，大力推广水稻控制灌溉技术，着力节水减污。东部强化甘蔗主产区种植规模，适当调减其他大田作物种植规模；中部长江中下游地区稳固水稻主产区，加强田间水肥高效利用综合调控技术模式和面源污染治理工作；西部四川盆地片区增加水稻"湿、晒、浅、间"控制性灌溉模式规模。

2．灌溉面积发展规模

以满足未来粮食消费需求、不逾越用水总量控制红线为目标，结合《全国现代灌溉发展规划（2012—2020年）》，采用定额法分析预测灌溉面积发展规模（表0–8）。

到2025年，全国灌溉面积达到11.25亿亩，其中农田有效灌溉面积10.20亿亩，北方地区约占56.1%，主要集中在黑龙江、山东、河南、新疆、河北和内蒙古6省（自治区），黑龙江最大，约占全国的10%。农田有效灌溉面积占全国面积的比重：东北区15.5%，华北区22.3%，长江区25.9%，其他区均不足7.2%。

到2030年，全国灌溉面积达到11.45亿亩，其中农田有效灌溉面积10.35亿亩，增加面积主要分布在黑龙江、吉林、内蒙古、四川、山东和湖北。农田有效灌溉面积占全国面积的比重：东北区16.6%，华北区22.1%，长江区25.4%，其他区均不足7%。

表0–8　2025年、2030年十大农业分区农田有效灌溉面积及其占全国的比重

单位：亿m^3，万亩，%

地区	农田灌溉可用水量			农田有效灌溉面积			占全国面积的比重		
	2020年	2025年	2030年	2020年	2025年	2030年	2020年	2025年	2030年
全国	3 230	3 230	3 230	100 500	102 000	103 499	100.0	100.0	100.0
东北区	409	446	483	14 405	15 775	17 145	14.3	15.5	16.6
华北区	427	428	429	22 591	22 749	22 907	22.5	22.3	22.1
长江区	900	885	869	26 427	26 361	26 296	26.3	25.8	25.4
华南区	400	388	376	7 244	7 189	7 133	7.2	7.0	6.9
蒙宁区	182	191	200	6 061	6 194	6 328	6.0	6.1	6.1
晋陕甘区	166	166	167	5 709	5 721	5 733	5.7	5.6	5.5
川渝区	160	163	167	5 816	6 001	6 186	5.8	5.9	6.0
云贵区	194	194	195	4 724	4 754	4 783	4.7	4.7	4.6
青藏区	37	41	44	851	889	926	0.8	0.9	0.9
西北区	355	329	301	6 672	6 367	6 062	6.6	6.2	5.9

2025年、2030年全国各省份农田灌溉面积分布如图0-24所示。2015年、2025年水稻、小麦、玉米三大主要粮食作物灌溉面积地区分布如图0-25所示。

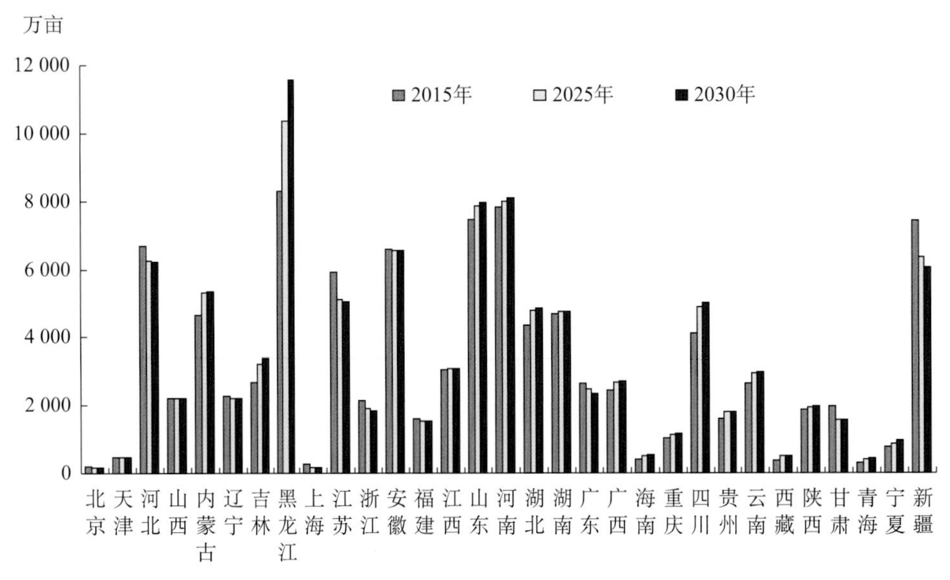

图0-24　2015年、2025年、2030年全国各省份农田有效灌溉面积

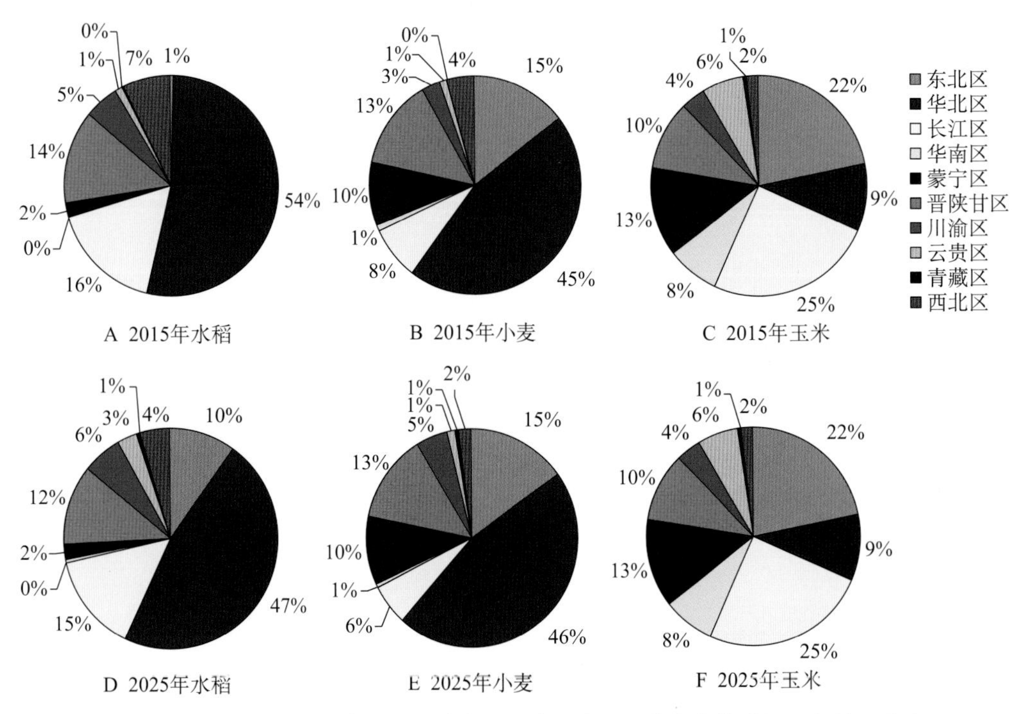

图0-25　2015年、2025年水稻、小麦、玉米三大主要粮食作物灌溉面积地区分布

3. 未来农田灌溉可用水量与需水量

根据《全国现代灌溉发展规划（2012—2020年）》，2020年、2030年多年平均灌溉可用水量为3 720亿m^3和3 730亿m^3。根据《中国水资源公报》，2000年以来林牧渔用水量变

化较平稳，最大（2012年）为499.2亿m³，未突破500亿m³，考虑到未来灌溉面积的扩大和节水灌溉方式的增加，未来林牧渔用水量仍将控制在500亿m³左右（最高达到544.5亿m³），则2020—2030年多年平均农田灌溉可用水量（不包括非常规水量）为3 230亿m³。

采用定额法分析预测规划水平年农田灌溉需水量。

（1）灌溉定额

为了客观估算当前农田灌溉用水量，本书以全国160个代表性气象站，采用Penman—Monteith公式分析计算了1986—2014年主要作物多年平均净灌溉需水量，与《2015中国水资源公报》统计的亩均用水量比较，结合农田灌溉当前用水水平，综合确定灌溉定额：对于公报统计亩均用水量大于理论计算毛定额的地区，采用统计亩均用水量与毛定额的平均值；对于公报统计亩均用水量小于理论计算净定额的地区，采用公报统计亩均用水量与净定额的平均值。

（2）当前节水水平下农田灌溉需水量

鉴于全国各地降水丰枯不同步、实灌面积通常小于有效灌溉面积的客观情况，本书需水预测采用有效灌溉面积和折算灌溉面积（按照2013—2014年实灌面积占有效灌溉面积的比例折算）两种方法计算，结果如表0-9所示。按有效灌溉面积计算，2020年、2025年、2030年全国农田灌溉需水量分别为3 948.0亿m³、3 995.7亿m³和4 043.0亿m³。按折算灌溉面积计算，2020年、2025年、2030年全国农田灌溉需水量分别为3 331.5亿m³、3 366.9亿m³和3 402.6亿m³，缺水省合计缺水量分别为100.9亿m³、136.6亿m³和172.4亿m³。

（3）强化节水条件下农田灌溉需水量

综合考虑农田灌溉需水量和农田灌溉可用水量，要保障未来10亿亩高标准农田建设用水需求，需进一步采用强化节水、适水种植、优化种植结构等综合“节流”措施，将农田灌溉水有效利用系数由当前的0.536提高到2020年0.550、2025年0.575和2030年0.600。按有效灌溉面积计算，2020年、2025年、2030年全国农田灌溉需水量将分别达到3 806.8亿m³、3 705.2亿m³和3 603.5亿m³；按折算灌溉面积计算，2020年、2025年、2030年全国农田灌溉需水量将分别达到3 208.1亿m³、3 119.4亿m³和3 031.3亿m³，缺水省合计缺水量分别为170.7亿m³、109.6亿m³和64.4亿m³。随着未来再生水处理能力的提高，亏缺水量可由再生水和微咸水补充供水（表0-10）。

综上所述，要支撑未来10亿亩高标准农田用水需求，至少需要保障农田灌溉基本用水底线3 230亿m³，开发利用非常规水资源约64.6亿m³。

表0-9 当前节水水平下规划水平年农田有效灌溉面积及需水量预测

单位：m^3/亩，万亩，亿m^3

地区	当前用水定额	农田有效灌溉面积			实灌面积/耕地面积（2013—2014年平均）	农田灌溉需水量					
						按有效灌溉面积计			按折算灌溉面积计		
		2020年	2025年	2030年		2020年	2025年	2030年	2020年	2025年	2030年
全国	400	100 500	102 000	103 499	0.84	3 948.0	3 995.7	4 043.0	3 331.5	3 366.9	3 402.6
北京	260	240	219	198	0.88	5.3	5.2	5.2	4.7	4.6	4.6
天津	228	460	458	456	0.90	10.5	10.4	10.4	9.4	9.4	9.3
河北	224	6 277	6 247	6 217	0.82	140.8	140.2	139.5	114.9	114.4	113.8
山西	193	2 200	2 200	2 200	0.98	42.4	42.4	42.4	41.4	41.4	41.4
内蒙古	323	5 261	5 310	5 358	0.82	169.9	171.5	173.1	139.3	140.5	141.8
辽宁	417	2 207	2 207	2 207	0.85	92.0	92.0	92.0	78.3	78.3	78.3
吉林	354	3 068	3 222	3 376	0.61	108.5	114.0	119.4	66.4	69.7	73.1
黑龙江	351	9 130	10 346	11 562	0.84	320.7	363.4	406.1	269.1	304.9	340.7
上海	386	183	173	162	1.00	7.1	6.7	6.3	7.1	6.7	6.3
江苏	478	5 146	5 101	5 056	0.64	246.1	244.0	241.8	158.5	157.2	155.8
浙江	342	2 004	1 920	1 836	0.92	68.6	65.7	62.8	63.2	60.5	57.9
安徽	291	6 539	6 544	6 549	0.80	190.1	190.3	190.4	152.4	152.6	152.7
福建	556	1 534	1 537	1 539	0.82	85.3	85.4	85.5	69.6	69.7	69.8
江西	611	3 083	3 084	3 085	0.87	188.4	188.4	188.5	163.6	163.6	163.7
山东	230	7 768	7 856	7 944	0.94	178.9	180.9	183.0	168.4	170.3	172.2

（续）

地区	当前用水定额	农田有效灌溉面积			实灌面积/耕地面积（2013—2014年平均）	农田灌溉需水量					
						按有效灌溉面积计			按折算灌溉面积计		
		2020年	2025年	2030年		2020年	2025年	2030年	2020年	2025年	2030年
河南	214	7 882	7 987	8 092	0.86	169.0	171.3	173.5	146.0	147.9	149.9
湖北	431	4 721	4 789	4 857	0.82	203.5	206.4	209.3	166.0	168.4	170.8
湖南	530	4 751	4 751	4 751	0.84	251.8	251.8	251.8	212.7	212.7	212.7
广东	660	2 586	2 469	2 352	0.93	170.7	163.0	155.2	158.1	151.0	143.8
广西	780	2 647	2 672	2 697	0.86	206.4	208.4	210.3	177.3	178.9	180.6
海南	803	477	511	545	0.64	38.3	41.1	43.8	24.6	26.3	28.1
重庆	354	1 083	1 135	1 186	0.67	38.3	40.1	42.0	25.6	26.9	28.1
四川	392	4 733	4 867	5 000	0.80	185.5	190.7	196.0	148.0	152.2	156.4
贵州	391	1 800	1 800	1 800	0.85	70.3	70.3	70.3	60.1	60.1	60.1
云南	397	2 924	2 954	2 983	0.89	116.1	117.3	118.4	103.1	104.1	105.2
西藏	474	491	492	492	1.00	23.3	23.3	23.3	23.3	23.3	23.3
陕西	325	1 927	1 943	1 958	0.83	62.6	63.1	63.6	52.0	52.4	52.8
甘肃	514	1 582	1 579	1 575	0.87	81.3	81.1	81.0	70.8	70.6	70.5
青海	625	360	397	434	0.85	22.5	24.8	27.1	19.1	21.1	23.0
宁夏	755	800	885	970	0.95	60.4	66.8	73.3	57.5	63.6	69.7
新疆	590	6 672	6 367	6 062	0.97	393.6	375.7	357.7	381.0	363.6	346.2

注：折算灌溉面积按2013—2014年实灌面积占有效灌溉面积比例计算，全国平均折算系数为84%。

表0–10　强化节水条件下规划水平年农田灌溉需水量预测

单位：亿 m^3

地区	农田灌溉水有效利用系数				农田灌溉需水量						农田灌溉可用水量			非常规水利用量					
	《2015中国水资源公报》	《全国现代灌溉发展规划（2012—2020年）》			有效灌溉面积			折算灌溉面积						有效灌溉面积			折算灌溉面积		
		2020年	2025年	2030年	2020年	2025年	2030年	2020年	2025年	2030年	2020年	2025年	2030年	2020年	2025年	2030年	2020年	2025年	2030年
全国	0.536	0.550	0.575	0.600	3806.8	3705.2	3603.5	3208.1	3119.4	3031.3	3230.5	3230.3	3230.2	604.8	511.2	418.3	170.7	109.6	64.4
北京	0.710	0.750	0.757	0.764	5.0	4.9	4.8	4.4	4.3	4.2	7.9	7.0	6.1						
天津	0.687	0.691	0.716	0.741	10.4	10.0	9.6	9.4	9.0	8.7	10.2	10.6	11.1	0.3					
河北	0.670	0.675	0.700	0.724	139.8	134.4	129.1	114.1	109.7	105.3	129.8	128.7	127.6	10.0	5.8	1.5			
山西	0.530	0.550	0.567	0.584	40.8	39.7	38.5	39.9	38.7	37.6	43.3	43.2	43.2						
内蒙古	0.521	0.532	0.559	0.585	166.4	160.3	154.1	136.4	131.3	126.3	129.1	132.8	136.4	37.3	27.5	17.7	7.3		
辽宁	0.587	0.592	0.622	0.651	91.3	87.1	83.0	77.7	74.2	70.6	72.4	71.9	71.3	18.8	15.3	11.7	5.2	2.3	
吉林	0.563	0.582	0.605	0.627	104.9	106.0	107.2	64.2	64.9	65.6	92.0	97.5	102.9	12.9	8.6	4.3			
黑龙江	0.590	0.600	0.627	0.654	315.3	340.9	366.4	264.6	286.0	307.4	244.6	276.9	309.2	70.8	64.0	57.2	20.0	9.1	
上海	0.735	0.738	0.759	0.779	7.0	6.5	5.9	7.0	6.5	5.9	12.2	11.0	9.8						
江苏	0.598	0.600	0.626	0.652	245.3	233.5	221.8	158.0	150.4	142.9	221.4	217.6	213.7	23.9	16.0	8.1			
浙江	0.582	0.600	0.618	0.636	66.5	62.0	57.5	61.3	57.1	53.0	65.9	62.3	58.8	0.7					
安徽	0.524	0.535	0.560	0.585	186.2	178.4	170.6	149.3	143.0	136.8	133.6	129.8	126.0	52.6	48.6	44.6	15.7	13.2	10.8
福建	0.533	0.547	0.567	0.587	83.1	80.4	77.7	67.8	65.6	63.4	84.1	84.0	83.9						
江西	0.490	0.510	0.535	0.560	181.0	173.0	164.9	157.2	150.2	143.2	139.0	139.1	139.2	42.0	33.9	25.7	18.2	11.1	4.0
山东	0.630	0.646	0.671	0.696	174.5	170.1	165.6	164.2	160.1	155.9	147.9	149.3	150.7	26.6	20.8	14.9	16.4	10.8	5.2

（续）

地区	农田灌溉水有效利用系数				农田灌溉需水量						农田灌溉可用水量			非常规水利用量					
	《2015中国水资源公报》	《全国现代灌溉发展规划（2012—2020年）》			有效灌溉面积			折算灌溉面积						有效灌溉面积			折算灌溉面积		
		2020年	2025年	2030年	2020年	2025年	2030年	2020年	2025年	2030年	2020年	2025年	2030年	2020年	2025年	2030年	2020年	2025年	2030年
河南	0.601	0.616	0.641	0.666	164.9	160.7	156.6	142.4	138.8	135.2	131.2	132.2	133.2	33.7	28.5	23.4	11.2	6.6	2.0
湖北	0.500	0.524	0.549	0.574	194.2	188.3	182.3	158.4	153.6	148.8	143.5	144.2	144.8	50.7	44.1	37.5	14.9	9.5	4.0
湖南	0.496	0.521	0.546	0.571	239.7	229.2	218.7	202.5	193.6	184.7	185.2	180.8	176.5	54.6	48.4	42.2	17.3	12.8	8.2
广东	0.481	0.500	0.525	0.550	164.2	150.0	135.8	152.1	139.0	125.8	129.7	118.9	108.1	34.5	31.1	27.7	22.5	20.1	17.7
广西	0.465	0.500	0.525	0.550	192.0	184.9	177.8	164.8	158.8	152.7	155.8	153.2	150.6	36.2	31.7	27.2	9.0	5.6	2.1
海南	0.563	0.570	0.599	0.627	37.9	38.6	39.3	24.3	24.7	25.2	30.1	31.7	33.2	7.7	6.9	6.1			
重庆	0.480	0.500	0.522	0.544	36.8	36.9	37.0	24.6	24.7	24.8	19.5	20.6	21.7	17.2	16.3	15.3	5.1	4.1	3.1
四川	0.454	0.476	0.497	0.518	177.0	174.4	171.8	141.2	139.1	137.1	140.2	142.6	145.1	36.8	31.7	26.7	1.0		
贵州	0.451	0.480	0.493	0.505	66.1	64.4	62.8	56.4	55.0	53.6	66.4	65.8	65.2						
云南	0.451	0.472	0.489	0.505	110.9	108.3	105.8	98.5	96.2	94.0	127.5	128.5	129.4						
西藏	0.417	0.450	0.461	0.471	21.6	21.1	20.6	21.6	21.1	20.6	18.8	19.7	20.7	2.8	1.4		2.8	1.4	
陕西	0.556	0.570	0.590	0.610	61.1	59.5	58.0	50.7	49.4	48.1	54.3	54.7	55.1	6.8	4.8	2.9			
甘肃	0.541	0.570	0.588	0.605	77.2	74.8	72.4	67.2	65.1	63.0	67.9	68.3	68.7	9.3	6.5	3.7			
青海	0.489	0.500	0.527	0.553	22.0	23.0	24.0	18.7	19.5	20.4	18.7	20.9	23.1	3.3	2.1	0.9			
宁夏	0.501	0.506	0.536	0.565	59.8	62.4	65.0	56.9	59.3	61.8	52.7	58.1	63.5	7.1	4.3	1.5	4.2	1.2	
新疆	0.527	0.570	0.581	0.591	363.9	341.5	318.9	352.3	330.5	308.7	355.6	328.5	301.4	8.3	13.0	17.5		2.0	7.3

三、现代灌溉农业和现代旱作农业

（一）全国主要作物灌溉需水量分布特征

以全国水资源三级区为基础，剔除部分农业用水少或资料缺失的区域，同时将个别涉及范围较大的三级区分为若干子区，最终确定216个农业用水研究子区。每个三级区内选定一个典型气象站，以该气象站资料为基础，对小麦、春玉米、中稻和棉花等主要作物净灌溉需水量（生育期内作物需水量－有效降水）进行分析。

（1）小麦

主要分布在河南、山东、河北、安徽、江苏、陕西、甘肃、新疆和山西等地。需补充灌溉水量由南向北递增，高值区位于西部的新疆克拉玛依市和西藏阿里地区，需补充灌溉水量500～600mm；低值区位于淮河流域南部及长江中下游地区，需补充灌溉水量100～200mm；在黄淮海平原区，高值区位于由山东潍坊向西北延伸的德州、天津、保定、北京的条形带上，需补充灌溉水量350～400mm，向南北两侧递减（图0－26A）。

（2）春玉米

横贯东北和西北，生长期一般为4月下旬、5月中旬至9月中旬，生育期为125～140d。在东部地区，灌溉高值区位于三门峡地区，向南北递减，东北地区需补充灌溉水量为100～150mm（图0－26B）。多年平均净灌溉需水量占作物总需水量的比重在东北地区为10%～45%，西北地区为80%～98%。

（3）水稻

分为早稻、晚稻和中稻。中稻主要分布在长江中下游平原、云贵高原、四川盆地、东北地区的三江平原和辽河平原。中稻需补充灌溉水量由南向北递增，高值区位于新疆吐鲁番盆地和巴音郭楞蒙古自治州地区，需补充灌溉水量850～900mm；低值区位于华南地区的广西东部、广东西部以及四川盆地，需补充灌溉水量100～150mm（图0－26C）。

（4）棉花

主要分布在新疆、山东、河南、河北、湖南、江苏、安徽等地，生长期从4月

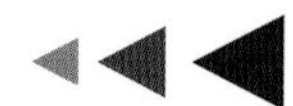

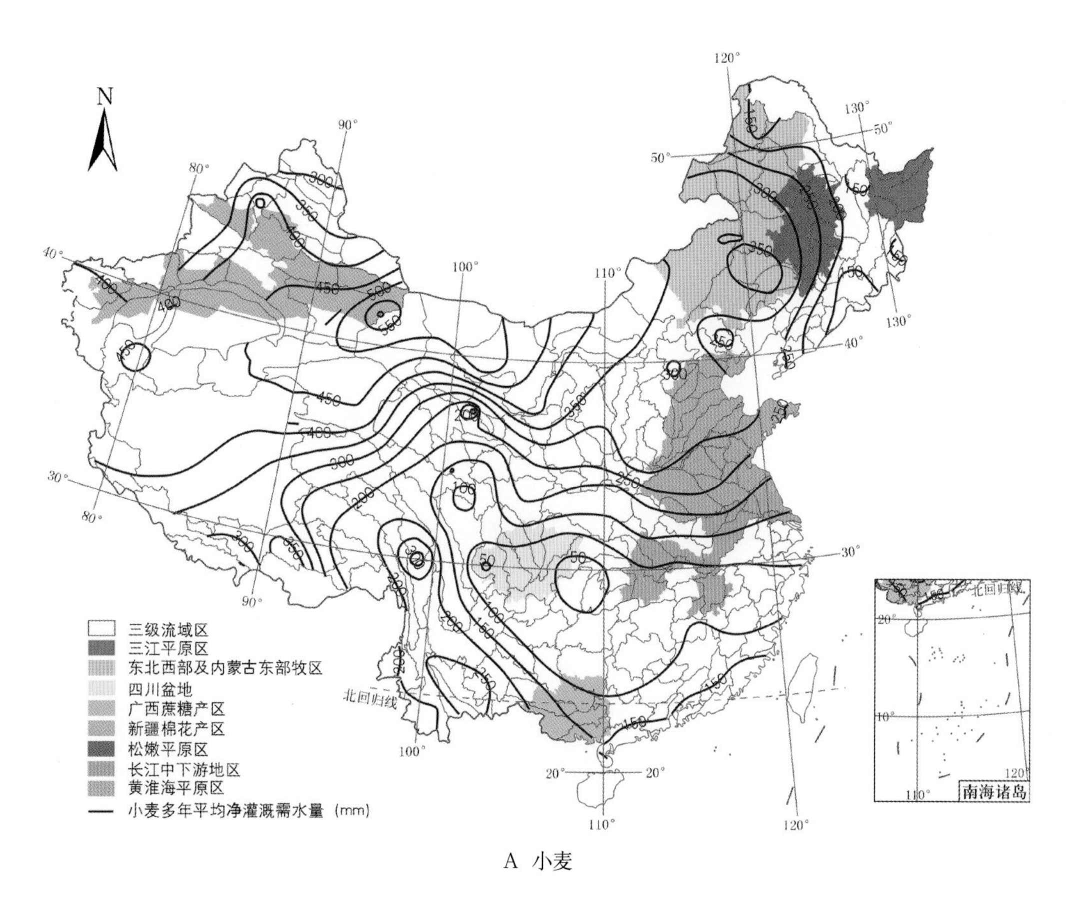
三级流域区
三江平原区
东北西部及内蒙古东部牧区
四川盆地
广西蔗糖产区
新疆棉花产区
松嫩平原区
长江中下游地区
黄淮海平原区
小麦多年平均净灌溉需水量（mm）
南海诸岛
北回归线

A 小麦

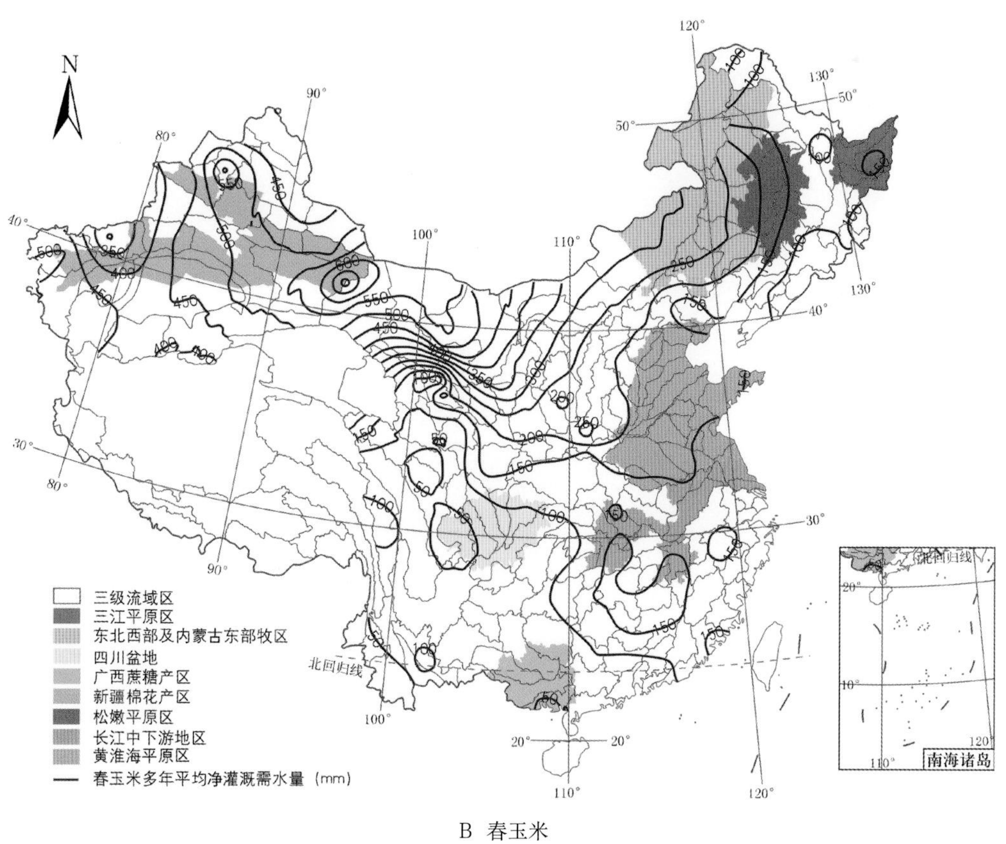
三级流域区
三江平原区
东北西部及内蒙古东部牧区
四川盆地
广西蔗糖产区
新疆棉花产区
松嫩平原区
长江中下游地区
黄淮海平原区
春玉米多年平均净灌溉需水量（mm）
南海诸岛
北回归线

B 春玉米

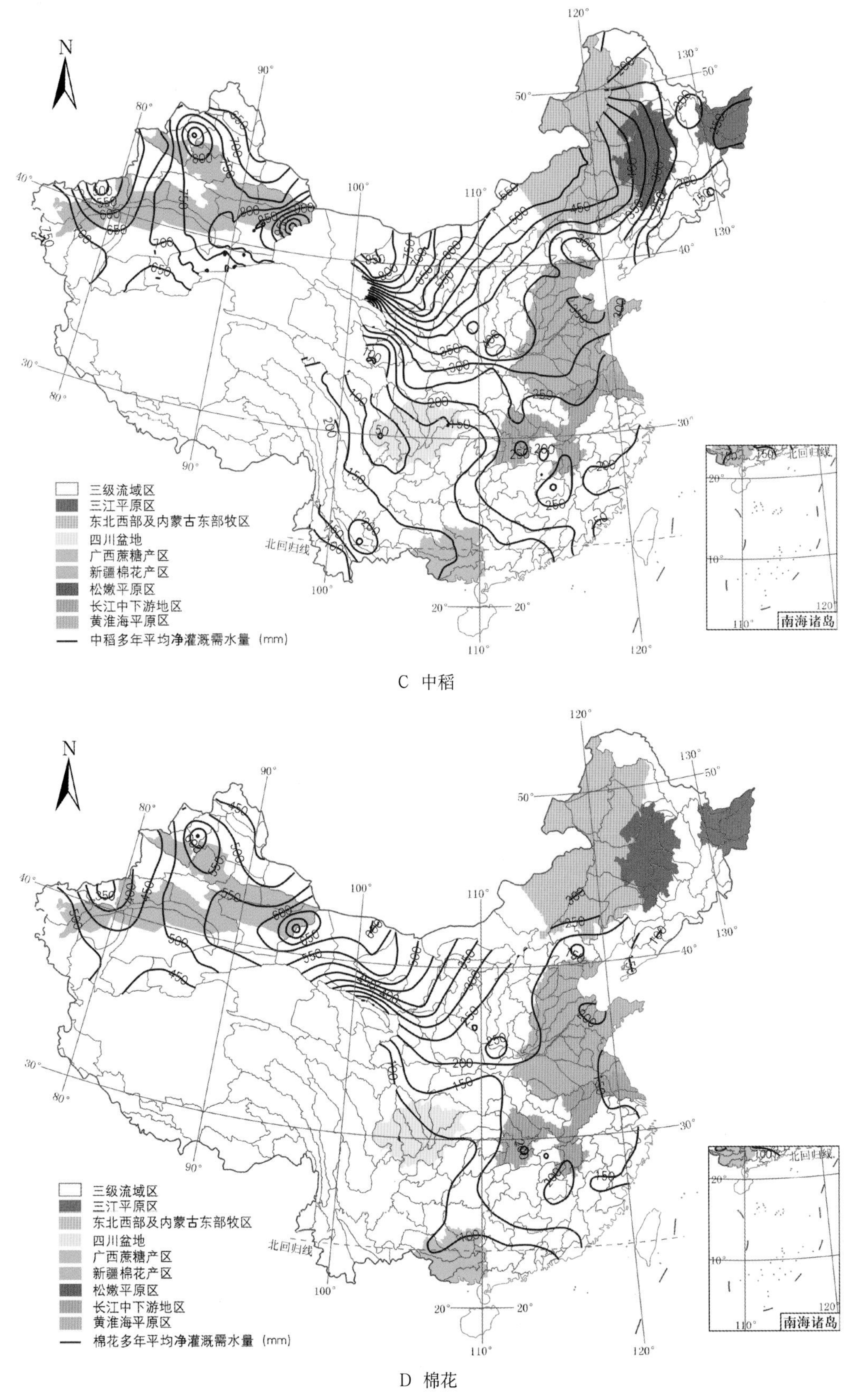

C 中稻

D 棉花

图0-26　主要作物多年（1986—2014年）平均净灌溉需水量等值线图

中下旬至10月中下旬。灌溉需水量高值区位于新疆克拉玛依地区，需补充灌溉水量600～700mm；低值区位于华南地区的广西东部及广东西部，需补充灌溉水量30～100mm；东部主产区需补充灌溉水量150～250mm（图0-26D）。近年来，很多地区实行棉花覆膜种植，灌溉需水量可降低75～120mm。

（二）主要农作物用水效率分布特征

1．黄淮海平原冬小麦、夏玉米与苜蓿

（1）冬小麦

充分灌的灌溉量为119mm，水分生产率为1.46kg/m^3；亏缺灌的灌溉量为71mm，水分生产率为1.38kg/m^3；雨养条件下水分生产率为0.77kg/m^3。在灌溉条件下，黄淮海平原水分生产率由东北部向西南部递增（图0-27）；在雨养条件下，水分生产率空间分布与其生育期内降水空间分布基本一致，即由北向南递增。在水资源紧缺的黄淮海平原北部，冬小麦采用亏缺灌溉能保证87%产量，可促进区域水资源持续有效利用，但对作物水分生产率影响有限。

（2）夏玉米

需水与降水的耦合程度高，通过选用抗旱玉米品种和配套应用综合农艺旱作技术，完全可以实现玉米雨养旱作。黄淮海平原不同区域雨养旱作条件下夏玉米的水分生产率如表0-11所示，生育期降水量为470mm，耗水量为363mm，亩产788kg，水分生产率为3.26kg/m^3。

表0-11 黄淮海平原区雨养旱作夏玉米的水分生产率

单位：mm，kg，kg/m^3

地区	降水量	耗水量	亩产	水分生产率
北京	438	343	766	3.35
天津	403	372	814	3.28
河北	392	385	798	3.11
河南	465	353	802	3.41
山东	481	360	763	3.18
安徽	562	379	781	3.09
江苏	552	346	791	3.43
平均	470	363	788	3.26

（3）苜蓿

在耗水量为673mm时，苜蓿亩产与水分生产率都较大，分别为3 384kg、7.54kg/m^3。

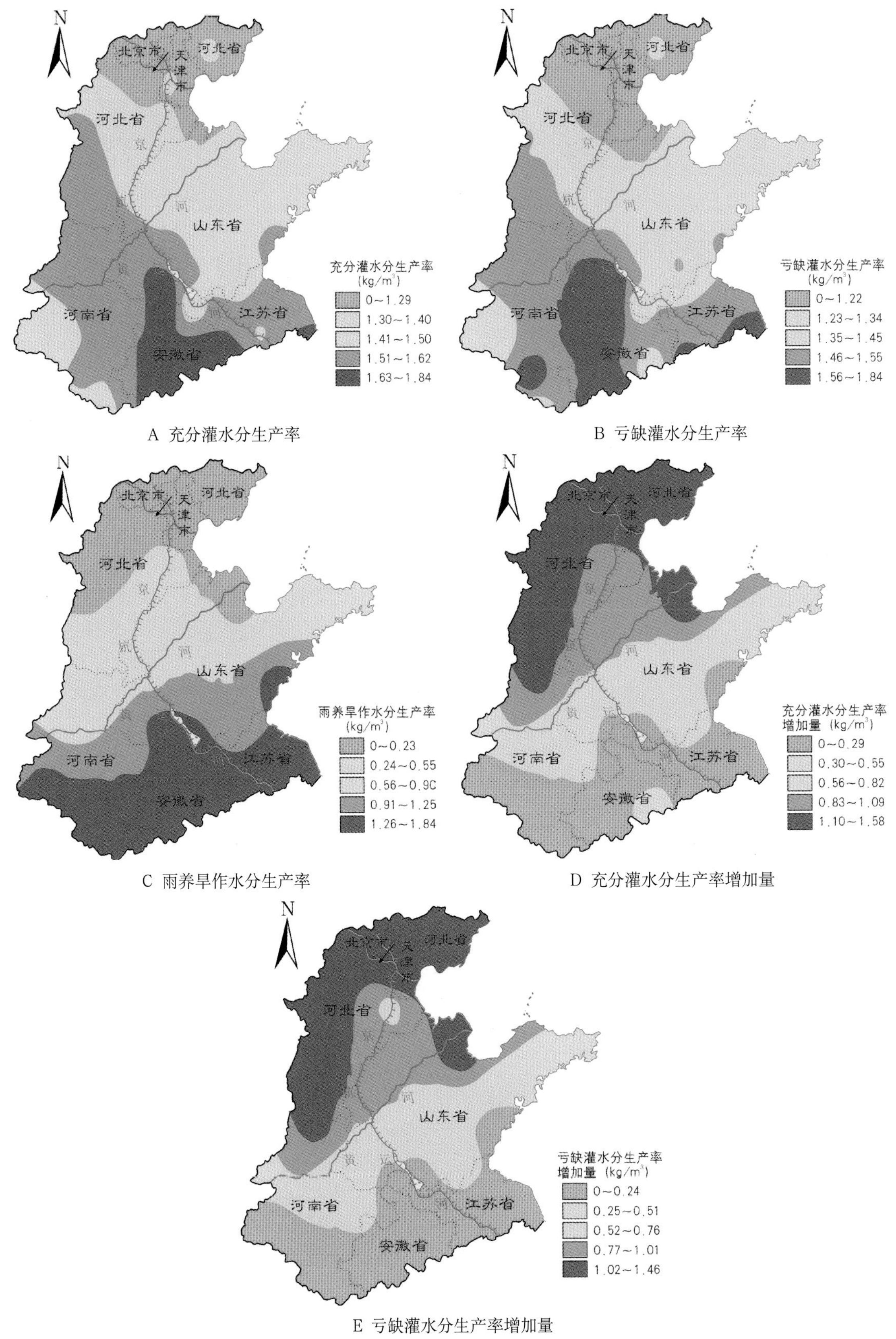

A 充分灌水分生产率

B 亏缺灌水分生产率

C 雨养旱作水分生产率

D 充分灌水分生产率增加量

E 亏缺灌水分生产率增加量

图0-27 黄淮海平原区冬小麦水分生产率的空间分布

以水分生产率最大与产量较大时的耗水量作为需水量，计算获得平水年下苜蓿净灌溉定额为188mm。按井灌区井口出水量计量，平水年苜蓿喷灌与管灌的灌溉定额分别为209mm、235mm。

2．三江平原水稻与玉米

（1）水稻

需水量为546mm，生育期内多年平均降水量为441mm，“浅、晒、浅”与控制灌溉条件下的灌溉量分别为450mm、275mm，相应水分生产率分别为1.34kg/m^{3}和2.25kg/m^3（表0-12）。与“浅、晒、浅”相比，采用控制灌溉技术可减少灌溉量175mm，减少耗水量293mm，亩产增加16kg，水分生产率提高68%。

表0-12　三江平原区不同节水灌溉制度下水稻的水分生产率

单位：mm，kg，kg/m^3

灌溉制度	灌溉量	耗水量	亩产	水分生产率
浅、晒、浅	450	754	675	1.34
控制灌溉	275	461	691	2.25

（2）玉米

在保证三江平原春玉米适时播种及壮苗培育情况下，其生育期内降水与需水量相当，约400mm，降水能基本满足作物用水需求，三江平原春玉米雨养旱作亩产可达800kg以上，水分生产率为3kg/m^3。

3．松嫩平原水稻与玉米

（1）水稻

“浅、晒、浅”与控制灌溉条件下的灌溉量分别为545mm、345mm，相应水分生产率分别为1.14kg/m^{3}和1.53kg/m^3（表0-13）。与“浅、晒、浅”相比，采用控制灌溉技术可减少灌溉量200mm，减少耗水量145mm，亩产增加43kg，水分生产率提高34%。

表0-13　松嫩平原区不同灌溉制度下水稻的水分生产率

单位：mm，kg，kg/m^3

灌溉制度	灌溉量	耗水量	亩产	水分生产率
浅、晒、浅	545	725	550	1.14
控制灌溉	345	580	593	1.53

(2) 玉米

西部降水量较少，不能完全满足春玉米用水需求，雨养旱作条件下亩产较低，约663kg；东部地区降水量较多，雨养旱作亩产较高，可达848kg。松嫩平原春玉米的水分生产率如表0-14所示，在雨养旱作下，松嫩平原西部地区的春玉米水分生产率为2.29kg/m^3，比东部地区春玉米水分生产率降低25%。因东部地区春玉米耗水量较西部地区小，在补充灌条件下，东部地区春玉米水分生产率较西部地区高21%。

表0-14　松嫩平原区不同灌溉制度下春玉米的水分生产率

单位：mm，kg，kg/m^3

灌溉方式	区域	灌溉量	降水量	耗水量	亩产	水分生产率
雨养	东部	—	396	416	848	3.06
	西部	—	342	435	663	2.29
补充灌	东部	40	396	433	847	3.01
	西部	80	342	509	846	2.49

4. 内蒙古东部牧区青贮玉米

内蒙古东部牧区青贮玉米在充分灌条件下亩产最高，达6 445kg，遇拔节期干旱产量仅为4 548kg，遇抽雄期干旱产量为5 078kg；对应的水分生产率如表0-15所示，以抽雄期干旱最大（17.14kg/m^3），拔节期干旱最小（仅14.64kg/m^3）。根据多年试验数据，采用动态规划法获得青贮玉米平水年灌溉定额为200mm，重点保障拔节期用水需求。

表0-15　内蒙古东部牧区不同灌溉制度下青贮玉米的水分生产率

单位：mm，kg，kg/m^3

灌溉方式	耗水量	亩产（鲜重）	水分生产率
苗期干旱	526	5 901	16.81
拔节期干旱	466	4 548	14.64
抽雄期干旱	444	5 078	17.14
成熟刈割期干旱	495	5 511	16.70
充分灌	569	6 445	16.99
平均	500	5 497	16.49

5. 长江中下游地区中稻

长江中下游地区不同灌溉制度下中稻的水分生产率如表0-16所示，淹灌与“浅、薄、湿、晒”条件下的灌溉量分别为482mm、413mm；水分生产率在淹灌条件下为1.29～1.68kg/m^3，而在“浅、薄、湿、晒”条件下为1.54～2.23kg/m^3，采用“浅、薄、湿、晒”水分生产率提高7%～34%。

表0-16　长江中下游地区不同灌溉制度下中稻的水分生产率

单位：mm，kg，kg/m^3

地区	灌溉制度	灌溉量	耗水量	亩产	水分生产率
湖北	淹灌	482	590	571	1.45
	浅、薄、湿、晒	413	591	612	1.55
安徽	淹灌	—	654	735	1.68
	浅、薄、湿、晒	—	459	681	2.23
江西	淹灌	—	482	416	1.29
	浅、薄、湿、晒	—	408	419	1.54
江苏	淹灌	—	609	560	1.38
	浅、薄、湿、晒	—	497	613	1.85
平均	淹灌	—	584	571	1.45
	浅、薄、湿、晒	—	489	581	1.79

6. 四川盆地水稻

四川盆地不同灌溉方式下水稻的水分生产率如表0-17所示，与淹灌相比，旱种、湿润灌溉方式和“湿、晒、浅、间”处理分别节水55.60%、27.31%和34.77%;“湿、晒、浅、间”处理的灌溉量较低，仅为522mm，但水分生产率最高（达1.69kg/m^3）。

表0-17　四川盆地不同灌溉方式下水稻的水分生产率

单位：mm，kg，kg/m^3

灌溉方式	降水量	泡田用水	灌溉量	耗水量	亩产	水分生产率
旱种	316	127	272	393	347	1.32
湿润灌溉	316	211	643	643	607	1.42
湿、晒、浅、间	316	211	522	577	650	1.69
淹灌	316	211	1 082	885	517	0.88

7. 广西甘蔗

广西不同灌溉制度下甘蔗的水分生产率如表0-18所示，适宜灌和雨养条件下的水分生产率分别为10.12kg/m^3、7.02kg/m^3，雨养条件下甘蔗水分生产率减少约31%。可见，适宜灌条件下灌溉量不到300mm，具有增产增效双重作用。

表0-18　广西不同灌溉制度下甘蔗的水分生产率

单位：mm，kg，kg/m^3

分区	灌溉制度	灌溉量	耗水量	亩产	水分生产率
桂东北区	保苗水+雨养	143	825	3 700	6.73
	适宜灌	270	908	6 100	10.08
桂南区	保苗水+雨养	173	870	3 850	6.64
	适宜灌	293	938	6 400	10.24
桂西区	保苗水+雨养	150	840	4 200	7.50
	适宜灌	300	923	6 300	10.24
桂中区	保苗水+雨养	158	855	4 100	7.19
	适宜灌	293	938	6 200	9.92
平均	保苗水+雨养	156	848	3 963	7.02
	适宜灌	289	927	6 250	10.12

8. 新疆棉花

在新疆塔里木盆地西缘北缘平原区，灌溉水分生产率最大达1.15kg/m^{3}时推荐灌溉定额375mm，砂壤土条件下灌水间隔为7d，全生育期内灌水12次。在吐哈盆地区，棉花滴灌推荐灌水定额为21mm，全生育期内灌水29次，灌溉定额为609mm。在准噶尔盆地南缘区，灌溉水分生产率最大为1.05kg/m^{3}时推荐灌溉定额也是375mm，灌水间隔5d，全生育期内灌水13次。

（三）现代灌溉农业优化技术模式

1. 东北三江、松嫩平原区

（1）区域特征与农业节水技术发展方向

三江平原、松嫩平原分别位于黑龙江省东北部、西部与西南部。春季多风少雨干旱，夏季短促湿热多雨，秋季冷凉霜冻频繁，冬季漫长干燥严寒。农业发展制约因素主要包括：气温低、水温低、地温低影响水稻生产；低湿平原区土壤潜育化、沼泽化、盐碱化；地下水局部超采；水土流失、面源污染、水质污染严重。

农业节水技术发展方向为：①推广渠道防渗、管道输水技术，推行滴灌等高效节水灌溉，适度发展与大型机械相结合的水肥一体化技术。②推广秸秆和地膜覆盖、深松整地、秸秆还田、坐水种、有机肥、灌区农业节水信息化技术等农业非工程节水技术。③推广激光控制平地技术、雨水集蓄利用工程技术、聚丙烯酰胺和保水剂等，实施改垄、修建等高地埂植物带、推进等高种植等措施。

（2）节水高效农业技术模式

①井灌区节水增温增效灌溉工程技术模式：塑料薄膜防渗、加长输水长度和减缓流水速度、修建晒水池等。②渠灌区田间工程节水改造模式：斗、农渠防渗衬砌，采用小畦灌、沟灌、长畦短灌和波涌灌等地面灌水技术，开展非充分灌溉、水稻控制灌溉、降低土壤计划湿润层深度和覆盖保墒等农业综合节水技术。③井渠结合灌区节水灌溉工程技术模式：渠灌部分防渗渠道输水，井灌部分管道输水，田间实施小畦灌溉及覆盖、化学节水、节水灌溉制度等农艺和管理节水措施。

大力推广寒地水稻节水控制灌溉技术模式，具体模式如表0−19所示。

表0−19　寒地水稻节水控制灌溉技术模式

水稻生育期		返青期	分蘖期			拔节孕穗期	抽穗开花期	乳熟期	黄熟期
			前期	中期	末期				
天数(d)	三江平原	12～13	16～17	13～16	8～10	17～18	10～13	13～17	25
	松嫩平原	9～16	17～22	11～24	9～11	15～21	11～14	13～19	23～26
生育进程		 返青期　分蘖期（一次分蘖、二次分蘖、主茎）　拔节孕穗期　抽穗开花期　乳熟期　黄熟期							
田间水分调控指标	蓄雨上限(mm)	50	50	30～50	0	50	50	20～30	0
	灌水上限(mm)	20～30	20～50	20～30	0	20～50	20～30	20～30	0
	灌水下限(%)	80～90	85～95	85～95	60～80	85～95	85～95	70～80	60～70
	土壤裂缝表相(mm)	2～8	2～6		4～15	1～6	0～6	4～10	5～20

（续）

水稻生育期	返青期	分蘖期			拔节孕穗期	抽穗开花期	乳熟期	黄熟期
		前期	中期	末期				
水稻节水控制灌溉技术操作要点	①进行格田平整，格田内平均地面高差宜控制在20mm内。对于一些暂时达不到土地平整要求的田块，灌水上限可适当调整，但不宜超过50mm。 ②灌水下限可按照对应的土壤裂缝宽度来判断，裂缝大小不应超过最大限值。 ③自流灌区预测来水少时，达不到灌水下限也应及时灌水。 ④返青期至分蘖中期宜中控，应在达到灌水下限时再灌水；分蘖末期宜排水晒田重控，晒田结束后应及时、适量灌水；拔节孕穗期和抽穗开花期应轻控。 ⑤水层管理应与喷药、施肥等农艺措施的用水相结合，保持一定水层。 ⑥泡田定额宜为1 200m^3/hm^2。 ⑦生育期灌溉定额宜为4 500～5 400m^3/hm^2，全生育期灌水6～10次，单次灌水定额为600～900m^3/hm^2。 ⑧泡田期应结合水耙地封闭灭草；分蘖前期应进行二次封闭灭草，灌水上限宜达到50mm，宜保留水层10d左右。 ⑨插秧期宜采用泡田插秧一茬水；在盐碱土、白浆土和活动积温低于2 300℃的地区，插秧时田间水层宜为20～30mm，其他区域“花达水”插秧；达到灌水下限时灌第一次水，灌水深度20～30mm。 ⑩应高效利用天然降水，接近或达到灌水下限时应结合降水预报适时适量灌水。当降水超过蓄雨上限应及时排水，达到蓄雨上限的连续时间不应超过7d。 ⑪应视土壤类型、肥力水平、水稻长势等情况采取相应的重控、中控或轻控。土壤肥力大的地区可控得重些，土壤肥力小的地区可控得轻些。 ⑫盐碱地应结合泡田进行洗盐，灌水上限可达到50～100mm，洗盐次数可根据盐碱程度和排盐效果确定。 ⑬渗透性较大、保水性差的土壤宜少灌、勤灌，适度轻控。 ⑭防御障碍型冷害时，灌水深度可达100mm以上，冷害期过后应及时排水至灌水上限。 ⑮如遇干旱天气，宜在水稻收割前15d左右灌一次饱和水。 ⑯控制灌溉的育苗要求旱育壮秧、带蘖插秧，应采用水稻旱育稀植育苗，按DB23/T 020规定执行；种子及质量等要求应按GB 4404.1规定执行。 ⑰水稻泡田期、本田期的整地、耙地等农艺管理应按DB23/T 020执行，本田除草应按GB/T 8321（所有部分）的规定。 ⑱稻田基肥、追肥等施肥管理应按NY/T 496规定执行。 ⑲防治水稻二化螟应按NY/T 59的规定，防病稻瘟病等用药管理应按GB/T 15790的规定执行							

2. 内蒙古东部牧区

（1）区域特征与农业节水技术发展方向

内蒙古东部牧区位于高纬度、高寒地区，是连接农业种植区和草原生态区的过渡地带，属于半干旱半湿润气候区，冬季漫长而严寒，夏季短促，昼夜气温变化较大，农作物生产容易遭受低温冷害、早霜等灾害影响。该区光热条件好，土地资源丰富，但水资源紧缺，土壤退化沙化，是我国灾害种类多、发生频繁、灾情严重的地区，其中干旱发生概率最大、影响范围最广、为害程度最重。

农业节水技术发展方向为：推广喷灌、滴灌等高效节水灌溉技术。

(2) 节水高效农业技术模式

近年来，随着青贮玉米种植水肥一体化的需要和节水灌溉技术的发展，中心支轴式喷灌综合技术在牧区得到了较大的推广。青贮玉米中心支轴式喷灌综合技术集成模式如表0-20所示。

表0-20　青贮玉米中心支轴式喷灌综合技术集成模式

<table>
<tr><td colspan="2" rowspan="2">日期</td><td colspan="3">5月</td><td colspan="3">6月</td><td colspan="3">7月</td><td colspan="3">8月</td></tr>
<tr><td>上旬</td><td>中旬</td><td>下旬</td><td>上旬</td><td>中旬</td><td>下旬</td><td>上旬</td><td>中旬</td><td>下旬</td><td>上旬</td><td>中旬</td><td>下旬</td></tr>
<tr><td colspan="2">有效降水量(mm)</td><td colspan="3">23.2</td><td colspan="3">45.0</td><td colspan="3">89.0</td><td colspan="3">70.2</td></tr>
<tr><td colspan="2">玉米需水量(mm)</td><td colspan="3">20</td><td colspan="3">95</td><td colspan="3">201</td><td colspan="3">183</td></tr>
<tr><td colspan="2">作物生育期</td><td colspan="12">播种 → 出苗 → 拔节 → 抽雄 吐丝 → 收获</td></tr>
<tr><td colspan="2">生育进程</td><td colspan="12"></td></tr>
<tr><td colspan="2">主攻目标</td><td colspan="3">精细整地、适时早播</td><td colspan="3">保全苗、促根、育壮苗</td><td colspan="2">促叶、壮秆</td><td>防早衰、夺高产</td><td colspan="3">适时收获</td></tr>
<tr><td rowspan="2">灌水技术</td><td>一般年</td><td colspan="3">播后喷灌1次，灌水量30mm（20m³/亩），保证出苗</td><td colspan="3">6月中旬大苗、6月下旬拔节期需灌水2次，每次灌水量30～45mm（20～30m³/亩）</td><td colspan="3">7月拔节后期、吐丝期、抽穗前后是需水关键期，需灌水2次，每次灌水量45mm（30m³/亩）</td><td colspan="3">8月抽雄扬花期是需水关键期，需灌水2次，每次灌水量30～45mm（20～30m³/亩）</td></tr>
<tr><td>干旱年</td><td colspan="3">播后喷灌1次，灌水量30mm（20m³/亩），保证出苗</td><td colspan="3">6月中旬大苗、6月下旬拔节期需灌水2次，每次灌水量30～45mm（20～30m³/亩）</td><td colspan="3">7月拔节后期、吐丝期、抽穗前后是需水关键期，需灌水3次，每次灌水量45mm（30m³/亩）</td><td colspan="3">8月抽雄扬花期是需水关键期，需灌水2次，每次灌水量45mm（30m³/亩）</td></tr>
<tr><td>农艺配套技术</td><td>施肥技术</td><td colspan="3">亩基施有机肥1 500～2 000kg，种肥二铵15～20kg，氯化钾7～10kg</td><td colspan="3">追肥（6月30日左右）：结合喷灌追施拔节肥，每亩追施尿素15～20kg</td><td colspan="6">大喇叭口期7月15日左右：亩追施尿素15～20kg</td></tr>
</table>

（续）

<table>
<tr><td colspan="2" rowspan="2">日期</td><td colspan="3">5月</td><td colspan="3">6月</td><td colspan="3">7月</td><td colspan="3">8月</td></tr>
<tr><td>上旬</td><td>中旬</td><td>下旬</td><td>上旬</td><td>中旬</td><td>下旬</td><td>上旬</td><td>中旬</td><td>下旬</td><td>上旬</td><td>中旬</td><td>下旬</td></tr>
<tr><td rowspan="2">农艺配套技术</td><td>耕作栽培技术</td><td colspan="3">①适时整地播种，土壤化冻15cm以上时进行耕翻、耙耱，当地温稳定在8℃以上时播种，播种时间5月23—28日。②品种选择龙单38、双宝青贮等包衣种子。③采用60cm垄种植模式，播种、覆膜、施肥一次作业完成</td><td colspan="3">①防除杂草：使用40%异丙草胺·阿塔拉津悬浮剂进行播后一苗前土壤封闭除草，利用施药机械喷施药，亩用药量200mL。②在施药前后进行喷灌。在玉米3～5叶期，选用玉农思等药剂行间喷雾防除杂草。③如果来年倒茬，不宜化学除草</td><td colspan="2">①中耕培土，在垄间进行浅中耕，一次完成除草培土。②防治抽穗期虫害，主要是二代黏虫为害，应进行化学药剂防治，同时消灭幼虫</td><td>①发现白化苗喷施锌肥，发现紫色叶喷施磷酸二氢钾。②防治花粒期病虫害，采取频振式杀虫灯配合释放赤眼蜂进行统防统治</td><td colspan="2">防治大小斑病和金龟甲成虫，用50%多菌灵WS、75%百菌清WS、80%代森锰锌喷施防治</td><td>玉米扬花半个月后，即可收获青贮。一般是8月20日至9月初</td></tr>
<tr><td>产量结构</td><td colspan="3">亩株数：6 000株</td><td colspan="3">行距：60cm</td><td colspan="3">株距：15～18cm</td><td colspan="3">单株重：1.7 kg；亩产量：10 000kg</td></tr>
<tr><td colspan="2">农机配套技术</td><td colspan="3">播前耕整地，达到播种机播种作业要求；精量播种</td><td colspan="3">喷灌机灌水技术：喷灌机按照灌溉制度进行灌水</td><td colspan="2">生长期喷药除草，田间植保</td><td colspan="2">按照农艺要求进行定期水肥一体化灌溉、施肥</td><td colspan="2">机械化收获：按照农艺要求选择玉米收获机</td></tr>
<tr><td colspan="2">管理技术</td><td colspan="3">①制定喷灌圈范围内的统一管理形式。②提早检查喷灌机、水源井、机电、耕作机械的完好情况，做好播种灌水准备。③适时早播，统一进行机械播种</td><td colspan="3">统一进行喷灌浇水，灌水深度一次达到30mm（20m³/亩）</td><td colspan="2">及时喷灌浇水，灌水深度一次达到45mm（30 m³/亩）；结合喷灌按施肥定额统一追肥</td><td colspan="2">①促叶、壮秆夺高产。②结合喷灌按施肥定额进行统一追肥。③发现病虫害时统一治理</td><td colspan="2">适时收获；青贮实行“播种时间、作物品种、灌水技术、施肥技术、田间管理、收获”六统一</td></tr>
</table>

3. 黄淮海平原区

（1）区域特征与农业节水技术发展方向

黄淮海平原区指位于秦岭—淮河线以北、长城以南的广大区域。属温带大陆性季风气候，农业生产条件较好，土地平整，光热资源丰富，是我国冬小麦、夏玉米等农作物的主要产区，当前缺水与浪费并存，用水矛盾突出。水资源短缺、地下水超采、水利用效率低、耕地数量和质量下降已成为制约当地农业可持续发展的关键因素。

农业节水技术发展方向为：以缓解水资源供需矛盾、改善农田生态环境、率先实现现代灌溉农业为目标，全面推行调亏灌溉与水肥一体化集成，以水资源管理体制和政策改革为突破口，建立适合该区域特点的现代灌溉农业体系，实现区域水资源优化配置和高效利用。

（2）节水高效农业技术模式

以地下水超采最严重的河北省为典型区域，具体模式包括：①一季生态绿肥一季雨养种植模式：适当压减冬小麦种植面积，将冬小麦、夏玉米一年两熟种植模式，改为一季生态绿肥一季雨养种植模式。②冬小麦节水稳产配套技术模式：大力推广节水抗旱品种，配套土壤深松、秸秆还田、播后镇压等综合节水保墒技术。③冬小麦保护性耕作节水技术模式：实施免耕、少耕和农作物秸秆及根茬粉碎覆盖还田，结合进行化学防除病虫草害，提高耕地的蓄水保墒和抗旱节水能力。④水肥一体化高效节水技术模式：建设固定式、微喷式、膜下滴灌式、卷盘式、指针式等高效节水灌溉施肥设施，推广粮食作物水肥一体化技术。

结合2014—2016年《河北省地下水超采综合治理试点方案》实施情况，总结出河北省冬小麦节水综合技术模式，如表0–21所示。

表0–21　河北省冬小麦节水综合技术模式

<table>
<tr><td colspan="2">月份</td><td>9</td><td colspan="3">10</td><td colspan="3">11</td><td colspan="3">12</td><td colspan="3">1</td><td colspan="3">2</td><td colspan="3">3</td><td colspan="3">4</td><td colspan="3">5</td><td colspan="3">6</td></tr>
<tr><td colspan="2">旬</td><td>下</td><td>上</td><td>中</td><td>下</td><td>上</td><td>中</td><td>下</td><td>上</td><td>中</td><td>下</td><td>上</td><td>中</td><td>下</td><td>上</td><td>中</td><td>下</td><td>上</td><td>中</td><td>下</td><td>上</td><td>中</td><td>下</td><td>上</td><td>中</td><td>下</td><td>上</td><td>中</td><td>下</td></tr>
<tr><td colspan="2">生育期</td><td colspan="4">播种期</td><td colspan="4">分蘖期</td><td colspan="6">越冬期</td><td colspan="3">返青期</td><td colspan="3">拔节期</td><td colspan="3">抽穗期</td><td colspan="5">灌浆成熟期</td></tr>
<tr><td colspan="2">生育进程</td><td colspan="28">出苗 1叶 1.5~2叶 3叶 第一分蘖出现 4叶 5叶 分蘖 拔节 第一节点出现 第二节点出现 最后一片叶子出现 最后一片叶鞘出现 孕穗 抽穗 抽穗 开花 成熟</td></tr>
<tr><td rowspan="3">灌溉制度/灌溉定额</td><td>湿润年</td><td colspan="8">仅燕山山前平原区需要冬灌，灌水40m³/亩，其余地区不冬灌</td><td colspan="9">拔节期灌1次，灌水40m³/亩</td><td colspan="11"></td></tr>
<tr><td>一般年</td><td colspan="8">仅燕山山前平原区需要冬灌，灌水40m³/亩，其余地区不冬灌</td><td colspan="9">拔节期灌1次，灌水30~40m³/亩</td><td colspan="6">抽穗期灌1次，灌水30~40m³/亩</td><td colspan="5"></td></tr>
<tr><td>干旱年</td><td colspan="8">仅燕山山前平原区需要冬灌，灌水40m³/亩，其余地区不冬灌</td><td colspan="9">拔节期灌1次，灌水35~40m³/亩</td><td colspan="6">抽穗期灌1次，灌水35~40m³/亩</td><td colspan="5">灌浆期灌1次，灌水35~40m³/亩</td></tr>
</table>

（续）

<table>
<tr><td colspan="2">月份</td><td>9</td><td colspan="3">10</td><td colspan="3">11</td><td colspan="3">12</td><td colspan="3">1</td><td colspan="3">2</td><td colspan="3">3</td><td colspan="3">4</td><td colspan="3">5</td><td colspan="3">6</td></tr>
<tr><td colspan="2">旬</td><td>下</td><td>上</td><td>中</td><td>下</td><td>上</td><td>中</td><td>下</td><td>上</td><td>中</td><td>下</td><td>上</td><td>中</td><td>下</td><td>上</td><td>中</td><td>下</td><td>上</td><td>中</td><td>下</td><td>上</td><td>中</td><td>下</td><td>上</td><td>中</td><td>下</td><td>上</td><td>中</td><td>下</td></tr>
<tr><td colspan="2">灌水技术要求</td><td colspan="8">①足墒播种，合理安排越冬水。②对于整地播种质量差的地块，越冬前0～20cm土壤相对含水量＜70%时，必须进行冬灌。③秸秆还田地块和整地播种质量差的地块，在播后未降水又未镇压的情况下，必须进行冬灌</td><td colspan="9">控制越冬到返青期浇水。推迟春1水的灌溉，促使小麦根系下扎到1.5～2m，提高对深层水的利用率，一般高产麦田可推迟到小麦拔节期前后</td><td colspan="11">保证浇好小麦拔节水、抽穗水。丰水年份冬后浇1水（即拔节末期水），平水年份浇2水（即拔节水和扬花水），干旱年份浇3水（即拔节水、孕穗水、灌浆水），浇4水(加浇返青水)反而会减产</td></tr>
<tr><td colspan="2">工程技术</td><td colspan="28">①应用U形水泥渠道、地下防渗管网、PVC管道和塑料管带相互配合的近、远程输水技术。②改大畦漫灌为小畦灌溉，小畦的畦宽一般为播种机宽度的2倍、畦长30～50m，75～150个/hm^{2}畦田</td></tr>
<tr><td colspan="2">生物化学技术</td><td colspan="28">①选用节水抗旱品种，实现生物节水，石家庄8号、石麦15、石麦18、邯6172、衡4399、冀麦38、农大3291、鲁麦2等品种节水高产效果突出。②应用新型叶面喷施技术，实现化学节水，河南省科学院生物所和化学所研制的抗旱剂一号(黄腐酸)节水增产效果显著</td></tr>
<tr><td rowspan="2">农艺配套技术</td><td>耕作栽培技术</td><td colspan="8">①精细整地，土壤深松15～20cm。②全密种植，10～15cm等行距。③适时晚播，适当加大播量，沧州一带的适宜播期为10月10—20日，越冬苗以3～5叶为宜</td><td colspan="6">播种后，镇压垄沟、垄背暄土具有很好的保墒效果，机播镇压后轻耙一遍，使土壤上暄下实</td><td colspan="9">春季灌水后及时松土，能显著减少蒸发耗水</td><td colspan="5">适时收获，采用带有秸秆粉碎和切抛装置的小麦联合收割机；小麦留茬高度不超过10cm，切碎后的麦秸在田间抛撒均匀</td></tr>
<tr><td>施肥技术</td><td colspan="28">①底肥中增施30%左右的氮、钾肥，利用水肥耦合规律，以肥代水，可显著增强小麦抗旱耐旱能力，提高产量。②拔节期浇水过程中追施尿素225kg/hm^{2}左右</td></tr>
<tr><td colspan="2">适用地区</td><td colspan="28">河北省太行山前平原区和黑龙港地区</td></tr>
<tr><td colspan="2">节水增产增效情况</td><td colspan="28">该模式较常规种植方法可节水50m^3/亩以上，并实现全生育期灌1水产量400kg/亩、灌2水产量500kg/亩的目标</td></tr>
</table>

4. 长江中下游地区

(1) 区域特征与农业节水技术发展方向

长江中下游地区指长江三峡以东的中下游沿岸带状平原。属亚热带季风气候，水热资源丰富，是我国传统的鱼米之乡。耕作制度以一年两熟或三熟为主，大部分地区可以发展双季稻，是我国重要的粮、棉、油生产基地。农业发展制约因素包括农业面源污染严重、水体污染加剧、湖泊萎缩、土壤潜沼化、盐渍化等。

农业节水技术发展方向为：①以治理农业面源污染和耕地重金属污染为重点，加快水稻节水防污型灌区建设。②适当增加灌溉取水工程，以灌区渠系改造为主，注重工程措施和管理措施相结合，因地制宜发展喷灌、微灌等。③适当发展低压管道输水工程，山区开展集雨灌溉工程建设。

（2）节水高效农业技术模式

灌区农业面源污染生态治理模式和水稻田间水肥高效利用综合调控技术在江西省得到大面积示范推广，对促进农民增产增收、减轻农业面源污染起到积极促进作用。

灌区农业面源污染生态治理模式。水稻灌区构建三道防线，第一道防线：面源污染源头控制，即通过田间水肥的高效利用，减少氮磷流失。第二道防线：排水沟渠对面源污染的去除净化。第三道防线：塘堰湿地对面源污染的去除净化。通过三道防线的协同运行，采用生态方法达到削减和治理农业面源污染的目的。

水稻田间水肥高效利用综合调控技术模式。主要技术要点包括浅水层泡田，并缩短泡田时间，尽量减少施入基肥通过渗漏及田面排水流失。按水稻田间水肥高效利用控制模式进行施肥管理，要避免追肥后遇大雨排水。具体模式如表0-22所示。

表0-22　水稻田间水肥高效利用综合调控技术模式

水稻生育期		返青期	分蘖期		拔节孕穗期	抽穗开花期	乳熟期	黄熟期
			前期	后期				
生育进程		返青期	分蘖期（主茎、一次分蘖、二次分蘖）		拔节孕穗期	抽穗开花期	乳熟期	黄熟期
早稻水分调控指标	灌前下限（%）	100	85	65～70	90	90	85	65
	灌后上限（mm）	30	30	晒田	40	40	40	落干
	雨后极限（mm）	40	50		60	60	50	
	间歇脱水天数（d）	0	4～6		1～3	1～3	3～5	

（续）

<table>
<tr><td rowspan="2">水稻生育期</td><td rowspan="2">返青期</td><td colspan="2">分蘖期</td><td rowspan="2">拔节
孕穗期</td><td rowspan="2">抽穗
开花期</td><td rowspan="2">乳熟期</td><td rowspan="2">黄熟期</td></tr>
<tr><td>前期</td><td>后期</td></tr>
<tr><td>间歇灌与追肥调控模式</td><td colspan="7">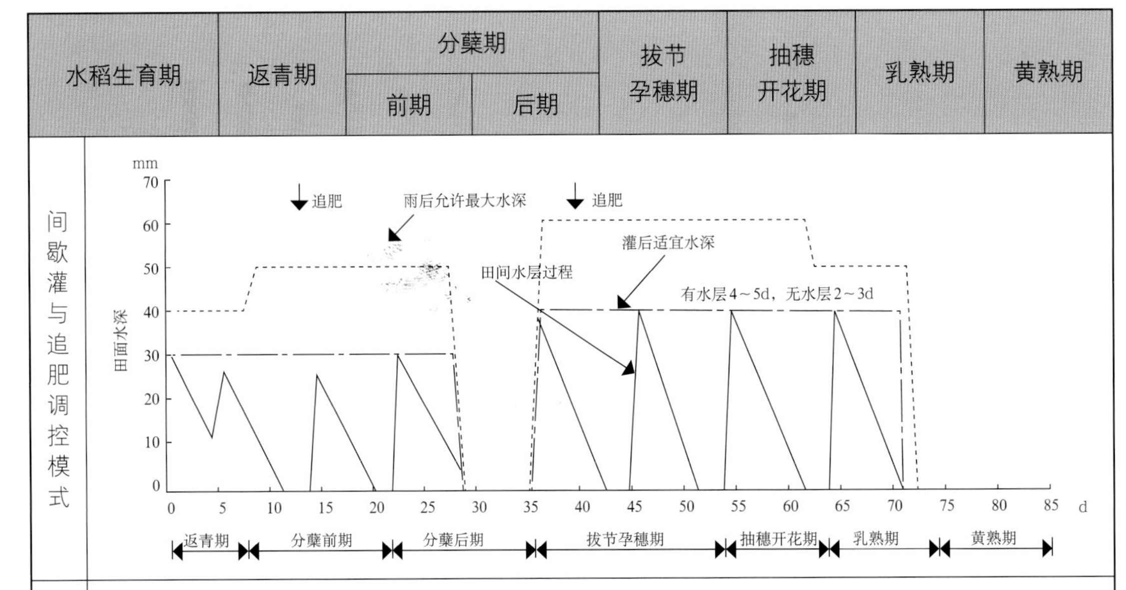
</td></tr>
<tr><td>施肥技术操作要点</td><td colspan="7">①氮肥采用施基肥与二次追肥模式。第一次追肥在分蘖初期，即插秧后10～12d（分蘖肥），第二次在拔节初期（约插秧后35～40d，拔节孕穗期）。总氮肥用量为150～225kg/hm²。基肥：分蘖肥：拔节肥=5：3：2。
②在稻田施氮肥水平总量根据当地土壤肥力合理确定的条件下，节水灌溉与适当增加施肥次数为较好的模式，推荐三种最优的水肥调控模式：
模式一：间歇灌溉与1次基肥、2次追肥的水肥管理模式（施氮肥量比例为5：3：2），追肥时间分别在分蘖期、拔节期。
模式二：间歇灌溉与1次基肥、3次追肥的水肥管理模式（基肥与三次追肥施氮量比例为3：3：3：1），追肥时间分别在分蘖期、拔节期和抽穗开花期。
模式三：薄露灌溉与1次基肥、2次追肥的水肥管理模式（施氮肥量比例为5：3：2），追肥时间分别在分蘖期、拔节期</td></tr>
</table>

5. 四川盆地

（1）区域特征与农业节水技术发展方向

四川盆地囊括四川中东部和重庆大部，由青藏高原、大巴山、巫山、大娄山、云贵高原环绕而成。属亚热带季风性湿润气候，平均气温在25℃左右，最热月气温高达26～29℃，长江河谷近30℃，盛夏连晴高温天气易造成盆地东南部严重的夏伏旱。

农业节水技术发展方向为：①盆地腹部区，在充分合理利用当地径流的前提下，从盆周山区调水，发展节水灌溉。②盆周山区，对现有灌区进行渠道防渗以及田间工程配套的技术改造，大力推广渠道防渗技术和低压管道输水灌溉技术。

（2）节水高效农业技术模式

区域节水高效农业技术模式。成都平原直灌区推广“节水改造＋农艺节水＋管理节水”高效用水模式；丘陵引蓄灌区推广“水资源合理利用＋非充分灌溉＋农业节水”高效用水模式；山丘区推广“适水种植+集雨节灌+农艺节水”旱作农业节水模式；城市郊区推广“调整种植结构+设施农业技术+先进灌溉技术”高新农业节水模式。

水稻“湿、晒、浅、间”控制性节水高效灌溉技术模式。根据水稻的抗旱性和高产水稻的需水规律，实行控制性节水高效灌溉，节水效果突出、增产效果显著。具体模式如表0–23所示。

表0–23　水稻“湿、晒、浅、间”控制性节水高效灌溉技术模式

日期	5月下旬—6月初	6月初—6月下旬	6月下旬—7月中旬	7月中旬—8月中旬	8月中旬—8月底	8月底—9月初	9月初—9月中旬
水稻生育期	返青期	分蘖前期	分蘖后期	拔节孕穗期	抽穗开花期	乳熟期	黄熟期
生育进程	返青期	分蘖期（一次分蘖　主茎　二次分蘖）	拔节孕穗期	抽穗开花期	乳熟期	黄熟期	
淹水层深度（mm）	10～30～50	20～50～70	30～60～90	30～60～120	10～30～100	10～20～60	落干
品种选用	推荐选用D优527、川香9838、宜香1577、内香2550、冈优188、B优827、冈优725、Ⅱ优498、金优527等高产优质杂交中稻品种						
育秧技术	采用技术成熟度较高的中、早熟杂交稻中、小苗机械化育插秧技术。麦（油）茬稻田于4月1—10日播种，秧龄越短越好，最长不超过40d；采用塑料软盘旱育秧，集中育秧、精量匀播、水肥调控或化控技术控制苗高，培育株高15～20cm、叶绿矮健苗挺、茎粗根旺色白、生长均匀整齐、无病虫的机插秧苗；严格控制机插密度和质量，每亩栽插2.5万株左右，插秧深度2～3cm，达到插秧稳、匀、直、浅						
灌溉技术	采用“湿、晒、浅、间”控制性节水高效灌溉技术：前期（分蘖期）湿润灌溉，在水稻返青成活后至分蘖前期，采取湿润灌溉或浅水干湿交替灌溉，田间不长期保持水层，只是在厢沟内保持有水，促进分蘖早生快发。分蘖后期“够苗晒田”，即当全田总苗数达到预定有效穗数（15万～18万穗/亩）时排水晒田，对长势旺或排水困难的田块，应在达到预定有效穗数的80%时开始排水晒田；晒田轻重视田间长势而定，长势旺应重晒，长势一般则轻晒，保证分蘖成穗率在70%～80%。中期（幼穗分化至抽穗扬花期）浅水灌溉，即当水稻进入幼穗分化（拔节）时，采取浅水（2cm左右）灌溉，切忌干旱，以促大穗。后期（灌浆结实期）间歇灌溉，即在籽粒灌浆结实期，采取干湿交替间隙灌溉，养根保叶促进籽粒灌浆						
农艺配套技术	免耕栽培：为了有效降低生产成本、改良土壤结构、培肥土壤，稻田实行免耕强化栽培和优化定抛技术，增产增收效果尤为显著。即在头季作物收获后及时清理残茬并选用安全、高效、无残留的触杀型或内吸型除草剂进行化学除草，施除草剂3～5d后泡水、平田、施底肥，等水自然落干2～3d后栽秧或抛秧。可以实行固定厢沟连续免耕。 撬窝移栽免耕移栽稻田：待水层自然落干至花花水时，即可用免耕撬窝机具撬窝，以高质量群体构建为目标，根据品种特性、秧苗素质、土壤肥力、施肥水平等因素综合确定撬窝器行距和穴距。每穴移栽1～2株秧苗，移栽时将秧苗摁在撬窝器打的穴内，使秧苗的根部与泥土充分接触，利于秧苗返青成活						

（续）

日期	5月下旬—6月初	6月初—6月下旬	6月下旬—7月中旬	7月中旬—8月中旬	8月中旬—8月底	8月底—9月初	9月初—9月中旬
施肥技术	精确分次施肥。每亩总施氮量10～12kg，氮、磷、钾配比2∶1∶（1～2）。有机肥和化肥配合施用，有机肥占总施肥量的20%～30%。施肥方式采用前肥后移，增施穗、粒肥。氮肥中底、蘖、穗粒肥比例为5∶3∶2，分蘖肥在移栽后5d、15d分2次追施。磷肥全作底肥，钾肥底、穗肥比例为7∶3。做到"前期促蘖早发，中期控肥控水壮蘖促根，后期养根保叶促灌浆"						
病虫害防治技术	根据当地病虫害预测预报信息，采用以高频灯诱杀、BT杀虫剂及其他生物农药或国家标准允许的低毒、低残留、安全、高效农药为主的稻田病虫害综合防治技术						
实施效果	一般可比常规栽培增产稻谷10%～30%，每亩节省用工、耕田等生产投入50～80元，增收节支可达60～200元，社会经济效益十分显著。同时，还可有效提高稻米品质，节省灌溉用水20%～30%						
适宜区域	四川盆地平原及丘陵区土壤较为肥沃、水源基本有保证的麦（油）茬杂交中稻稻田						

6．广西甘蔗产区

（1）区域特征与农业节水技术发展方向

广西地处南、中亚热带季风气候区，光照充足，降水充沛，温光雨同季，是全国甘蔗最大生产适宜区。但该区大部分糖料蔗种植无灌溉条件，耕作层较浅薄，同时春旱、秋旱和霜冻等灾害天气对糖料蔗的产量和糖分影响很大。

农业节水技术发展方向为：①改善基础设施条件，加快推进土地平整及坡改梯，提高灌溉比例和保水保墒能力，增加土地产出能力。②全面推广综合农艺措施，大力推广地膜覆盖栽培、土壤深松、病虫草鼠害综合防治、测土配方施肥等实用农业技术。

（2）节水高效农业技术模式

区域节水高效农业技术模式。重点建设提水泵站、输配水管（渠）道、高位调蓄池等水源及输配水系统，配套完善输配水渠（管）网等；重点应用以"节水抗旱技术"和"秋冬植"为主的高产技术、可降解地膜全膜覆盖技术、复合施肥技术、病虫害综合防治技术等，强化技术集成和配套；重点推广适宜机收的糖料蔗品种，推广宽窄行（90～140cm）种植方式以及机收后破垄、松蔸等农艺措施。

甘蔗膜下滴灌水肥一体化灌溉技术模式。该模式全程机械化耕作，推广水、肥、农药一体化滴灌技术，发展甘蔗现代农业种植模式，实现节约水、肥、农药70%以上，已在崇左市获得大面积推广。具体模式如表0-24所示。

表0-24　甘蔗膜下滴灌水肥一体化灌溉技术模式

月份	1　2	3	4	5　6　7　8　9　10	11　12
生育期	萌芽期	成苗期	分蘖期	拔节伸长期	成熟期
生育进程	萌芽期	成苗期	分蘖期	拔节伸长期	成熟期
灌溉技术	采用膜下滴灌，铺设地表或地埋滴灌带，一般使用内镶式、单翼迷宫式、圆柱式滴灌带，可地表铺设或地埋（埋于窄行中间），深度为20～25cm，内镶式、圆柱式滴灌带播种时机械铺设，地表式滴灌带在甘蔗收获前回收重复使用。地膜宽度70～80cm，透光部分不少于50cm				
灌溉技术要求	1—3月播种，采取干播湿出，播种后根据土壤墒情滴灌	2—3月出苗，根据墒情、苗情，结合实时降水情况进行滴灌	3—5月上旬分蘖，长到30cm开始分蘖，30～45d完成分蘖，形成亩有效株数重要期，必须满足分蘖期水肥，确保单苗有效分蘖2株以上，亩有效株数达到6 000～7 000株。结合实时降水情况进行滴灌	5—10月是甘蔗的拔节期，一年内气温最高的时段，是产量、质量形成的重要期，此时需要大水大肥支撑，用肥量占生长周期70%～80%。结合实时降水情况进行滴灌	10—12月为成熟期，糖分形成重要期，必须保证土壤含水量，促进糖分形成，根据土壤墒情和实时降水情况进行滴灌。保持土壤湿润度，确保甘蔗新鲜度
灌溉定额	每次滴灌水量5～6m^3/亩	滴灌1～2次，每次滴灌水量5～6m^3/亩	滴灌2～3次，每次滴灌水量6～8m^3/亩	滴灌4～5次，每次滴灌水量6～8m^3/亩	滴灌1～2次，每次滴灌水量6～8m^3/亩
农艺配套技术	①播种前要进行种茎选择和处理，合理密植，亩基本株数6 000～7 000株，采用宽窄行距，宽行距1.2～1.4m，窄行距0.5～0.6m。采用施肥、砍种、播种、培土、铺设滴灌带、覆膜一次性甘蔗机械化种植机种植。 ②苗期管理：幼苗长3～4叶时查苗补苗，断垄缺苗在30cm以上的应及时选阴雨天补苗。 ③分蘖期管理：小培土宜在分蘖初期，幼苗长出6～7叶时进行，用甘蔗中耕培土机轻培土，甘蔗封行前用甘蔗喷药机除草剂防止宽行间杂草，此间进行滴灌施肥施药预防地下害虫和蔗螟等。 ④拔节伸长期管理：甘蔗长出13～14叶时，蔗根未达行间中部时（未封行）进行大培土。滴灌重施“攻茎肥”和施药预防地下害虫和蔗螟等。大培土后用甘蔗喷药机除草剂喷洒宽行间杂草。 ⑤成熟期管理：去除甘蔗下部枯黄叶1次				
主要经济技术指标	亩产糖料甘蔗8t，甘蔗糖分达到或超过一般水平				

7. 新疆棉花产区

(1) 区域特征与农业节水技术发展方向

新疆光热资源丰富，气候干旱少雨，种植棉花条件得天独厚，耕作制度为一年一熟，棉田集中，种植规模大，机械化程度较高，单产水平高，原棉色泽好。农业发展制约因素主要为干旱缺水、土地沙化和土壤次生盐渍化。

农业节水技术发展方向为：①发挥新疆光热和土地资源优势，推广膜下滴灌、水肥一体等节本增效技术。②加强新疆棉花产区现代化集约高效先进技术集成示范基地建设，系统开展棉田高效栽培管理技术、全程机械化技术、智能信息技术的集成示范，加快优良新品种、节水节肥和全程机械化等生产技术的推广进程。

(2) 节水高效农业技术模式

棉花膜下滴灌技术将滴灌技术与覆膜植棉技术相结合，既能提高地温减少棵间蒸发，又能利用滴灌控制灌溉特性减少深层渗漏，达到综合的节水增产效果，是先进的栽培技术与灌水技术的集成。因具有显著的节水、保温、抑盐、增产效果，在新疆维吾尔自治区棉田中已获得大面积推广应用。具体模式如表0–25所示。

表0–25 棉花膜下滴灌综合技术模式

月份	4	5	6	7	8	9	10
旬	上 中 下	上 中 下	上 中 下	上 中 下	上 中 下	上 中 下	上 中 下
生育期	播种	苗期	蕾期	花铃期		吐絮期	收获期
生育进程   							
主攻目标	保证种子和播种质量，实现早播种，早出苗	实现苗全、苗匀、苗壮、早发和壮根，促使棉花稳健生长	协调营养生长与生殖生长，合理进行化调，实现多显蕾、显大蕾，植株生长稳健	保稳长，保蕾、增铃、防旺长、防早衰、防晚熟、防脱落、防烂铃		保铃增重，促进早熟	

（续）

<table>
<tr><th colspan="2">月份</th><th colspan="3">4</th><th colspan="3">5</th><th colspan="3">6</th><th colspan="3">7</th><th colspan="3">8</th><th colspan="3">9</th><th colspan="3">10</th></tr>
<tr><th colspan="2">旬</th><th>上</th><th>中</th><th>下</th><th>上</th><th>中</th><th>下</th><th>上</th><th>中</th><th>下</th><th>上</th><th>中</th><th>下</th><th>上</th><th>中</th><th>下</th><th>上</th><th>中</th><th>下</th><th>上</th><th>中</th><th>下</th></tr>
<tr><td rowspan="2">灌水技术</td><td>灌溉制度</td><td colspan="3">灌出苗水，出苗水4月15—25日，灌水量25～30m³/亩</td><td colspan="6">灌水2次：
第1次：6月10—19日，灌水量30～35m³/亩，头水宜晚宜大；
第2次：6月20—30日，灌水量30～35m³/亩</td><td colspan="6">灌水6次：
第1次：7月 1—8日，灌水量30～35m³/亩；
第2次：7月8—15日，灌水量30～40m³/亩；
第3次：7月 16— 23日，灌水量30～40m³/亩；
第4次：7月24—31日，灌水量30～40m³/亩；
第5次：8月1—8日，灌水量30～40m³/亩；
第6次：8月10—18日，灌水量30～35m³/亩</td><td colspan="6">灌水1次：8月20—28日，灌水量25～30m³/亩，8月底应停止灌溉</td></tr>
<tr><td>滴灌系统技术要求</td><td colspan="21">①滴灌带在铺设时应保持滴头朝上，采用单翼迷宫滴灌带的凸面朝上。
②滴灌带在铺设过程中不能被挂坏或磨损。
③滴灌系统运行时，按轮灌制度打开相应的分干管及支管阀门，当一个轮灌区灌溉结束后，先开启下一个轮灌组阀门，再关闭当前轮灌组阀门，先开后关，严禁先关后开。
④滴灌系统运行当中，应严格按照过滤器设计流量与压力进行操作，严禁超压、超流量运行，并及时对过滤设备进行清洗。
⑤管网运行时，要定期冲洗管道，灌溉水质较差时，要经常冲洗滴灌带，顺序要按照干管、支管、毛管依次冲洗。在田间进行其他农事活动，应避免损伤滴灌带。
⑥灌溉施肥时，前 1/4 时段灌清水，中间 1/2 时段施肥，最后 1/4 时段用水冲洗管网。
⑦灌溉季节结束时，要排干蓄水池、沉淀池及过滤池的水，以免冻胀破坏；要将输配水管网冲洗干净，排空积水，并关闭阀门或堵头，及时对田间支管进行回收，妥善保管，对检查井、排水井和出地桩进行安全保护，防止损坏</td></tr>
<tr><td>农艺配套技术</td><td>主要耕作栽培措施</td><td colspan="9">①选用“早熟、高产、稳产，品质优良、适合采收”的品种，生育期110～123d的品种。
②适时播种，一般在4月8—25日。
③干播湿出，播后及时滴出苗水。
④采用机采种植模式：一是膜宽（小膜）125cm，播种行4行，一般采用一膜两管，滴灌带置于中行内侧。行距为10+66模式。二是膜宽（宽膜）205cm，播种行6行，一般采用一膜两管或三管，根据实践效果来看，一膜两行的滴水时间太长、滴量太大，效果不好，一般用一膜三行为宜。行距为10+66模式</td><td colspan="6">①化学调控：采用整个生育期全程化调技术，全生育期用缩节胺化调5～7次，同时结合水肥运筹，达到塑造理想株型的目标。
②水肥调控：根据棉花需水肥“两头大中间小”的规律、棉花长势长相和土壤肥力，确定滴水时间和施肥数量。
③适时打顶，在7月5日前结束打顶。
④结合测报工作做好盲椿象、红蜘蛛、棉铃虫、棉蚜虫的防治</td><td colspan="6">①保稳长、促早熟：对早衰和脱肥棉田通过追施叶面肥防止早衰，对贪青晚熟的棉田要在9月上旬根据温度变化情况进行催熟工作。
②及时停水：正常情况下最后一水于8月底前结束。
③机采棉脱叶：进行机采棉田要在9月初及早做好喷施脱叶剂的准备工作</td></tr>
</table>

（续）

<table>
<tr><td colspan="2">月份</td><td colspan="3">4</td><td colspan="3">5</td><td colspan="3">6</td><td colspan="3">7</td><td colspan="3">8</td><td colspan="3">9</td><td colspan="3">10</td></tr>
<tr><td colspan="2">旬</td><td>上</td><td>中</td><td>下</td><td>上</td><td>中</td><td>下</td><td>上</td><td>中</td><td>下</td><td>上</td><td>中</td><td>下</td><td>上</td><td>中</td><td>下</td><td>上</td><td>中</td><td>下</td><td>上</td><td>中</td><td>下</td></tr>
<tr><td>农艺配套技术</td><td>施肥方案</td><td colspan="3">施有机肥2.5～4m³/亩，犁地前施底肥二胺15～20kg，尿素10kg，硫酸钾5kg。对于弱苗及时追施叶面肥，一般用尿素0.1～0.2kg/亩、磷酸二氢钾水溶液、赤霉素喷施1～2次。缺锌棉田用0.1%～0.3%硫酸锌溶液喷施</td><td colspan="6">滴水滴肥2次（每次灌水期间施1次肥）：
第1次：滴施尿素3.0kg/亩；
第2次：滴施尿素3.0kg/亩，专用肥2.5kg/亩</td><td colspan="6">滴水滴肥6次（每次灌水期间施1次肥）：
第1次：滴施尿素4.0kg/亩，专用肥2.5kg/亩；
第2次：滴施尿素4.0kg/亩，专用肥2.5kg/亩；
第3次：滴施尿素4.0kg/亩，专用肥2.5kg/亩；
第4次：滴施尿素3.0kg/亩，专用肥2.5kg/亩；
第5次：滴施尿素3.0kg/亩，专用肥2.0kg/亩；
第6次：滴施尿素2.0kg/亩，专用肥2.0kg/亩</td><td colspan="6">滴水施肥1次（每次灌水期间施1次肥）：滴施专用肥2.0kg/亩</td></tr>
<tr><td colspan="2">产量</td><td colspan="21">单株结铃5～6个，单铃重5g左右，保苗株数1.3万～1.6万株，单株果枝台数8～10个，亩产皮棉130～160kg</td></tr>
</table>

（四）现代旱作农业优化技术模式

1. 西北黄土高原区

（1）区域特征与旱作节水农业技术发展方向

主要包括甘肃、陕西、宁夏、青海4省（自治区）的黄土高原区域，地处我国湿润向西北干旱区的过渡地带，属于半干旱半湿润区。该区降水量偏少，地表水资源贫乏，大部分地区以雨养农业为主。随着社会经济及农业的发展，该区域在水资源开发及农业用水中的问题日益凸显，表现为农业灌溉方式落后、农业生产结构单一、水土流失及水体污染严重、渠道防渗衬砌率低、水资源渗漏损失严重等。

旱作节水农业技术发展方向为：针对西北旱塬区粮食产量低而不稳、生产效益低等问题，以提高旱塬粮食优质稳产水平和生产效益为目标，建立粮食稳产高效型旱作农业综合发展模式与技术体系；针对西北半干旱偏旱区气候极其干旱、冬春季节风多风大和耕地风蚀沙化严重等问题，以保护旱地环境和提高种植业生产能力为主攻方向，建立聚水保土型旱作农业发展模式和技术体系。

（2）旱作节水农业模式

旱作节水农业模式为“适水种植＋集雨节灌＋农艺措施＋生态措施”的节水农业模式（图0－28）。

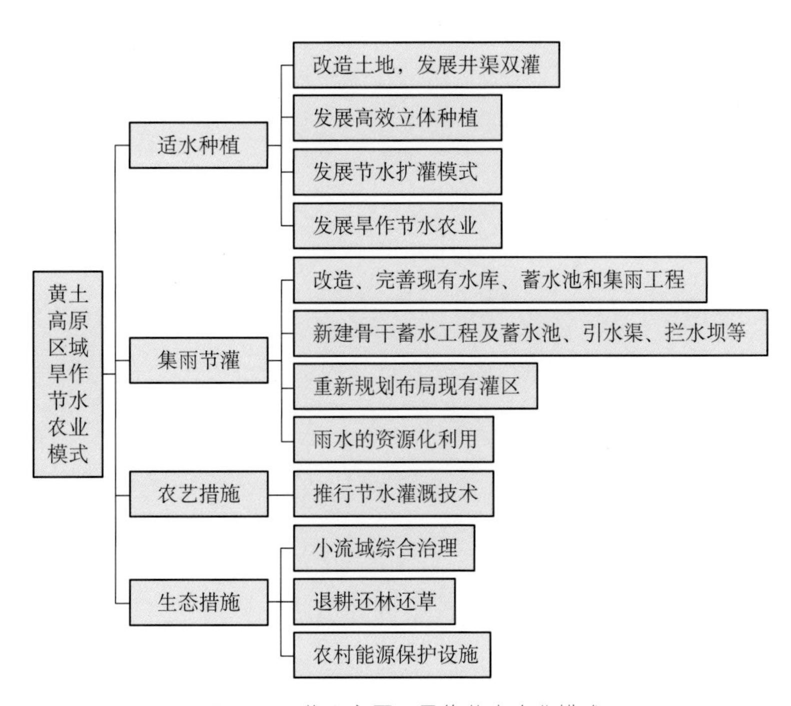

图0－28　黄土高原区旱作节水农业模式

2．东北西部半干旱区

（1）区域特征与旱作节水农业技术发展方向

主要包括黑龙江、吉林、辽宁3省的西部地区，该区生长季节光照充足、雨热同季、昼夜温差大、有效积温多，光热条件良好。但由于受强大的蒙古高压控制，冬春降水少，春季气温回升快、大风次数多，春季干旱严重，是典型的旱作农业区。

旱作节水农业技术发展方向：针对东北西部半干旱区风蚀沙化严重、粮食产量不稳、经济效益低下等问题，以改善环境和提高旱作农业生产效益为主攻方向，建立林粮结合型旱作农业综合发展模式与技术体系。针对松嫩平原西部土壤苏打盐碱化严重的问题，以采用生物、农艺与工程措施相结合的综合治理盐碱土为主攻方向，建立一整套盐碱地机械化旱播精施技术。

（2）旱作节水农业技术模式

蓄水增墒技术—增施有机肥营造土壤水库技术。以增施有机肥为核心，配套使用坐水种和抗旱品种相结合的一项技术。作业流程：生产粮饲兼用型玉米→玉米秸秆作造酒的副料→酒糟加工粉碎后喂牛→牛粪腐熟后还田→翻耕入田→坐水种播种。

蓄水增墒技术—机械深松深翻营造土壤水库技术。以机械深松深翻技术为核心，配套使用坐水种和抗旱品种相结合的一项技术。作业流程：秋季作物收获后→拖拉机牵引深松犁进行深松→深松后进行耙耢整地作业→根茬散落地表→春天不再整地→坐水种播种。

补水增墒—机械化一条龙抗旱坐水种技术。包含两项技术内容：一是坐水播种技术，即在种子周围土壤局部施水增墒以保障种子发芽出苗；二是苗期灌溉技术，即在苗根区土壤灌溉增墒保苗。行走式节水灌溉技术以节水为前提，采用高效的局部灌溉方式，以少量的水定量准确地施到种子周围或苗的根区土壤中，能达到滴灌渗灌的节水效果，大大提高水的利用率。

3. 华北西北部半干旱区

（1）区域特征与旱作节水农业技术发展方向

主要包括山西、河北西北部、内蒙古中部等地区。该区年降水量400～600mm，多种植玉米、谷子和小杂粮，一年一作或两年三作，水资源缺乏，水土流失严重，土壤瘠薄，耕作粗放，环境恶劣，春旱频发。

旱作节水农业技术发展方向：针对华北西北部半干旱区人均水资源严重不足、粮经饲结构不尽合理、秸秆转化利用率低等问题，以提高水资源产出效益为主攻方向，建立农牧结合型旱作农业发展模式与技术体系。

（2）旱作节水农业技术模式

农田土壤水库建设技术模式。推广应用生土熟化技术，施用土壤结构改良剂技术、聚肥蓄水丰产沟技术和等高沟垄种植技术，变“三跑田”为“三保田”。

覆盖保墒培肥技术模式。包括生物覆盖技术、地膜覆盖技术和生物、地膜二元覆盖技术。生物覆盖包括作物生育期覆盖和休闲期覆盖；地膜覆盖包括平地覆盖、双沟W形覆盖和单沟V形覆盖；生物、地膜二元覆盖包括二元单覆盖、二元双覆盖。

 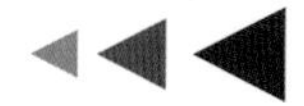

集雨补灌技术模式。为雨水积蓄技术和节水补灌技术的组合，有效积蓄自然降水，解决自然降水时空分布不均的问题，变无效降水为有效降水，同时通过节水补灌，实现降水资源的高效利用。

保护性耕作技术模式。为作物残茬覆盖、少耕、免耕、深松、耙茬播种、旋耕播种、深松耙茬播种、耙茬垄播等技术的组合，减少水土流失、减少风蚀、减少地表水分蒸发、提高自然降水利用率和利用效率、提高土壤肥力。

化学调控节水技术模式。包括合理施肥、应用抗旱保水剂、采用携水载体播种等技术，提高作物对水分的利用效率，减少地面蒸发，增强根系吸水能力。

生物节水技术模式。为抗旱品种改良、繁育和应用技术的组合，利用作物对干旱的生理响应和调节，实现对光、热、水、土资源的合理利用，提高作物适应干旱的能力。

（五）现代灌溉农业体系建设

1. 现代灌溉农业体系基本特征

以高效节水灌溉工程技术为基础，融合水肥一体化、调亏灌溉等灌溉新技术，在现代信息技术手段的支撑下推进现代灌溉农业体系建设，适应和支撑现代农业生产和经营体系。现代灌溉农业体系具备以下基本特征：①高效节水灌溉技术呈现规模化和区域化发展趋势。②灌溉农业技术由单一的灌溉供水向水肥一体化综合供给发展，技术手段由单纯的工程技术措施发展为集工程、农艺、农机、种子、化肥、信息技术等多项技术的综合集成。③农业用水管理日趋信息化、数字化和智能化。④重视水生态文明建设，维系良好水生态和水环境理念日益深入。⑤以PPP模式为代表的政府部门、科研机构、社会企业、受益主体等多方合力初步显现。

2. 基于信息技术的现代灌溉技术

（1）基于灌溉云平台的信息化服务体系

借助物联网技术和云技术，建立全国灌溉云服务平台，将各地的灌溉试验资料和区域遥感资料实现数据云化、管理智能化，利用云计算功能，对灌溉大数据进行分析处理，实现灌溉信息动态采集、管理、决策与服务等功能。

（2）渠系输配水自动化控制技术

通过在输配水过程中各关键节点安装的水位—流量监测装置、闸门启闭系统和数据

传输装置，以实时采集的灌区供需水信息为依托，对输配水系统实行远程监控和自动化控制。

(3) 基于遥感的灌区需（耗）水预测预报技术

借助于无人机近地遥感和高分卫星遥感信息，提取灌区地表、土壤、植被等参数的空间分布信息，进行区域作物ET监测、耗水解析，实现灌区需（耗）水快速预测与预报。

(4) 现代高效精准灌溉技术

以低压管灌、喷灌、微灌为重点，实现田间配水的精细化。

精量控制灌溉技术：通过现代化的监测手段，对作物的生长发育状态、过程以及环境要素实现数字化、网络化和智能化监控，并按照作物生长需求，进行精准施肥灌水，实现高产、优质、高效和节水。

调亏灌溉技术：根据不同作物以及同一作物不同生育阶段对水分亏缺敏感程度的差异，对总水量进行优化分配，将有限水灌溉在对水分亏缺最敏感的作物或生育时段，有效减少水分胁迫的影响，使水分利用效率、产量、经济效益达到有效统一。

水肥一体化技术：将可溶性固体或液体肥料，按土壤养分含量和作物种类的需肥规律、特点配兑成肥液，与灌溉水一起通过可控管道系统进行供给，实现水分、养分定时定量地精准提供给作物。

3. 政策保障体系

推进与现代灌区相适应的灌溉管理体制改革、农田水利工程产权制度改革、农业水权市场建设和农业水价综合改革。

推行基于PPP模式的工程建管模式及专业化运维服务体系。按照公益优先保障、盘活资产、综合效益最大化的原则，创新工程管护机制，积极引导社会企业、团体和个人参与工程建设、管理和维护工作，大力推行基于PPP模式的灌溉工程建设管理新模式，有效解决工程管理维护费用，确保工程的运行和维护实现可持续。同时，积极推进灌区管理体制机制改革，将工程维修养护业务和人员从原灌区管理单位剥离出来，发展专业化运行维护服务体系，形成良性运转的灌区养护市场秩序。

推进小型农田水利设施运行管理体制机制改革。按照“谁投资、谁所有、谁受益、谁负责”的原则，明确小型农田水利设施的所有权，并落实管护责任，所需经费原则上由产权所有者负责筹集，财政适当补助。在确保工程安全、公益属性和生态保护的前提下，允许小型农田水利设施以承包、租赁、拍卖、股份合作和委托管理等方式进行产权流转交易，搞活经营权，提高工程管护能力和水平，促进灌溉效益发挥。研究探索将财政投资形成的小型农田水利设施资产转为集体股权，或者量化为受益农户的股份，调动农村集体经济组织、农民个人参与水利设施管护的积极性。

全面推进农业水价综合改革。建立健全农业水价形成机制，逐步建立农业灌溉用水总量控制和定额管理制度，创新管理体制机制，鼓励和发展农民用水自治、专业化服务、水管单位管理和用水户参与等多种形式的用水管理模式。逐步形成分级定价、分类定价、分档定价的农业水价形成机制，建立农业用水精准补贴机制和节水奖励机制，最终促进现代灌溉农业体系的实现。

严格执行灌溉用水计量收费制度。全面加强农业灌溉用水监测计量，渠灌区逐步实现斗口计量，井灌区逐步实现井口计量，有条件的地区要实现田头计量，逐步推进灌溉用水的自动化、智能化监测。推行灌溉用水计量收费制度，根据当地确定的灌溉水价政策，严格水费征收流程，加强对水费征收使用的监管，建立公开透明的水费计收使用制度。

建立和完善农业水权转让机制。以行政区域“三条红线”指标为基础，全面落实总量控制、定额管理制度，明确用水户单元的农业水权。鼓励用水户转让节水量，可在不同前提下实现用户之间、区域之间和行业之间的有偿转让。探索基于耗水控制的水权管理机制，明确耕地的初始耗水权和取水权，形成以耗水控制促进农户节水和水权交易的倒逼机制。

四、我国农业非常规水灌溉安全保障策略

随着社会经济的高速发展和人口的急剧增加，水资源供需矛盾日益突出，非常规水资源的开发和利用越来越受到各国的重视。我国农业是第一用水大户，农业用水约占总用水量的65%，其中农业用水量的90%用于农业灌溉，多渠道开发利用非常规水源对缓解农业水资源短缺具有重要意义。

（一）农业非常规水资源利用现状与潜力

我国农业非常规水资源利用以再生水和微咸水为主，具有水量大、水量集中的特点。再生水（Reclaimed Water）是指污水经适当工艺处理后，达到一定的水质标准，满足某种使用功能要求，可以进行有益使用的水（GB/T 19923—2005）；微咸水一般指矿化度为2～5g/L的含盐水（徐秉信等，2013）。在农业灌溉中合理开发利用非常规水资源，既增辟了灌溉水源，又提高了灌溉保障率，是缓解水资源短缺矛盾的重要举措之一（Romero-Trigueros等，2017；吴文勇等，2008）。

1. 再生水灌溉利用

我国自20世纪50年代开始大规模采用污水灌溉，先后形成了北京污灌区、天津武宝宁污灌区、辽宁沈抚污灌区、山西惠明污灌区及新疆石河子污灌区五大污灌区（代志远、高宝珠，2014）。到1991年，全国污灌面积已达到4 600万亩（黄春国、王鑫，2009）。2000年以后，随着污水处理能力提高以及对农产品质量安全、土壤污染的重视，再生水灌溉利用受到广泛关注，北京市先后建设了新河灌区、南红门灌区等再生水灌区，灌溉面积超过60万亩，成为国内最大的再生水灌区，2010年再生水灌溉量达到3亿m^3（潘兴瑶等，2012）。在北京、天津、内蒙古、陕西、山西等省（自治区、直辖市），再生水在农田灌溉、绿地灌溉、景观补水等方面得到规模化推广利用。为推动再生水灌溉利用，国家颁布了《城市污水再生利用农田灌溉用水水质》（GB 20922—2007），编制了水利行业标准《再生水灌溉工程技术规范》（DB13/T 2691—2018），北京市、内蒙古自治区等地颁布了再生水灌溉工程的地方标准，推动了再生水的广泛利用。

根据《2016中国城市建设统计年鉴》，2015年全国经过二、三级处理的再生水资源量约366.5亿m^3；按照处理后水量入河、从河道取水灌溉折算，2015年再生水农田灌溉量[①]约为110.1亿m^3，其中，再生水灌溉利用量最大区域为华北区，约52.1亿m^3。预计2030年再生水资源量（生活源）[②]为726.3亿m^3，农业可利用再生水量为295.1亿m^3，其中农田灌溉量为164.5亿m^3，与2015年相比新增54.4亿m^3，重点利用区域是长江区、华北区和华南区（表0-26）。

① 再生水农田灌溉量 = 再生水资源量 /（再生水资源量 + 地表水资源量）× 农田灌溉用水量。

② 再生水资源量（生活源）= 常住人口数 × 城镇化率 × 人均生活用水定额 × 污水排放系数 × 污水处理率；其中，人均综合定额取240L/(人·d)、污水排放系数取0.85、污水处理率取90%（新疆污水处理率取95%）。

表0-26　2030年各区划农业非常规水资源量

单位：亿m^3

区划	再生水					微咸水				
	2015年		2030年			天然补给量	可开采量	2015年农田灌溉量	2030年农业可利用量	2030年农田灌溉量
	再生水资源量	农田灌溉量	再生水资源量	农业可利用量	农田灌溉量					
东北区	30.2	13.1	50.4	20.2	13.1	0	0	0	0	0
华北区	77.8	52.1	169.5	67.8	49.9	43.0	28.0	9.3	22.4	18.7
长江区	123.3	25.7	212.5	85.0	52.7	53.6	38.3	0.5	11.5	0.5
华南区	78.1	6.8	112.2	44.9	25.8	4.6	3.1	0	0.9	0.8
蒙宁区	6.8	3.0	16.5	6.6	3.0	9.5	5.7	0.8	4.6	0.8
晋陕甘区	14.4	5.6	50.0	20.0	5.8	28.0	11.0	4.2	8.8	4.0
川渝区	18.9	0.9	58.4	23.4	4.0	0	0	0	0	0
云贵区	11.1	0.5	39.7	15.9	0.5	5.1	0	0	0	0
青藏区	1.2	0	4.1	1.6	0	102.2	1.7	0	0.5	0
西北区	4.7	2.3	13.0	9.8	9.6	0	0	0	0	0
全国	366.5	110.1	726.3	295.1	164.5	245.9	87.8	14.8	48.7	24.8

2．微咸水利用

我国微咸水分布广、数量大，广泛分布在华北、西北以及沿海地带，特别是盐渍土地区，且绝大部分埋深在地下10～100m处，易于开发利用（王全九、单鱼洋，2015）。我国从20世纪60—70年代才开始微咸水灌溉方面的研究，其中宁夏利用微咸水灌溉大麦和小麦取得了比旱地增产的效果；天津提出了符合干旱耕地质量安全的矿化度3～5g/L微咸水灌溉模式（邵玉翠等，2003）；衡水市利用微咸水灌溉，节约深层地下淡水1亿m^3，节约灌溉费用4 000多万元（周晓妮等，2008）；此外，在内蒙古、甘肃、河南、山东、辽宁、新疆等省（自治区）也都有不同程度的利用并获得高产的实践经验。目前，我国微咸水利用重点区域是海河流域、吉林西部、内蒙古中部、新疆等地。

根据《中国水资源及其开发利用调查评价》（水利部，2014）和2003年国土资源大调查预警工程项目“新一轮全国地下水资源评价”综合研究成果分析，我国矿化度为

2～5g/L的微咸水天然补给量约为245.9亿m^3（其中2～3g/L为124.4亿m^3，3～5g/L为121.5亿m^3），可开采量约87.8亿m^3（其中2～3g/L为33.3亿m^3，3～5g/L为54.5亿m^3），主要分布在华北平原区、松辽平原区、黄河中游黄土区、西北干旱区和长江三角洲滨海区。2015年我国微咸水农田灌溉量①为14.8亿m^3，其中微咸水农田灌溉量较大区域为华北区（9.3亿m^3）、晋陕甘区（4.2亿m^3）。预计2030年农业可利用微咸水量为48.7亿m^3，其中农田灌溉量为24.8亿m^3，与2015年相比新增10.0亿m^3，重点利用区域是华北区和晋陕甘区（表0-26）。

（二）农业非常规水资源灌溉技术模式

1. 再生水灌溉利用模式

根据再生水灌溉系统中预处理工程的组成，可以将再生水灌溉模式分为4种，包括二级出水经土地处理系统（Soil Aquifer Treatment System，SATS）净化后用于灌溉的SR模式、二级出水经湿地系统（Wetland Treatment System，WTS）净化后用于灌溉的WR模式、二级出水经自然水系循环联调改善后用于灌溉的CR模式以及深度处理出水直接用于农林绿地灌溉的DR模式，简称“4R”模式（表0-27）。各种灌溉技术模式应综合考虑适宜的植被类型和灌溉方式。

表0-27 再生水灌溉“4R”模式

分项	SR模式	WR模式	CR模式	DR模式
模式描述	以土地处理系统（SATS）为预处理设施对再生水水质进行深度净化，出水进入灌溉输配水管网系统	以湿地处理系统（WTS）为预处理设施对再生水水质进行深度净化，出水进入灌溉输配水系统	污水处理厂二级处理出水达标排放进入上游河湖系统景观水体，通过向下游自流净化作用使得水质改善后用于灌溉	深度处理出水经过调蓄系统与灌溉管网系统相连接，用于田间灌溉
水质要求	二级处理出水及以上	二级处理出水及以上	二级处理出水及以上	三级处理出水
作物类型	任何作物	任何作物（生食类蔬菜、草本水果等除外）	任何作物（生食类蔬菜、草本水果等除外）	任何作物
灌溉方式	喷滴灌	地面灌、喷滴灌	地面灌、喷滴灌	喷滴灌

① 微咸水农田灌溉量＝区域微咸水灌溉面积／区域耕地面积 × 农业灌溉地下水利用量 × 校正系数；其中微咸水灌溉面积与耕地面积引自张宗祜、李烈荣主编《中国地下水资源与环境图集》（中国地图出版社2004年版），微咸水灌溉面积为耕地面积上微咸水覆盖区域面积。

2．微咸水灌溉利用模式

微咸水灌溉技术模式分为3类，包括微咸水直接灌溉（DI）、咸淡水混灌（MI）和咸淡水轮灌（AI），即“3I”模式（表0-28）。微咸水直接灌溉（DI）主要用于土地渗透性好且淡水资源十分紧缺的地区，同时选择耐盐类植物进行种植（Leogrande R等，2016；万书勤等，2008）；咸淡水混灌（MI）是将淡水与咸水混合，通过冲淡盐水的办法进行灌溉（郝远远等，2016）；对于苗期对盐分比较敏感的作物，可采用交替轮灌方式（AI）（Liu Xiuwei等，2016）。微咸水灌溉以耐盐、抗旱作物为主，在充分考虑作物品质、水质状况、土壤类型、气象条件、地下水埋深等状况基础上，结合地面灌、喷滴灌等灌溉方式及相应的农艺措施，合理控制灌水量和灌水次数，选取适宜的灌溉模式。

表0-28　微咸水灌溉“3I”模式

分项	微咸水直接灌溉模式（DI）	咸淡水混灌模式（MI）	咸淡水轮灌模式（AI）
模式描述	将开采的微咸水直接灌溉农田	根据咸水的水质情况，混合相应比例的淡水，使得混合后的淡水符合灌溉水质标准，可灌溉所有作物	根据作物生育期对盐分的敏感性的不同，选择在作物盐分敏感期采用淡水灌溉，在非敏感期采用咸水灌溉
作物类型	耐盐类植物	适用作物较为广泛	盐分敏感作物
土壤要求	土壤渗透性好	需结合农艺措施，土壤渗透性好	需结合农艺措施
灌溉方式	地面灌、喷滴灌	地面灌、喷滴灌	地面灌、喷滴灌

（三）农业非常规水资源利用技术保障

农业非常规水资源是有效缓解农田灌溉用水不足的重要水源之一，但再生水、微咸水灌溉存在一定的伴生污染风险和次生盐渍化等问题。为促进非常规水资源安全高效利用，需要在农业非常规水灌溉区划技术、适宜作物分类、风险评估技术、高效灌水技术、监测评价技术、集成应用模式六方面不断完善技术成果，实现必要的技术保障。

1．灌溉区划技术

再生水灌溉要重点防止伴生污染，微咸水灌溉要重点防控土壤次生盐渍化，应通过灌溉区划对回用区域进行分区，提高农业非常规水资源安全高效利用水平。

农业再生水灌溉分区。应根据再生水灌区土壤理化性状、土壤质量、地下水埋深以及地面坡度等进行再生水灌区灌溉适宜性分区，控制性指标如表0-29所示。

表0-29　再生水灌溉适宜性分区标准

单位：m，m/d，%

类型	控制指标		
	地下水埋深*D*	包气带渗透系数*K*	地面坡度*I*
适宜灌溉区	$D \geqslant 8.0$	$K < 0.5$	$I < 2.0$
控制灌溉区	$3.0 \leqslant D < 8.0$	$0.5 \leqslant K < 0.8$	$2.0 \leqslant I < 6.0$
不宜灌溉区	$D < 3.0$	$K \geqslant 0.8$	$I \geqslant 6.0$

农业微咸水灌溉分区。土壤中的可溶性钠百分率*SSP*＜65%且钠吸附比$SAR \leqslant 10$的区域适宜利用微咸水灌溉（DB13/T 1280—2010），应依据灌区气候类型、微咸水水质、地下水埋深条件和土壤质地类型等指标进行微咸水灌溉适宜性分区，水利行业标准《再生水与微咸水灌溉工程技术规范》编制组提出的分区标准如表0-30所示。

表0-30　微咸水灌溉适宜性分区标准

水盐性	土壤类型	非碱性水								弱碱性水	强碱性水
		$R < 200$			$200 \leqslant R \leqslant 800$			$R > 800$			
		$D < 3.0$	$3.0 \leqslant D \leqslant 6.0$	$D > 6.0$	$D < 1.5$	$1.5 \leqslant D \leqslant 3.0$	$D > 3.0$	$D < 1.5$	$D \geqslant 1.5$		
轻度微咸水 1～2g/L	砂土	×	Δ	√	Δ	√	√	Δ	√	√	×
	壤土	×	Δ	√	×	Δ	√	Δ	√	Δ	×
	黏土	×	×	Δ	×	×	Δ	×	Δ	Δ	×
中度微咸水 2～3g/L	砂土	×	Δ	√	Δ	√	√	Δ	√	√	×
	壤土	×	Δ	√	×	Δ	√	Δ	√	Δ	×
	黏土	×	×	Δ	×	×	Δ	×	Δ	×	×
重度微咸水 3～5g/L	砂土	×	×	Δ	×	Δ	√	Δ	√	√	×
	壤土	×	×	Δ	×	×	√	Δ	√	Δ	×
	黏土	×	×	×	×	×	×	×	×	×	×

注：*R*表示降水（mm）；*D*表示地下水埋深（m）；✓表示适宜灌溉区；Δ表示控制灌溉区；×表示不宜灌溉区。

2．适宜作物分类

（1）再生水灌溉作物分类

优先推荐工业原料类植物、园林绿地、林木等；推荐大田粮食作物、烹调及去皮蔬菜、瓜类、果树、牧草、饲料类等；不推荐生食类蔬菜、草本水果等。

（2）微咸水灌溉作物分类

耐盐植物，可以利用中度或重度微咸水进行灌溉；中等耐盐植物，可利用轻度或中度微咸水进行灌溉，在淋洗分数$LF \geqslant 36\%$的排水控盐条件较好灌区可利用重度微咸水进行灌溉；中等盐分敏感植物，可利用轻度微咸水灌溉，在淋洗分数$LF \geqslant 50\%$的排水控盐条件较好灌区可利用中度微咸水进行灌溉，不得利用重度微咸水进行灌溉；盐分敏感植物，在淋洗分数$LF \geqslant 80\%$的排水控盐条件较好灌区可利用轻度微咸水进行灌溉，不得利用中度或重度微咸水进行灌溉。

植物耐盐能力分类如表0–31所示（Wallender W W等，1990）。

表0–31　植物耐盐能力分类

耐盐等级	耐盐	中等耐盐	中等盐分敏感	盐分敏感
植物种类	大麦、甜菜、棉花、芦笋等	小麦、燕麦、黑麦、高粱、大豆、豇豆、红花、苜蓿、油菜、油葵、南瓜、石榴、无花果、橄榄、菠萝、向日葵等	玉米、亚麻、粟、花生、水稻、甘蔗、甘蓝、芹菜、黄瓜、茄子、莴苣、香瓜、胡椒、马铃薯、番茄、萝卜、菠菜、西瓜、葡萄等	菜豆、芝麻、胡萝卜、洋葱、梨、苹果、柑橘、梅子、李子、杏、桃、草莓等
耐盐阈值 EC_e(dS/m)	$6.0 \leqslant EC_e < 10.0$	$3.0 \leqslant EC_e < 6.0$	$1.3 \leqslant EC_e < 3.0$	$EC_e < 1.3$

3．风险评估技术

风险评估技术可以定量表征非常规水资源开发利用的现状风险，预测目标灌溉年限后环境演变趋势，应重点关注以下几个方面。评估对象：土壤、作物、地下水等环境质量以及公众健康等评估对象；评估方法：主要采取试验研究和数值模拟相结合的方法，如何评估复合污染条件下再生水利用风险是今后需要深入研究的难点之一；评估阈值：针对不同的回用目标确定相应的阈值指标体系，作为风险评判的依据。目前，我国在非常规水资源评估方法的研究方面有一定进展，但是在再生水持久性新兴污染物影响的风险评估方面国内外均处于起步阶段，还需要开展深入研究，建立再生水灌溉条件下新兴污染物健康风险评价是目前再生水安全利用的技术瓶颈。

4. 高效灌水技术

农业非常规水资源高效利用技术涉及灌水技术和灌溉制度：农业再生水高效利用技术方面，从区域和田块尺度寻求技术突破。在区域层面重点解决大中型再生水灌区水资源优化调度问题，在田块尺度层面重点解决再生水利用过程中悬浮物对喷灌和滴灌系统的影响机制和性能提升技术，提高灌水均匀度和设备使用寿命。农业微咸水高效利用技术方面，重点突破微咸水安全高效灌溉制度，提出微咸水灌溉土壤水肥盐耦合模拟模型，建立微咸水微灌水盐优化调控灌溉制度和调控模式。

5. 监测评价技术

农业非常规水资源开发利用应当建立监测评价制度，定量评估环境质量演变过程。监测指标：根据非常规水资源灌溉对土壤、作物和地下水等环境要素的影响机制，筛选相应物理、化学及生物指标，作为年度监测指标；监测密度和频率：根据主要监测污染物指标的时空变异性和地统计学特征，建立监测密度和频率的计算方法；评价方法：研究建立单因子评价法和综合评价法，明确不同评价方法的适用条件。

6. 集成应用模式

开展再生水灌溉和微咸水灌溉关键技术及集成应用研究，是深入推进农业非常规水资源推广应用的重要方面。第一，提出典型灌溉模式工程结构和规模，建立农业非常规水资源灌溉的规划设计方法，明确典型灌区不同灌溉工程的技术参数；第二，针对不同水质特点，建立灌溉运行管理调控阈值体系，提高灌溉运行管理效益；第三，开展相应的标准规范和管理体制机制研究，构建工程措施、农艺措施、管理措施相结合的非常规水资源集成应用模式。

（四）农业非常规水资源利用政策保障

与美国、以色列等发达国家相比，我国在农业非常规水资源利用方面的基础研究、政策法规尚不健全，为促进非常规水资源开发利用，应重点考虑以下方面。

1. 加强农业非常规水资源灌溉技术研究与推广

我国农业非常规水资源利用研究起步较晚，与发达国家相比还有较大差距。我国再生水利用研究起步于2000年前后。2000年以来，国家“863”计划、科技支撑计划以及“十三五”时期实施的“水资源重点研发专项”均涉及农业非常规水资源开发利用研究课题，今后研究应重点关注非常规水资源利用的风险评估技术、高效灌溉技术等领域，建立适合我国气候特点和国情的农业非常规水资源利用技术体系。面向公众和农户，开展农业非常规水资源开发利用宣传推广工作，建设不同类型示范区。

2．完善农业非常规水资源利用的标准规范体系

《中国节水技术政策大纲》(2005) 明确提出“在研究试验的基础上，安全使用部分再生水、微咸水和淡化后的海水等非常规水以及通过人工增雨技术等非常规手段增加农业水资源”，从国家政策衔接来看，尚需制定农业非常规水资源利用技术指南。应因地制宜地制定农业非常规水资源开发利用的地方标准，以保障农业非常规水资源开发利用。

3．将非常规水资源纳入水资源配置与开发利用规划

将非常规水资源纳入行政区水资源统一配置是推动农业非常规水资源灌溉利用的基础性工作，目前，国家尚未编制农业非常规水资源开发利用规划，尚未将非常规水资源纳入水资源配置。国家和地方政府制定的水利发展五年规划中应当设立专题规划，规划农业非常规水资源开发利用目标、工程任务和资金投入等，从源头上加强农业非常规水资源的开发利用，对于开发利用农业非常规水资源的工程给予财政补贴、减免水费等政策支持。

4．制定激励农业非常规水资源开发利用的政策措施

科学制定农业非常规水资源的价格，使价格杠杆在水资源市场中充分发挥主导作用，建立和完善农业非常规水资源的收费制度，以补充农业非常规水资源开发利用设施的投资、建设和运营的支出；通过价格、补贴、税收优惠等措施使得非常规水资源与常规水源相比具有明显的价格优势和盈利空间，调动企业的积极性。综合运用多种金融、财税政策与制度，设立专项扶持基金，对农业非常规水资源开发利用相关企业、公司、科研院所从税收、项目资助等方面进行扶持，以促进农业非常规水资源开发利用技术的升级换代和向实用阶段转化，将农田灌溉列入公益性非常规水资源开发利用，纳入政府补贴配置范畴，降低农业非常规水资源开发利用成本，使农业非常规水资源开发利用具有相对竞争优势。

五、农业水资源高效利用战略举措

在新形势下，我国粮食生产的主要矛盾已由总量不足转变为结构性矛盾，粮食生产向北方转移，南北方水资源与粮食生产错位加剧；北方多数地区的地表水资源开发程度已超过上限，大多数地区的地下水已严重超采，黄河以北农业主产区地下水利用濒临危

机，难以持续。推进农业供给侧结构性改革、适水种植、强化节水，建设节水高效的现代灌溉农业和现代旱作农业体系是当前和今后一个时期提高农业水资源质量和效率，建设10亿亩高标准农田、保障粮食安全的重要任务。

（一）建设节水高效的现代灌溉农业

按照当前种植结构、农田灌溉用水水平和可供农业的淡水资源量，要支撑10亿亩农田灌溉用水，2030年粮食主产区需亩均节水60～80m^3，需要采取因地制宜综合节水措施方可实现。在北方地区，应推行土地集约化利用和适产高效型限水灌溉（调亏灌溉）制度相结合，同时考虑小麦南移、农牧交错带以草业为主的种植结构调整。在南方地区，应稳定基本农田和推广控制排水型适宜灌溉相结合、果草结合，发展绿肥种植。

1．推广高效节水灌溉技术，提高灌水效率

我国当前灌排设施建设仍相对滞后，全国约50%耕地缺少基本灌排条件，仍是“望天田”；约40%的大型灌区、50%～60%的中小型灌区、50%的小型农田水利工程设施不配套，大型灌排泵站设备完好率不足60%；10%以上低洼易涝地区排涝标准不足三年一遇；旱涝保收田面积仅占耕地面积的30%（全国农村工作会议，2014）。

我国高效节水灌溉面积占比相对较低，2015年我国节水灌溉面积约4.66亿亩，占耕地灌溉面积（含林果灌溉面积）的47.16%。其中，低压管灌、喷灌、微灌三种高效节水灌溉面积约2.69亿亩，占灌溉面积的27.2%，节水量较大的喷灌和微灌占比更小，仅为13.68%（图0-29）。德国和以色列喷灌和微灌占灌溉面积比重在2002年以前达到了100%，美国早在2000年就达到了52%（表0-32）。

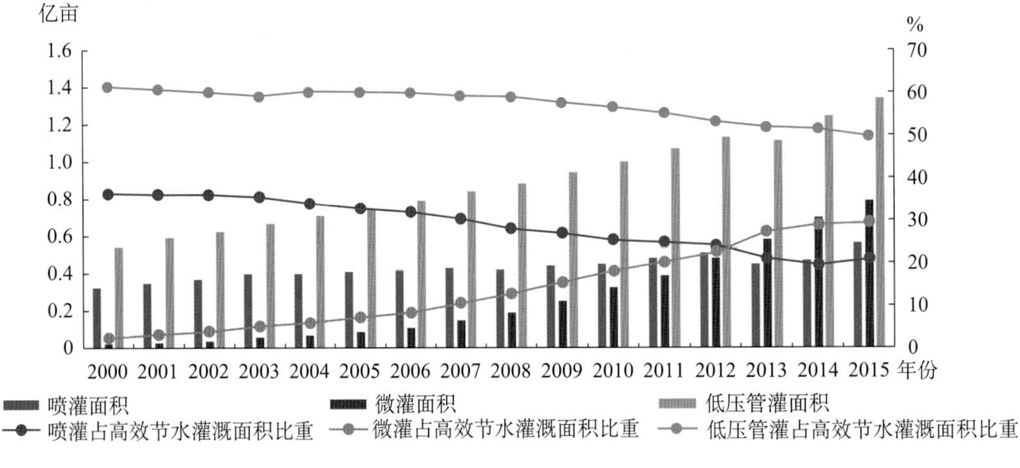

图0-29　三种高效节水灌溉技术历年走势

当前西欧国家灌溉水利用系数普遍达到了0.7～0.8，2015年我国灌溉水利用系数最高的是上海市，为0.735；最低的是西藏，仅为0.417，全国平均为0.536。发达国家粮食水分生产率一般在2kg/m^3，以色列达到2.32kg/m^3，我国仅为发达国家的70%。与世界一些发达国家相比，我国的灌溉水利用效率存在较大的上升空间。

表0–32　各国喷微灌面积占灌溉面积比重比较

单位：%

国家	喷微灌面积占灌溉面积比重	统计年份	备注
德国	100.00	2002年以前	喷灌＋滴灌
以色列	100.00	2002年以前	喷灌＋滴灌
英国	98.80	2002年以前	喷灌＋滴灌
法国	90.10	2002年以前	喷灌＋滴灌
日本	90.00	—	旱地灌溉，喷灌＋滴灌
匈牙利	68.50	2002年以前	喷灌＋滴灌
西班牙	67.00	2011年	喷灌＋滴灌
美国	52.00	2000年	喷灌＋微灌
中国	13.68	2015年	喷灌＋微灌
意大利	15.70	2002年以前	喷灌＋滴灌
葡萄牙	10.30	2002年以前	喷灌＋滴灌
印度	1.50	2006年	喷灌＋滴灌

资料来源：薛亮，2000. 中国节水农业理论与实践［M］. 北京：中国农业出版社：48–49；中国灌溉排水发展中心，2015. 国内外农田水利建设与管理对比研究［R］.

要坚持总量控制、统筹协调，因地制宜地大力发展和推广以喷灌、微灌、低压管道输水灌溉为主的高效节水灌溉技术，力争到2025年，全国节水灌溉面积达到7.8亿亩，其中喷灌、微灌和低压管道输水灌溉的高效节水灌溉面积达到4.3亿亩。到2030年，全国节水灌溉面积达到8.5亿亩，其中喷灌、微灌和低压管道输水灌溉的高效节水灌溉面积达到5.0亿亩（表0–33）。严重缺水的华北地区应全面推广喷灌、微灌和低压管道输水灌溉等高效节水技术。

以水资源承载能力倒逼灌溉规模调整，构建与集约化、专业化、组织化、社会化的新型农业经营体系相适应的现代灌溉设施体系、技术体系和管理体系，适应农户兼业化、村庄空心化、劳动力老年化的新形势，提高农业生产的比较效益，实现水资源可持续利用和灌溉的可持续发展。

表0–33　全国各省份2020年、2025年、2030年节水灌溉面积发展情况

单位：万亩

地区	2015年					2020年					2025年		2030年	
	节水灌溉面积	高效节水灌溉面积				节水灌溉面积	高效节水灌溉面积				节水灌溉面积	高效节水灌溉面积	节水灌溉面积	高效节水灌溉面积
		小计	管灌	喷灌	微灌		小计	管灌	喷灌	微灌				
全国	46 590	26 885	13 366	5 622	7 897	70 118	36 887	17 381	7 698	11 807	77 614	43 449	85 108	50 019
北京	296	278	200	56	22	320	318	200	71	47	309	308	298	298
天津	311	231	220	7	4	429	271	259	7	5	451	294	473	317
河北	4 710	4 230	3 777	290	163	5 230	5 230	4 342	515	373	5 578	5 547	5 927	5 863
山西	1 343	995	812	115	68	1 636	1 295	947	170	178	1 771	1 418	1 906	1 540
内蒙古	3 712	2 512	829	756	927	5 039	3 512	829	1 056	1 627	5 544	3 943	6 049	4 374
辽宁	1 210	987	260	214	513	1 970	1 287	455	224	608	2 110	1 413	2 249	1 539
吉林	1 003	926	185	539	202	2 396	1 227	215	745	267	2 719	1 471	3 041	1 715
黑龙江	2 545	2 253	16	2 107	130	7 880	2 753	51	2 527	175	9 507	3 729	11 135	4 705
上海	215	115	109	5	1	223	120	113	5	2	207	121	190	123
江苏	3 504	578	398	99	81	4 094	778	543	129	106	4 369	1 100	4 644	1 423
浙江	1 641	249	93	82	74	2 034	359	118	127	114	1 993	451	1 952	543
安徽	1 360	258	85	149	24	2 274	418	140	224	54	2 658	921	3 041	1 425
福建	863	330	146	135	49	889	410	186	165	59	993	503	1 096	597
江西	751	122	41	31	50	1 775	222	66	61	95	1 969	395	2 163	568
山东	4 379	3 188	2 869	209	110	4 412	4 138	3 679	279	180	4 958	4 638	5 504	5 139

（续）

地区	2015年					2020年					2025年		2030年	
	节水灌溉面积	高效节水灌溉面积				节水灌溉面积	高效节水灌溉面积				节水灌溉面积	高效节水灌溉面积	节水灌溉面积	高效节水灌溉面积
		小计	管灌	喷灌	微灌		小计	管灌	喷灌	微灌				
河南	2 508	1 807	1 523	242	42	2 697	2 457	2 048	307	102	3 203	2 919	3 708	3 381
湖北	575	461	196	167	98	1 849	611	261	222	128	2 175	891	2 502	1 172
湖南	522	25	16	7	2	1 529	175	86	62	27	1 817	437	2 106	699
广东	444	54	31	13	10	1 190	104	46	43	15	1 300	242	1 409	381
广西	1 427	173	72	42	59	2 625	653	297	122	234	2 748	809	2 870	965
海南	125	71	38	13	20	358	91	45	18	28	416	130	475	170
重庆	309	86	65	18	3	458	156	105	38	13	549	227	640	299
四川	2 352	235	140	71	24	3 805	435	270	101	64	4 281	754	4 757	1 074
贵州	488	175	109	36	30	1 165	245	159	51	35	1 277	343	1 389	442
云南	1 087	239	162	24	53	1 352	739	427	124	188	1 551	914	1 750	1 090
西藏	35	25	25	0	0	389	30	28	1	1	482	86	575	141
陕西	1 316	551	438	47	66	1 812	811	578	72	161	1 953	932	2 095	1 052
甘肃	1 381	528	235	38	255	1 133	1 078	520	98	460	1 238	1 174	1 344	1 271
青海	204	56	44	3	9	457	136	89	8	39	554	190	651	244
宁夏	466	236	56	54	126	898	416	61	69	286	1 015	516	1 132	615
新疆	5 508	4 913	176	55	4 682	7 800	6 412	218	58	6 136	7 919	6 633	8 038	6 854

资料来源：2015年数据采用《中国水利统计年鉴》，2020年数据采用《“十三五”新增1亿亩高效节水灌溉面积实施方案》（水农〔2017〕8号）。

2. 适水种植，抑制灌溉需求量增长

坚持底线思维，守住农业基本用水底线和不超越水资源承载能力红线。坚持有保有压，按照作物需水规律和灌溉水量地区分布特征，适水种植，优化粮食作物区域布局，在水资源短缺地区严格限制种植高耗水农作物。适水种植的重心是合理调整和布局高耗水的水稻、冬小麦种植区，以较小的灌溉用水需求保障稻谷、小麦口粮生产安全。

（1）小麦南移，巩固冬小麦主产区种植规模

2000—2015年，全国冬小麦播种面积由33 845.4万亩增加到2015年36 210万亩，增加了2 364.6万亩。其中，安徽（491万亩）、江苏（338万亩）、河南（608万亩）合计增加1 437万亩（图0-30），占全国增加总量的60.8%；而同期河北冬小麦播种面积减少了609万亩，约占其2000年冬小麦播种面积的15.2%。

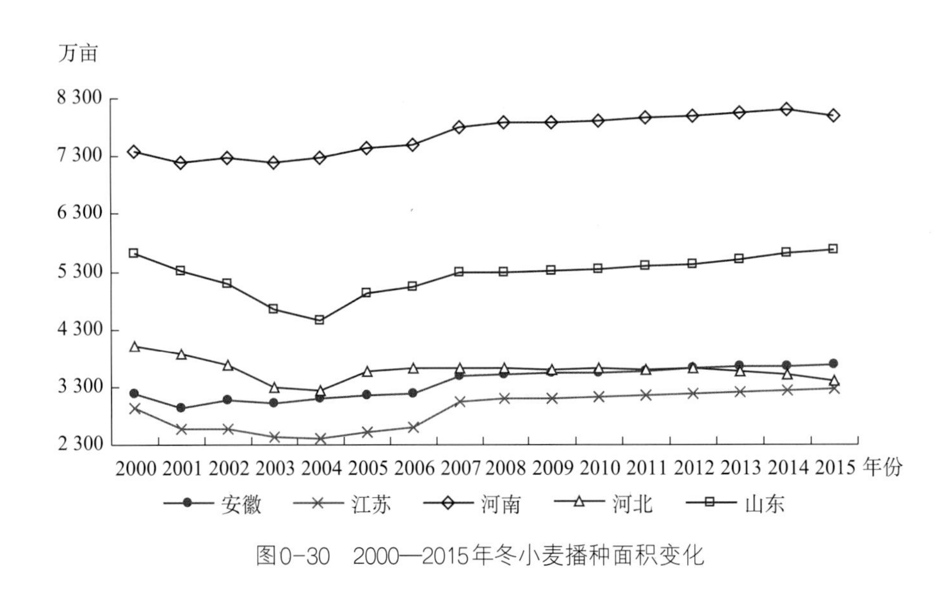

图0-30　2000—2015年冬小麦播种面积变化

淮河流域北部是冬小麦灌溉低值区，冬小麦生长期降水量均匀，安徽需灌溉水量仅为河北的63%，亩均灌溉用水量可减少约80m^3。若按亩均减少80m^{3}计算，2000年以来河北减少了约600万亩冬小麦播种面积，相应减少了灌溉水量约4亿m^3。

据不完全统计，目前淮河流域北部安徽，河南信阳、南阳，江苏赣榆一带，至少有1 500万亩冬小麦非灌溉种植面积。根据“引江济淮工程”推荐方案，农业可利用引水量5.44亿m^3，向淮河流域总补水灌溉面积约1 085万亩，小麦南移结合砂姜黑土旱改水工程，建设稻麦两熟高标准农田，可新增补充灌溉面积1 000万亩，预计可增产671万t（增产0.671t/亩×1 000万亩），创建新粮仓。建议进一步论证引江入淮建设稻麦两熟

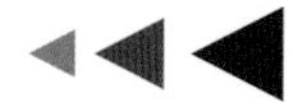

生产基地的可行性。

从水量上看，小麦南移至淮河流域北部安徽一带，与在河北地区生产等量的小麦相比，可减少小麦生产需水量50.0亿m^3（节水0.5m^3/kg × 1 000万t），其中可节约灌溉水量（蓝水）40.0亿m^3（节水0.4m^3/kg × 1 000万t）。小麦南移、适水种植有利于稳定和扩大冬小麦种植面积、提高产量并减缓华北地区地下水超采。此外，在安徽、河南、山东、江苏发展小麦雨养种植较其他区域的单位水生产效率高1倍，也适宜发展冬小麦旱作。

黄淮海平原区通过提倡小麦南移，适度调减华北平原地下水严重超采区的小麦种植面积，发展旱作冬油菜＋青贮玉米以及耐旱耐盐碱的棉花、油葵和马铃薯。粗略估计，在基本稳定我国冬小麦优势区生产产能的前提下，可压缩小麦灌溉面积300万亩。与此同时，扩大淮北平原冬小麦播种面积。通过小麦南移、适水种植、以水限产、调亏灌溉，既可抑制华北平原冬小麦的需（耗）水量，又可稳定我国冬小麦优势区的生产产能。

（2）南恢北稳，推广水稻控制灌溉，节水增产

水稻生产对灌溉需求的低值区位于四川、重庆、贵州、湖北、江西、浙江6省（直辖市），灌溉水需求量不足全国平均值的60%，是最适宜的水稻种植区域。其次是东北三省以及南方湖南、福建、云南、广西、广东和海南，小于等于全国平均值。因此，在稳定和保护好东北水稻生产基地的同时，要努力恢复、巩固和开发南方地区的双季稻种植面积，以保障我国口粮安全。

逐步收缩东北地区井灌区水稻种植面积，重点提升江河湖地表水灌区水稻集约化生产水平，采取控制性灌溉措施，亩均灌溉量可由335m^3降低到210m^3，亩均增产约5%，提升产品质量。

重点建设长江中下游地区、西南地区水稻优势产区，恢复水热资源匹配度较高的华南地区水稻种植，采取“浅、薄、湿、晒（或湿、晒、浅、间）”措施，亩均灌溉量可由520m^3降低到310m^3，亩均增产约13%。

（3）粮改饲、米改豆，缓解“北粮南运”和北方水资源短缺的压力

以玉米种植结构调整为重点，以草食畜牧业发展为载体，引导玉米籽粒收储利用转变为全株青贮利用，促进玉米资源从跨区域销售转向就地利用，既是构建种养循环、产加一体、粮饲并重、农牧结合的新型农业生产结构要求，也是缓解“北粮南运”、北方

水资源短缺的压力，提高农业用水效率和效益的要求。

青贮玉米的合理收割期为玉米籽实的乳熟末期至完熟前期，产量和营养价值最佳，还可少浇1～2水。玉米改种青贮玉米、燕麦、豆类，亩均可减少灌溉水量60～90m^3。玉米改种大豆，兼顾马铃薯和饲草，亩均可节水15～25m^3。

大力开展粮改饲、米改豆，实施主产区、主销区粮改饲双侧结构调整，重点推进从平衡区滑到主销区的云贵和广西种植结构调整，从粮食作物种植向饲（草）料作物种植的方向转变，促进玉米资源从跨区域销售转向就地利用：一可有效利用天然降水，减少灌溉用水，提高水分生产率；二可减少地下水开采量和化肥施用量，减缓北方地区地下水超采和面源污染；三可增加南北方饲料粮自给，减少“北粮南运”的压力。

将我国“镰刀弯”地区（北方：河北、山西、内蒙古、辽宁、吉林、黑龙江、陕西、甘肃、宁夏、新疆）的籽粒玉米调减5 000万亩，改种青贮玉米，可节水30亿m^3（节水60m^3/亩×5 000万亩）。每亩青贮玉米产能为籽粒玉米的2倍，在能量供给相同的情况下，种植青贮玉米可节水约60亿m^3。在南方（广西、贵州、云南）种植籽粒玉米5 000万亩，可弥补南方地区4 381万t（全国平均876kg/亩×5 000万亩）的粮食亏缺，减少因“北粮南运”带走的虚拟灌溉水量43.81亿m^3（南方单位玉米生产灌溉需水量平均值为0.1m^3/kg），有利于缓解北方水资源短缺。

在北方广大半干旱、干旱地区，压缩灌溉玉米的种植面积，恢复谷子、高粱、莜麦、荞麦和牧草等耐旱作物面积，减少灌溉用水量。

(4) 加强农艺节水，减少农田无效耗水

合理安排耕作和栽培制度，选育节水高产品种，大力推广深松整地、中耕除草、镇压耙耱、覆盖保墒、增施有机肥以及合理施用生物抗旱剂、土壤保水剂等，提高土壤吸纳和保持水分的能力，减少农田无效耗水。

在华北地区，加大推广冬小麦节水稳产配套技术模式（节水抗旱品种+土壤深松/秸秆还田/播后镇压+拔节孕穗水）、冬小麦保护性耕作节水技术模式（免耕/少耕+秸秆还田+小麦免耕播种机复式作业）。利用玉米种植与降水同季，加强中耕、麦秸还田等措施，促进雨季降水储蓄，实现节水增产与增收。

在东北地区，推广应用秸秆覆盖和地膜覆盖技术、深松整地技术、秸秆还田技术、坐水种技术、增施有机肥技术。

在西北地区，积极发展膜下滴灌水肥一体化技术，合理使用抗旱剂、保水剂等措施，减少农田无效耗水。

3. 调亏灌溉，抑制北方地区地下水超采

北方地区的粮食生产离不开地下水的保障。据《2015中国水资源公报》统计，十大流域片区中，北方七片区地下水开发利用量基本在40%以上（其中黄河流域为36%），一半以上的开采量用于农田灌溉。粮食主产大省黑龙江地下水灌溉面积占全省总灌溉面积的63%，部分地区已超过开采的限制水平；其中三江平原地下水灌溉区面积占总灌溉面积的78%，造成地下水位下降（吕纯波，2016）。西北地区在大量开发地表水的同时，不断加大地下水的开采，除塔里木盆地地下水尚有一定的开采潜力，其余各流域的地下水开发利用程度已经很高，在天山北坡经济带、黑河中下游和石羊河中下游地下水位不断下降，造成天然绿洲退化、大面积土地沙化等问题（石玉林，2004）。

华北地下水超采问题更加突出。以河北省为例，全省粮食总产量从20世纪50年代的754.2万t持续增加到2015年的3 363.8万t，增长了3.46倍，粮食播种面积上的亩产从50年代初的69kg增加到2015年的351kg，增长了4倍，农业地下水开采量占全省地下水开采量的比例长期维持在70%左右，地下水开采量由2000年的127亿m^3下降到2015年的97亿m^3，减少了30亿m^3（图0-31、图0-32）。2005—2015年河北省地下水资源开发利用率平均达130%，2015年总超采量60亿m^3（河北省地下水超采综合治理试点方案，2015），超采地下水已成为保障粮食增产的主要驱动。

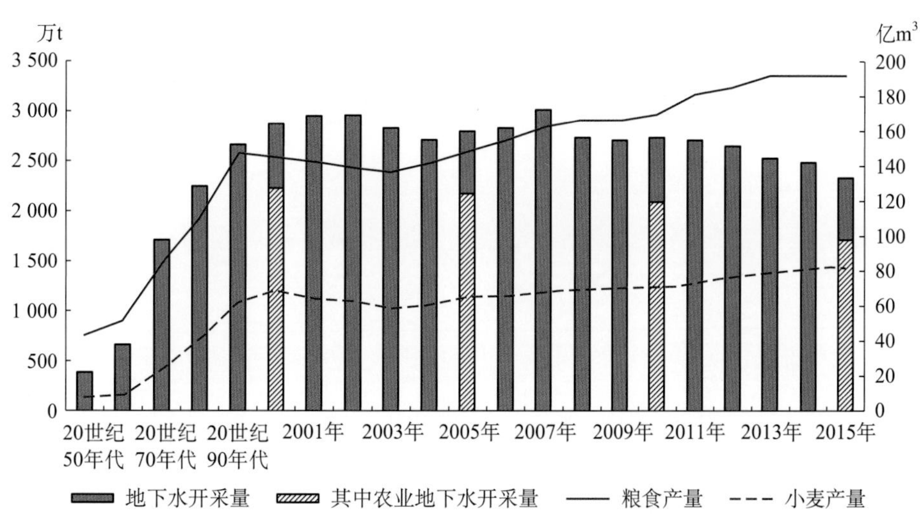

图0-31 20世纪50年代以来河北省地下水开采量与粮食产量变化的关系

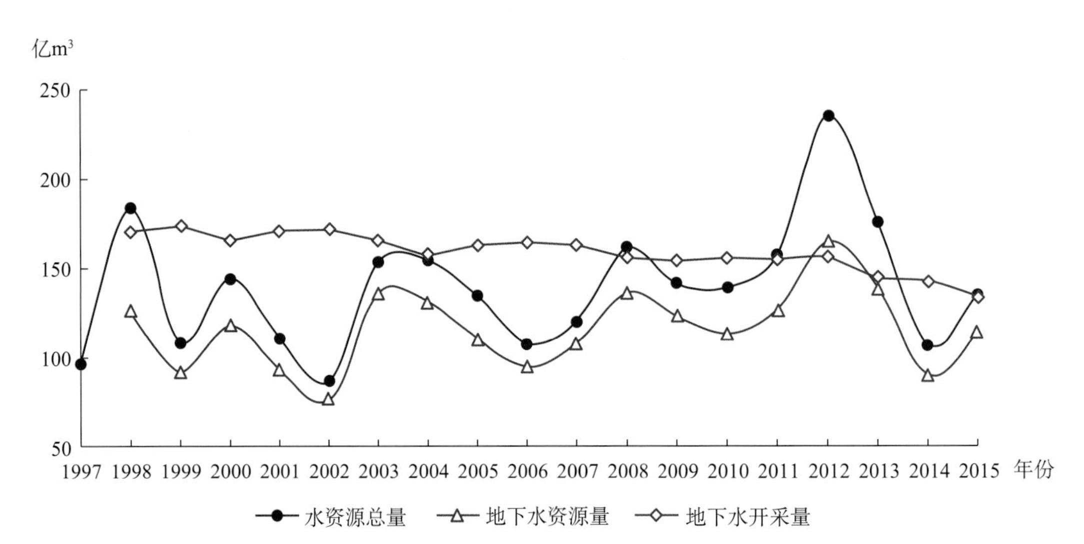

图0-32 1997—2015年河北省水资源总量、地下水资源量、地下水开采量的变化

（1）优化冬小麦—夏玉米灌溉制度，挖掘作物高效用水潜力

华北平原多年平均条件下，实行冬小麦调亏（或亏缺）灌溉与夏玉米雨养制度，小麦—玉米两熟亩均灌溉需水量100～200m³，耗水量500～650mm，与常规灌溉相比，每亩可节水50～100m³，小麦减产可控制在13%以内。总体上看，实施调亏（或亏缺）灌溉制度，在稳产（约1 000kg/亩）前提下，较传统灌溉制度可提高作物水分利用效率约10%。

华北地区冬小麦具有保护土地资源的生态功能，不宜大规模压减种植面积，应以水限产、量水发展，在适当压减小麦产量的前提下，可以保证灌溉麦田1.04亿亩，发展半旱地农业。加大水利、农艺和生物节水技术的标准化、模式化和规模化应用，推广冬小麦—夏玉米轮作方式节水稳产高效的调亏灌溉制度，从追求单产最高的丰水高产型农业向节水高效优质型农业发展。坚持量水发展，非灌溉地发展粮草轮作，推进种养结合和其他旱作农业模式，逐步退减地下水超采量，现代灌溉农业和旱地农业并举，有序实现地下水的休养生息。

东北地区在现有灌溉制度的基础上，实施调亏灌溉，推广控制性灌溉，特别是在井灌区，据统计可再节水30%～40%（吕纯波，2016）。

西北干旱内陆区加大种植结构调整力度的同时，推广调亏灌溉制度，可使灌溉定额减少。目前新疆亩均灌溉定额为800m³，南疆高达900～1 000m³，大力推广调亏灌溉，并配合以合理的高效节水灌溉技术措施，可使灌溉定额亩均下降100～200m³（石玉林，2004）。

(2) 强化管理，保护地下水资源

合理开发利用浅层地下水，限制开采深层地下水，通过总量控制、强化管理，实现采补平衡。在浅层地下水资源丰富地区，采取井渠结合方式，有利于高效利用水资源。在地下水严重超采区，从严管控地下水开采使用，节约当地水，引调外来水，将深层地下水资源作为战略储备资源；着力发展现代节水农业，增加地下水替代水源，通过综合治理，压减地下水开采，修复地下水生态。

在华北地下水严重超采区要加大压采力度，适度调减华北地下水严重超采区小麦种植面积，改种耐旱耐盐碱的棉花、油葵和马铃薯。对于划属压采地区，农地利用的调整要因地制宜，或改种饲（草）料，发展畜牧业，或改为休闲观光、旅游等，发展低耗水农业，逐渐恢复地下水位。

在松嫩平原，减少水稻种植面积，积极发展旱田作物；在三江平原，量水发展水稻，加大水稻种植面积向沿江沿河转移。从整体上抑制东北地区地下水的超采。

在西北地区，结合区域水资源特点，开展宜农则农、宜林则林、宜牧则牧的种植结构调整；推行地膜覆盖，通过保温节水的作用，减少灌溉用水。

4. 稳定水稻灌溉面积，建设高标准稻田

长江中下游地区总土地面积约91.59万km^2，占全国的9.54%，是我国最大、最重要的水稻生产基地，水稻播种面积和产量均占到全国的近一半（表0-34），在保障我国粮食安全体系中具有举足轻重的作用。

表0-34 2000—2015年长江中下游地区粮食播种面积与产量

单位：万hm^2，万t，%

年份	播种面积						粮食产出			
	面积			占全国的比例			产量		占全国的比例	
	农作物	粮食作物	水稻	农作物	粮食作物	水稻	粮食作物	水稻	粮食作物	水稻
2000	5 663.9	3 911.0	2 240.6	27.5	25.3	49.9		9 532.0		50.7
2005	5 501.4	3 710.8	2 175.2	26.7	24.6	50.3	12 972.9	9 186.5	26.8	50.9
2010	5 618.6	3 834.0	2 234.7	25.9	24.0	49.9	14 322.6	9 851.9	26.2	50.3
2015	6 236.2	3 992.0	2 263.8	25.7	23.9	49.5	15 505.4	10 369.5	25.5	50.2

近年来，由于城市化进程中耕地资源被大量挤占、乡镇企业快速发展，长江中下游地区农田撂荒、耕地流失现象突出，耕地面积由2000年3.81亿亩下降到2010年3.59亿亩，在相关部门呼吁和关注下，现逐步回升至2015年3.77亿亩（表0–35），但粮食作物播种面积、粮食产量占全国的比例均在下降（表0–34）。

表0–35　1985年以来长江中下游地区耕地面积变化

单位：万亩，%

地区	1985年	1990年	1995年	2000年	2005年	2010年	2015年
上海	509	485	435	473	473	366	285
江苏	6 906	6 837	6 672	7 593	7 593	7 146	6 861
浙江	2 665	2 585	2 427	3 188	3 188	2 881	2 968
安徽	6 633	6 548	6 437	8 958	8 958	8 595	8 809
江西	3 553	3 524	3 463	4 490	4 490	4 241	4 624
湖北	5 377	5 215	5 037	7 424	7 424	6 996	7 883
湖南	5 013	4 968	4 875	5 930	5 930	5 684	6 225
长江中下游地区	30 656	30 163	29 345	38 055	38 055	35 909	37 655
占全国的比例	21.1	21.0	20.6	19.5	19.5	19.7	18.6
全国	145 269	143 509	142 456	195 060	195 060	182 574	202 497

资料来源：2000年后数据引自《中国统计年鉴》，为新调查数字。

影响长江中下游地区粮食生产能力的主要因素有三个方面：

区域内乡镇企业的快速发展，一方面建设用地大量挤占优质耕地，另一方面大量吸引农村劳动力，加上工资性收入远高于农业生产收入，极大地影响了农民种粮积极性。根据《中国统计年鉴》及《中国乡镇企业及农产品加工年鉴》数据统计，2013年末长江中下游地区乡镇企业从业人数达到5 200万人，占乡村人口比例由2000年的5.24%增长到2013年的8.22%（图0–33），农业纯收入中工资性收入由2000年的48.24%增加到2013年的54.75%（图0–34）。

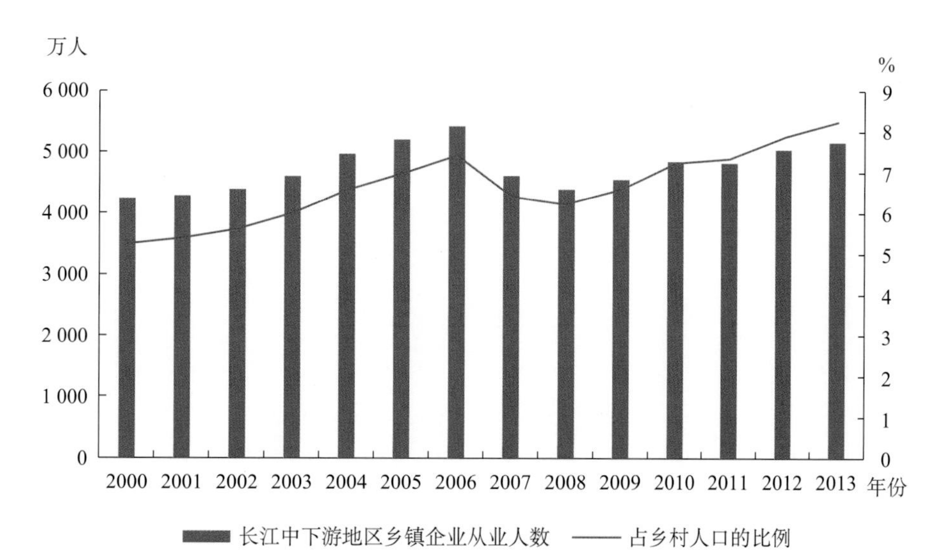

图0-33　2000—2013年长江中下游地区乡镇企业从业人员情况

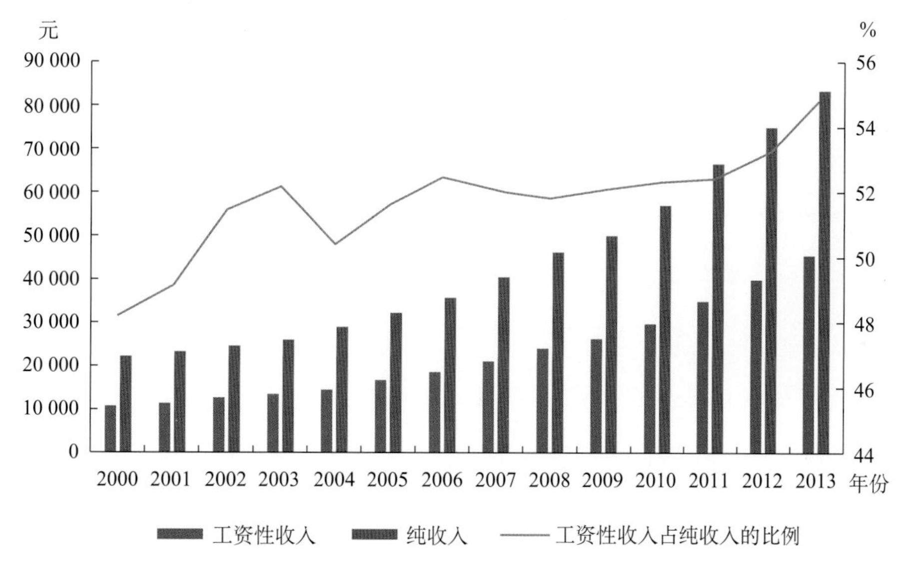

图0-34　2000—2013年长江中下游地区村民工资性收入及纯收入变化

水利建设相对滞后，影响了地区的粮食产量。据统计，2001—2011年，长江中下游地区有效灌溉面积基本维持在2.37亿亩左右，仅增加了510万亩，所幸随后的3年灌溉面积得到较大发展，从2011年的2.41亿亩增长到2015年的2.70亿亩。

旱涝灾害频发，影响地区粮食稳产。长江中下游地区是我国的多雨区之一，3—6月集中了年降水量的60%，6—7月占年降水量的35%，由于地势平坦低洼、排水不畅，降水集中季节常发生洪涝灾害。尽管近些年防洪工程能力提高，水灾面积略有下降趋势，2010—2015年长江中下游地区水旱灾害受灾面积仍总体处于高位（图0-35），2015年水旱灾面积4 595万亩，占全国的53.5%，其中水灾较为严重，占全国水灾受灾面积的52.4%。

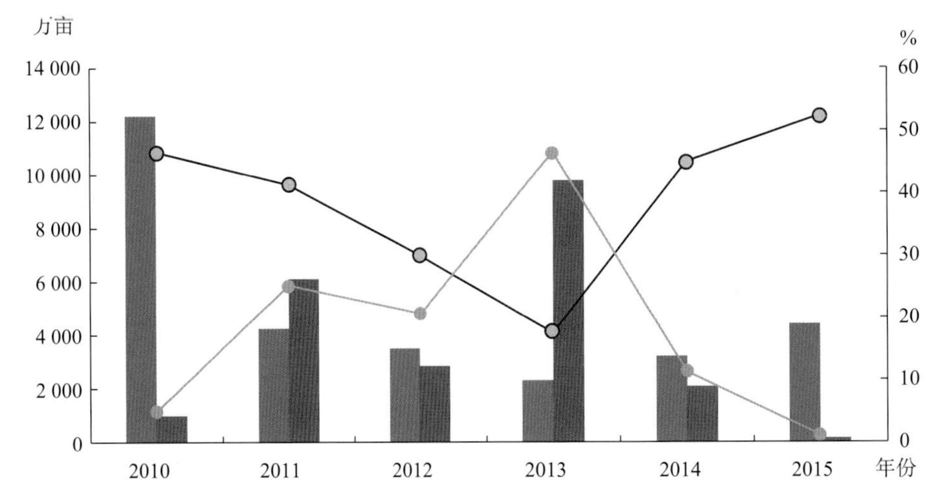

图0-35　2010—2015年长江中下游地区水旱灾害情况

审视全国粮食生产的未来形势，长江中下游地区仍将是我国最大、最重要的水稻生产基地。要充分利用区域内较为发达的工农业基础和沿江沿海的地域优势，合理提高复种指数，推进水稻“单改双”，减少水稻“双改单”变化对粮食生产的冲击。据相关统计，长江流域1998—2006年至少有174.4万hm^2双季稻改为单季稻，尽管2004年实施了“三减免，三补贴”措施，但仍未能有效遏制农户水稻“双改单”生产行为（辛良杰等，2009；王全忠，2015）。要努力恢复和稳定双季稻种植面积，改造升级现有灌区，加强低洼易涝区排涝体系建设，完善灌排设施和节水工程，提高农田灌溉排水保障程度，推广规模化生产，提高农民种粮积极性。

（1）严格实行耕地保护，划定水稻粮食生产功能区

针对区域耕地面积减少、农民种粮积极性不高等问题，配合国家永久性基本农田划定政策，综合考虑资源承载能力、环境容量、生态类型和发展基础等因素，提升长江中下游水稻主产区的功能定位；将水土资源匹配较好、相对集中连片的水稻田划定为粮食生产功能区，明确保有规模，加大建设力度，实行重点保护，稳定双季稻面积，强力推进高标准稻田建设。

推广水稻集中育秧和机插秧，提高生产组织化程度，提倡集约化生产模式，减轻劳动强度。规范直播稻发展，推广优质籼稻，着力改善稻米品质，因地制宜发展再生稻。结合《全国种植业结构调整规划（2016—2020年）》和水土资源匹配特点，建议到2020年，长江中下游地区双季稻种植面积稳定在1.1亿亩；在布局上，洞庭湖平原与鄱阳湖平原以双季稻种植为主，适当增加玉米种植比例；江汉平原和江淮平原以稻麦种植为

主，在保障水源的淮河两岸实行旱地改水地，发展糯、粳米为主的优质稻，实现稻麦两熟的耕作制度。

（2）改造升级现有灌区，完善灌排设施，发展水稻控制灌溉

积极改造升级现有灌区，加强低洼易涝区排涝体系建设，完善灌排设施，改善灌溉条件。在中游水土条件适宜地区，适度新建灌区，扩大灌溉面积；在下游地区，结合水资源承载能力和城镇化布局，合理调整灌溉面积。加强中低产田改造，科学开发沿海滩涂资源。在长江中下游平原，加大退田还湖、平垸行洪力度，提高江河防洪能力。

针对季节性缺水问题，大力发展水稻控制灌溉，推广"浅、薄、湿、晒"的调亏灌溉技术，因地制宜发展喷灌和微灌。适当增加粮食主产区农业用水控制指标，提高建设两江、两湖旱涝保收的高标准水稻种植面积。结合"北粮南运"运输费用和南方种粮补贴政策，加强国家对粮价补贴的专项研究，提高农民种粮积极性。

（二）发展集雨增效的现代旱地农业

1. 旱地农业及其潜力

旱地农业包括直接利用雨水的旱作农业和集雨灌溉的旱作农业。我国目前旱地农业面积约占耕地总面积的60%；即使到2030年灌溉面积达到10.3亿亩，旱地农业仍占耕地总面积的46%～48%。灌溉农业与旱地农业并举是我国农业发展的必由之路。

我国旱地农业大部分分布在半干旱、半湿润的山坡地、高原地，以及水源缺乏、干旱和土壤侵蚀严重、生态环境差的贫困地区。国内外发展旱地农业的共同经验是改善生态环境和提高土地生产力相结合，其核心是提高降水的利用率。半干旱地区年降水量400mm，降水利用率如能从35%提高到60%，则全国可增水442亿m^3，北方旱作农业区降水利用效率从当前0.3kg/（mm·亩）提高到0.5～0.7kg/（mm·亩），有较大的潜力。

2. 提高降水利用率的技术

各地区开发了许多旱地农业提高降水利用率的技术，需因地制宜推广先进经验，主要包括：坡改梯（如黄土高原与南方山地），顺坡改斜坡、横坡（如东北黑土岗坡地），保持水土；以地膜和秸秆等材料覆盖，降低无效蒸发；深松，少翻，加深耕作层，保蓄土壤水分；草田轮作，增加有机肥，改善土壤结构，建设土壤水库，增加土壤储水量；优化种植结构，选育抗旱的高产优良品种；采取雨水积蓄技术，抗旱补灌。

3. 区域发展模式

以工程、农艺、化控和生物四大措施为基础，依托集雨农业工程，应用现代补灌技术，发展高效旱地特色农业。

黄土高原区。针对西北旱塬区粮食产量低而不稳、生产效益低等问题，以提高旱塬粮食优质稳产水平和生产效益为目标，建立粮食稳产高效型旱作农业综合发展模式与技术体系，如“适水种植+集雨节灌+农艺措施+生态措施”模式。

西北半干旱偏旱区。针对气候干旱和冬春季节风多、风大等问题，以保护旱地环境和提高种植业生产能力为主攻方向，建立聚水保土型旱作农业发展模式和技术体系。

华北地区西北部半干旱区。针对人均水资源严重不足、粮经饲结构不尽合理、秸秆转化利用率低等问题，以提高水资源产出效益为主攻方向，建立农牧结合型旱作农业发展模式与技术体系，如“结构调整+覆盖保墒培肥+集雨补灌+保护性耕作+化学调控”模式。

东北西部半干旱区。针对东北风沙半干旱区粮食产量不稳、经济效益低等问题，以提高旱作农业生产效益为主攻方向，建立草粮、林粮结合型旱作农业综合发展模式与技术体系，推广“增施有机肥+机械深松+机械化一条龙抗旱坐水种”模式。

（三）农业非常规水资源利用

农业非常规水资源利用是开源的重要方向，主要包括再生水与微咸水两类。2015年我国非常规水农田灌溉量124.9亿m^3，预计2030年农业可利用非常规水资源量343.8亿m^3，其中农田灌溉量189.3亿m^3（较2015年新增64.4亿m^3）。为促进非常规水资源安全高效利用，应在灌溉区划技术、适宜作物分类、风险评估技术、高效灌水技术、监测评价技术、集成应用模式六方面实现必要的技术保障。

1. 再生水灌溉利用

2015年我国再生水农田灌溉量110.1亿m^3，预计2030年农业可利用再生水资源量295.1亿m^3，其中农田灌溉量164.5亿m^3（较2015年新增54.4亿m^3），重点利用区域是长江区、华北区和华南区。在严格要求再生水水质达标条件下，根据再生水水质特点，建立基于土地处理、湿地处理、调蓄净化等为主要提质方式的二级处理再生水灌溉应用模式，建立深度处理再生水直接灌溉应用模式，促进再生水在农业、林地、绿地等领域的广泛推广应用。

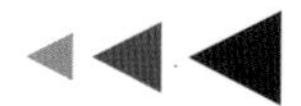

2. 微咸水灌溉利用

2015年我国微咸水（矿化度2～5g/L）农田灌溉量14.8亿m^3，预计2030年农业可利用微咸水资源量48.7亿m^3，其中农田灌溉量24.8亿m^3（较2015年新增10.0亿m^3），重点利用区域是华北区和晋陕甘区。微咸水灌溉包括咸淡水轮灌、咸淡水混灌和直接利用咸水灌溉三种方式，以灌溉耐盐、抗旱作物为主。应结合水质状况、土壤类型、作物类型、气象水文条件等状况，因地制宜选择科学的灌溉应用模式。

（四）重点工程

按照先挖潜、后配套，先改建、后新建的原则，重点开展以下工程建设。

1. 水源工程改造与建设

结合全国重点小型病险水库除险加固、大中型病险水闸除险加固等工程的实施，推进全国4 000处蓄、引、提、调等大型水源工程改造。开展东北与西南大中型水源工程建设，加强对小型水源工程的新建和改造。

加快推进引江济淮工程和山东T形骨干水网建设，扩大南水北调中线调水规模，实施南水北调东线后续工程、万家寨引黄等调水工程，解决水资源严重不安全地区的水资源短缺。

2. 灌区节水改造与建设

重点推进456处大型灌区和1 869处重点中型灌区续建配套与节水改造；积极推进5 447处一般中型灌区续建。在东部沿海地区、大城市郊区、集团化垦区、农产品主产区基础条件较好的灌区，开展灌区现代化升级改造。在东北、长江中游、西南等水土资源条件适宜的地区，新建654处大中型灌区。结合高标准农田建设，因地制宜开展小型灌区改造升级，其中北方平原地区重点发展高效节水灌溉，推动井灌区实现管道化、自来水化灌溉；西南山区重点发展小水窖、小水池、小水塘坝、小泵站、小水渠“五小工程”；长江中下游、淮河以及珠江流域等水稻区，重点加强渠系工程配套改造和低洼易涝区排涝工程建设。

3. 灌区信息化与现代化灌区建设示范工程

开展重点大中型灌区用水监测计量、信息化建设，构建全国灌区监测体系；加强大中型灌区水质监测网络建设；形成智能化、信息化、科学化以及云平台化的灌区管理信息体系。

在华北地区选择井渠结合灌区，按照测土配方、土壤墒情监测与作物生育特性相结合，建设精准灌溉、精准施肥、智能化管控的现代化灌区。对土壤墒情、土壤肥力、地下水埋深、地表水闸门以及作物长势等进行自动监测、远程数据传输和云计算处理；采用3S技术、互联网技术以及人工智能技术相结合，形成具有灌区灌溉信息感知诊断、决策智能优化、实时反馈调控等特点的现代化灌区。

4. 华北平原现代精准灌溉调控工程

自2014年国家在河北省开展地下水超采综合治理试点以来，河北省已连续三年实施了《地下水超采综合治理试点方案》，2014年、2015年、2016年分别落实压采措施面积789.3万亩、1 080.1万亩、1 277.94万亩。2015年实现压采量5.13亿m^3，项目区亩均节水量65m^3；2016年实现压采量16.95亿m^3，项目区亩均节水量157m^3。地下水压采修复效果初步显现。今后应以节水压采、稳产提效为原则，构建现代精准灌溉调控工程和管理体系。

（1）适水种植，稳定冬小麦优势区产能

按照作物灌溉需水规律优化种植结构，适度调减地下水严重超采区冬小麦种植面积800万亩，发展旱作冬油菜＋青贮玉米以及耐旱耐盐碱的棉花、油葵和马铃薯。可在淮北平原扩大冬小麦种植500万亩，基本稳定现有麦田灌溉面积。

（2）调亏灌溉，率先实现灌溉现代化

全面推广调亏灌溉制度、水肥药一体化技术以及微喷灌、管道输水灌溉等高效节水技术。采用3S技术、物联网技术以及人工智能技术，构建现代灌溉云服务平台，实现供需（耗）水精准诊断、输配水全程量测、田间水肥精准配施、用水智慧决策与实时反馈调控等灌溉现代化功能。到2030年建设旱涝保收高标准农田6 800万亩，节水灌溉率达到91%，高效节水灌溉率达到88%，农田灌溉水有效利用系数提高到0.72以上。

（3）用水计量，全面落实农业水价、水权确权等体制机制改革政策措施

推行土地集约化利用与专业化运维服务，全面实行灌溉取（用）水计量收费，渠灌区计量到末级渠系，井灌区达到“一井（泵）一表、一户一卡”。建立反映供水成本、水资源稀缺程度的农业水价制度，实行分级、分类水价以及成本定价、超定额累进加价制度，探索推行灌区供水价格和农民灌溉用水价格相结合的“两步式”水价。建立农业节水精准补贴政策和节奖超罚机制，探索基于耗水控制的水权管理机制，建设现代灌溉管理体系。

 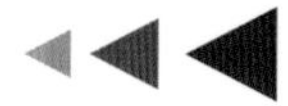

(4) 在更大范围推广河北省地下水超采综合治理模式

以节、引、蓄、调、管为着力点，进一步优化种植结构调整、非农作物替代、冬小麦春灌节水、保护性耕作、水肥一体化喷灌、井灌高效节水、地表水替代地下水灌溉等综合节水措施，完善治理目标体系，全面推进节水压采机制、项目建管机制、水价形成机制、组织推动机制、群众参与机制；确权定价，从严管控地下水开采使用，着力发展节水农业和增加替代水源，扩大地下水超采综合治理范围，逐步退减地下水超采量，修复地下水生境。

六、结论与建议

（一）主要结论

1．水资源胁迫度增加对农业生产形成强约束

随着粮食生产向北方转移、灌溉面积于1996年逆转为北方大于南方，农业水资源短缺、耕地亩均水资源量不足、水土资源匹配错位等问题凸显。2000年以来全国农业灌溉面积呈增长趋势，农业用水量基本维持在3 860亿m^3左右，呈现“零”增长，尽管农业用水量占国民经济总用水量比例在下降，但2015年仍占63.1%。全国七大农业主产区中的五大区（东北平原、黄淮海平原、汾渭平原、河套灌区和甘肃新疆主产区）、800多个粮食主产县的60%集中在常年灌溉区和补充灌溉区，水稻、小麦、玉米三大粮食作物播种面积逐渐向常年灌溉区和补充灌溉区集中，这些都增加了对灌溉用水的需求。我国北方地区（松花江区除外）水资源开发利用率均超过国际公认的40%警戒线，其中华北地区最高，达到118.6%，黄淮海平原、松辽平原及西北内陆盆地山前平原等地区地下水位持续下降，对农业生产用水形成强约束。

2．农业水资源利用要从低效粗放型向适产高效型现代灌溉农业转变

我国农业栽培模式、生产方式和经营主体正发生着深刻变化，农田灌溉发展正逐渐步入适度规模化、全程机械化、高度集约化和资源环境硬约束等新常态；未来农业用水量将基本保持稳定，农业灌溉必须由低效粗放型向适产高效型转变，将传统的节水灌溉工程措施与3S技术、物联网技术、人工智能技术以及作物用水调控技术等现代科技结合，发展以高效、精准、智能以及环境友好型为特征的现代农业灌溉体系。北方地区要推行土地集约化利用和适产高效型限水灌溉（调亏灌溉）制度，南方地区要稳定基本农

田和推行控制排水型适宜灌溉制度，大力推广水稻控制灌溉技术，着力节水减污。

3．现代灌溉农业与现代旱作农业并重是我国农业可持续发展的必然选择

强化节水、水旱并举提高农业水资源利用效率、建设10亿亩高标准农田是保障我国粮食安全的重要任务。要守住农业基本用水底线，坚持“以水定灌”；要坚持开源与节流并重，节水为先；要突出用水效率和效益，优化粮作布局；要按照水资源承载能力倒逼灌溉规模和灌溉方式调整，适水种植，发展农田集雨、集雨窖等设施建设，发展现代旱作农业，构建与新型农业经营体系相适应的现代灌溉农业和现代旱作农业体系。到2025年，全国灌溉用水量控制在3 725亿m^3以内，农田有效灌溉面积达到10.2亿亩，节水灌溉率达到69%，其中高效节水灌溉率达到39%，农田灌溉水有效利用系数提高到0.57以上，每立方米灌溉水粮食产量超过1.57kg；旱作区降水利用率提高8%，水分利用效率提高0.15kg/（mm·亩）。到2030年，全国灌溉用水量控制在3 730亿m^3以内，农田有效灌溉面积达到10.35亿亩，节水灌溉率达到74%，其中高效节水灌溉率达到44%，农田灌溉水有效利用系数提高到0.60以上，每立方米灌溉水粮食产量超过1.60kg；旱作区降水利用率提高10%，水分利用效率提高0.20kg/（mm·亩）。到2035年，力争全面建成以适产高效、精准智慧、环境友好型和云服务为特征的现代灌溉农业体系和现代旱作农业用水体系。

（二）主要建议

1．推广高效节水灌溉技术

要坚持总量控制、统筹协调，因地制宜地大力发展和推广以喷灌、微灌、低压管道输水灌溉为主的高效节水灌溉技术。力争到2025年，全国节水灌溉面积达到7.8亿亩，其中喷灌、微灌和低压管道输水灌溉的高效节水灌溉面积达到4.3亿亩。到2030年，全国节水灌溉面积达到8.5亿亩，其中喷灌、微灌和低压管道输水灌溉的高效节水灌溉面积达到5.0亿亩。严重缺水的华北地区应全面推广喷灌、微灌和低压管道输水灌溉等高效节水技术。

2．适水种植，抑制灌溉需水量增加，缓解“北粮南运”压力

坚持有保有压，按照作物需水规律和灌溉水量地区分布特征，适水种植、优化粮食作物布局。黄淮海平原通过小麦南移，适度调减华北地下水严重超采区小麦种植面积，发展旱作冬油菜+青贮玉米以及耐旱耐盐碱棉花、油葵和马铃薯，同时扩大淮北平原冬

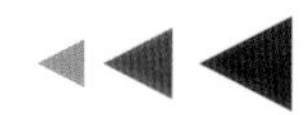

小麦播种面积，稳定我国冬小麦优势区的生产产能。北方地区压缩灌溉玉米种植面积，恢复谷子、高粱、莜麦、荞麦和牧草等耐旱作物面积。南方地区稳定水稻面积，发展冬季绿肥种植，大力推行水稻控制灌溉。积极推进粮改饲结构调整，从粮食作物种植向饲（草）料种植方向转变，促进玉米资源从跨区域销售转向就地利用，增加南北方饲料粮自给，减少“北粮南运”的压力。

3．优化灌溉制度与模式，建设高效精准型灌溉农业

北方地区全面推行适产高效型调亏灌溉制度、灌溉用水计量收费制度以及喷灌、微灌和低压管道输水灌溉等高效节水技术，将有限的水量用于作物水分亏缺敏感期。华北平原多年平均条件下，实行冬小麦调亏（或亏缺）灌溉与夏玉米雨养制度，与常规灌溉相比，每亩节水50～100m^3，小麦亩均减产可控制在13%以内，在稳产（约1 000kg／亩）前提下，较传统灌溉制度可提高作物水分利用效率约10%。东北地区采取水稻控制灌溉措施，亩均灌溉需水量可由335m^{3}降低到210m^3，增产约5%。长江中下游地区与四川盆地采取“浅、薄、湿、晒（或湿、晒、浅、间）”措施，亩均灌溉需水量可由520m^{3}降低到310m^3，亩均增产约13%。

4．划定水稻粮食生产功能区，建设高标准稻田

长江中下游地区充分利用其较为发达的工农业基础，发挥沿江沿海的地域优势，努力恢复和稳定双季稻种植面积，配合国家永久性基本农田划定，提升水稻主产区的功能定位；将水土资源匹配较好、相对集中连片的水稻田划定为粮食生产功能区，明确保有规模，加大建设力度，实行重点保护，强力推进高标准稻田建设。2020年长江中下游地区双季稻种植面积应稳定在1.1亿亩。

5．发展集雨增效的现代旱地农业

积极发展适水种植产业模式，大力推广雨水高效利用与蓄水保墒技术。在黄土高原旱塬区，以提高旱塬粮食优质稳产水平和生产效益为目标，建立粮食稳产高效型旱作农业综合发展模式与技术体系，如“适水种植＋集雨节灌＋农艺措施＋生态措施”模式。在西北半干旱偏旱区，以保护旱地环境和提高种植业生产能力为主攻方向，建立聚水保土型旱作农业发展模式和技术体系。在华北西北部半干旱区，以提高水资源产出效益为主攻方向，建立农牧结合型旱作农业发展模式与技术体系，如“结构调整＋覆盖保墒培肥＋集雨补灌＋保护性耕作＋化学调控”模式。在东北西部风沙半干旱区，以提高旱作农业生产效益为主攻方向，建立草粮、林粮结合型旱作农业综合发展模式与技术体系，

推广“增施有机肥＋机械深松＋机械化一条龙抗旱坐水种”模式。

6. 加大农业非常规水资源利用

建立非常规水灌溉区划技术、适宜作物分类方法、风险评估技术、高效灌水技术、监测评价技术等关键技术的集成应用模式，促进非常规水资源安全高效利用。2015年我国非常规水农田灌溉量124.9亿m^3，预计2030年可达到189.3亿m^3（较2015年新增64.4亿m^3），其中再生水利用量164.5亿m^3（较2015年新增54.4亿m^3），重点利用区域是长江区、华北区和华南区；微咸水利用量24.8亿m^3（较2015年新增10.0亿m^3），重点利用区域是华北区和晋陕甘区。

7. 实施华北平原现代节水灌溉工程

以华北地下水超采区为先导，示范PPP的工程建管模式及专业化运维服务模式，强化智能化诊断、精准化调控技术，全面落实节水精准补贴和节奖超罚政策，率先实现灌溉现代化。一要适水种植，稳定冬小麦优势区产能。按照作物灌溉需水规律优化种植结构，在地下水严重超采区调减冬小麦种植面积800万亩，发展旱作；在淮北平原扩大冬小麦种植500万亩，基本稳定1亿亩以上麦田灌溉面积。二要调亏灌溉，率先实现灌溉现代化。全面推广调亏灌溉制度、水肥药一体化技术，以及喷灌、微灌和低压管道输水灌溉等高效节水灌溉技术，采用3S技术、物联网技术以及人工智能技术，构建现代灌溉云服务平台，建设旱涝保收高标准农田6 800万亩，使节水灌溉率达到91%以上，高效节水灌溉率达到88%以上，农田灌溉水有效利用系数提高到0.72以上。三要用水计量，全面落实农业水价、水权确权等政策措施。大力推行灌溉取（用）水计量收费，渠灌区计量到末级渠系，井灌区达到“一井（泵）一表、一户一卡”。实行分级、分类水价以及成本定价、超定额累进加价制度，建立农业节水精准补贴政策和节奖超罚机制，建设现代灌溉管理体系。四要继续实行地下水压采工程。

专题报告

专题报告一

保障我国粮食安全的水资源需求阈值及高效利用战略研究

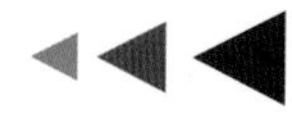

一、我国农业用水现状及问题

（一）我国水资源安全现状

我国人均水资源数量少，时空分布不均，水土资源不相匹配，加之快速发展的经济社会和城市化进程对水资源需求日益增加，水资源供需矛盾突出。水资源开发利用程度不断加大，引发了一系列与水相关的生态环境问题，已成为制约我国经济社会可持续发展的瓶颈。据统计，2015年我国水资源开发利用率为21.8%，北方地区（松花江区除外）水资源开发利用率均超过40%的国际警戒线，海河区水资源开发利用率最高，达到119.7%；南方地区水资源开发利用率均不足21%（表1-1）。

表1-1　2015年水资源一级区开发利用率

单位：亿m^3，%

流域分区	2015年水资源量			当地供水量			水资源开发利用率		
	总量	地表水	地下水	总量	地表水	地下水	总量	地表水	地下水
全国	27 963	26 901	7 797	6 103.1	4 969.4	1 069.2	21.8	18.5	13.7
松花江区	1 480	1 276	474	501.5	293.0	206.9	33.9	23.0	43.7
辽河区	304	227	163	203.3	96.3	102.6	67.0	42.5	63.1
海河区	260	108	214	311.6	84.4	208.1	119.7	77.8	97.4
黄河区	541	435	337	474.7	342.1	123.9	87.7	78.6	36.7
淮河区	854	607	374	515.4	346.3	159.0	60.3	57.0	42.5
长江区	10 330	10 190	2 546	2 126.0	2 041.6	71.6	20.6	20.0	2.8
东南诸河区	2 548	2 537	554	326.5	318.2	7.0	12.8	12.5	1.3
珠江区	5 337	5 324	1 163	857.0	820.0	32.7	16.1	15.4	2.8
西南诸河区	5 014	5 014	1 176	103.3	99.3	3.7	2.1	2.0	0.3
西北诸河区	1 294	1 183	796	683.8	528.2	153.7	52.8	44.6	19.3

根据相关统计，20世纪末，全国600多座城市中已有400多座城市存在供水不足问题，其中缺水较为严重的城市达110个，城市缺水总量约60亿m^3。海河、淮河、辽河和黄河中下游等北方河流的生态环境用水长期处于匮缺状态，在多年平均条件下缺水88亿m^3（郦建强等，2011），主要河流断流，白洋淀、七里海等12个主要湿地总面积较

20世纪50年代减少了5/6（王浩等，2016）；地下水超采严重，超采区涉及21个省（自治区、直辖市），集中分布在华北平原、长江三角洲和甘肃—新疆绿洲等地区（陈飞等，2016）。根据《2015中国水资源公报》，在全国23.5万km的评价河长中，水质超过Ⅳ类的占25.8%；在面积大于100km^{2}的41个评价湖泊中，水质超过Ⅳ类的占65.9%；在全国评价的3 048个重要江河湖泊水功能区中，水质不符合水功能区限制纳污红线主要控制指标要求的占29.2%。根据《2015中国水环境质量公报》，在全国423条主要河流、62座重点湖泊（水库）的967个国控地表水监测断面（点位）中，Ⅰ～Ⅲ类、Ⅳ～Ⅴ类、劣Ⅴ类水质断面（点位）分别占64.5%、26.7%、8.8%。

我国水环境安全状况不容乐观。水资源安全状况以水资源系统状态稳定和功能健全为标志，不仅与水资源自身条件及其承载状况有关，还与水环境承载状况、水生态安全状况及经济社会供水保障状况密切联系，通常以水资源承载能力表征。水资源承载能力是一项综合水资源数量、质量以及水生态良性发展的指标，指某一具体的历史发展阶段下，以可预见的技术、经济和社会发展水平为依据，以可持续发展为原则，以维持生态环境良性发展为条件，经过合理优化配置，水资源对区域社会经济发展的最大可能支撑能力。按照我国当前和今后一段时期内生态环境保护与经济社会协调发展的总体要求，在水量方面，指能够支撑社会经济发展的最大水量，应以全国用水总量红线为限制，以省地县三级行政区不超其用水总量红线分解指标为基本约束；在水质方面，主要指保障最大可供水量的合格质量条件，可通过水环境容量加以限制，以全国水功能区入河污染物量不超过设计水环境容量为约束；在水生态方面，以维持区域健康良性水循环状况，同时以不因人类不合理开发而影响其他生物生存发展的基本水环境因素为限制，体现形式包括河湖水面面积不缩小、生态基流得以保证和地下水采补平衡等约束。

按照以上水量、水质和水生态三大基本要素为约束条件，当前我国水资源承载能力状况可以归为五大区（表1-2、图1-1）。

一是超过水资源承载能力的区域，即不安全区域，包括海河区、黄河中下游、淮河中游及沂沭泗河、山东半岛、辽河流域，存在水资源与经济社会发展匹配关系差的问题，区域水资源开发利用率均在70%以上，生态环境恶化，严重制约了经济社会的可持续发展。

各个子区水安全风险和问题有所不同。按照《水与发展蓝皮书：水风险评估报告（2013）》，采用水资源短缺、水污染状况以及生态系统健康三项指标评价各水资源分区的水风险状况，结果表明（表1-3）：

海河区：水安全风险最为严重，不仅水资源数量短缺最为严重，而且水污染状况也居十大流域片之首，是资源型缺水和水质型缺水并存的区域；水资源承载能力呈现从北向南逐渐变差，以滦河流域相对较好，海河南系最差的空间分布特性。

表1-2　我国区域水资源安全状况

区域	水资源承载状况	水环境承载状况	水生态安全状况	综合评价
海河区、黄河中下游、淮河中游及沂沭泗河、山东半岛、辽河流域	不安全	较安全	不安全	不安全
河西内陆河、吐哈盆地、天山北麓、塔里木河	较不安全	较安全	一般	较不安全
松花江流域、淮河上游及下游地区、内蒙古高原及青藏高原内陆河、东北和西北跨界河流	一般	较安全	较安全	安全状况一般
长江下游及岷沱江、嘉陵江、汉江等支流，珠江南北盘江、东江、珠江三角洲及粤西桂南诸河、海南岛、浙东沿海诸河	较安全	较安全	较安全	较安全
长江上中游（除岷沱江、嘉陵江、汉江）、珠江西江、北江、东南诸河（除浙东沿海诸河）、西南诸河	安全	安全	安全	安全

资料来源：郦建强，王建生，颜勇，2011．我国水资源安全现状与主要存在问题分析[J]．中国水利（23）：42-51．

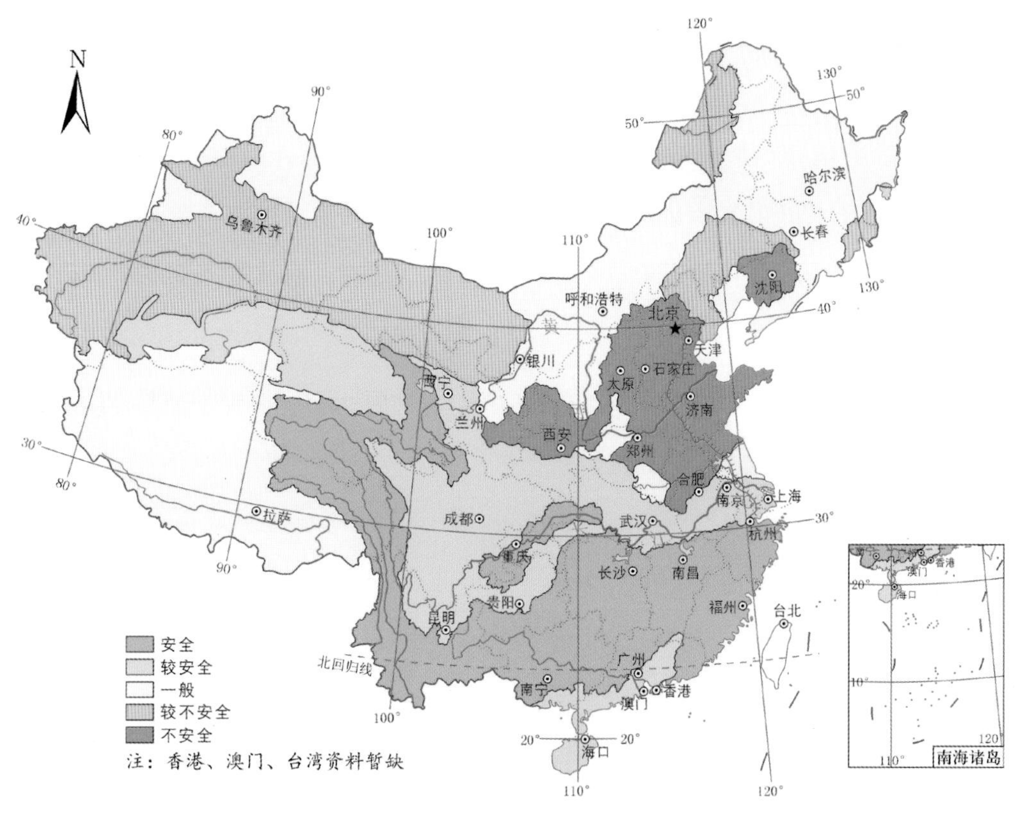

图1-1　当前中国水资源安全状况

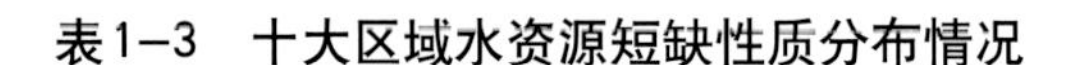

表1-3 十大区域水资源短缺性质分布情况

单位：亿m³，%

区域	1956—2000年平均水资源量	资源量占全国的比例	水风险评估分值		
			水资源稀缺程度	水污染状况	生态系统健康状况
松花江区	1 492	5.3	2.05	2.40	3.14
辽河区	498	1.8	2.23	2.50	3.31
海河区	370	1.3	3.16	5.00	3.52
黄河区	719	2.5	2.43	2.39	3.61
淮河区	911	3.2	2.10	2.44	3.53
长江区	9 958	35.0	0.70	1.27	3.06
珠江区	4 737	16.7	0.72	1.04	2.72
东南诸河区	2 675	9.4	0.78	1.12	3.06
西南诸河区	5 775	20.3	1.37	0	2.91
西北诸河区	1 276	4.5	1.82	0.22	3.39

资料来源：王浩，2013. 水与发展蓝皮书：中国水风险评估报告：2013[M]. 北京：社会科学文献出版社.

黄河中下游：水安全风险相对偏低，作为传统的干旱区，存在一定的资源性缺水和水质性缺水的威胁。区域内降水量多年（1956—2000年）平均为600mm左右，相比北方地区整体偏多；自国务院批准实施《黄河可供水量年度分配及干流水量调度方案》和《黄河水量调度管理办法》（1999年4月1日起开始执行）以来，黄河水利委员会严格控制沿途各省用水总量，有效保证了省（自治区）出入境流量，扭转了黄河下游断流的局面，对黄河中下游水资源短缺具有一定的缓解作用。此外，据《黄河流域泥沙公报》统计，潼关站实测泥沙量由2001年的1.33亿t下降到2015年的0.55亿t，黄河冲沙用水量锐减210亿m³，增加的相应机动水量可作为黄河中下游农业抗旱应急水源。

淮河中游、沂沭泗河、山东半岛：资源型缺水和工程型缺水并存，且以工程型缺水为主，以山东半岛沿海诸河缺水最为严重。山东省降水量时空分布不均，东南部高达800mm以上，西北部维持在600mm以下，形成了半岛水资源短缺形势的差异。根据《山东省水资源综合规划（2016—2030年）》（汇报稿），在多年平均来水情况下，2014年山东省缺水量达到54.4亿m³，缺水率分区差异较大，徒骇马颊河区为13.9%，花园口以下为10.4%，沂沭泗河为9.7%，山东半岛沿海诸河区域为16.5%。随着南水北调东中线供水工程的通水，在一定程度上可缓解徒骇马颊河区域和花园口区域缺水。沂沭泗

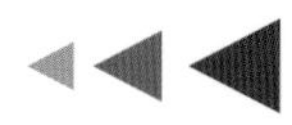

河区域降水量大（多年平均759.1mm），当前水资源开发利用程度低，且存在大量汛期洪水下泄，加大雨洪资源开发利用工程的建设，可提高该区域农业供水保障。山东半岛沿海诸河区水资源开发难度大，资源短缺严重，可借助引黄济青、胶东调水工程的建设缓解水资源短缺。另外，随着山东省T形骨干水网[①]建设，构建形成的“两湖六库、七纵九横、三区一带”的水网体系，可实现水资源的区域间调剂，缓解整个山东半岛水资源短缺。

淮河中游：地处我国南北气候过渡带，气候条件复杂，是我国七大江河中来水丰枯变化最大的河流之一，且来水多集中于汛期，以洪水形式出现，加之流域内拦蓄条件差，造成水资源严重短缺，人均水资源占有量约为450m^3，不足全国平均水平的1/4。随着引江济淮工程的落实，淮河中游的沿淮地区及淮河以北区域作为受水区，可通过引江水量与当地水资源的合理调配，有效缓解区域水资源短缺；同时，配合灌区渠系配套工程和田间灌溉工程的建设，可从根本上提高区域农业用水保障程度。

辽河流域：资源型缺水和水质型缺水并存，前者集中于西辽河流域，后者以东辽河流域较为突出。西辽河流域降水量不足300mm，属于典型的干旱半干旱气候区，是我国典型的农牧交错带。严格控制流域内农业灌溉发展，维持合理的草原生态区域，是解决西辽河流域水资源短缺的根本出路。加大下游农药化肥有机污染的治理是缓解东辽河流域水质型缺水的关键。

二是接近水资源承载能力的区域，即较不安全区域，主要位于西北诸河片区的河西内陆河、吐哈盆地、天山北麓、塔里木河等西北干旱地区。该区域水资源禀赋差，生态环境脆弱，目前水资源开发利用率已超过50%，基本没有挖掘潜力，成为典型的资源型缺水地区。严格控制人工绿洲的发展规模、加大节水灌溉力度是缓解农业用水短缺的主要方向。远期，随着额尔齐斯河引水工程（从额尔齐斯河富蕴康向吐哈盆地引水工程）以及藏水入疆工程的建设，可在缓解生态用水紧缺的同时，提高农业供水保障程度。

三是水资源承载能力富裕度不高，环境和生态较安全，可认为是水资源安全状况一般的区域，主要包括松花江流域、淮河上游及下游地区、内蒙古高原及青藏高原内陆河、东北和西北的跨界河流。该区域水资源开发利用程度已接近50%，但仍

① T形骨干水网具体是指：在现有河湖水系、调水工程、水库工程的基础上，依托南水北调、胶东调水T形骨干工程，连通“两湖六库、七纵九横、三区一带”的水网体系，为农业灌溉用水提供支撑。

有一定的开发潜力。特别是松花江流域，相较北方其他流域，水资源相对丰富，开发利用程度较低，随着三江连通工程[①]的建设，区域水资源的安全状况将进一步提高。

四是水资源尚有一定开发潜力的区域，即较安全地区，包括长江下游及岷沱江、嘉陵江、汉江等支流，珠江南北盘江、东江、珠江三角洲及粤西桂南诸河、海南岛、浙东沿海诸河。该区域水资源承载能力有一定的富裕度，但太湖流域、珠江三角洲等地区水环境状况较差，存在水质型缺水问题，粤西浙东等沿海地区水源和供水调蓄能力不足。

五是水资源安全区域（仍具有一定开发潜力的区域），包括长江上中游（除岷沱江、嘉陵江、汉江）、珠江、西江、北江、东南诸河（除浙东沿海诸河）、西南诸河。该区域水资源开发利用率维持在10%～30%，水资源富裕度较高，水资源开发尚有一定潜力，水生态环境状况良好。

（二）农业用水演变态势

2015年我国总人口13.75亿人，在粮食刚性需求的驱动下，农业在国民经济中始终占有重要地位。然而，我国水资源本底条件差，水土资源不相匹配，天然降水与农作物生育期错位，使得粮食生产对灌溉农业的依赖性较大。现以占世界不足10%的耕地和6%的可更新水资源，养活了世界近20%的人口，灌溉农业发挥了极为重要的作用。

1. 灌溉农业的发展历程

（1）农田灌溉发展沿革

据《中国水利统计年鉴》资料分析，中华人民共和国成立以来，我国农田有效灌溉面积得到较大发展，1949—2015年增长了4.13倍，2015年达到9.88亿亩。期间经历了四个发展阶段，即：中华人民共和国成立初期的快速发展阶段、1958—1980年飞速发展阶段、1980—1995年节水灌溉发展的起步阶段和1995—2015年的节水灌溉快速发展阶段（图1-2）。1980年、1998年和2010年农田有效灌溉面积先后突破7亿亩、8亿亩和9亿亩；2015年底全国农田有效灌溉面积占耕地（按20.25亿亩计）比例达到48.8%。

① 三江连通工程：以黑龙江支流鸭蛋河入江口作为渠首，然后向南穿过嘟噜河、梧桐河、鹤立河和阿凌达河，至松花江左岸注入松花江，增加工程范围内灌区面积和灌溉水量。

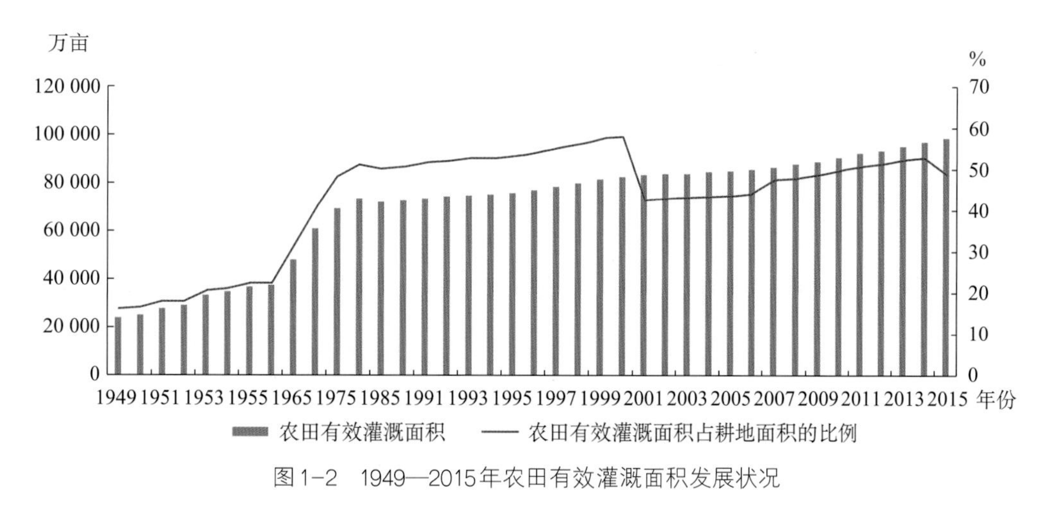

图1-2　1949—2015年农田有效灌溉面积发展状况

中华人民共和国成立初期到1957年的快速发展阶段。1949年中华人民共和国成立以后，国家将农田水利建设作为农业基础建设的重点。1949—1957年，我国农田灌溉面积从2.39亿亩增加到3.75亿亩，净增1.36亿亩，增幅近60%；农田有效灌溉面积占耕地面积的比例从1949年的16.1%增加到1957年的22.4%，增加了6个百分点。

1958—1980年的飞速发展阶段。1958年后，全国范围内掀起全民兴修农田水利建设高潮，我国的农田水利基础设施得到快速发展，成为中华人民共和国成立以来农田有效灌溉面积发展最快的阶段，由1958年初的3.75亿亩增到1977年的7.23亿亩，增幅达到93%；农田有效灌溉面积占耕地面积的比例由22.4%增加到48.6%，增长了近1倍。

20世纪80年代到90年代中期节水灌溉发展起步阶段。此阶段我国农田水利事业发展呈现两个特点：一是全国农田有效灌溉面积发展相对缓慢；二是节水灌溉发展进入起步阶段。

自1978年改革开放以来，我国农田水利进入一个相对比较缓慢的发展阶段，1978—1995年农田有效灌溉面积仅增长0.34亿亩，增幅不足5%，农田有效灌溉面积占耕地面积的比例基本维持在50%左右。究其原因，一方面，原有灌溉水源较为便利，依靠农民投工投劳为主，辅以少量国家投入就能改造成为有效灌溉面积的耕地基本开发完成，再继续扩大发展则需要国家加大投入；另一方面，家庭承包经营制度的实施，在一定程度上抑制了国家和集体对农田水利基础设施的投入。

同期，随着经济社会发展，工农业争水、城乡争水矛盾日益突出，节水灌溉逐渐受到国家重视。从20世纪80年代中期开始，全国普遍推行泵站与机井节能节水技术改造，开展了低压管道输水灌溉技术的研究与推广，并在试验示范基础上开始大规模推广喷灌、微灌技术。到“八五”时期末，有效灌溉面积中的21.8%达到节水灌溉面积标准，全国灌溉水利用率提高到35%～40%，正常年份全国亩均灌溉用水量约496m³，灌溉水利用效率和效益显著提高。

节水灌溉高速发展阶段。进入“九五”时期以来，随着经济社会快速发展，需水量增加，水资源不足成为制约国民经济和农业发展的瓶颈，粮食安全和生态环境安全等问题日益突出，农业可持续发展面临严峻挑战。为了提高资源利用效益和效率，解决国民经济发展和农业可持续发展中的“水问题”，农田灌溉事业发展，尤其节水灌溉的发展受到国家高度重视，采取了一系列对策和措施，推动全国灌溉事业发展上了一个新的台阶。

经过“九五”时期以来近20年的发展，到2015年末，我国农田有效灌溉面积达到9.88亿亩，较1949年、1995年分别增加7.49亿亩、2.32亿亩，农田有效灌溉面积占耕地面积的比例较1949年提高32.9个百分点。

期间，国家加大节水灌溉扶持力度，促进了灌溉面积的快速发展。“九五”时期，国家利用国债资金、政策性贴息贷款方式，启动了“以节水为中心的大中型灌区续建配套与技术改造”、节水灌溉示范项目、300个节水增产（增效）重点县建设及节水型井灌区建设；水利部先后启动了18个农业节水示范市建设。“十五”期间，国家又相继启动了牧区节水灌溉示范项目、末级渠系节水改造试点项目；在资源节约和高效利用方面，开展了灌溉用水“总量控制、定额管理”等基础性研究工作，恢复建设了100多个灌溉试验站，节水灌溉的技术支撑体系开始建立。“十一五”期间，节水灌溉建设投资进一步加大。至此，全国节水灌溉在规模、质量和效益上均呈现出跨越式发展态势。“十二五”期间，在大型灌区续建配套与节水方面进一步加大投入力度，增加高效节水灌溉面积近1亿亩。2015年全国节水灌溉工程面积达到4.66亿亩，占耕地有效灌溉面积的47.16%；高效节水灌溉面积为2.69亿亩，占节水灌溉面积的57.7%，其中喷灌、微灌和低压管道输水灌溉面积分别为0.56亿亩、0.79亿亩和1.34亿亩（表1-4）。

表1-4　2000—2015年我国节水灌溉面积发展情况

单位：亿亩

年份	节水灌溉面积	其中				
		喷灌	微灌	低压管灌	渠道防渗	其他
2000	2.46	0.32	0.02	0.54	0.95	0.63
2001	2.62	0.35	0.03	0.59	1.04	0.61

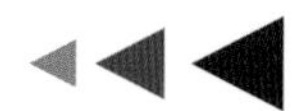

（续）

年份	节水灌溉面积	其中				
		喷灌	微灌	低压管灌	渠道防渗	其他
2002	2.79	0.37	0.04	0.62	1.14	0.62
2003	2.92	0.40	0.06	0.67	1.21	0.58
2004	3.05	0.40	0.07	0.71	1.28	0.59
2005	3.20	0.41	0.09	0.75	1.37	0.58
2006	3.36	0.42	0.11	0.79	1.44	0.60
2007	3.52	0.43	0.15	0.84	1.51	0.60
2008	3.67	0.42	0.19	0.88	1.57	0.61
2009	3.86	0.44	0.25	0.94	1.67	0.56
2010	4.10	0.45	0.32	1.00	1.74	0.59
2011	4.38	0.48	0.39	1.07	1.83	0.61
2012	4.68	0.51	0.48	1.13	1.92	0.64
2013	4.07	0.45	0.58	1.11	1.93	
2014	4.35	0.47	0.70	1.24	1.94	
2015	4.66	0.56	0.79	1.34	1.97	

数据来源：中华人民共和国水利部，2016. 中国水利统计年鉴2016[M]. 北京：中国水利水电出版社.

（2）农田灌溉面积的空间变化

随着国家对灌溉农业的投入，全国和南北方农田有效灌溉面积均得到提高（图1-3）。与1952年相比，南方2015年农田有效灌溉面积增加了1.17倍，北方增加了5.25倍，分别达到4.38亿亩和5.5亿亩，占耕地面积的比例分别提高到53.58%和45.55%。

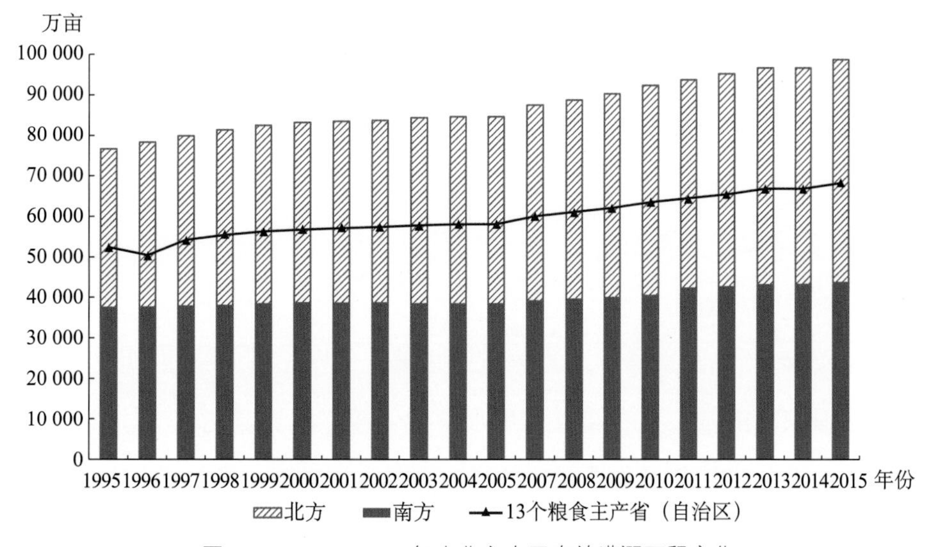

图1-3　1995—2015年南北方农田有效灌溉面积变化

随着北方农田有效灌溉面积的快速发展，以1996年为界，南北方农田有效灌溉面积占全国的比例由之前的南方大于北方，逆转为北方大于南方。南方由1950年的69.7%降到2015年的44.6%，北方则从30.3%增加到55.4%。按照2007年《全国新增1 000亿斤粮食生产能力规划（2009—2020年）》中确定的13个粮食主产省区（河南、山东、黑龙江、辽宁、吉林、内蒙古、河北、江苏、安徽、江西、湖北、湖南、四川）统计，1995—2015年，农田有效灌溉面积增长了1.59亿亩，占全国有效灌溉面积的比例维持在70%左右（图1-4）。

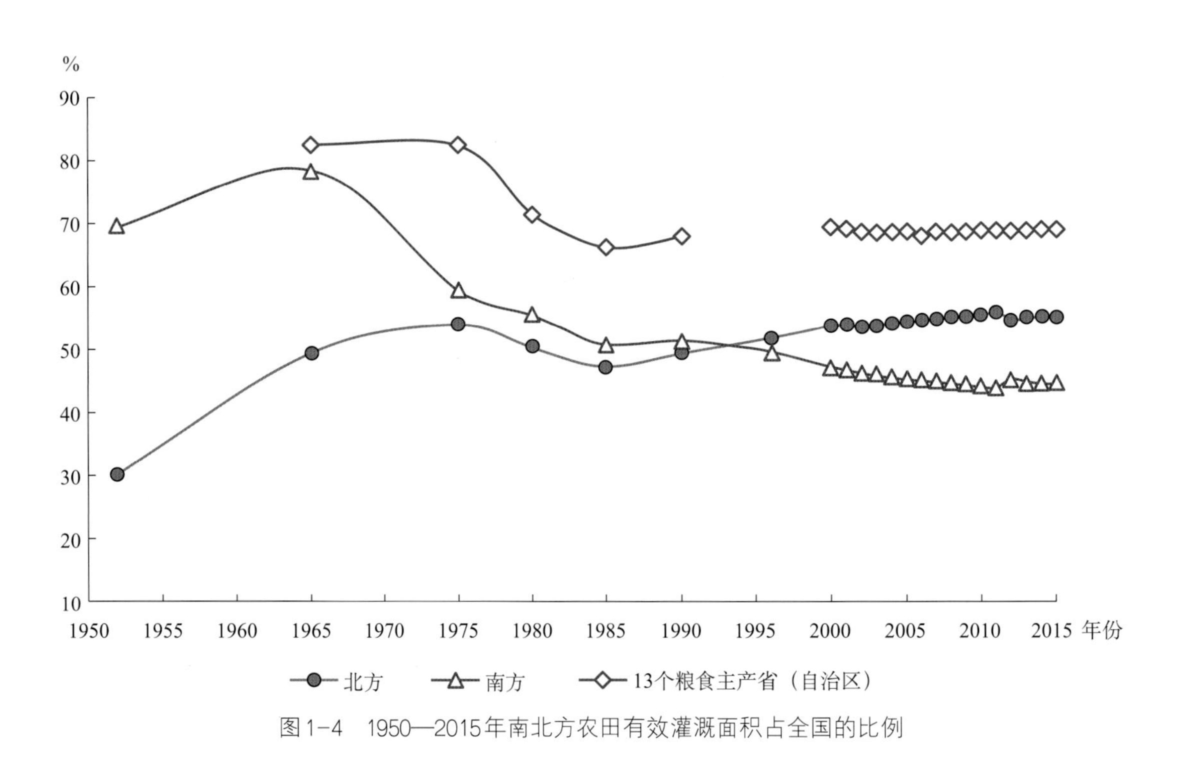

图1-4　1950—2015年南北方农田有效灌溉面积占全国的比例

2．农业用水的演变

伴随着灌溉农业发展方式的转变和粮食生产向农业主产区、主产省的集中，全国和粮食主产省农业用水在量、质、效和用水结构方面均呈现不同的演变特征。

（1）全国农业用水的变化

①用水量与质的变化

据1997年发布《中国水资源公报》统计以来，尽管农业灌溉面积呈现增长趋势，但由于节水灌溉技术的推广，全国农业用水量变化并不明显（图1-5），特别是2001—2015年，全国农业用水量基本维持在3 860亿m^{3}左右，呈现“零”增长，占国民经济总用水量的比例整体呈现下降趋势，由2001年的68.7% 降到2015年的63.1%。

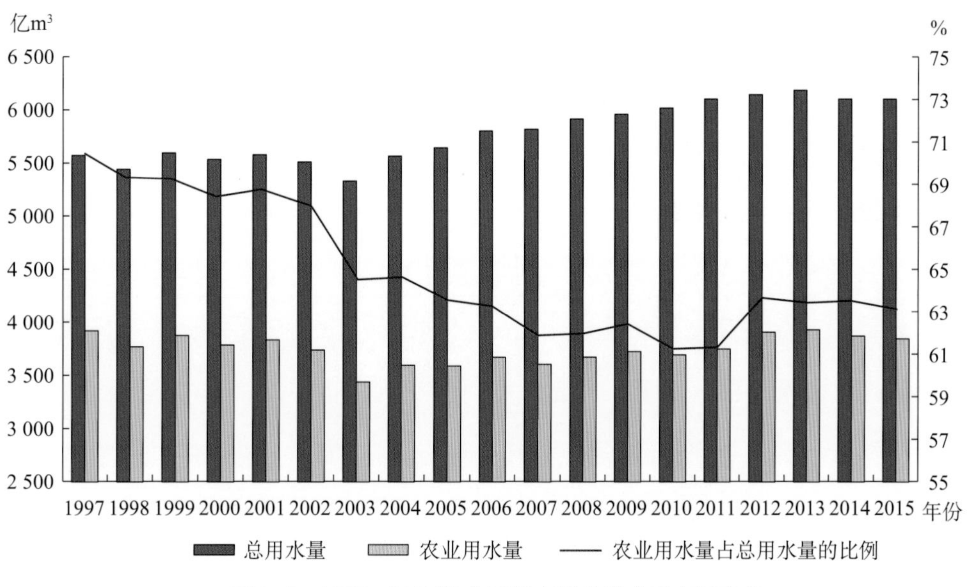

图1-5　1997—2015年全国用水量及农业用水量变化

在空间上，随着灌溉面积不断向北方转移，农业用水量呈北方增加、南方减少态势。2001—2015年，北方农业用水量由1 787亿m^3增加到1 884亿m^3，占全国农业用水量的比例从46.7%增加到48.9%；南方农业用水量由2 038亿m^3减少到1 969亿m^3，占全国农业用水量的比例由53.3%降到51.1%（图1-6）。

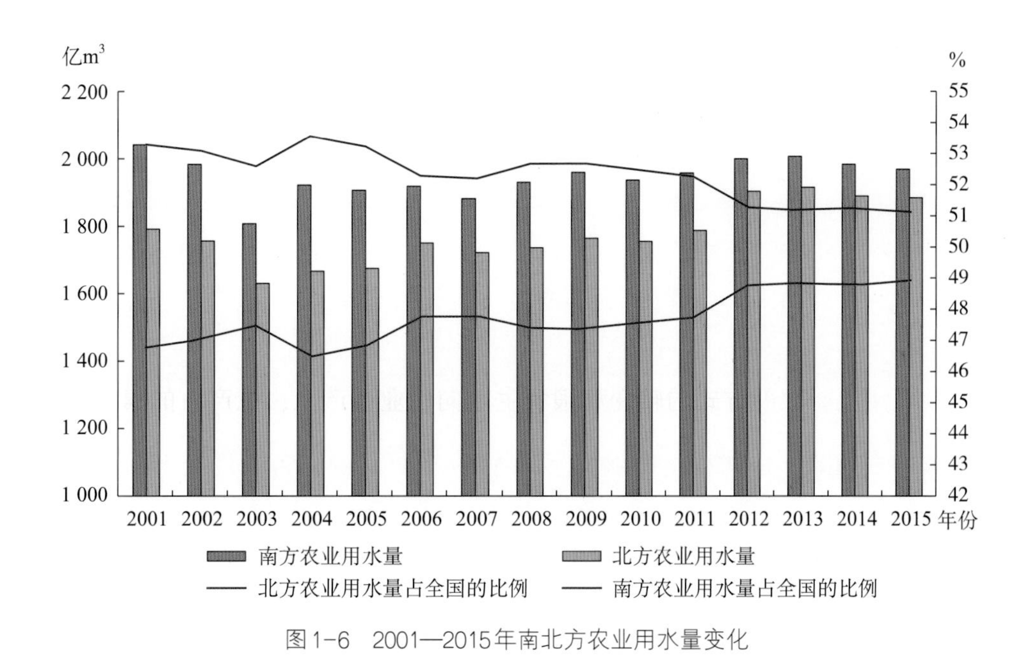

图1-6　2001—2015年南北方农业用水量变化

农业用水对水质要求相对较低，由于有关农业用水水质的统计较少，本书仅根据《全国水资源综合规划》对2000年大型灌区农业供水水质统计资料，对海河区、黄河区、淮河区、太湖流域、珠江区以及西北诸河六大区域大型灌溉的供水水质状况分析

显示，六大区域大型灌区供水量共计565.7亿m^3，以Ⅱ类水和Ⅲ类水为主，占总供水量的66%，Ⅳ类水占13%，Ⅴ类水占5%，劣Ⅴ类水占16%。空间上，北方水质劣于南方（图1-7），发达地区水质劣于发展中地区。据不完全统计，2000年北方地区大型灌区供水水质劣于Ⅲ类（不包括Ⅲ类）的占41%，Ⅱ类水占41%，Ⅲ类水占18%，其中Ⅱ类水主要集中在新疆地区。Ⅴ类水和劣Ⅴ类水主要集中在黄淮海区域和西北地区（西北地区水质本底较差，存在高氟化和苦咸水）；以北京、天津和宁夏较为严重，Ⅴ类水和劣Ⅴ类水占灌区供水量的90%以上；河北、山西Ⅴ类水和劣Ⅴ类水占灌区供水量的60%以上，河南Ⅴ类水和劣Ⅴ类水占灌区供水量的46%。南方地区大型灌区的供水水质以Ⅱ类和Ⅲ类为主，占总供水量的87%。

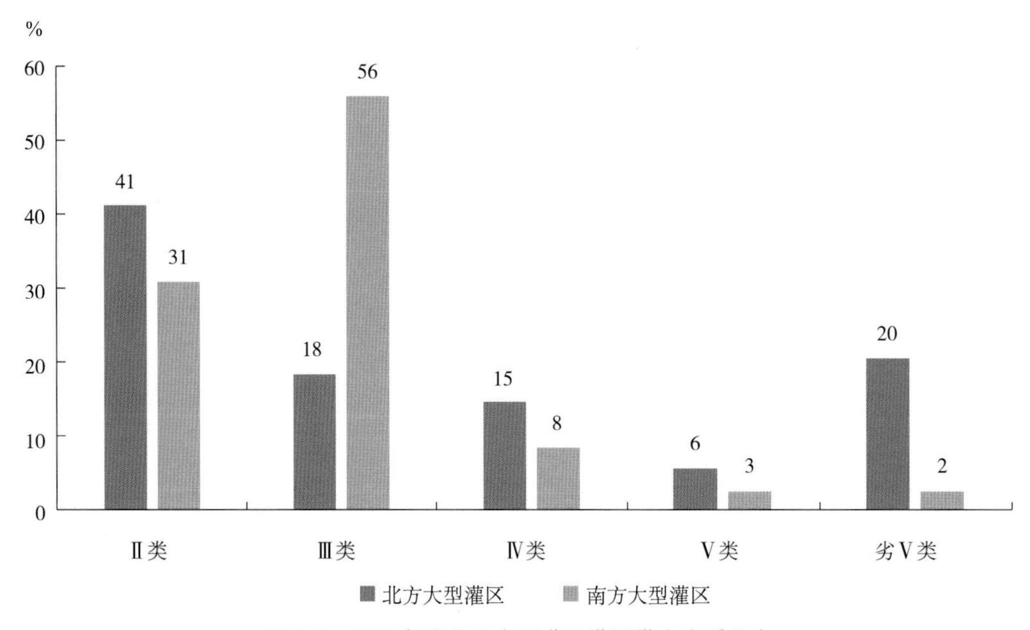

图1-7　2000年南北方大型灌区灌溉供水水质分布

据不完全统计，其他灌区（除大型灌区）不符合灌溉供水水质标准的供水量，北方地区主要集中在河北、山西和河南以及宁夏等省（自治区），各省均在40%以上；南方地区主要集中在安徽、江苏、浙江和上海四省（直辖市），除安徽省达到44%，其他各省均在30%左右（图1-8）。

②用水效率的变化

随着节水灌溉力度的逐年加大，农业用水过程中不同环节的用水效率均得到提高。本书以《中国水资源公报》统计数据为基础，结合其他相关数据，采用灌溉水利用系数、亩均灌溉用水量等指标反映农业用水效率的变化。

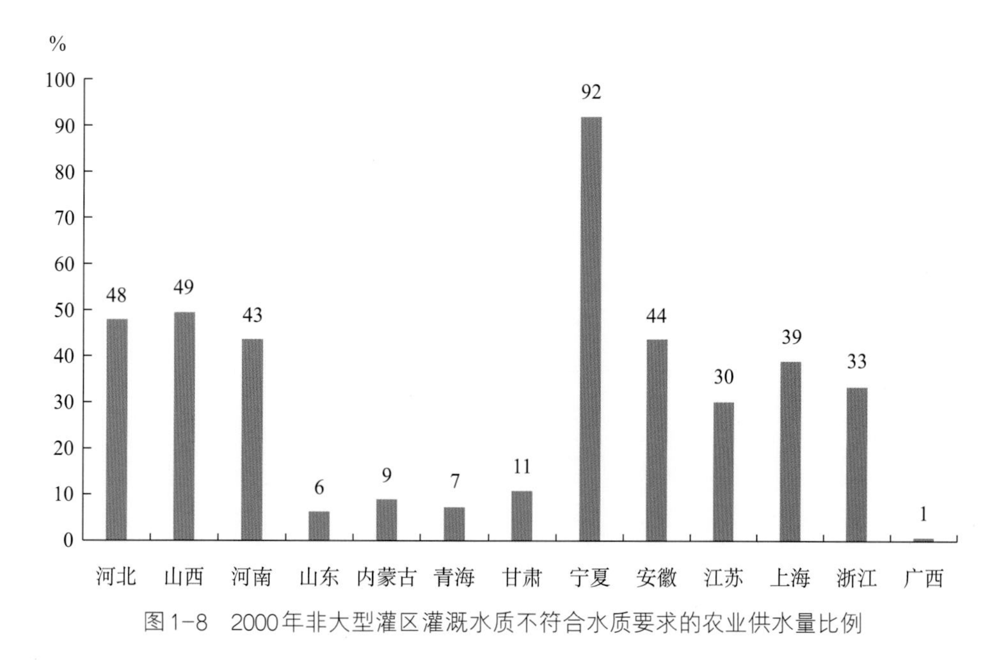

图1-8 2000年非大型灌区灌溉水质不符合水质要求的农业供水量比例

2007年以来，我国农业灌溉水利用系数整体呈现增长趋势（图1-9），2015年达到0.536，较2007年增长了12.8%，其中北方增加较快，2015年北方灌溉水利用系数为0.58，南方相对缓慢，2015年南方灌溉水利用系数为0.51。

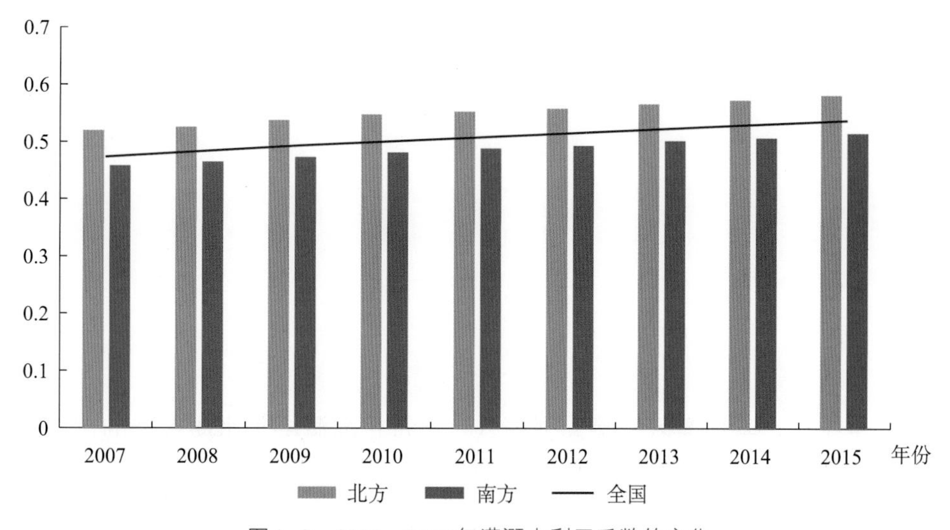

图1-9 2007—2015年灌溉水利用系数的变化

2001—2015年我国耕地实灌面积亩均用水量整体呈下降趋势（图1-10），2015年为394m^3，较2001年亩均用水量下降了85m^3，下降了17.8%，且北方降幅（114.3m^3）大于南方（67.6m^3）。2015年南北方耕地实灌面积亩均用水量分别为522.6m^{3}和360.6m^3；与全国平均水平相比，北方耕地实灌面积亩均用水量约为全国平均水平的91.5%，南方却超过全国平均水平的32.6%。

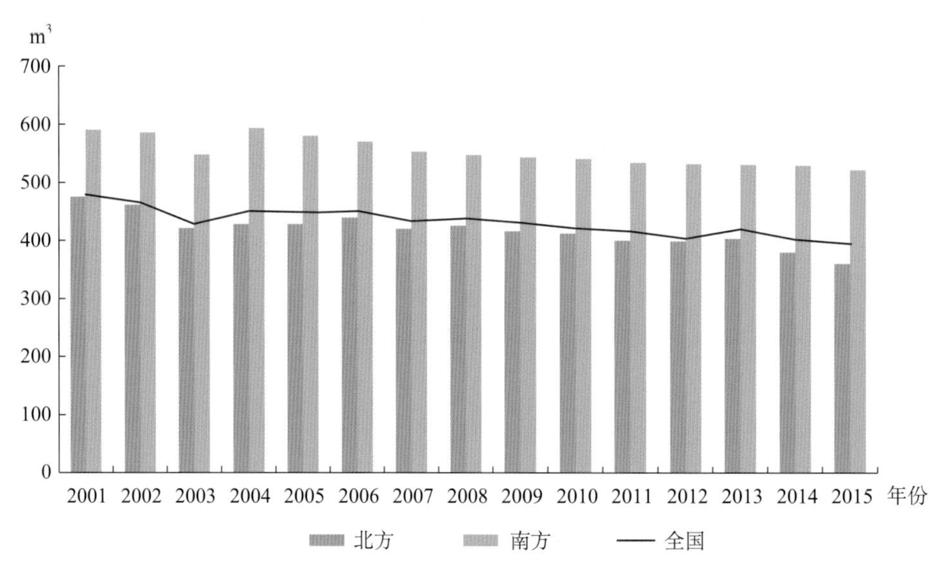

图1-10 2001—2015年我国耕地实灌面积亩均用水量变化

③用水结构的变化

在用水户方面，据《中国水资源公报》数据分析，2001—2015年全国农业用水量呈现以下特征：农田灌溉用水量占比缓慢下降，林牧渔业用水量占比略有增加，但仍以农田灌溉用水为主（图1-11）。2015年全国农田灌溉用水量为3 377m^3，占全国农业用水量的87.6%，林牧渔业用水量为475.8亿m^3，占全国农业用水量的12.4%；与2001年相比，2015年农田灌溉用水量减少了110亿m^3，占全国农业用水量的比例仅下降了3.5个百分点，林牧渔业用水量增加了136.7亿m^3，占全国农业用水量的比例由2001年的

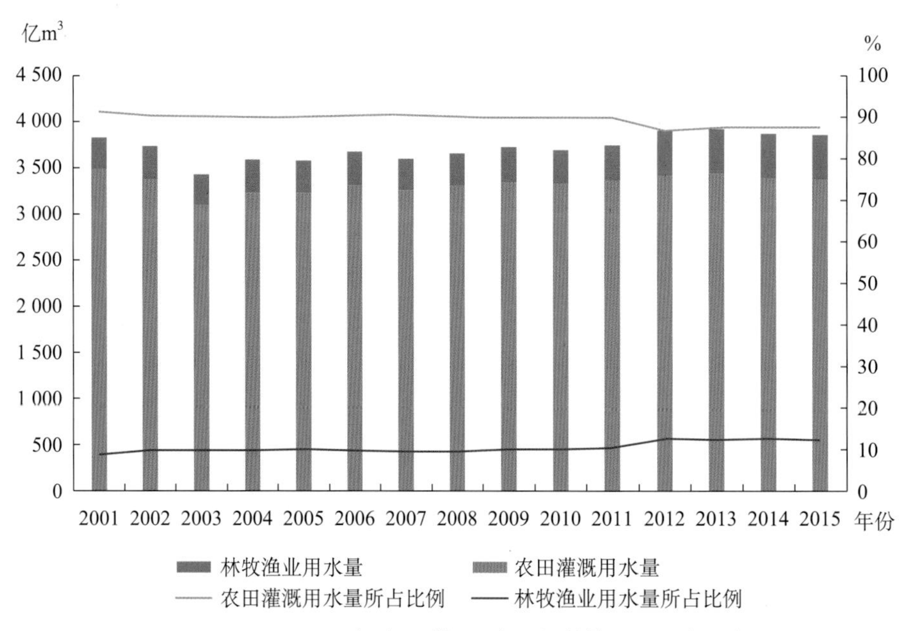

图1-11 2001—2015年农田灌溉用水量与林牧渔业用水量变化

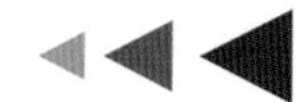

8.9%增加为2015年的12.4%。全国农田灌溉用水与农业用水呈现相似的变化特征。

在用水水源方面，由于当前再生水和微咸水等水质难以保障，农业用水以常规水源为主，且以地表水占绝对大比重；近些年，随着工农业用水竞争加剧以及水资源开发利用率的提高，地下水供水量呈大幅增长趋势（图1-12），且主要用于农田灌溉，集中于北方地区。据《中国水资源公报》统计，2015年我国农业用水量3 852亿m^3，地表水、地下水供水量分别占农业用水量的81.1%和18.9%；在农业地下水供水量（728亿m^3）中，87%用于农田灌溉，其中北方（用水量达688亿m^3）占94.5%，南方（用水量为40亿m^3）约占5.49%。与2011年相比，2015年农业地下水供水量增加了64.2亿m^3，其中近85%增加于北方。

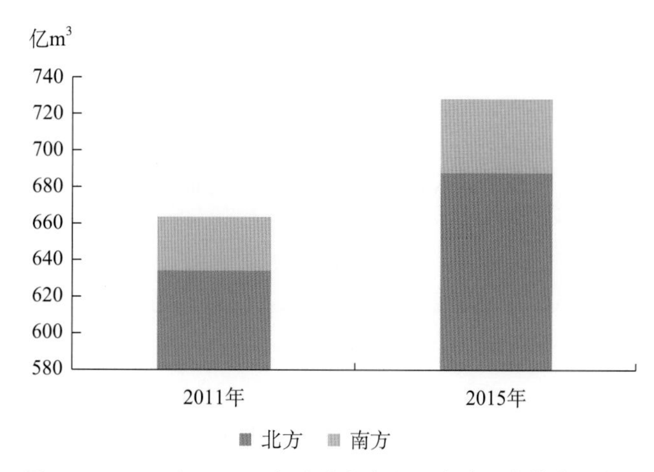

图1-12　2011年、2015年南北方农业用水地下水供水量变化

（2）13个粮食主产省农业用水的变化

按照《全国新增1 000亿斤粮食生产能力规划（2009—2020年）》确定的13个粮食主产省统计，我国70%的农田有效灌溉面积分布在13个粮食主产省，粮食主产省的农业用水直接决定着全国农业用水的变化态势。

①用水数量的变化

根据《中国水资源公报》等相关数据显示，2001年以来，13个粮食主产省农业用水量整体呈缓慢增长趋势（图1-13），2015年达到2 136.8亿m^3，占全国农业用水量的55.5%，较2001年增加了57亿m^2。但各省情况不同（表1-5），东北三省、安徽、四川、江西呈增加趋势，其中黑龙江省增长量最大，15年间增长了123.9亿m^3；其他7省（自治区）呈下降趋势，其中山东、河南和湖南减少量较大。2015年13个主产省中黑龙江（313亿m^3）、江苏（279亿m^3）和湖南（195亿m^3）农业用水量居于前三位，三省用水量约占全国农业用水量的20.4%。

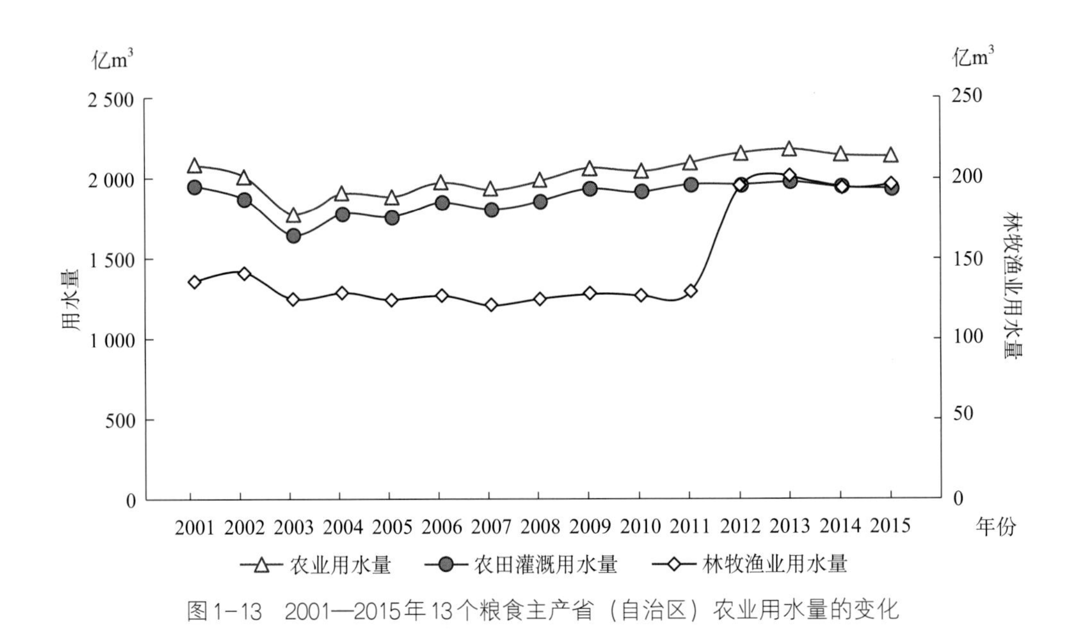

图1-13　2001—2015年13个粮食主产省（自治区）农业用水量的变化

表1-5　13个粮食主产省（自治区）农业用水情况

单位：亿m³，%

地区		农业用水量				占全国农业用水量比例			
		2001年	2005年	2010年	2015年	2001年	2005年	2010年	2015年
全国		3 826	3 580	3 689	3 852	100	100	100	100
13个粮食主产省（自治区）		2 089	1 888	2 045	2 137	54.6	52.7	55.4	55.5
北方7省（自治区）	河北	161	150	144	135	4.2	4.2	3.9	3.5
	内蒙古	157	144	134	140	4.1	4.0	3.6	3.6
	辽宁	84	87	90	89	2.2	2.4	2.4	2.3
	吉林	77	66	74	90	2.0	1.9	2.0	2.3
	黑龙江	189	192	250	313	4.9	5.4	6.8	8.1
	山东	183	156	155	143	4.8	4.4	4.2	3.7
	河南	160	115	125	126	4.2	3.2	3.4	3.3
	小计	1 010	911	972	1 036	26.4	25.4	26.3	26.9
南方6省	江苏	281	264	304	279	7.3	7.4	8.2	7.2
	安徽	124	114	167	158	3.2	3.2	4.5	4.1
	江西	150	135	151	154	3.9	3.8	4.1	4.0
	湖北	176	142	138	158	4.6	4.0	3.7	4.1
	湖南	224	201	186	195	5.9	5.6	5.0	5.1
	四川	124	122	127	157	3.2	3.4	3.5	4.1
	小计	1 079	977	1 073	1 101	28.2	27.3	29.1	28.6

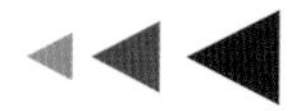

②用水效率的变化

随着节水灌溉力度的增加，2001—2015年13个粮食主产省（自治区）的农业用水效率总体呈现上升趋势（表1-6），但省际变化不同。由图1-14可见，2015年7个省农田灌溉水利用系数超过全国平均水平，主要分布在北方，且以河北、山东和河南三省较大，其灌溉水利用系数均超过了0.6；黑龙江、辽宁、吉林和南方的江苏农田灌溉水利用系数维持在0.55～0.56；内蒙古和南方安徽、江西、湖北、湖南、四川均低于全国平均水平，其中内蒙古、安徽、湖北农田灌溉水利用系数为0.50～0.53，湖南、江西、四川农田灌溉水利用系数不足0.5。

表1-6　13个粮食主产省（自治区）灌溉用水效率

单位：m^3

地区		耕地实际灌溉面积亩均用水量				农田灌溉水有效利用系数			
		2001年	2005年	2010年	2015年	2007年	2010年	2013年	2015年
全国		479	448	421	394	0.475	0.502	0.523	0.536
北方7省（自治区）	河北	250	227	215	213	0.625	0.646	0.662	0.670
	内蒙古	435	378	364	327	0.425	0.473	0.502	0.521
	辽宁	468	454	484	389	0.541	0.558	0.576	0.587
	吉林	463	403	390	351	0.494	0.525	0.553	0.563
	黑龙江	635	595	475	442	0.541	0.549	0.573	0.590
	山东	259	235	216	177	0.550	0.600	0.622	0.630
	河南	231	181	168	165	0.543	0.570	0.587	0.601
南方6省	江苏	518	482	514	427	0.545	0.563	0.581	0.598
	安徽	308	317	354	282	0.455	0.491	0.508	0.524
	江西	521	472	541	547	0.412	0.446	0.478	0.490
	湖北	579	434	396	430	0.447	0.477	0.490	0.500
	湖南	586	525	482	517	0.428	0.460	0.480	0.496
	四川	364	378	378	406	0.394	0.416	0.439	0.454

除了江西和四川，其他11省耕地实灌面积亩均灌溉用水量均呈减少趋势，且以黑龙江、湖北、吉林和内蒙古四省（自治区）降幅较大，均超过100m^3，其中黑龙江省降幅最大，达到193m^3。2015年耕地实灌面积亩均灌溉用水量，北方7省（除黑龙江）均低于全国平均值，南方6省（除安徽）均超过全国平均值。具体而言，河南、山东二省

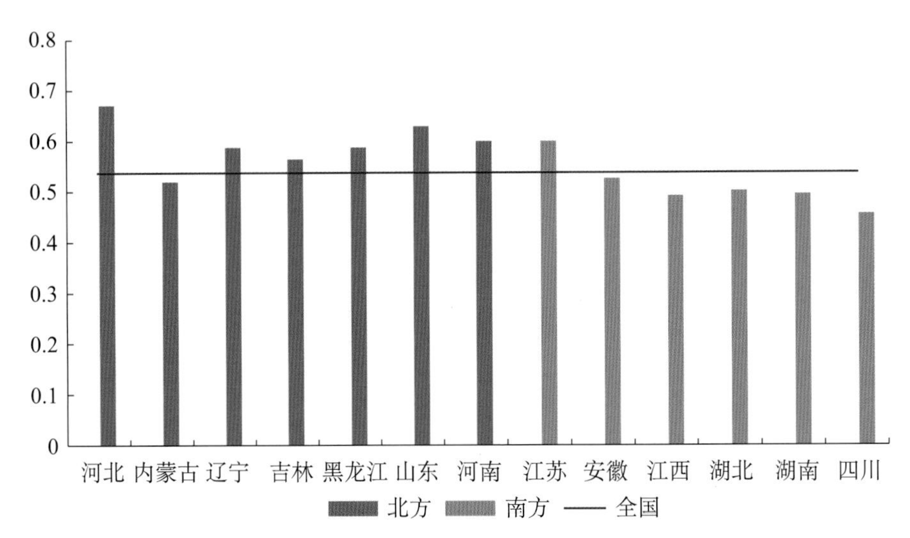

图1-14　2015年13个粮食主产省（自治区）与全国灌溉水利用系数

较小，不足200m³；河北、安徽二省不足300m³；内蒙古、吉林和辽宁三省（自治区）不足400m³；江西、湖南二省较大，超过500m³；其他各省维持在400～500m³（表1-6、图1-15）。

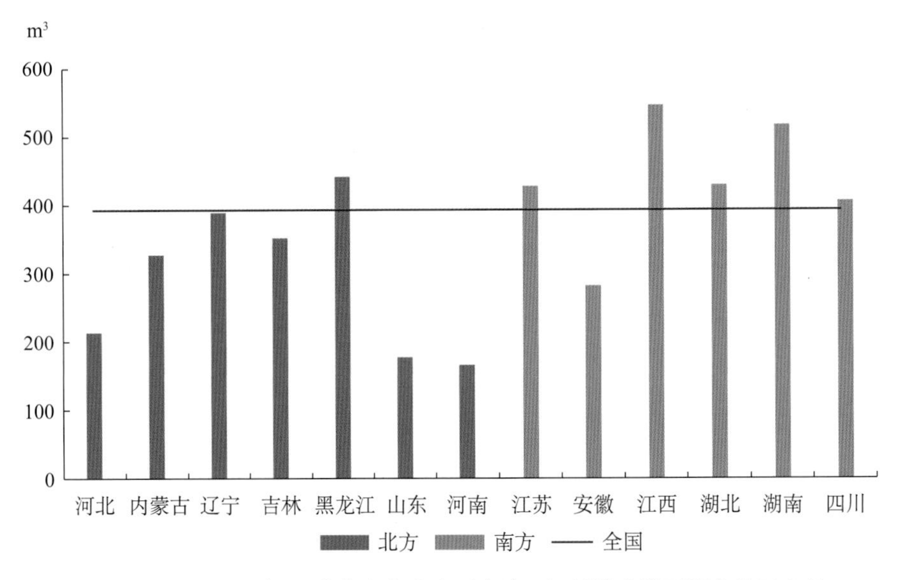

图1-15　2015年13个粮食主产省（自治区）耕地实灌面积亩均用水量

③用水结构的变化

13个粮食主产省（自治区）农田灌溉用水量整体呈现以2003年为界先减少后增加并维持相对稳定的变化趋势。由表1-7可知，2015年13个省（自治区）农田灌溉用水量共计为1 940.3亿m³，占其农业用水量的90.8%；与2001年相比，农田灌溉用水量减少12.8亿m³，占全国农田灌溉用水量的比例增加了1.5个百分点。

其中，黑龙江、吉林、辽宁、安徽、四川5省的农田灌溉用水量呈增加趋势，且黑龙江省增长量最大，15年间增长了71.2亿m^3，占全国农田灌溉用水量的比例由5.1%增加到9.0%；江西省相对稳定；其他7省均呈下降趋势，下降量居前五位的省份从大到小依次为山东、河南、湖南、河北和湖北。2015年农田灌溉用水量仍以黑龙江省、江苏省和湖南省较大，居前三位。

表1–7　2001—2015年13个粮食主产省（自治区）农田灌溉用水情况

单位：亿m^3,%

地区		农田灌溉用水量				占全国农田灌溉用水量的比例			
		2001年	2005年	2010年	2015年	2001年	2005年	2010年	2015年
全国		3 487	3 225	3 319	3 377	100	100	100	100
13个粮食主产省（自治区）		1 953	1 763	1 919	1 940	56.0	54.7	57.8	57.5
北方7省（自治区）	河北	154	141	135	124	4.4	4.4	4.1	3.7
	内蒙古	138	131	127	121	4.0	4.1	3.8	3.6
	辽宁	82	84	85	79	2.4	2.6	2.6	2.3
	吉林	68	64	70	84	1.9	2.0	2.1	2.5
	黑龙江	177	178	241	303	5.1	5.5	7.3	9.0
	山东	167	142	139	123	4.8	4.4	4.2	3.7
	河南	150	103	114	111	4.3	3.2	3.4	3.3
	小计	936	842	911	945	26.8	26.1	27.4	28.0
南方6省	江苏	257	240	270	243	7.4	7.4	8.1	7.2
	安徽	118	109	161	150	3.4	3.4	4.9	4.4
	江西	140	127	147	145	4.0	3.9	4.4	4.3
	湖北	165	131	127	139	4.7	4.0	3.8	4.1
	湖南	219	199	184	186	6.3	6.2	5.5	5.5
	四川	118	116	119	133	3.4	3.6	3.6	3.9
	小计	1 017	921	1 008	996	29.2	28.5	30.4	29.5

在用水水源方面，由表1–8可知，13个粮食主产省（自治区）农业用水以地表水供水为主；2015年农业用水量2 136.8亿m^3，地表水用水量占75%，地下水用水量占25%，分别占全国农业地表水用水量的51.4%和全国农业地下水用水量的73.4%，且地表水用水量的91.7%和地下水用水量的88.6%均用于农田灌溉。

地下水用水量主要集中在北方7省（自治区），2015年为510.1亿m^3，占13个粮食主产省（自治区）地下水用水量的95%，且黑龙江、河北、内蒙古、河南和山东占比较大，均超过13个粮食主产省（自治区）地下水用水量的10%，其中黑龙江省占比最大，达到27.7%。南方6省地下水用水量仅占全国地下水用水量的5%，2015年为26.3亿m^3，其中以安徽省最大，占13个粮食主产省（自治区）农业地下水利用量的2.3%，占当地农业用水量的8.7%。

与2011年相比，2015年13个粮食主产省（自治区）农田灌溉用水量中地下水所占比例，呈现河北、东三省、河南和江西下降，其他各省（自治区）均增加，且南方各省增长幅度较大的变化特点。

表1-8　2015年13个粮食主产省（自治区）农田灌溉供水结构

单位：亿m^3，%

地区		农业总用水量			农田灌溉用水占农业总用水量的比例		占13个粮食主产省（自治区）用水量的比例	
		水量	地表水比例	地下水比例	地表水	地下水	地表水	地下水
全国		3 852.3	81.09	18.91	88.0	87.0		
13个粮食主产省（自治区）		2 136.8	75.01	24.99	91.7	88.6		
北方7省（自治区）	河北	135.3	25.11	74.89	95.5	91.2	2.17	19.42
	内蒙古	140.1	51.37	48.63	92.8	79.6	4.38	12.46
	辽宁	88.8	57.51	42.49	93.6	83.5	3.20	7.10
	吉林	90.2	62.95	37.05	93.5	88.8	3.51	6.20
	黑龙江	312.5	52.92	47.08	96.7	97.0	10.38	27.73
	山东	143.3	62.54	37.46	88.4	84.5	5.69	10.24
	河南	125.9	45.60	54.40	94.4	83.9	3.33	11.92
	小计	1 036.1	50.77	49.23	93.8	89.0	32.66	95.05
南方6省	江苏	279.1	99.11	0.89	87.0	100.0	18.31	0.50
	安徽	157.5	91.33	8.67	95.1	87.6	8.10	2.31
	江西	154.1	99.35	0.65	94.5	71.6	10.40	0.20
	湖北	158.1	98.58	1.42	88.0	69.2	9.60	0.41
	湖南	195.2	97.78	2.22	96.5	40.6	12.15	0.83
	四川	156.7	97.42	2.58	85.4	100.0	8.79	0.70
	小计	1 100.7	97.61	2.39	90.8	80.5	67.34	4.95

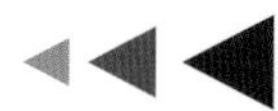

3. 农业用水的演变特点

纵观我国灌溉农业发展历程可见，我国农业用水经历了从以发展灌溉面积、增加用水量为特点的粗放用水方式到保障基本灌溉面积、大力扩展节水灌溉面积、减少农业灌溉用水量以至农业用水“零”增长的用水演化特征。特别是进入21世纪以来，随着节水灌溉面积和高效节水灌溉面积的逐步扩大（表1-4、图1-16），灌溉用水效率得到较大提高，2007—2015年全国灌溉水利用系数提高了12.8%，耕地实灌面积亩均灌溉用水量降低了85m³。灌溉用水效率的提高有效保障了在农田灌溉用水整体下降的情势下，粮食产量“十二连增”的佳绩。但农业灌溉用水效率南方偏低、北方偏高现象值得重视。

与此同时，随着粮食主产区向北转移，灌溉面积向北方集中，农业用水量呈现区域间分布不平衡加剧，农田灌溉用水北方增加、南方相对稳定，约一半集中在13个粮食主产省的空间分布特点；此外，农业用水水源呈现地表水用水量略有下降，地下水用水量增加，且近95%地下水用水量主要集中于北方，73.4%集中于13个粮食主产省（自治区）的分布特点。

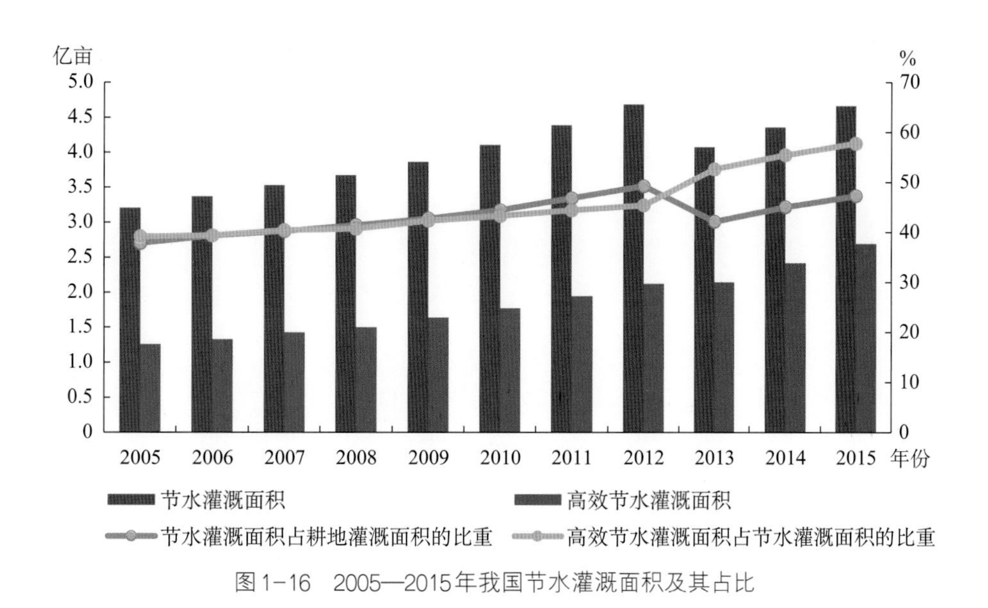

图1-16　2005—2015年我国节水灌溉面积及其占比

（三）农业用水面临的形势和问题

人均水资源少、耕地实灌面积亩均水资源量不足、水土资源匹配错位等是影响粮食生产的本底因素。随着经济社会发展中工农业用水竞争加剧，粮食生产向北方转移，这些不利因素的影响更加明显；同时，全球气候变化对水资源和农作物生长特性影响的不确定性增加，进一步加剧了农业发展的不稳定性。面对我国未来粮食的刚性需求，灌溉农业发展面临着诸多问题。

1．水土资源错位加剧，农业干旱缺水态势进一步加剧

在全球气候变化和人类活动的双重作用下，我国降水和水资源空间分布的不均匀性进一步加剧。根据《中国水资源公报》统计，我国多年（1956—2000年）平均降水为61 775亿m^3，北方占31.5%，南方占68.5%；2001年以来全国降水整体呈现波动中上升趋势，但与多年平均值相比，近15年减少了2.41%，北方略微增加（不足1个百分点），且主要以西北地区增加为主（较多年平均值增加0.19%），但华北地区（−4.06%）、东北地区（−1.36%）减少；南方除华南地区（+2.06%）增加，西南地区（−2.45%）和长江地区（−0.3%）呈减少态势。对应水资源量，根据《全国第二次水资源调查评价》，我国多年（1956—2000年）平均水资源量为28 412亿m^3，北方占18.8%，南方占81.2%；2001年以来全国水资源量整体减少5.5%，南北方的分布变化不明显。根据《中国统计年鉴》，2000年以来我国耕地面积减少了1.6亿亩，2015年为20.25亿亩，其中北方耕地面积所占比例由2000年的55.5%增加为2015年59.6%，南方耕地面积所占比例由2000年的44.6%下降到2015年的40.4%。耕地资源与水资源的错位分布，使得全国耕地亩均水资源量南北方差异更加明显。在多年平均水资源条件下，2015年南北方耕地实灌面积亩均水资源量约为6.3：1，南方为2 661m^3，北方为422m^3。耕地减少且向北方集中，进一步增加了水土资源的不匹配性。南北方水资源、耕地分布如图1−17所示。

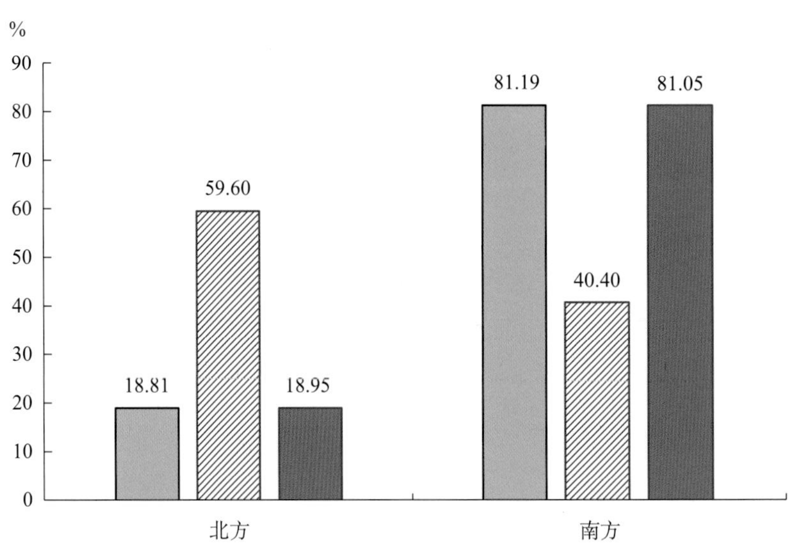

图1−17 南北方水资源、耕地资源分布

随着全球气候变化，极端干旱事件频发，农业干旱缺水的态势将进一步增加。据中国工程院重大咨询项目《我国旱涝事件集合应对战略研究》，1951—2013年，我国干旱受灾率和成灾率分别以每10年1.7%和1.4%的速度递增；特别是1990年以来，干旱影响范围明显扩张，1990—2013年平均受灾率和成灾率分别为21.1%和11.3%，是1950—1989年多年平均值的1.25倍和1.67倍。据《第三次气候变化国家评估报告》（2015）预估，未来50年我国仍将面临平均温度普遍升高的情势，到21世纪末可能增温幅度为1.3～5.0℃；按照温度每升高1℃，农业灌溉需水量增加6%～10%（刘春蓁，2002）计算，届时我国农业灌溉供需水矛盾将进一步加剧。此外，随着未来全球气候变化，降水时空变化的不确定性更大，也进一步加剧了农业干旱缺水的态势。

2．粮食主产区范围减少并向北方集中，北方农业水资源胁迫度增加

随着全国产业布局和区域经济发展定位的变化，我国粮食主产区范围减少并向北方集中，南方主销区范围进一步扩大。据《中国统计年鉴》，2015年全国粮食产量达到6.21亿t，较2001年增加了37.3%；其增加量主要集中在北方地区，北方粮食产量占全国的比例由2001年的43.9%增加到2015年的56.1%。

在地区分布上，按照13个粮食主产省人均粮食产量的变化和人均400kg粮食安全的基本需求（图1-18），我国粮食生产主要分布在北方的黑龙江、吉林、内蒙古、河南4省（自治区）和南方的安徽、江西和湖北3省，其中湖北省仅2015年人均粮食产量超过400kg；传统的粮食主产省浙江、广东、福建逐渐变成了粮食主销区，粮食自给率仅为30%；形成了目前以东北粮食向东南沿海运输为主的“北粮南运”的粮食生产格局。

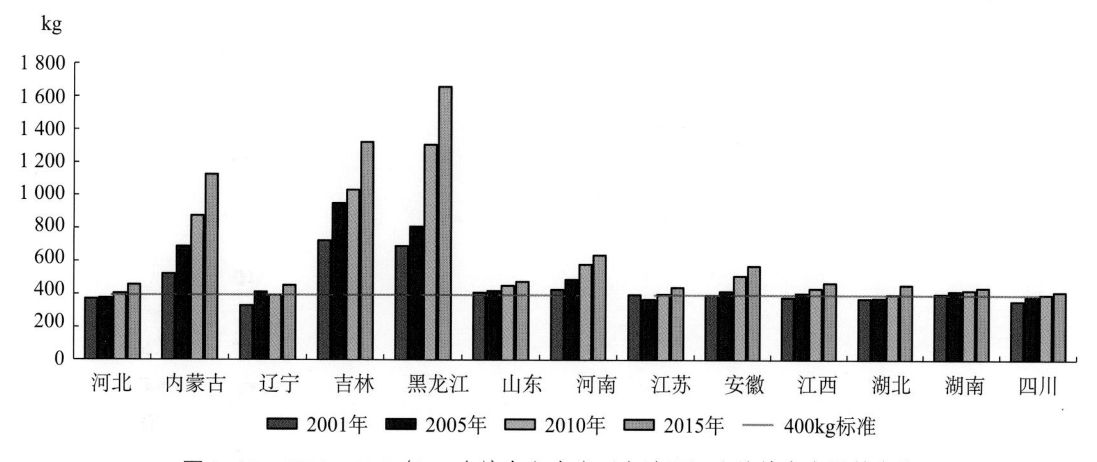

图1-18　2001—2015年13个粮食主产省（自治区）人均粮食产量的变化

伴随着粮食主产区的转移，农业水资源胁迫度（需水量/供水量）整体增加。特别是东北的黑龙江、吉林两省粮食产量的70%作为商品粮供给东南沿海，其产量中水稻占比较大，高耗水水稻种植面积的快速增长，对水资源及生态环境造成较大威胁。据《中国统计年鉴》，2000年以来东北三省水稻种植面积增长了2 527.5万亩，占全国水稻种植面积的比例由2001年的9.6%上升到2015年的14.7%（图1-19）；期间，三江平原、松嫩平原以井灌为主的东北水稻种植区域，地下超采、地下水位持续下降的生态环境问题日益凸显。

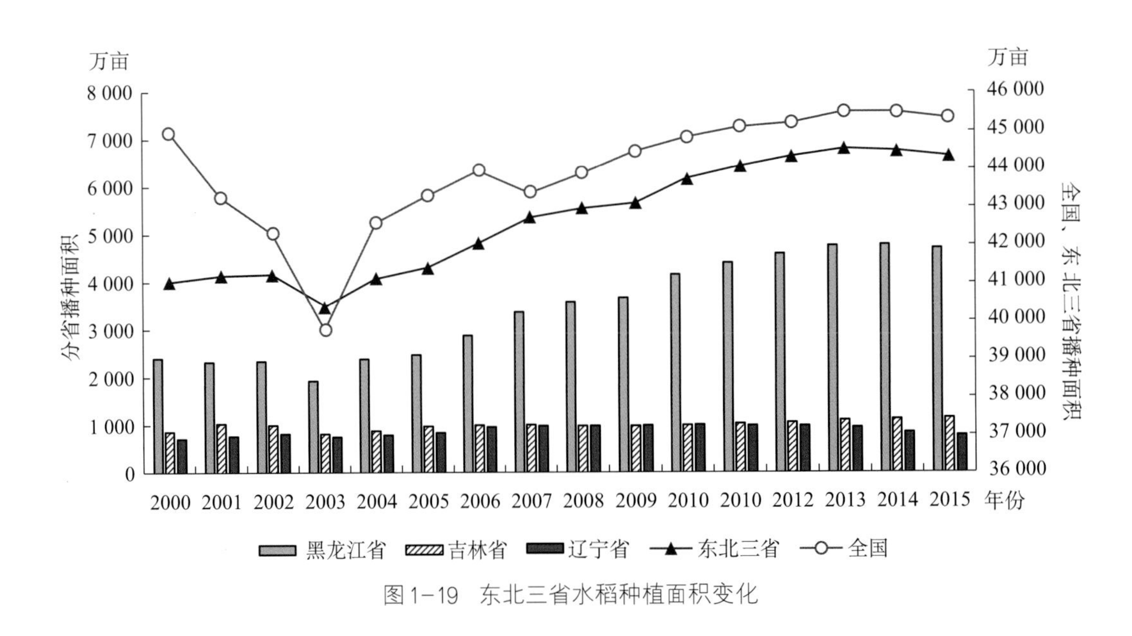

图1-19　东北三省水稻种植面积变化

3. 粮作种植布局与降水分布不匹配，对灌溉的依赖性增加

水土资源错位分布，使得灌溉农业成为我国农业发展的必要保障。根据作物对灌溉的需求，我国灌溉区域可大致分为常年灌溉区、补充灌溉区和水稻灌溉区3种类型（图1-20）。常年灌溉区，年均降水量小于400mm，年降水量及其季节分布难以满足作物生育期水分需要，具有没有灌溉就没有农业的特点。该区域主要包括我国北部、西北和东北部分地区。补充灌溉区，年降水量为400～1 000mm，受季风气候的影响，降水量分布极不均匀，区域内作物的灌溉需水量年际变化较大，灌溉和排水成为实现作物高产稳产的必要措施。该区域包括黄淮海平原以及东北的大部分地区。水稻灌溉区，年降水量超过1 000mm，降水量很高，但仍需对水稻进行灌溉，干旱季节也需要对旱作物进行灌溉，排水是实现作物稳产的基本条件。该区域主要包括我国的南部、东南部和西南的部分地区。

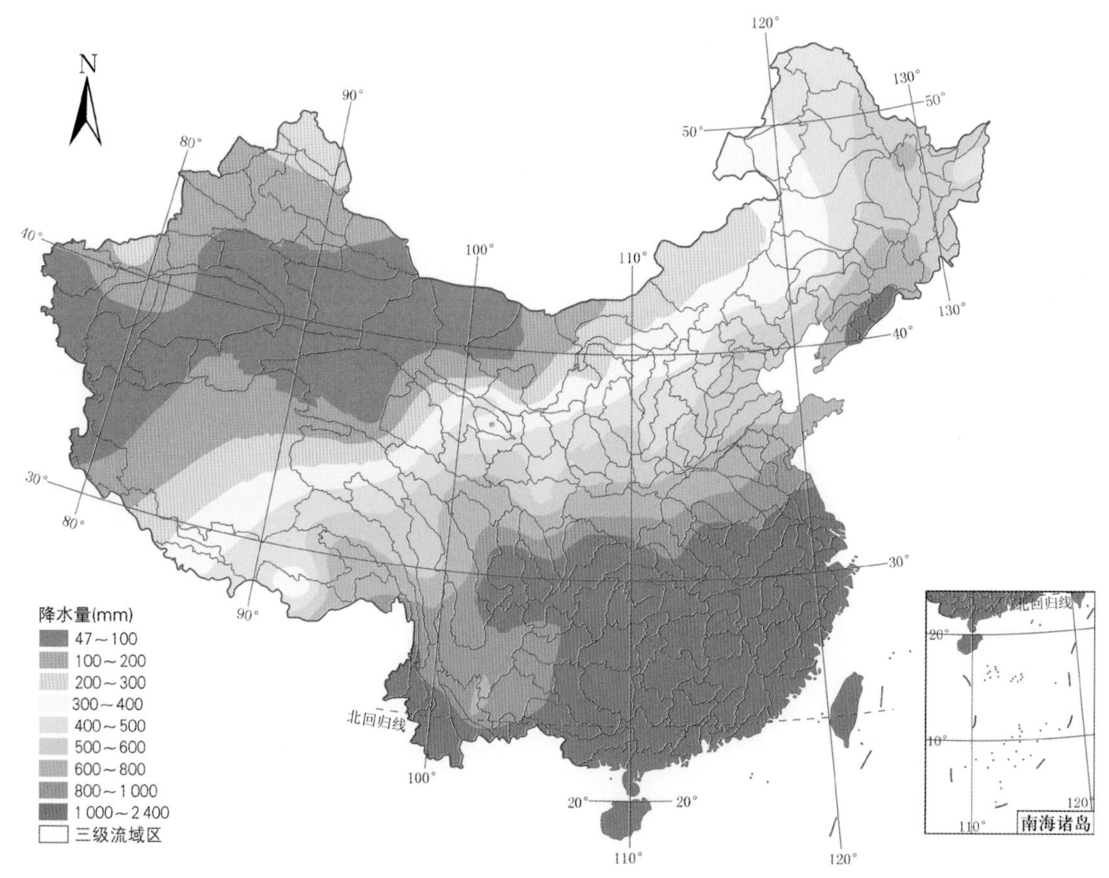

图1-20　全国多年（1986—2014年）平均降水量分布

在2011年颁布的《全国主体功能区划》“七区二十三带”农业战略格局中，我国七大农业主产区中的五大区（东北平原、黄淮海平原、汾渭平原、河套灌区和甘肃新疆主产区）集中分布在常年灌溉区和补充灌溉区。全国800多个粮食主产县，60%集中在常年灌溉区和补充灌溉区。2001—2015年，全国水稻播种面积增加了2 105万亩，其中北方补充灌溉区增加了2 725万亩，南方减少了620万亩；小麦播种面积尽管减少了785万亩（2015年为3 796万亩），北方仍占全国的67.6%，其中黄淮海平原区占全国的48.4%；玉米播种面积增长了3.73亿亩，88%增加在北方。由此可见，粮食生产区位向北方转移，以及近10年水稻、小麦、玉米三大粮食作物播种面积逐渐向常年灌溉区和补充灌溉区集中，进一步增加了与降水分布的不匹配性，增加了灌溉用水需求。

4．灌溉开采量不断增加，北方地区浅层地下水位下降

根据《中国水资源公报2015》，除松花江区，我国北方地区水资源开发利用率（流域或区域用水量占当地水资源总量的比率）均已超过国际公认的40%警戒线

（图1-21），其中华北地区最高，达到118.6%，远高出其63%的可利用量的范畴。地下水资源开发利用率，除西北诸河区，其他分区均在增加，华北地区达到105.2%。北方地区地下水开采量逐年增加，已造成黄淮海平原、松辽平原及西北内陆盆地山前平原等地区地下水位持续下降。

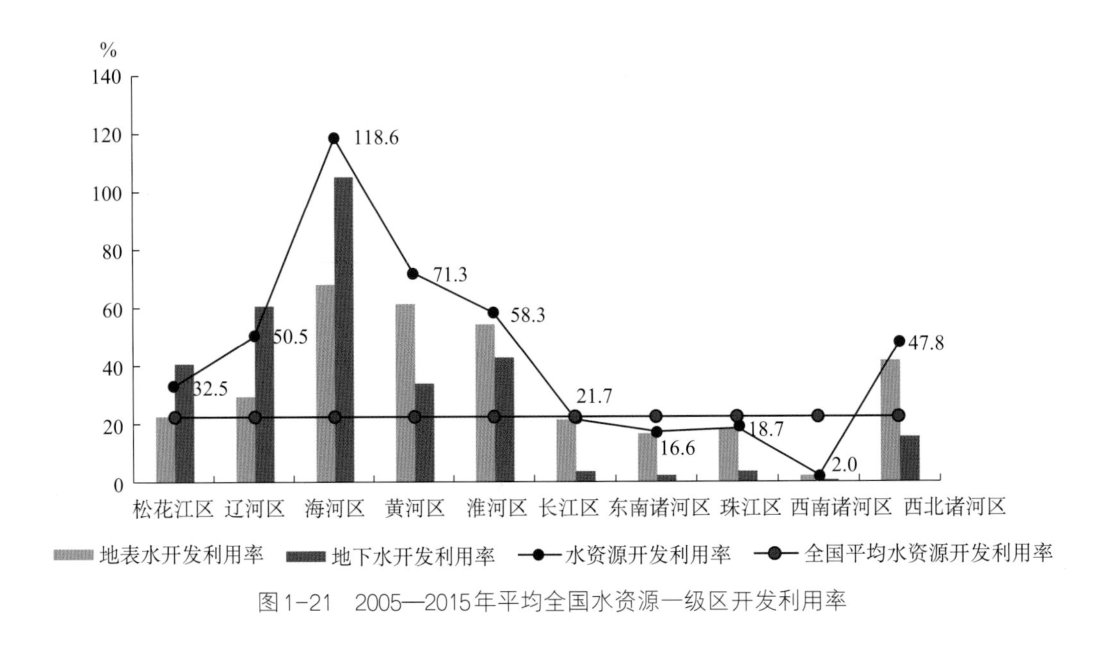

图1-21　2005—2015年平均全国水资源一级区开发利用率

华北平原尤为严重。由于以大宗粮食作物冬小麦和夏玉米复种为主，农业地下水用水量不断增加，已形成了冀枣衡、沧州、南宫三大深层地下水漏斗区，成为世界最大的地下水集中漏斗区。据有关统计，京津冀年超采地下水约68亿m^3，地下水累计超采量超过1 000亿m^3，地下水超采面积占平原区的90%以上。

河北平原区浅层地下水位呈持续下降趋势，平均埋深由1986年的9.32m降低到2013年的16.00m。中东部深层承压水的中心水位埋深从20世纪80年代的52m下降到2013年153m；地面累积沉降量大于300mm的面积达到4.5万km^2，占整个河北平原面积的61%，地面累积沉降量大于2 000mm的面积达到98.5km^2，形成了沧州等14个地面沉降中心。自2014年始，财政部、水利部、农业部、国土资源部联合开展河北省地下水超采综合治理试点工作，项目区地下水压采效果初步显现，加上2016年区域整体降水特丰等因素的影响，2016年浅层地下水位较治理前上升0.58m，深层地下水位较治理前上升0.7m，但总体超采形势仍没有改变。

5. 高效节水工程和现代灌溉管理体系建设滞后，农业用水效率偏低

尽管我国水资源利用效率和农业水分生产率整体有较大提高，但是由于长期土地分

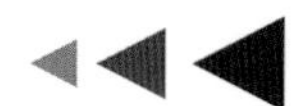

散经营模式下以一家一户为基本生产单元的分散用水方式（2015年，每个劳动力平均负担的耕地不足10亩，而在1994年印度就达到25亩），与农田水利工程使用和管理不相适应，使高效节水技术推广难度增大。我国高效节水灌溉面积占比相对较低，也造成灌溉用水效率偏低。据统计，2015年我国低压管道、喷灌、微灌三种高效节水灌溉面积2.69亿亩，占耕地灌溉面积的27.2%；节水率较高的喷灌、微灌仅占耕地灌溉面积的13.7%，远不及德国和以色列2002年以前100%、美国2000年52%的水平（各国节水灌溉面积的发展如表1-9所示）。2015年我国农业灌溉用水有效利用系数0.536（北方为0.58，南方为0.51），仅为发达国家的75%；从规模和类型来看，纯井灌区灌溉水有效利用系数最大，达到0.723，随后依次是小型灌区0.528、中型灌区0.492、大型灌区0.479，灌区规模越大，水的利用效率越低。2015年我国灌溉用水粮食产量仍低于发达国家2kg/m^{3}的一般水平。

表1-9　各国喷微灌面积占灌溉面积比重比较

单位：%

国家	喷微灌面积占灌溉面积比重	统计年份	备注
德国	100.00	2002年以前	喷灌+滴灌
以色列	100.00	2002年以前	喷灌+滴灌
英国	98.80	2002年以前	喷灌+滴灌
法国	90.10	2002年以前	喷灌+滴灌
日本	90.00		旱地灌溉，喷灌+滴灌
匈牙利	68.50	2002年以前	喷灌+滴灌
西班牙	67.00	2011年	喷灌+滴灌
美国	52.00	2000年	喷灌+微灌
中国	13.70	2015年	喷灌+微灌
意大利	15.70	2002年以前	喷灌+滴灌
葡萄牙	10.30	2002年以前	喷灌+滴灌
印度	1.50	2006年	喷灌+滴灌

资料来源：薛亮，2000. 中国节水农业理论与实践[M]. 北京：中国农业出版社：48-49；中国灌溉排水发展中心，2015. 国内外农田水利建设与管理对比研究[R].

目前，小规模节水灌溉方式、农业用水计量缺位、不完善的灌溉监测体系、滞后的灌溉信息化建设，均制约着我国农业用水效率的提高。同时，灌区监测体系尚未建立，农田水利信息化建设仍处于试点、探索阶段，已建信息系统规模小、节点不足，标准不统一，信息量缺乏。根据《全国现代灌溉发展规划（2012—2020年）》，大型灌区运行数据监测点平均每7.5万亩仅1个，中型灌区信息化处于起步阶段。此外，重建轻管的现象仍然存在，用水量与水费没有直接关系，农业水价仅为供水成本的30%～50%，约25%大型灌区、65%中型灌区未核定成本水价，水费实收率不足70%，超过40%的灌区管理单位运行经费得不到保障，导致用水农户和水管理单位缺乏节水积极性，造成灌溉用水浪费。灌区信息化建设滞后，制约着节水灌溉技术推广和实施效果。

二、我国粮食生产与消费状况

当前及今后一个较长时期内，我国农业面临着较为严峻的用水紧张形势。在全国用水总量红线约束下，要保障我国粮食生产安全，有必要全面分析我国粮食生产与消费状况，以在全面推行节水灌溉的同时，为开展适水种植结构调整、优化空间布局提供指导。

（一）粮食生产状况

关于粮食的内涵，目前尚无统一的范畴，通常有两种划分方式：其一，仅包括稻谷、小麦、玉米、高粱等，即国际上所称的“谷物”；其二，谷物、豆类和薯类的总和，这与我国国家统计局每年公布的粮食产量概念基本一致。本书粮食生产状况分析以《中国统计年鉴》统计的粮食产量及口粮作物稻谷、小麦、玉米为对象。

1. 粮食产量的变化

中华人民共和国成立以来，我国粮食生产不断发展，产量呈波动式上升趋势（图1–22），整体可归纳为三个发展阶段：

改革开放之前（1949—1977年）：我国粮食产量不断增长，但发展相对缓慢，总产量处于3万t以下。在此过程中，由于自然灾害等原因，粮食生产经历了多次波动，分别在1950—1952年、1957—1961年先后出现连续大幅增长和连续大幅下降；到1977年，全国粮食产量达到2.8亿t，较1949年增长了近1.5倍。

改革开放后的12年（1978—1999年）：随着国家逐步改革统购统销体制以及实行家

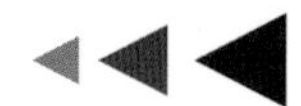

庭联产承包责任制，有效促进了粮食生产的快速增加，粮食产量先后在1978年、1984年、1996年突破3亿t、4亿t和5亿t。

21世纪以来的近16年（2000—2015年）：2000—2003年，由于干旱及粮食播种面积的急速减少，粮食产量从1998年的最高位（5.1亿t）降到2003年的4.3亿t；之后随着农业优惠政策的全面实施，粮食产量再次增长，呈现历史最快发展势头，创造了2003年以来"十二连增"的佳绩；自2013年起，粮食产量维持在6亿t以上，标志着我国粮食生产水平已稳步跨入6亿t的新台阶，粮食综合生产能力实现实质性飞跃。

其中，水稻、小麦和玉米三大典型粮食作物也呈现增长趋势（图1-22），2015年水稻、小麦和玉米生产量分别达到20 822.5万t、13 018.5万t和22 463.2万t，与《全国新增1 000亿斤粮食生产能力规划（2009—2020年）》的基准年2007年相比，分别增长2 219.0万t、2 088.7万t和7 233.2万t。

总之，粮食生产连续增加以及口粮作物产量的持续增长，有效保障了我国粮食安全。到2016年，全国人均粮食占有量达到447kg，比世界平均水平高47kg。

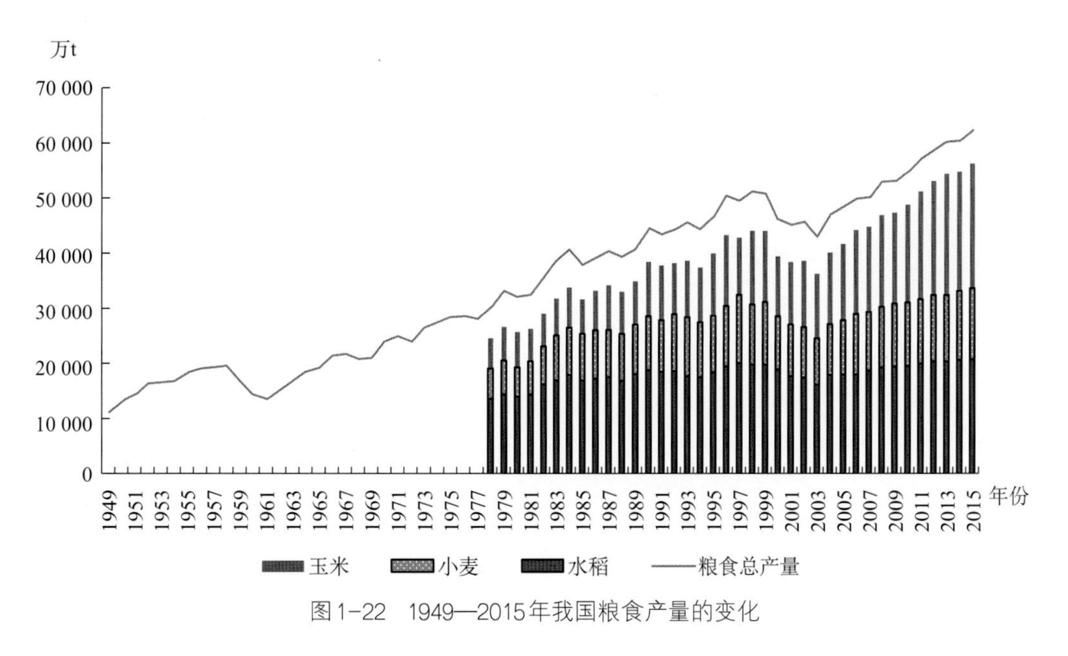

图1-22　1949—2015年我国粮食产量的变化

2. 粮食生产基地（粮仓）变迁

水土资源错位的自然禀赋，形成了我国粮食生产区域不平衡的布局，在粮食增产过程中，粮食生产基地也不断变化。纵观我国粮食生产基地（粮仓）的历史变迁路线，先后经历了四次大的变化，形成了四大粮仓，即黄淮平原（"得中原者得天下"，第1代粮仓）—太湖平原（“苏常熟，天下足”，南粮北运，隋唐时期，第2代粮仓）—长江中下游（洞庭湖）平原（“湖广熟，天下足”，明代，第3代粮仓）—东北（三江）平原（北粮南运，20世纪80年代，第4代粮仓）（张正斌等，2013）。

从区域粮食生产的自给率看，现阶段全国粮食生产空间整体上可以划分为三大生产区，即东北平原、华北平原和长江中下游平原。东南区成为“北粮南运”的主要销售地区，京津区、青藏区和西南区也需要一定的粮食外调支持。

从全国13个粮食主产省（自治区）的粮食产销状况看，目前，黑龙江、吉林、内蒙古、河南、安徽、河北、江苏、山东8个省（自治区）为主要净调出省份，成为我国南方粮食需求的重要支撑。

3. 灌溉面积与粮食生产变化的作用关系

水土资源是粮食生产的两大刚性约束要素，粮食作物播种面积和灌溉农业的发展，有效促进了我国粮食的生产。

（1）播种面积与粮食产量的变化

据《中国统计年鉴》，中华人民共和国成立以来，我国粮食作物播种面积维持相对稳定（图1-23），粮食产量连续增长，二者间总体呈现一定的正相关性，产量的变幅更加明显；特别是进入21世纪以来，粮食产量的增长远远超过粮食作物播种面积的变化。2015年全国粮食播种面积达到17.0亿亩，较2001年增加了1.82亿亩，增长了12%，相应粮食产量增长了37.3%。

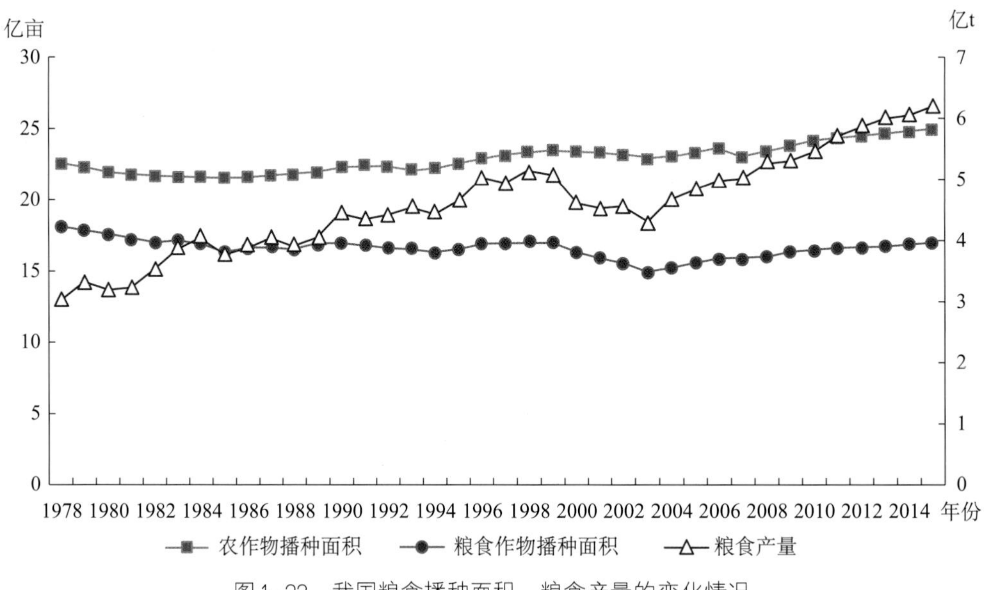

图1-23 我国粮食播种面积、粮食产量的变化情况

空间上，自2001年以来，我国粮食作物播种面积的演变呈现北方增加、南方维持稳定的趋势（图1-24）。2015年南方粮食播种面积为7.53亿亩、北方粮食播种面积为9.47亿亩，分别占全国粮食播种面积的44.3%和55.7%。与2001年相比，南方减少3.7个百分点，北方相应增加。对应的粮食产量占比南方由2001年的52.7%降为2015年的43.9%，北方由2001年的47.3%增加为2015年的56.1%。

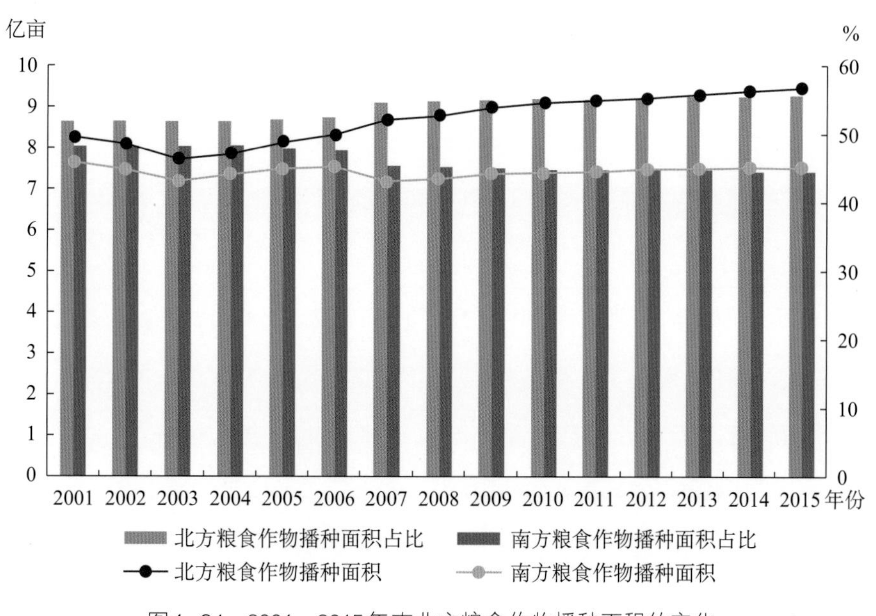

图1-24　2001—2015年南北方粮食作物播种面积的变化

其中，北方粮食作物播种面积逐渐向黑龙江、河南、河北、山东和内蒙古5省（自治区）集中。5省（自治区）粮食作物总播种面积占全国播种面积的比例由2001年33.5%增加到2015年36.7%；相应粮食总产量增加了9 071.5万t，增长了63.8%。南方粮食作物播种面积主要分布在安徽、四川、湖南、湖北4省。2001—2015年4省粮食作物总播种面积占全国的比例维持在20%左右，以安徽、四川二省占比较大，2015年安徽、四川二省粮食播种面积占全国播种面积的11.6%；相应4省粮食产量增加了2 421.5万t，增长了23.6%，以安徽增长最多，15年增长了41.5%。

根据目前能够掌握到的最新资料，2014年典型粮食作物冬小麦、春小麦、中季稻、双季稻作物（2015年《中国统计年鉴》数据未区分）播种面积和产量分析，主要粮食作物种植面积与产量空间分布呈现如下变化：

冬小麦：集中分布于需补充灌溉的黄淮海平原、陕西关中平原、湖北、四川盆地和新疆，且以分布于黄淮海平原的山东、河南、安徽、河北最大，4省播种面积（2.09亿亩）占全国冬小麦播种面积的61.7%，相应产量达8 413.4万t，占全国冬小麦产量的70%。

春小麦：主要分布在需要常年灌溉补水的西北地区和东北的少部分地区，按省统计，主要分布于内蒙古、新疆、甘肃和黑龙江，4省（自治区）播种面积达1 985.9万亩，占全国春小麦播种面积的87.9%，相应产量为612万t，占全国春小麦产量的86.9%。

中季稻：主要分布在需补充灌溉的黑龙江省和水稻灌溉区江苏、四川、安徽、湖北、湖南和云南，7省播种面积（1.91亿亩）占全国中季稻播种面积的70%，相应产量为9 434万t，占全国中季稻产量的69.7%。

双季稻：主要分布在水稻灌溉区湖南、江西、广西、广东和湖北，5省播种面积（1.58亿亩）占全国双季稻播种面积的86.8%，相应产量为6 292万t，占全国双季稻产量的88.5%。

玉米：区域分布较广，基本遍布全国。但主要集中分布于东北三省、内蒙古、山西、河北、山东和河南8省（自治区），尤以东北地区（含内蒙古）最大，常年播种面积维持在1.35万～1.5万亩，相应产量占全国玉米产量的40%左右。

(2) 灌溉面积发展与粮食产量变化

随着粮食作物播种面积向北方转移，灌溉成为粮食生产的重要支撑，有效保障了我国未来粮食生产的持续增长。中华人民共和国成立以来，在全国粮食播种面积总体稳定的趋势下，粮食总产量实现翻两番，灌溉农业发挥了重要作用（图1-25）。在此过程中，我国农田有效灌溉面积对粮食产量的促进作用基本经历了四个阶段：

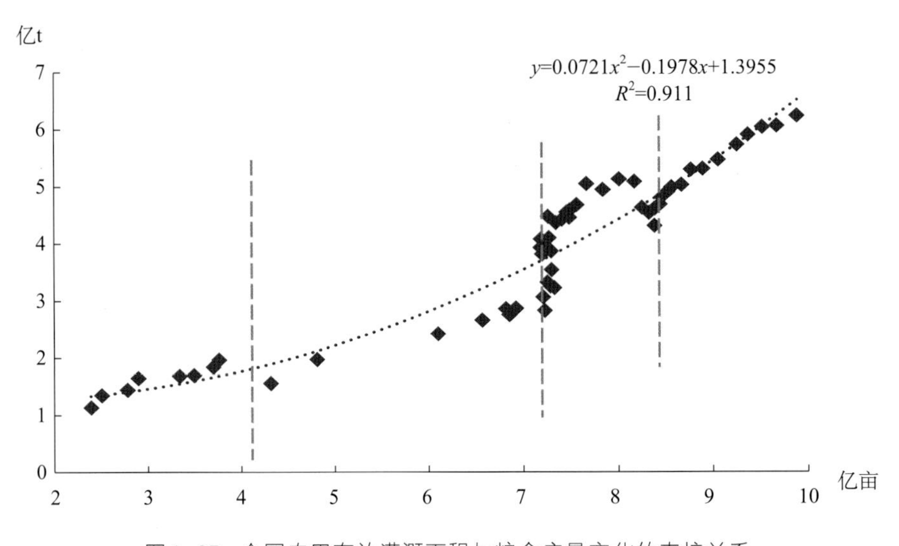

图1-25　全国农田有效灌溉面积与粮食产量变化的直接关系

第一阶段，1949—1958年灌溉发展初期阶段。灌溉面积发展变化的幅度明显大于粮食增产变幅，表明该阶段灌溉对粮食生产的拉动作用与其他阶段相比并不明显。究其原因在于，尽管灌溉面积增长的速度较快，但由于原来基数太低，增长的灌溉面积相对粮食总播种面积而言，还是过小，因此灌溉面积发展对粮食生产的贡献作用相对其他因素而言不明显。

第二阶段，1958—1978年灌溉面积飞速发展阶段。由于历史原因导致该阶段数据缺失较多，但从总体趋势来看，该阶段灌溉面积发展与粮食产量之间相关性的斜率比初级阶段大，说明随着灌溉面积持续增加，灌溉面积占粮食播种面积的比例持续加重，灌溉对粮食总产的拉动作用开始显现。

第三阶段，1979—1995年节水灌溉发展起步阶段。该阶段的变化形势相对其他阶段而言比较特殊：前期主要在十一届三中全会后的1978年和“九五”期末，正是我国改革开放的起步阶段，从家庭承包经营制度的推行到社会主义市场经济体制的确立，政策因素对粮食生产的影响非常明显。经过前几年的积累后，政策和机制的活力爆发，使得粮食产量增加幅度明显高于农田有效灌溉面积的增加幅度，一度出现垂直型叠加。但基于释放个人活力的家庭承包经营制度和释放市场能力的市场经济体制稳步运行后，国家对农业灌溉基础设施的投入滞后，加上人为因素的破坏，此阶段后期粮食增长的速度明显放缓。这也进一步证实了灌溉对粮食生产的基础支撑作用。

第四阶段，1995—2015年节水灌溉快速发展阶段。第三阶段后期灌溉对粮食生产增速拉动的降低已经说明原有的采用全民动员兴修水利的粗放灌溉模式已经不适应新的形势了，大力发展节水灌溉成为这一阶段农业灌溉面积发展的战略重点。由于国家加大了对节水灌溉投资力度，灌溉用水效率提升很快，灌溉对粮食生产的拉动作用开始呈现有规律的持续上升趋势。

根据《中国统计年鉴》和《中国水利统计年鉴》数据分析，2001年以来我国农田灌溉用水量先减后增、总量未增加，而农田有效灌溉面积增加了18.2%，粮食产量相应增加了37.3%（图1-26）。其中，北方增加较为明显，农田有效灌溉面积增加了22.4%，粮食产量增加了58%；南方灌溉面积和粮食产量的增加均相对缓慢。2015年，北方农田有效灌溉面积占全国的55.6%，农田灌溉用水量占全国的48.3%，粮食产量占全国的56.1%。可见，灌溉面积的发展有效促进了我国粮食生产；特别是灌溉用水效率逐年提高，有效保障了有限农田灌溉用水量条件下我国粮食产量的“十二连增”。

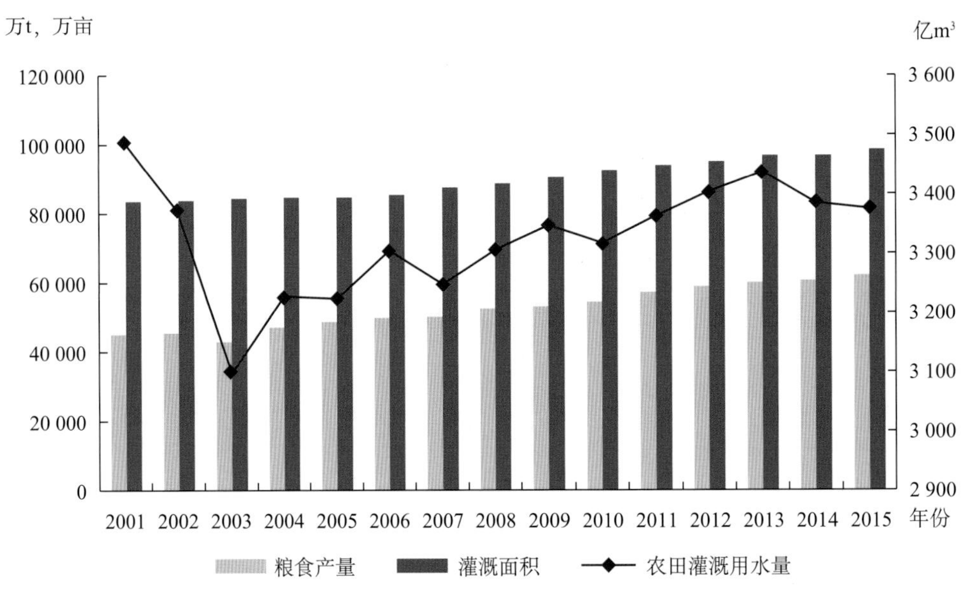

图1-26　2001—2015年全国灌溉面积发展与粮食产量的变化

（二）粮食消费状况

由于缺乏系统的统计数据，且实际情况较为复杂，粮食消费量数据的获取主要依靠研究者估算和预测。不同研究者采用不同的预测方法。中国工程院“国家食物安全可持续发展战略研究”项目组根据人均粮食消费量以及未来人口总量，预测了人口达到15亿人时，我国口粮需求量为3亿t。马永欢、牛文元（2009）利用系统动力学原理模拟了2020年我国粮食需求总量为5.48亿t，其中口粮和种子用粮相对稳定，饲料用粮和工业用粮增长明显。胡小平、郭晓慧（2010）根据《2007年中国居民膳食指南》结合工业用粮和种子用粮，预测口粮和饲料用粮：2020年我国稻谷、小麦、玉米和大豆的需求量分别为1.41亿t、0.91亿t、2.30亿t和0.68亿t。中国工程院“中国粮食安全与耕地保障问题战略研究”课题组按照生活用粮、生产用粮和粮食消耗分项预测后加总得到2020年粮食需求量需达到7.3亿t。

鉴于不同的研究侧重点不同，为保证项目内部的统一，本书采用生活用粮、生产用粮和粮食消耗分别预算，分析当前粮食的消费量及余粮量。

1. 粮食消费量及余粮量计算方法

（1）粮食生产量

根据《中国统计年鉴》统计口径，粮食主要包括谷物、豆类和薯类三大类。豆类在粮食生产中占比较小，2014年约占粮食总产的2.8%，同时豆类总产的70%以上为大

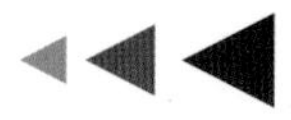

豆，主要用于植物油消费。随着我国食用植物油消费量的逐年扩大，2003年以来大豆进口量大幅度上升，并首次超过国内产量。2014年大豆进口量已达到7 140万t，远远超过2014年国内大豆产量（1 220万t）。而对植物油的消费，南北方并无较大差异，且南北方人口规模相当，故本书对区域内豆类交换进行简化处理，认为南北方之间豆类无交换，在粮食产量和消费中均不考虑豆类。各省粮食生产量，由各省粮食总产量减去豆类产量计算得到，相关数据均引自国家统计局统计数据库。

（2）粮食消费量

粮食消费量采用常住人口数量乘以人均粮食消费量计算。粮食消费主要包括生活用粮、生产用粮和粮食损耗三部分。其中，生活用粮一般是指居民口粮，生产用粮主要包括饲料用粮、工业用粮、种子用粮。依据以上粮食消费分类，将人均粮食消费量分解为五项，即人均口粮消费量、人均饲料粮消费量、人均工业粮消费量、人均种子粮消费量、人均粮食损耗。考虑到城镇和农村消费结构的差异，人均口粮消费量、人均饲料粮消费量分城镇和农村计算，具体计算公式如下：

$$C=P\times(G_{per}+F_{per}+IN_{per}+S_{per}+W_{per})\div 1\,000 \tag{1-1}$$

式中，C为粮食消费量，万t；P为常住人口数量，万人；G_{per}为人均口粮消费量，kg；F_{per}为人均饲料粮消费量，kg；IN_{per}为人均工业粮消费量，kg；S_{per}为人均种子粮消费量，kg；W_{per}为人均粮食损耗，kg。各省的常住人口数据来自国家统计局统计数据库。

①人均口粮消费量（G_{per}），即常住人口口粮的人均消费量，包括在家消费量和在外消费量两部分，可按照城市和农村分别计算，计算公式如下：

$$G_{cper}=B_{cper}\times(1+R_{co}) \tag{1-2}$$

$$G_{vper}=B_{vper}\times(1+R_{vo}) \tag{1-3}$$

式中，G_{cper}为城镇居民人均口粮消费量，kg；G_{vper}为农村居民人均口粮消费量，kg；B_{cper}为城镇家庭人均粮食购买量，kg；B_{vper}为农村家庭人均粮食购买量，kg；R_{co}为城镇居民在外消费比例，%；R_{vo}为农村居民在外消费比例，%。

相应数据来源：城市和农村家庭人均粮食购买量来自各省统计年鉴中的人民生活部分；城镇居民在外消费比例参考《中国统计年鉴》中城镇居民在外就餐支出与食物消费总支出之比；农村居民在外消费比例引自《中国农业发展报告》中农村人均在外饮食支出与农村居民食品支出之比。

②人均饲料粮消费量，即常住人口饲料粮的人均消费量，由消费的主产品所消耗的

粮食量和存栏牲畜消耗的粮食量组成。计算公式如下：

$$F_{per}=F_{mper}+F_{inper}-N_{per} \tag{1-4}$$

$$F_{mper}=B_{aper}\times(1+R_o)\times R_m \tag{1-5}$$

$$F_{inper}=F_{mper}\div(AP_o\div AP_{in}) \tag{1-6}$$

$$N_{per}=(G_{per}+IN_{per})\times R_w \tag{1-7}$$

式中，F_{per}为人均饲料粮消费量，kg；F_{mper}为人均主产品耗粮，kg；F_{inper}为人均存栏牲畜耗粮，kg；N_{per}人均废料抵消，kg；B_{aper}为人均畜（水）产品购买量，kg；R_o为在外消费比例，%；R_m为料肉比，无量纲；AP_o为出栏牲畜量，万头；AP_{in}为存栏牲畜量，万头；R_w为废料抵消系数，无量纲。

相应数据来源：各省的人均畜（水）产品购买量来自各省统计年鉴中的人民生活部分，分城镇和农村分别计算；猪肉、牛肉、羊肉、禽肉、奶牛、水产品等耗粮系数来自《全国农产品成本收益资料汇编》，分别按照2.5∶1、0.7∶1、0.5∶1、2.7∶1、0.37∶1和1∶1料肉比折算；折算系数R_w取0.16。

③人均工业粮消费量，即常住人口工业粮的人均消费量，因本书粮食生产和消费均不考虑豆类，故这里的工业行业主要考虑白酒、啤酒、酒精、淀粉、副食5大行业，计算公式如下：

$$IN_{per}=\left(\sum_{i=1}^{5}(FO_i\times R_f)\right)\times 1\,000\div P \tag{1-8}$$

式中，FO_i为行业产量，万t；R_f为行业耗粮系数，无量纲；P为总人口，万人。5大工业行业的产品耗粮系数如表1-10所示：

表1-10　工业产品耗粮系数

工业产品品类	白酒	啤酒	酒精	淀粉	副食
耗粮系数	2.33	0.15	2.80	1.50	1.20

④人均种子粮消费量，即常住人口种子粮的人均消费量，计算公式如下：

$$S_{per}=\left(\sum_{i=1}^{n}A_i\times S_{sper}\right)\div P \tag{1-9}$$

式中，A_i为第i种作物播种面积，万亩；S_{sper}为单位面积种子播种量，kg/亩；i表示稻谷、小麦、玉米、薯类等种类。

稻谷、小麦、玉米、薯类等的播种面积、单位面积的平均播种数据分别来自国家统计局统计数据库和《全国农产品成本收益资料汇编》。

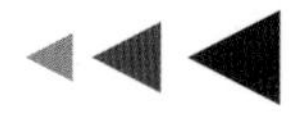

⑤人均粮食损耗量，即粮食生产过程中不可避免产生的人均损耗量。尽管我国的国家粮食储备仓库均已达到国际先进水平，粮食储存损耗量小，但我国农村储粮技术水平落后，粮食储存损耗量较大。计算公式如下：

$$W_{per}=(O\times R_s)\div P \tag{1-10}$$

式中，O代表粮食生产量，万t；R_s为粮食储藏损耗率，%。各界公认的农村粮食储藏损耗率至少在6%，照此计算，目前我国人均粮食损耗为27kg。

(3) 粮食余量

即全国粮食总生产量减去总消费量，计算公式如下：

$$M=O-C \tag{1-11}$$

式中，O代表粮食生产量，万t；C代表粮食消费量，万t；M为粮食余量，万t。各省市的粮食生产量减去消费量，可以得出相应年份各省的粮食余量，以此作为粮食运移的基础数据。

2. 2014年我国粮食消费量及余粮量

按照以上计算方法，以2014年人口和膳食消费结构为基准，计算得出2014年我国的粮食消费总量为5.68亿t，与同年粮食总产量6.07亿t相比，全国粮食生产总量有盈余。

2014年粮食消费结构为：口粮消费为1.44亿t，饲料粮消费为2.74亿t，工业粮消费1.04亿t，种子粮消费0.1亿t，粮食损耗0.36亿t。比较可见，在粮食的消费结构中，饲料粮占比最大，在五种粮食消费类型中占比高达48%，其次为口粮消费，占粮食消费的25.4%。

由此可见，在全国粮食总量满足的情势下，随着人们生活水平的不断提高、对肉蛋奶制品需求的增加，饲料粮的消费将长期占主导地位。

（三）粮食生产与消费特点

以《全国新增1 000亿斤粮食生产能力规划（2009—2020年）》基准年2007年为参照，近10年我国粮食作物播种面积相对稳定，灌溉面积和粮食产量整体呈增长趋势，但区域间差异较大，加之社会经济发展对粮食消费的影响，导致2015年31个省（自治区、直辖市）粮食生产、消费及其生产消费之差变化明显，粮食主产区、平衡区、主销区均发生变化。其中，粮食主产省区减少并向北方集中，南方主销省

区扩大；粮食缺口总体扩大，尤其对北方饲料粮的依赖度增大，“北粮南运”的态势愈加明显。

1. 粮食生产大于消费但区域发展不均衡

近年来，随着政府对农业领域经济投入、科技投入力度的加大，2015年我国粮食产量实现了“十二连增”，为我国粮食安全打下了坚实基础。2015年我国的水稻、小麦、玉米、薯类四大类粮食作物生产总量达到6.06亿t，相应粮食消费总量5.82亿t，粮食生产总量大于消费总量，粮食自给率达到104%；但区域间发展不均衡性明显，主要表现为北方粮食产量大于消费量，南方反之。

（1）粮食生产贡献率（省级行政区粮食生产量/全国粮食生产量）

2015年河南、黑龙江粮食生产贡献率接近10%，北京、青海、西藏、上海不足0.3%（图1-27）。13个粮食主产省（自治区）粮食生产量占全国粮食生产量的3%以上；其中，北方黑龙江、河南、山东、吉林、河北、内蒙古和辽宁7省（自治区）占47%；南方江苏、安徽、四川、湖南、湖北、江西6省占30%（图1-28）。与2007年相比，粮食主产省（自治区）粮食生产贡献率呈现北方7省（自治区）增加、南方6省下降以及东北地区增长幅度较大的特征。其中黑龙江、吉林、内蒙古粮食生产贡献率分别由2007年的第三位、第九位、第十三位跃居为2015年的第二位、第四位和第十位（图1-29）。

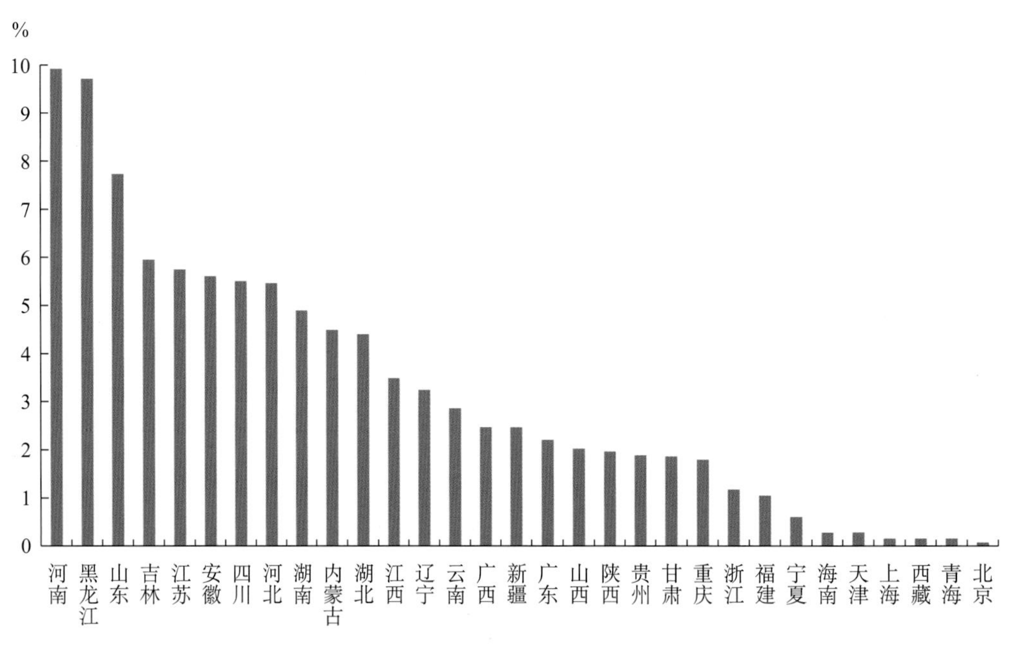

图1-27 2015年全国各省份粮食（不含豆类）生产量占全国粮食生产量的比例

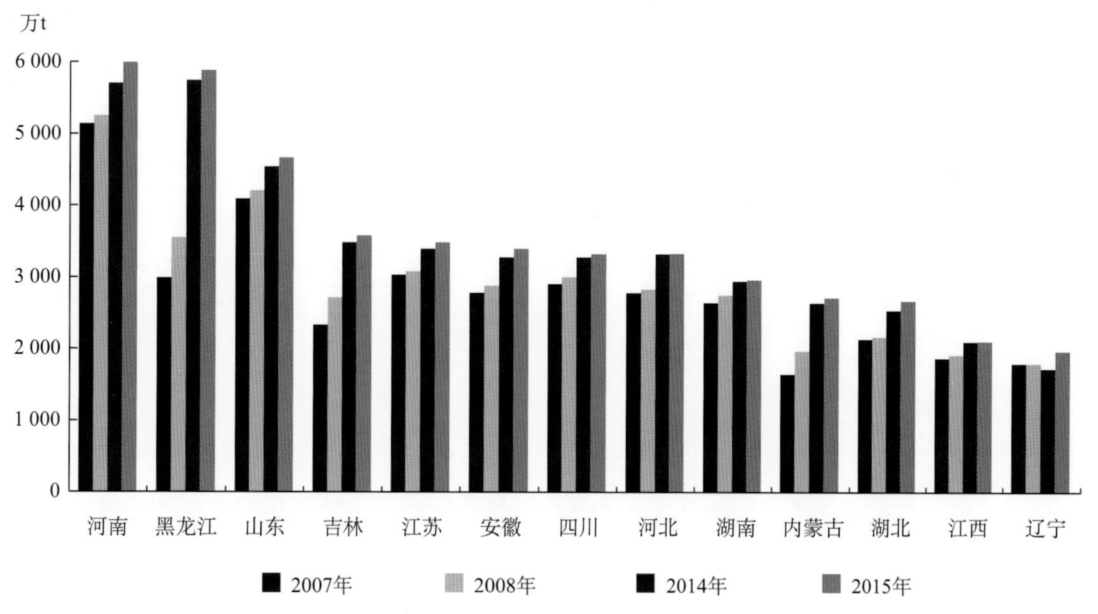

图1-28　2007—2015年13个粮食主产省（自治区）粮食（不含豆类）生产量变化

2015年全国12个省口粮（稻谷和小麦）生产量大于1 000万t（图1-29），提供了全国81%的商品粮。其中，北方河南、山东、黑龙江、河北4省对全国口粮生产的贡献率为30%；南方江苏、湖北、安徽、湖南、江西、四川、广西、广东8省（自治区）对全国口粮生产的贡献率为51%。粮食生产贡献率大于3%的吉林、内蒙古、辽宁则以种植玉米为主，稻谷生产对全国口粮的贡献率均小于2%（图1-30）。

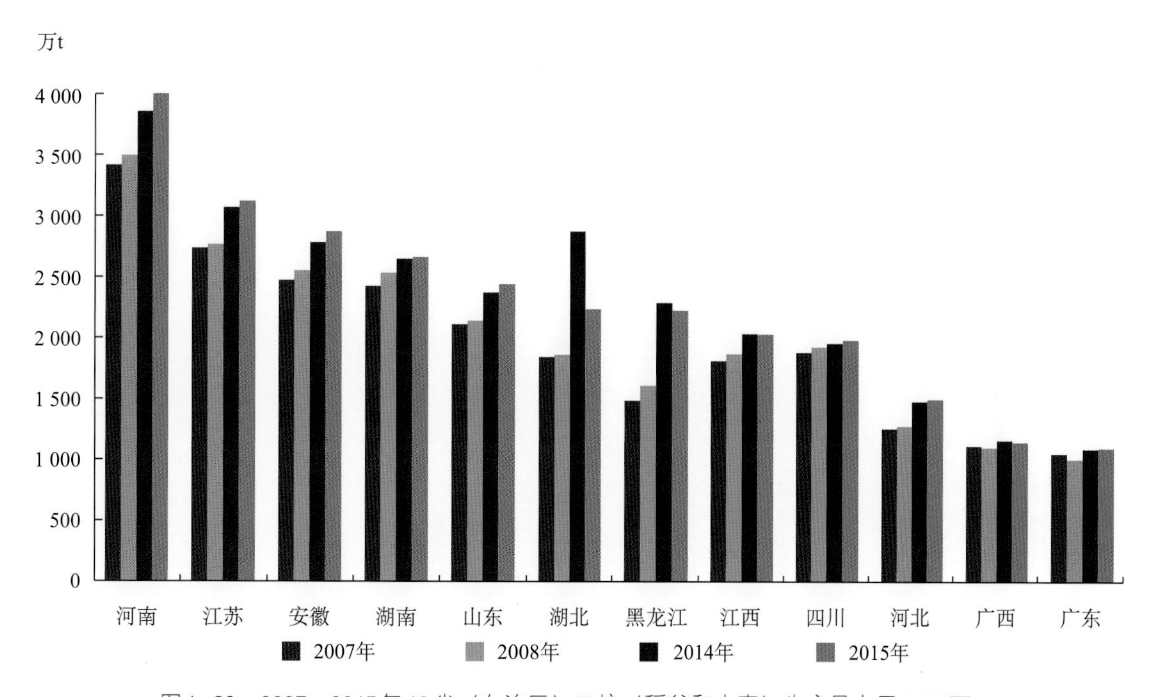

图1-29　2007—2015年12省（自治区）口粮（稻谷和小麦）生产量大于1000万t

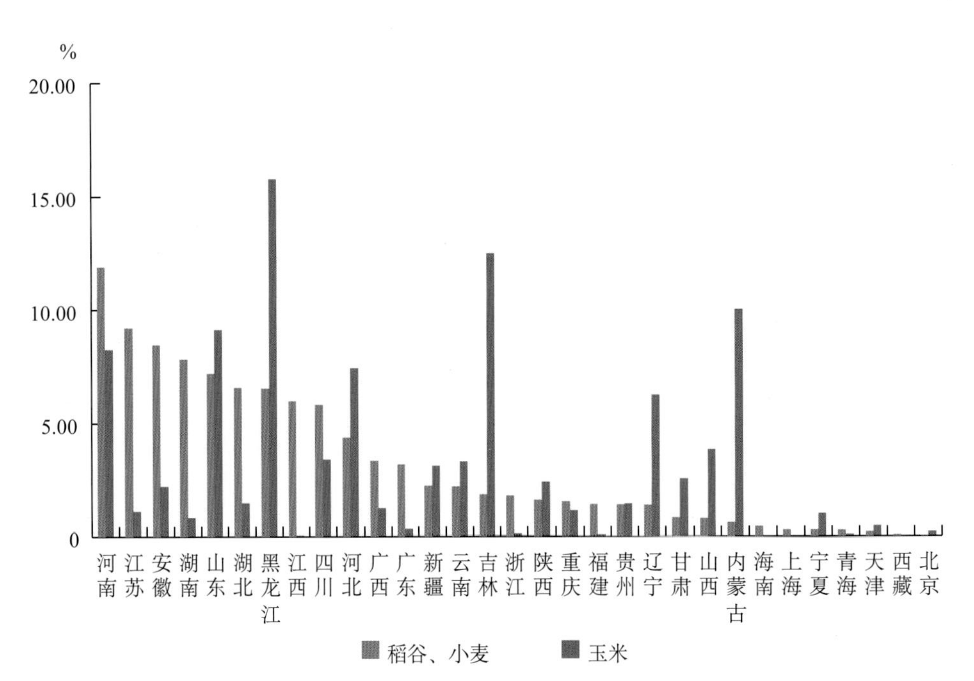

图1-30 2015年全国各省份稻谷、小麦、玉米生产量占全国总产量的比例

(2) 粮食生产自给率（生产量/消费量）

2015年全国15个省（自治区）的粮食生产量大于消费量（图1-31），包括粮食生产贡献率大于3%的11个主产省（自治区），即北方黑龙江、吉林、河南、山东、河北、内蒙古和辽宁7省（自治区）和南方江苏、湖北、安徽、江西4省，以及新疆、宁夏、甘肃、山西4省（自治区）。

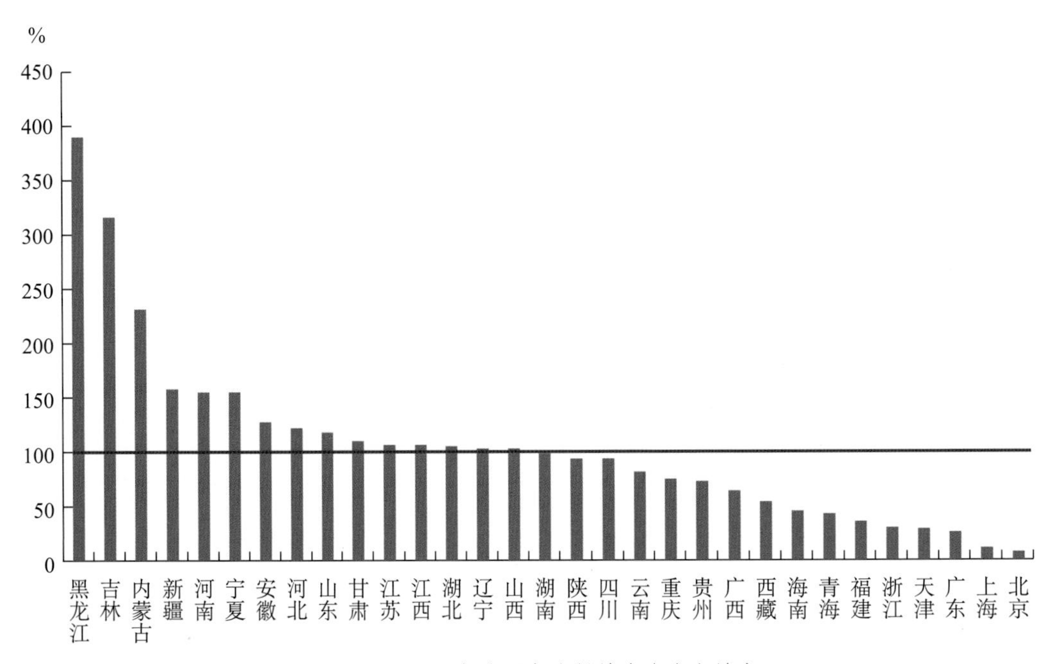

图1-31 2015年全国各省份粮食生产自给率

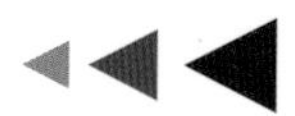

（3）粮食生产消费平衡率（生产和消费之差与消费之比）

2015年全国9个省（自治区）的生产消费平衡率大于等于10%，分别为黑龙江、吉林、内蒙古、新疆、河南、宁夏、安徽、河北、山东；除新疆、宁夏，其他均为粮食生产贡献率大于3%的主产省（自治区）。而同为主产省的江苏、江西、湖北生产消费平衡率为3%～10%，粮食生产略有剩余；湖南、四川为−6%～−2%，粮食生产量不抵消费量。

2015年全国13个省（自治区）生产消费平衡率小于−10%，包括北京、上海、广东、天津、浙江、福建、青海、海南、西藏、广西、贵州、重庆、云南。与2007年相比，粮食缺口省份增加了云南、广西、重庆、贵州和青海。生产消费平衡率介于−10%～10%的省份有甘肃、江苏、江西、湖北、辽宁、山西、湖南、陕西、四川（图1−32）。

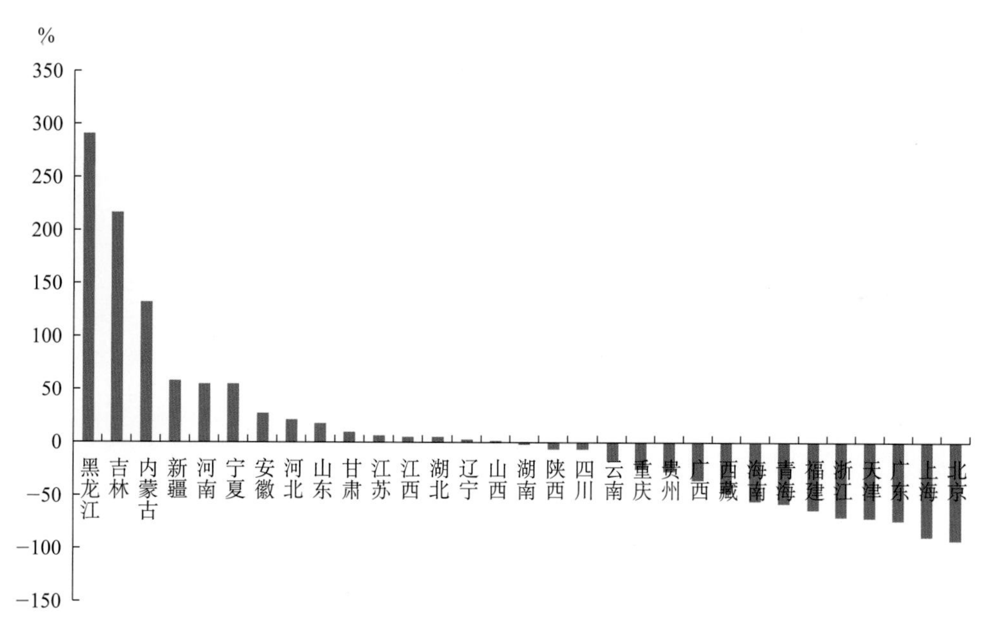

图1−32　2015年全国各省份粮食生产消费之差占消费的比例

2. 主产省区减少并向北方集中，南方主销省区增多

以粮食生产量与消费量之差为衡量指标，在理论上，当差值（生产−消费）>0时存在粮食调出的可能，反之，则具有粮食调入的需求。考虑到实际粮食消费存在弹性空间，本书以生产消费平衡率介于−10%～10%为标准划分粮食平衡区，以生产消费平衡率大于10%且生产贡献率大于3%为标准划分主产区，以生产消费平衡率小于−10%为标准划分主销区。2015年主产区、平衡区和主销区分布如下：

主产区。2015年粮食主产区包括黑龙江、吉林、内蒙古、河南、安徽、河北、山东7个省（自治区）。与2007年、2008年相比，原为主产区的湖北、江西、辽宁、江苏、湖南、四川6省滑入平衡区。究其原因在于人口的增加，特别是城镇规模的扩大，粮食消费增长幅度大于粮食生产增长幅度。2015年湖北、江西、辽宁和江苏的粮食生产量超过本省消费量的106%，而湖南、四川的粮食生产量降为消费量的95%左右。

主销区。2015年粮食主销区包括北京、上海、广东、天津、浙江、福建、青海、海南、西藏、广西、贵州、重庆、云南13个省（自治区、直辖市）。与2007年、2008年相比，增加了青海、西藏、广西、贵州、重庆、云南6省（自治区、直辖市），其中青海、西藏的粮食生产增长幅度小于消费增长幅度，出现粮食缺口。以西藏为例，粮食生产量由2008年的95.03万t增加到2015年的100.63万t，生产量增加了5.6万t，而总人口数由2008年的292万人增加到2015年的324万人，增加了32万人，其中城市人口增加了26万人。其余4个南方省（自治区、直辖市）粮食产量基本稳定或略有下滑，但粮食消费量增大，出现粮食缺口。以重庆市为例，粮食生产量由2008年的1 115.42万t减少到2015年的1 007万t，生产量减少了8.42万t，而总人口数由2008年的2 839万人增加到2015年的3 017万人，增加了178万人，其中城市人口增加了419万人，产量的减少以及消费量的扩大加剧了粮食缺口。

平衡区。2015年粮食平衡区包括宁夏、新疆、甘肃、江苏、江西、湖北、辽宁、山西、湖南、陕西、四川11省（自治区）。与2007年、2008年相比，原本属于平衡区的广西、重庆、贵州、云南、西藏、青海6省（自治区、直辖市）变为主销区，新增了原本属于主产区的辽宁、江西、湖北、湖南、四川。

主产省区减少并向北方集中，南方主销省区增多，粮食缺口进一步扩大，我国粮食生产的不均衡性日益突出，越来越多的省份粮食不能自给，对外省粮食运移的依赖度增大。

3. 南方粮食缺口扩大，以缺少饲料粮和工业用粮为主

主销区粮食缺口及其短缺品种是驱动粮食流通的主要因素。2015年全国5项主要粮食消费占比依次为：口粮消费量32%、饲料耗粮量42%、工业用粮消费量18%、种子用粮消费量2%、粮食损耗量6%；其中饲料粮、口粮、工业用粮消费所占比例较大。考虑到口粮以稻谷、小麦为主，饲料粮和工业用粮以玉米为主，本书粮食消费量按两类统计：一类是口粮、种子用粮和粮食损耗；另一类是饲料粮和工业用粮。

比较口粮作物（稻谷和小麦）生产量与其消费量（口粮、种子用量和粮食损耗三项

之和)，2015年7个原主销省区（北京、上海、广东、天津、浙江、福建、海南)，除海南，口粮生产均不能满足自身口粮消费需求，其中北京、天津、上海的口粮自给率在36.8%以下，饲料和工业用粮缺口也占总缺口的55%以上。6个新增粮食主销省区（青海、西藏、广西、贵州、重庆、云南)，除西藏、青海口粮生产不能满足自给（口粮自给率在49%以下)，其余南方4省（自治区、直辖市）缺少的都是饲料粮和工业用粮（表1-11)。

在13个粮食主销省区中，饲料粮和工业用粮缺口占总缺口的13%～100%，其中粮食总缺口超过500万t的缺粮大省依次是广东3 854.5万t、浙江1 677.4万t、福建1 140.8万t、上海905万t、广西835万t和北京705.8万t（表1-11)。

在主销省粮食缺口占比中，北京、天津、青海、西藏的口粮、生产和损耗缺口占总缺口30%以上，其他南方7省（自治区、直辖市）的饲料和工业用粮缺口均占70%以上。

总之，从消费类型上看，饲料粮和工业用粮不足是造成主销区粮食缺口的主要原因。从区域分布上看，我国粮食消费存在不均衡性，缺口主要集中在南方，从而造成“北粮南运”（图1-33)。从平衡区滑落到主销区的南方广西、重庆、贵州、云南4省（自治区、直辖市)，也主要是饲料和工业用粮的短缺。总体上看，南方饲料粮生产不足严重影响了我国的粮食安全。

表1-11　2015年粮食主销省区粮食生产、消费与缺口分析

单位：万t，%

主销区	粮食生产量		粮食消费量	口粮、生产和损耗量				工业用粮	饲料粮	口粮自给率（生产/消费）	粮食缺口占比	
	总产量	其中口粮（稻谷、小麦）		口粮	种子用粮	粮食损耗	小计				口粮、生产和损耗	饲料和工业用粮
北京	61.9	11.3	767.7	222.0	16.2	58.0	296.2	163.8	307.6	5.1	40.4	59.6
上海	111.3	104.0	1 016.2	282.7	18.0	64.6	365.3	182.3	468.6	36.8	28.9	71.1
广东	1 336.5	1 088.7	5 191.1	1 446.0	81.0	290.1	1 817.1	819.1	2 554.9	75.3	18.9	81.1
天津	180.5	71.2	640.8	221.9	11.6	41.4	274.8	116.8	249.2	32.1	44.2	55.8
浙江	716.4	613.2	2 393.8	781.4	41.4	148.1	970.8	418.2	1 004.8	78.5	21.3	78.7
福建	637.8	485.6	1 742.6	504.4	28.7	102.6	635.7	289.8	817.1	96.3	13.6	86.4
青海	97.1	34.1	230.2	70.2	4.4	15.7	90.3	44.4	95.5	48.6	42.2	57.8

（续）

主销区	粮食生产量		粮食消费量	口粮、生产和损耗量				工业用粮	饲料粮	口粮自给率（生产/消费）	粮食缺口占比	
	总产量	其中口粮（稻谷、小麦）		口粮	种子用粮	粮食损耗	小计				口粮、生产和损耗	饲料和工业用粮
海南	181.9	153.3	408.3	93.1	6.8	24.4	124.3	68.8	215.2	164.6	—	100.0
西藏	98.6	23.8	184.9	87.6	2.4	8.7	98.7	24.5	61.8	27.2	86.7	13.3
广西	1 500.8	1 138.7	2 335.8	708.1	35.8	128.2	872.2	362.1	1 101.6	160.8	—	100.0
贵州	1 145.6	479.2	1 577.3	477.0	26.4	94.4	597.8	266.5	713.0	100.5	27.5	72.5
重庆	1 107.0	529.2	1 468.2	491.2	22.5	80.6	594.3	227.7	646.2	107.7	18.0	82.0
云南	1 740.0	750.3	2 124.9	632.7	35.4	126.8	794.9	358.0	972.0	118.6	11.6	88.4
合计	8 915.4	5 482.7	20 081.8	6 018.4	330.5	1 183.5	7 532.4	3 342.0	9 207.4	91.1	18.4	81.6

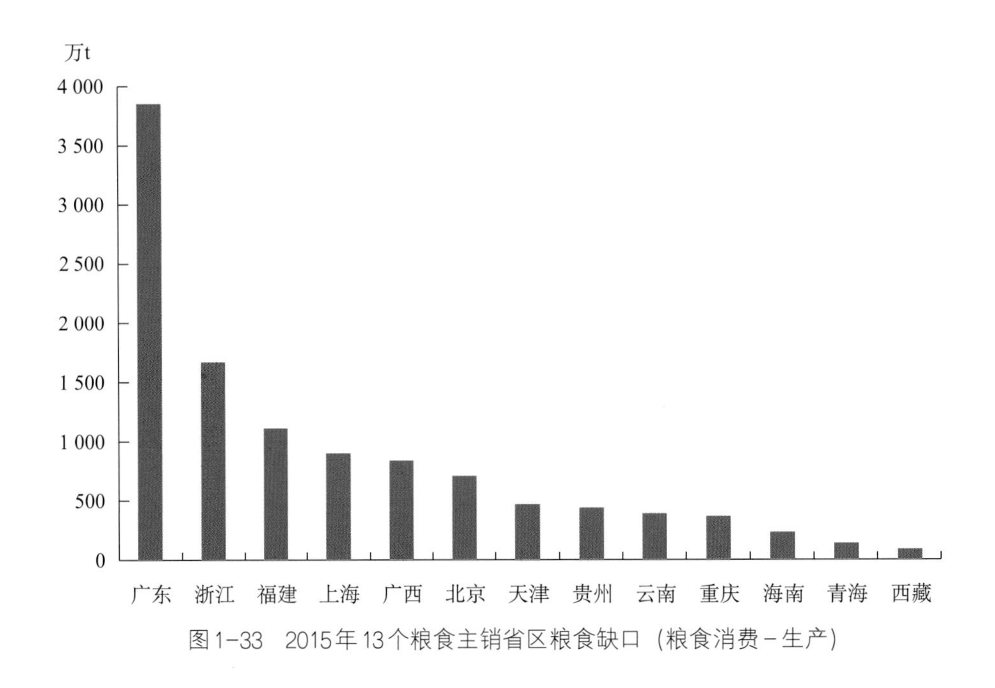

图1-33　2015年13个粮食主销省区粮食缺口（粮食消费－生产）

三、适水种植与粮食生产的水资源需求关系

适水种植作为节水工程措施推行的基础，是根据地区降水特点，合理安排、调整作物种植结构，调整作物复种指数，合理进行轮作换茬。推广适水种植结构优化技术，适当压缩、控制高耗水作物面积，扩大需水与降水适配度较好、雨热同期、耐旱、水分利

用率高的作物面积，基于此增加节水工程措施的实施，方可实现农业水资源的可持续利用。本书结合我国农业种植结构与全国降水的分布格局，分析典型作物适水种植特点，分析粮食产销过程中对蓝水（灌溉水）、绿水（有效降水）以及省际粮食贸易中虚拟水的附着关系，定量估算基于粮食运移的虚拟水贸易，揭示我国粮食生产的适水种植关系。

（一）粮食生产总需水量和灌溉水量（蓝水）

粮食生产总需水量是指凝结在粮食生产产品与服务中的总需水量（虚拟水量），主要与种植区域的气象因素、作物类型、土壤条件、作物种植及收获时间条件有关，为灌溉面积和非灌溉面积上的有效降水量（绿水）和灌溉水量（蓝水）之和。按照联合国粮农组织（FAO）推荐的彭曼—蒙蒂斯（Penman-Monteith）公式以及CropWat、ClimWat、FAO Stat等数据库数据，定量化计算得出我国31个省（自治区、直辖市）水稻、小麦、玉米、薯类四种典型作物的生产需水量（均指充分灌溉条件下用水量），与国家统计局统计数据库查询到的我国31个省（自治区、直辖市）粮食产量相除，即得到我国各省份生产单位粮食的虚拟水量，基于此可衡量我国农业水资源的产出情况。具体计算公式如下：

$$VW_j=TW_j \div O_j \div 10=VW_{jpe}+VW_{jir} \quad (1-12)$$

$$VW_{ji}=TW_{ji} \div O_{ji} \div 10=VW_{jpei}+VW_{jiri} \quad (1-13)$$

$$a_{ji}=VW_{jiri} \div VW_{\overline{jiri}} \quad (1-14)$$

式中，TW_j为j省充分灌溉条件下粮食生产的总需水量，亿m^3；O_j为j省粮食生产量（主要包括水稻、小麦、玉米、薯类四大类），万t；VW_j为j省生产单位粮食的虚拟水量，m^3；VW_{jpe}为j省生产单位粮食对有效降水的需求量，m^3；VW_{jir}为j省生产单位粮食对灌溉水的需求量，m^3。i代表作物种类；VW_{ji}为j省生产单位i种粮食作物的虚拟水量，m^3；TW_{ji}为j省充分灌溉下生产i种粮食作物的总需水量，亿m^3；O_{ji}为j省i种粮食作物的产量，万t；VW_{jpei}为j省生产单位i种粮食作物对有效降水的需求量，m^3；VW_{jiri}为j省生产单位i种粮食作物对灌溉水的需求量，m^3；a_{ji}为j省生产单位i种粮食作物对灌溉水的需求量，为VW_{jiri}与全国相应粮食作物的平均值$VW_{\overline{jiri}}$之比，以其反映我国不同粮食作物适水种植的地带性特征。

通过以上计算，按主产区、均衡区和主销区分析发现，我国粮食生产总需水量整体

呈现主产区＞平衡区＞主销区的排序结构，且三区区内表现出一定相似性的变化特征（图1-34）。

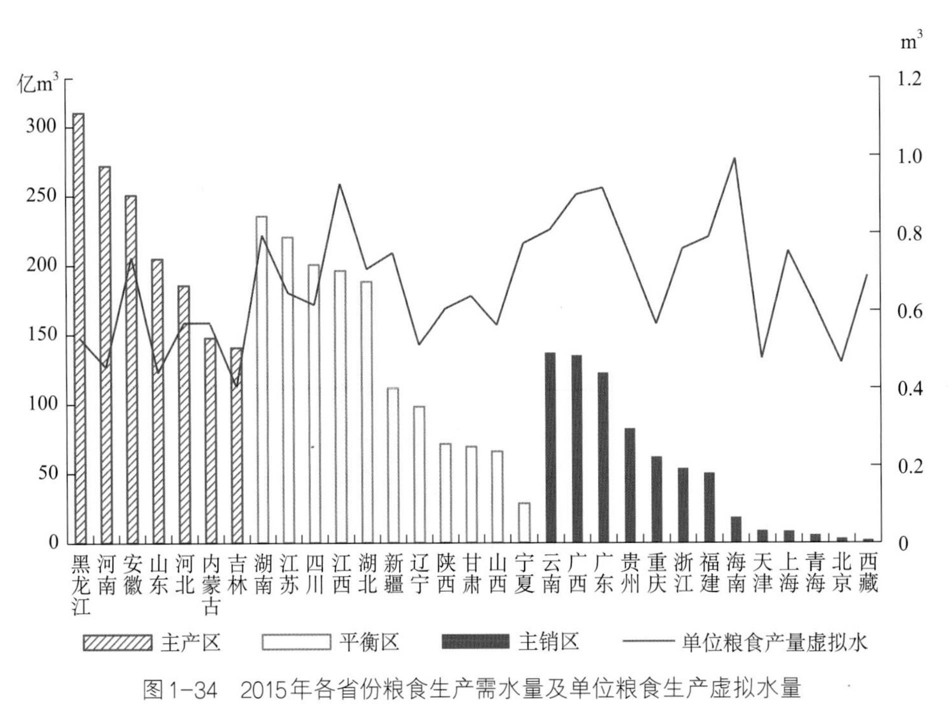

图1-34　2015年各省份粮食生产需水量及单位粮食生产虚拟水量

主产区。2015年粮食生产需水量占全国粮食生产总需水量的42%，7个粮食主产省的粮食生产需水量均大于140亿m³；单位粮食生产需水量除安徽省略高于全国平均值（0.7m³），其余省份均低于全国平均水平，每立方米水粮食产出量高。

主销区。2015年粮食生产需水量占全国粮食生产总需水量的18%，13个粮食主销省的粮食生产需水量均小于140亿m³，其中西藏、北京、青海、上海、天津均不到10亿m³；除北京、天津、重庆、青海略低外，其余各省单位粮食生产需水量均高于全国平均水平，每立方米水的粮食产出量偏低。

平衡区。2015年粮食生产需水量占全国粮食生产总需水量的40%，11个粮食平衡省的平均粮食生产需水量为134亿m³；江苏、四川、辽宁、陕西、甘肃、山西6省单位粮食生产需水量低于全国平均水平，湖南、江西、湖北、新疆、宁夏单位粮食生产需水量高于全国平均水平。

2015年主产区灌溉水量（蓝水）占需水量60%左右，区内变化不大；平衡区灌溉水量（蓝水）占比，除新疆（70%）、四川（20%），其他各省均约为60%左右；主销区主要分为两种情景，一是宁夏、甘肃、西藏三省（自治区）灌溉水量（蓝水）占比均在50%以上，二是云南、广东等地灌溉水量（蓝水）占比均低于30%。蓝水占总需水量的比例如图1-35所示。

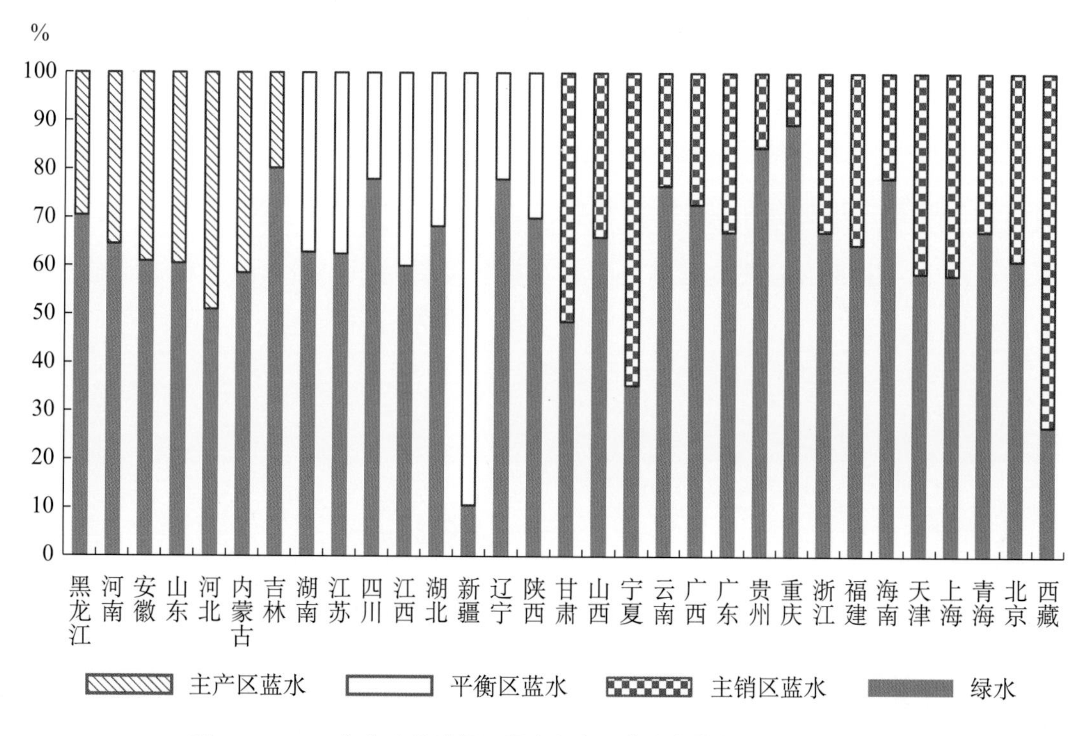

图1-35　2015年各省份灌溉面积上绿水、蓝水占粮食生产需水量比例

由图1-35整体比较可见，粮食作物生产的总需水量北方大于南方，对灌溉水量（蓝水）的依赖度北方大于南方；但单位粮食生产需水量北方小于南方，主产区最小、平衡区次之，主销区相对较高。由此说明，在当前粮食生产条件下，粮食生产水分利用效率北方高于南方，主产区最高、平衡区次之，主销区相对较小。在水土资源不相匹配、水资源供需矛盾日益突出、“北粮南运”进一步加剧北方水资源压力的现实条件下，充分挖掘天然有效降水（绿水）的利用潜力，减少灌溉水量（蓝水）的利用量，是全面提高水资源利用效率、保障粮食安全的努力方向。

（二）典型粮食作物生产需水量及其灌溉水量（蓝水）需求特征

为进一步揭示粮食作物的需水特征，本书选择典型粮食作物水稻、小麦、玉米为代表，分析了2015年全国各省份主要粮食作物灌溉面积上单位粮食生产需水特征。

1. 水稻

在灌溉面积上，2015年生产单位水稻的需水量：主产区＞主销区＞平衡区，平均值依次为0.98m^3、0.96m^{3}和0.81m^3，当前适水种植性差（图1-36）。灌溉水量（蓝水）占总需水量的比例：主产区（黑龙江、吉林除外）>0.5、主销区（北京、天津除外）<0.4。从适水种植节约灌溉水资源来看，水稻更适合在单位水稻生产需水量小于全国平均值且灌溉水量占比也较小的省区种植，如在主产区中的吉林、黑龙江，平衡区的江西、江苏、湖北、湖南，以及主销区中的重庆、浙江、福建、贵州、海南、广东、广西、云南种植。结合我国的水稻种植现状，在保护好东北水稻生产基地的同时，要努力开发南方地区的水稻种植，发挥绿水资源丰富的生产优势。（由于水稻需水量大，主要依靠灌溉支撑生产，各省非灌溉面积上的水稻面积占比非常小，故本书不予考虑。）

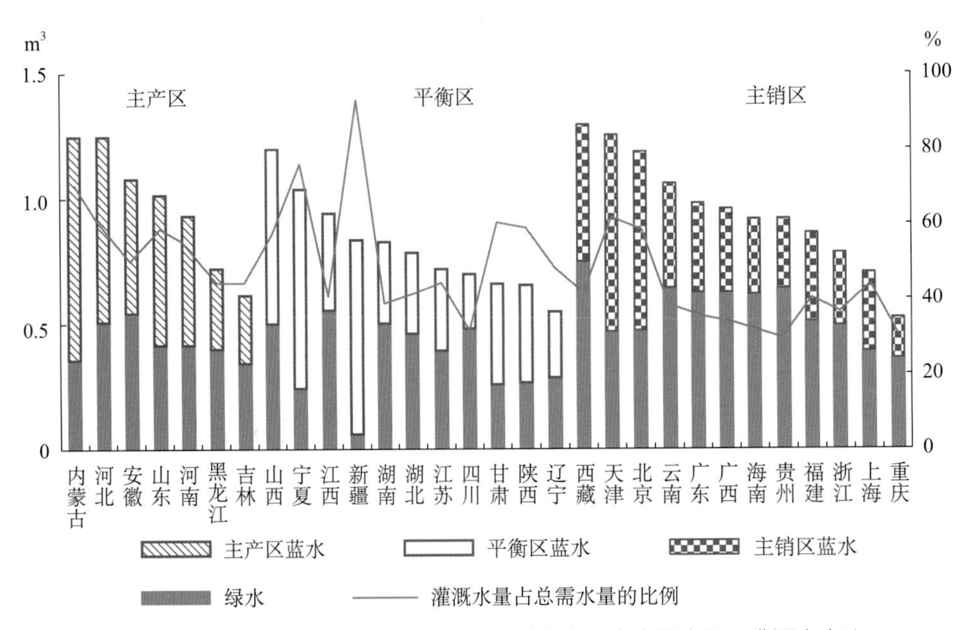

图1-36　2015年全国各省份灌溉面积上单位水稻生产需水量及灌溉水占比

2. 小麦

在灌溉面积上，2015年主产区、平衡区、主销区单位小麦生产需水量分别为0.80m³、0.88m³和0.86m³，整体呈现主产区小于平衡区和主销区，基本遵循适水种植的分布格局（图1-37），三区各省份单位小麦生产灌溉水量（蓝水）占比均高于50%。从单位小麦生产需水量来看，主产区中的安徽、河南、山东、山东，平衡区的湖北、辽宁、江苏，以及主销区中的重庆均适合小麦种植，其单位小麦生产需水量均小于全国平均值（0.85m³）。结合目前华北地区地下水超采的现状，将小麦种植带从超采严重的京津冀地区南移至安徽、河南、山东、江苏地区，可降低单位小麦生产需水量。

在非灌溉面积上，由于不使用灌溉水（蓝水），粮食产量低，代表了粮食生产需水的下限水平。对非灌溉面积上主要粮食作物的需水量分析，可以圈定我国旱作农业发展的高效区，进而科学发展适水种植。

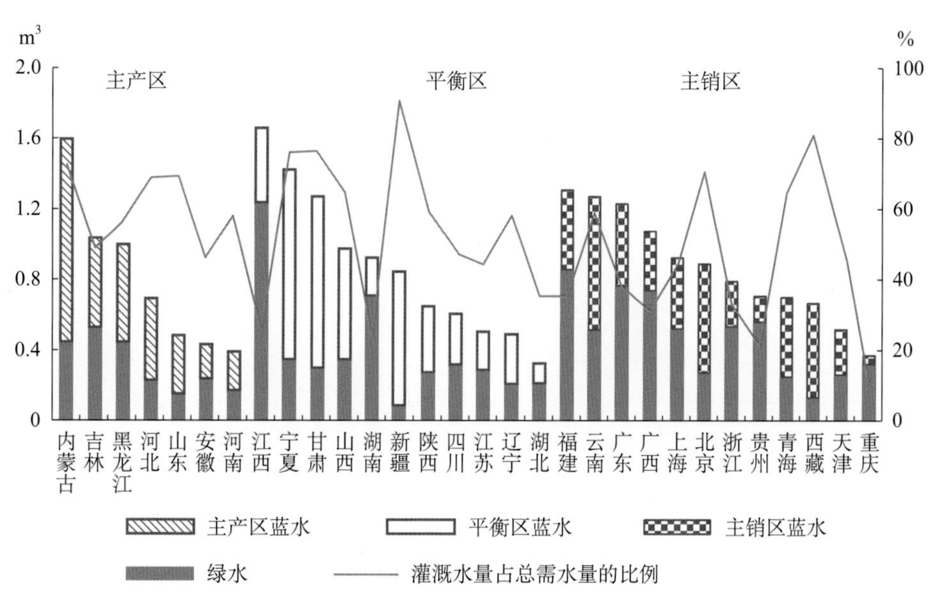

图1-37　2015年全国各省份灌溉面积上单位小麦生产需水量及灌溉水占比

据分析，2015年非灌溉面积上单位小麦生产需水量显著大于灌溉面积上需水量，主产区、平衡区、主销区单位小麦生产需水量的平均值分别为0.61m³、1.21m³和1.08m³（图1-38）。主产区小于主销区和平衡区，说明在粮食主产区的安徽、河南、山东发展小麦雨养种植较其他地区适宜。

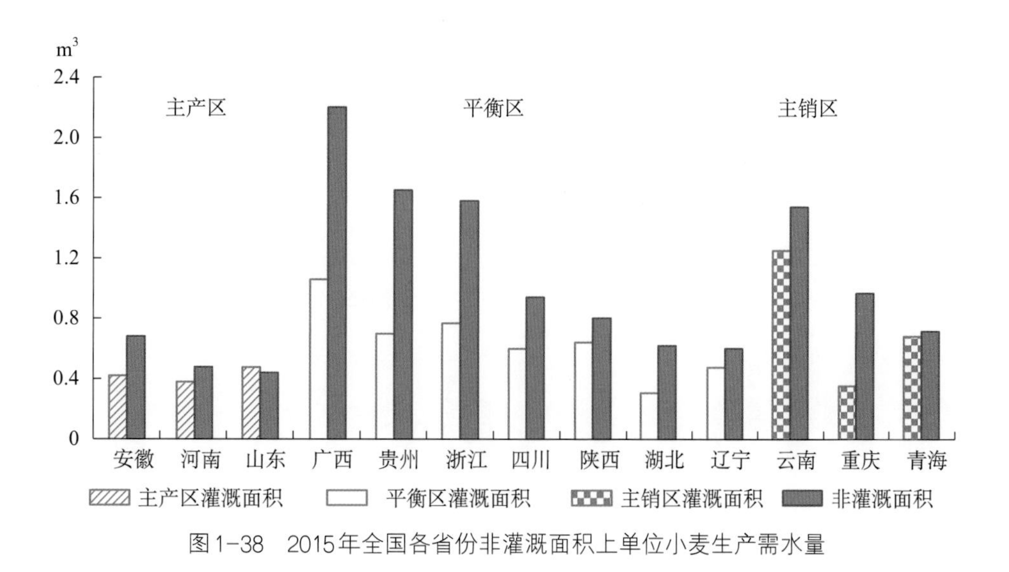

图1-38　2015年全国各省份非灌溉面积上单位小麦生产需水量

3. 玉米与青贮玉米

我国大部分地区都适宜种植玉米。在灌溉面积上，2015年主产区、平衡区、主销区单位玉米生产需水量的平均值分别为0.30m³、0.41m³和0.53m³（图1-39）。除新疆、

内蒙古、宁夏、甘肃、青海，各省灌溉水量占比均低于50%，且主产区中的山东、安徽，平衡区中的四川、江苏，主销区中云南、贵州、广西、重庆，其单位玉米生产需水量均小于全国平均值（0.43m³）且灌溉水量占比较小。

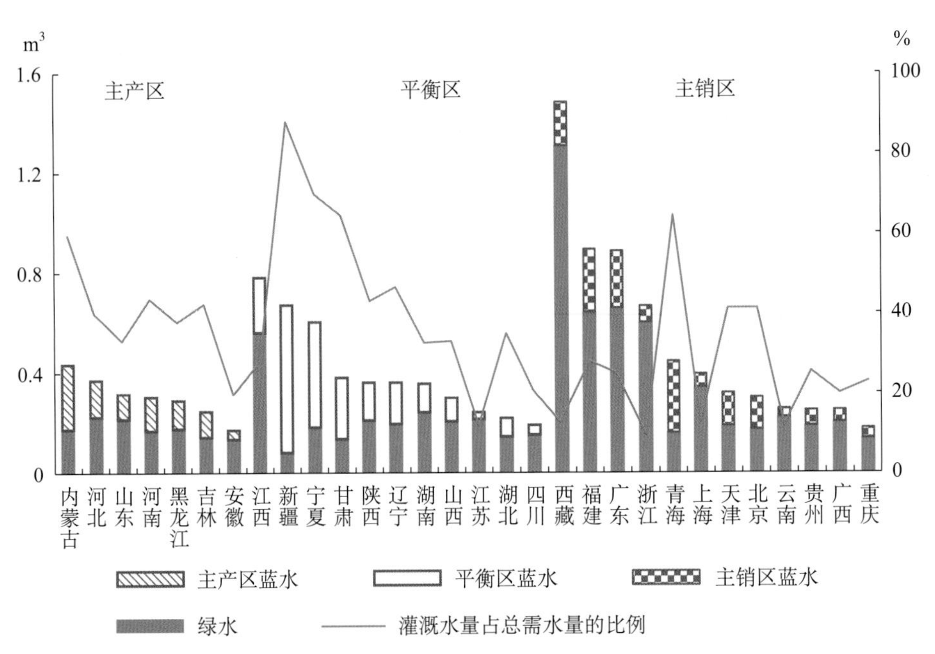

图1-39　2015年全国各省份灌溉面积上单位玉米生产需水量及灌溉水占比

在非灌溉面积上，2015年单位玉米生产需水量大于灌溉面积上需水量，主产区、平衡区、主销区单位玉米生产需水量的平均值分别为0.53m³、0.57m³和0.52m³（图1-40）。

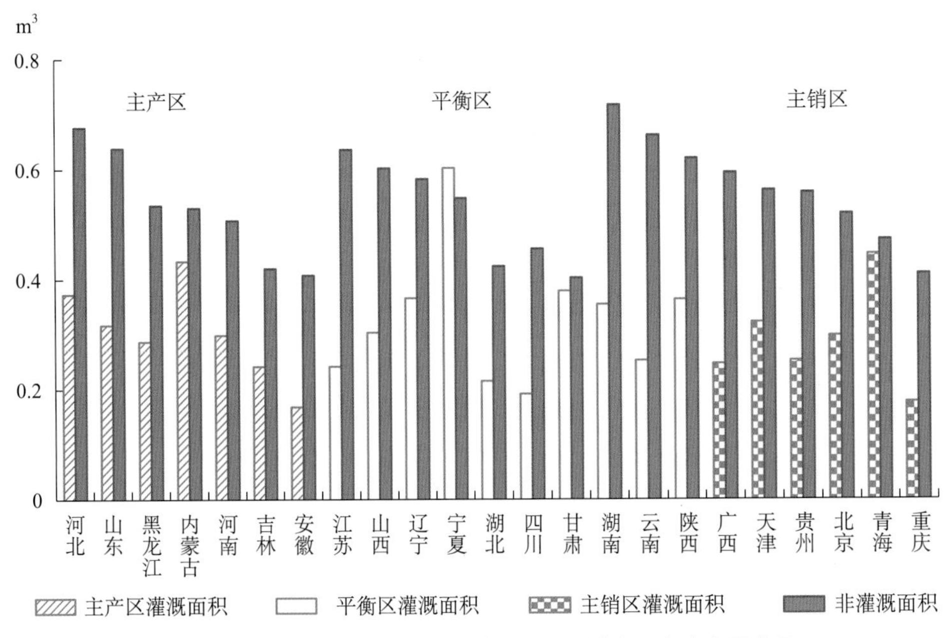

图1-40　2015年全国各省份非灌溉面积上单位玉米生产需水量

结合我国现有南方饲料粮短缺的问题，通过“粮改饲”将玉米种植改为青贮玉米种植，可省去灌浆水，亩均用水量可下降15%，同时亩产可从原来的0.5t玉米籽粒提高到全株青贮玉米3.5～4.0t。从能量的转化来看，1kg玉米籽粒产能443万J，1kg青贮玉米产能247万J，相当于种植一亩地的饲料粮比种植玉米产能提高2倍，每千克需水量减少一半多，节水效益明显。南方地区单位玉米生产需水量较小，灌溉水量占比较低，应根据实际情况扩大玉米及青贮玉米种植，发展种养结合，以保证饲料粮供给。

（三）粮食作物需水量空间分布特征

1. 单位粮食产量需水量空间分布特征分析

（1）空间特征分析方法

探索性空间数据分析(Exploratory Spatial Data Analysis，ESDA)是揭示研究对象之间空间联系和聚集程度的方法（罗平、牛慧恩，2002），以测度空间关联性为核心，注重属性值的空间依赖性与异质性（王海起、王劲峰，2005）。空间自相关分析法是ESDA的中心内容之一，包括全局空间自相关和局部空间自相关两类。全局空间自相关分析是地理属性在全域的空间特征描述，以判断属性值在总体上是否存在聚集性；局部空间自相关分析是探索局部区域单元的分布格局，判断局部单元与周围单元的相互联系，推算聚集地的位置和范围。研究者们还将GIS和ESDA进行结合，使空间关联性分析的结果得以可视化表现（Liao W H，2011）。本书采用此方法分析了全国各省份生产单位粮食所需灌溉水投入量的空间聚集性。

全局空间自相关分析的统计量常用Global Moran's I指数作为检验统计指标。Global Moran's I指数取值为−1～1，正值表示属性值样本在空间上呈正相关，负值表示属性值样本在空间上呈负相关。Global Moran's I指数的绝对值越趋近于1，表明相关性越强；为0，则表示不相关。检验统计量标准化Z值用于检验其显著性水平，Z值大于正态分布函数在0.05水平下的临界值1.96，表明存在显著的相关关系。具体计算公式如下：

$$I(d)=\frac{N}{S_0}\times\frac{\sum_{i=1}^{n}\sum_{j=1,j\neq i}^{n}w_{ij}(X_i-\overline{X})(X_j-\overline{X})}{\sum_{i=1}^{n}(X_i-\overline{X})^2} \quad (1-15)$$

$$Z(I)=\frac{I(d)-E(I)}{\sqrt{Var(I)}} \tag{1-16}$$

式中，N为研究范围内的单元数目；X_i和X_j分别为i省和j省单位粮食产量对灌溉水的需求量，m^3；$\overline{X}$是所有X_i的平均值；w_{ij}是空间权重矩阵$\boldsymbol{W}$的元素，i省与j省相邻为1，不相邻为0；S_0是空间权重矩阵$\boldsymbol{W}$中所有元素之和；$Z(I)$为$I(d)$的检验统计量；$E(I)$为i个计算单元的期望值；Var为i个计算单元的方差。

局部空间自相关分析是在全局自相关分析的基础上，进一步研究局部区域单元间的自相关性，测度局部区域单元属性值的空间异质性，推算出聚集地的空间位置、范围。常用的检验统计指标是Local Moran's I指数，由Global Moran's I指数分解而来。Local Moran's I指数计算公式如下：

$$I_i=\frac{N\times(X_i-\overline{X})\sum_{j=1}^{n}w_{ij}(X_j-\overline{X})}{\sum_{i=1}^{n}(X_i-\overline{X})^2}=Z_i\sum_{j=1,\ j\neq i}^{n}w_{ij}Z_j \tag{1-17}$$

式中，Z_i和Z_j是观测值i和j的标准化值，表示各观测值和均值的偏差程度；其余参数定义同式1-15。I_i值为正，表示观测值与其相邻观测值间存在正相关性；I_i值为负，表示存在负相关性。I_i的绝对值越大，相关性越强；I_i值越接近于零，表明分布越随机。从式1-17可知，Local Moran's I指数可分为两部分：一是i省观测值的标准化值Z_i，二是其相邻省的空间滞后向量$\sum_{j=1,\ j\neq i}^{n}w_{ij}Z_j$，按正值为H，负值为L，得到两者的四种组合关系，识别出四种空间关联模式，即高高区（HH）：高值区（高于均值）集簇成群；高低区（HL）：高值区被孤立在低值单元内；低高区（LH）：低值区被包围在高值中成为空心城；低低区（LL）：低值区成群涌现。高高区（HH）和低低区（LL）类型的观测值存在较强的空间正相关，即存在均质性；高低区（HL）和低高区（LH）类型的观测值存在较强的空间负相关，即存在异质性。

（2）单位粮食产量虚拟水量空间分布特征

单位粮食生产用水量与粮食作物种类、生育期降水量、灌溉方式和生产水平（产量）密切相关，本书利用Local Moran's I指数对全国各省份生产单位粮食作物总需水量进行空间分析和GIS可视化表达，按照以上高高区（HH）、高低区（HL）、低高区（LH）和低低区（LL）的空间关联模式，识别全国单位粮食作物虚拟水量（总需水量）

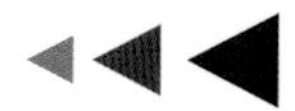

空间分布特征。

结果表明，单位粮食产量虚拟水局部自相关聚集图总体体现了自然气候、农业生产水平、经济条件及水资源禀赋等因素影响下的单位粮食产量虚拟水聚集特性。其中，高高区（HH）与低低区（LL）较多，占24个省（自治区、直辖市）；高低区（HL）与低高区（LH）较少，进一步验证了全局自相关的结果（图1-41）。

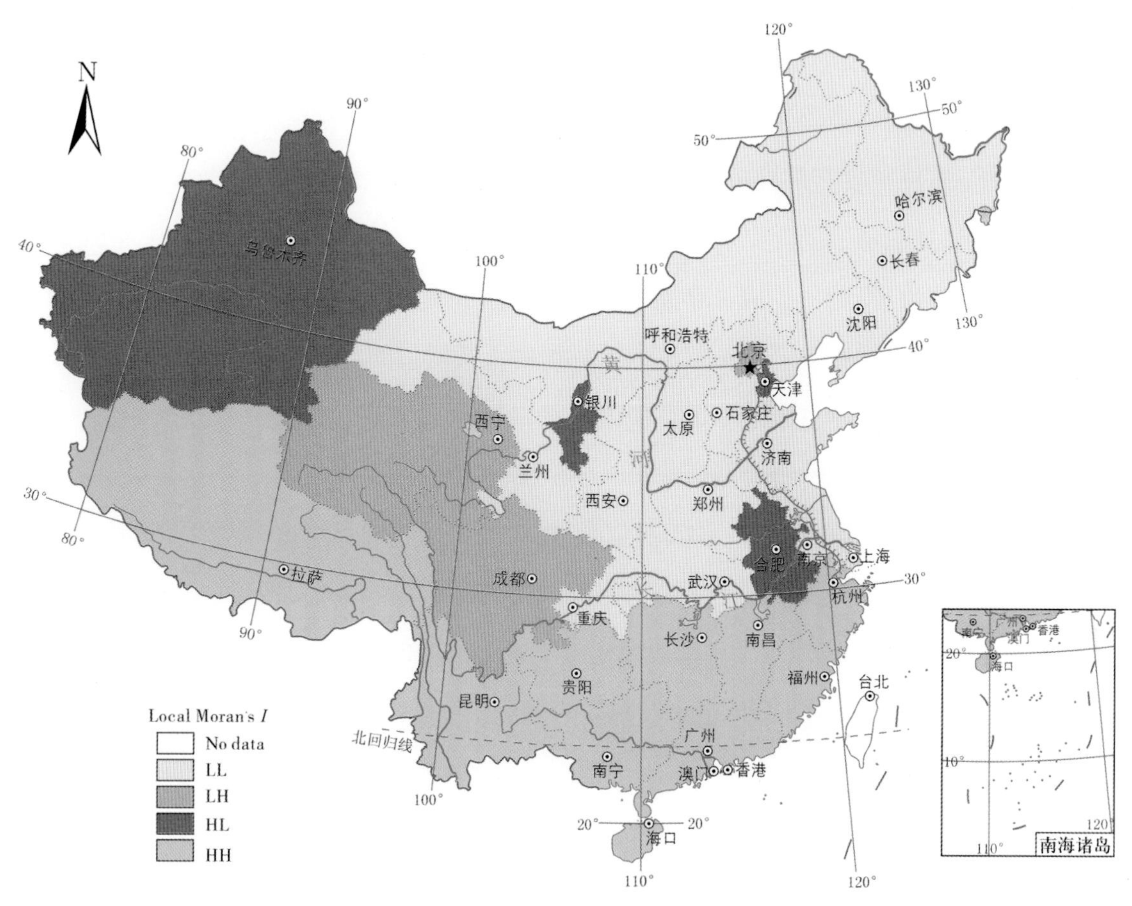

图1-41　单位粮食产量总需水量空间分布特点

HH区：集中分布在我国东南、西南、华中南部和华东南部地区，包括浙江、福建、江西、湖南、广东、广西、海南、贵州、云南、西藏10省（自治区），其单位粮食产量虚拟水高于全国平均水平，且相邻省份的需求量也高于全国平均水平。按照《全国现代灌溉发展规划（2012—2020年）》中界定的南北方，除西藏，其余9省均属南方，且其2014年的稻谷产量占到全国稻谷总产的45%，表明南方大部作为我国稻谷生产基地，利用丰富的天然降水进行水稻生产，但其蒸发量较大，粮食生产的水资源代价较高。

LL区：集中分布在我国东北、华东和黄淮海的农业生产优势区，包括河北、山西、内蒙古、辽宁、吉林、黑龙江、上海、江苏、山东、河南、湖北、重庆、陕西、甘肃14省（自治区、直辖市），是四种空间关联模式中省份最多的类型，其单位粮食产量虚拟水低于全国平均水平，且相邻省份的需求量也低于全国平均水平，形成集中连片的低值区。东北地区作为近年来新的粮食基地，以水稻、玉米生产为主，土壤肥沃，蒸发量小，省水优势明显；黄淮海地区以需水量较小的小麦、玉米种植为主，且具有成熟的生产种植经验；华东地区经济发展水平高，农业设施完备，因而该14个省（自治区、直辖市）粮食生产的水资源生产成本较小。

HL区：单位粮食产量虚拟水高于全国平均水平，但其相邻省份的需求量低于全国平均水平，形成低值区的高点，是节水调整的重点地区，包括新疆、宁夏、天津、安徽4省（自治区、直辖市）。新疆、宁夏气候干旱、需水量大，且近年来高耗水作物迅速发展，显著拉高了单位粮食产量虚拟水；天津则由于其周边的北京经济优势、河北规模优势下的农业水资源成本较小的原因，使得其单位粮食产量虚拟水突出；安徽地处高值区和低值区的边界，加上作物类型影响，其单位粮食产量虚拟水突出。

LH区：单位粮食产量虚拟水低于全国平均水平，但相邻省份的需求量高于全国平均水平，形成高值区的低点，包括北京、四川、青海、重庆4省（直辖市），应充分分析其优势原因，进行推广。北京水资源短缺严重且科技支撑强劲；四川（包括重庆）自古就有“天府之国”的美称，农业条件远好于临近省份；青海以需水较低的麦类和杂粮生产为主，使得在这4省（直辖市）形成低点，农业水资源代价较小。

2. 典型粮食作物需水量空间分布特征

本书利用Local Moran’s *I*指数对全国各省份水稻、小麦和玉米三种典型粮食作物的总需水量、灌溉面积上需要的灌溉水量、灌溉面积上生产单位粮食需要的灌溉水量进行空间分析和GIS可视化表达，按照以上高高区（HH）、高低区（HL）、低高区（LH）和低低区（LL）四种空间关联模式，识别全国典型作物的空间分布特征。

（1）水稻

基于当前各省的土地灌溉率，结合31个省级行政区（青海无水稻产量除外）水稻种植情况，分析得出全国水稻总需水量总体呈现以下分布规律：北方总需水低于全国平均值，南方总需水高于全国平均值（图1-42A）。南方除重庆、贵州、海南以及东南部沿海的福建、浙江属于LH区，其他各省份水稻总需水量均呈现相对HH高值区，北方的黑龙江省属于HL，是低值区的一个明显凸起。

灌溉面积上产量的分布规律和水稻总需水量变化规律基本一致，这反映出水稻作为高需水作物，产量和需水具有极其紧密的联系；与需水量相比，主要的区别是云南为LH区，产量低于平均值（图1−42B）。

灌溉面积上灌溉水的分布和水稻总需水量总体趋势一致，北方利用的灌溉水量低于全国平均值，南方利用的灌溉水量高于全国平均值；但其中江苏为HH区，云南为HL区，西藏为LL区，相对于总需水分布规律，各省份利用的灌溉水在南方地区东南部愈加集中并呈现凸起，西南部呈现下凹（图1−42C）。

灌溉面积上生产单位水稻需要的灌溉水量呈现大部分北方地区高于全国平均值、大部分南方地区低于全国平均值的分布规律（图1−42D）。与总需水量、灌溉水量和产量的南高北低分布相反，说明相对南方而言，北方地区的产量和灌溉水量均小于南方，但灌溉水量减少的幅度小于产量减少的幅度。

比较特殊的是，东北地区虽属于北方，但灌溉面积上水稻的产量以及需要的灌溉量均高于全国平均值，而灌溉面积上生产单位水稻需要的灌溉水量却低于全国平均值，呈现出与南方地区水稻生产相似的特征。从空间分布看，我国水稻生产的适宜区在南方及东北地区集中。

（2）小麦

基于当前各省的土地灌溉率，结合31个省级行政区（海南无小麦产量除外）小麦种植情况，分析得出全国小麦总需水量（图1−43A）总体呈现以下分布规律：南方小麦总需水量低于全国平均值，北方（东北三省除外）各省总需水量高于全国平均值。从全国总需水量层面看，南方小麦总需水量均呈现明显下凹，总需水处于LL区；北方除东北地区呈现一个明显的低值区，在黄淮海地区以及新疆甘肃等大部分地区呈现一个明显的高值分布。

灌溉面积上产量的分布规律和小麦总需水量变化规律南北方不同，南方地区基本一致，其灌溉面积上产量均低于全国平均水平，为下凹的LL区；北方地区内蒙古、山西、陕西、安徽4省（自治区）低于全国平均水平，处于LH区，黄淮海地区是产量高点，高于全国平均水平，处于HH区（图1−43B）。

灌溉面积上灌溉水的分布和小麦总需水量总体趋势一致，主要差别在于陕西、安徽灌溉面积上灌溉水的分布低于全国平均水平，处于全国LH区（图1−43C）。

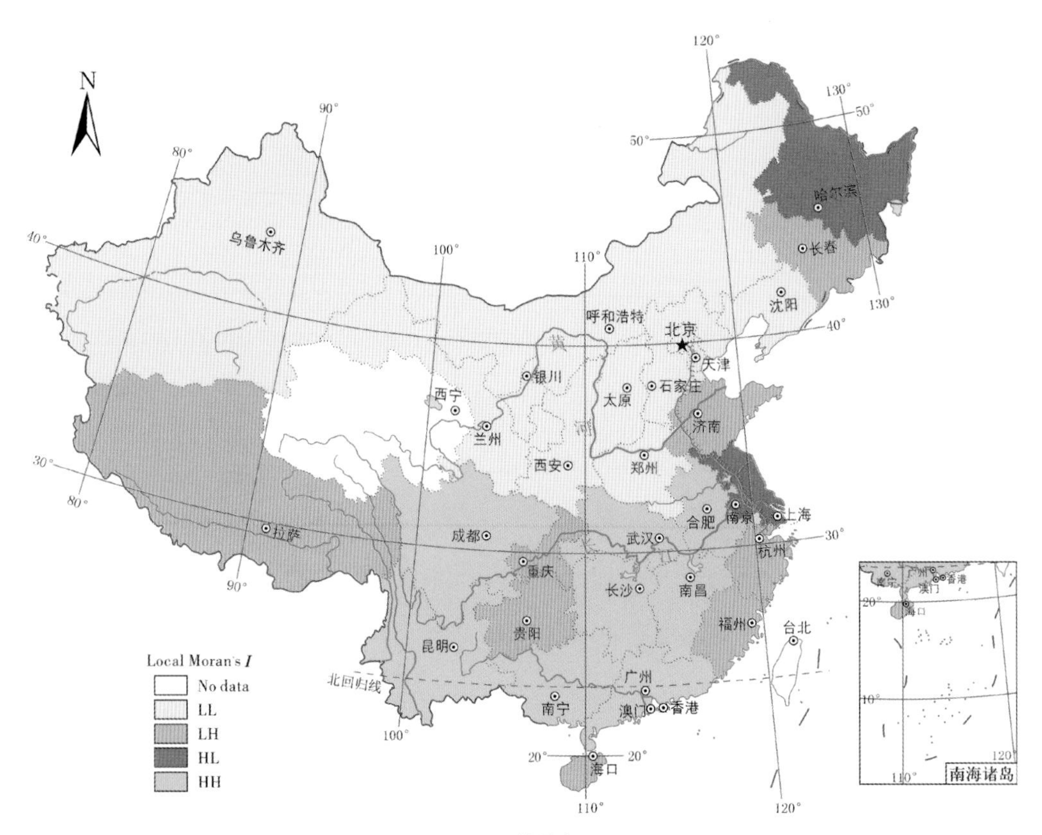

A 总需水

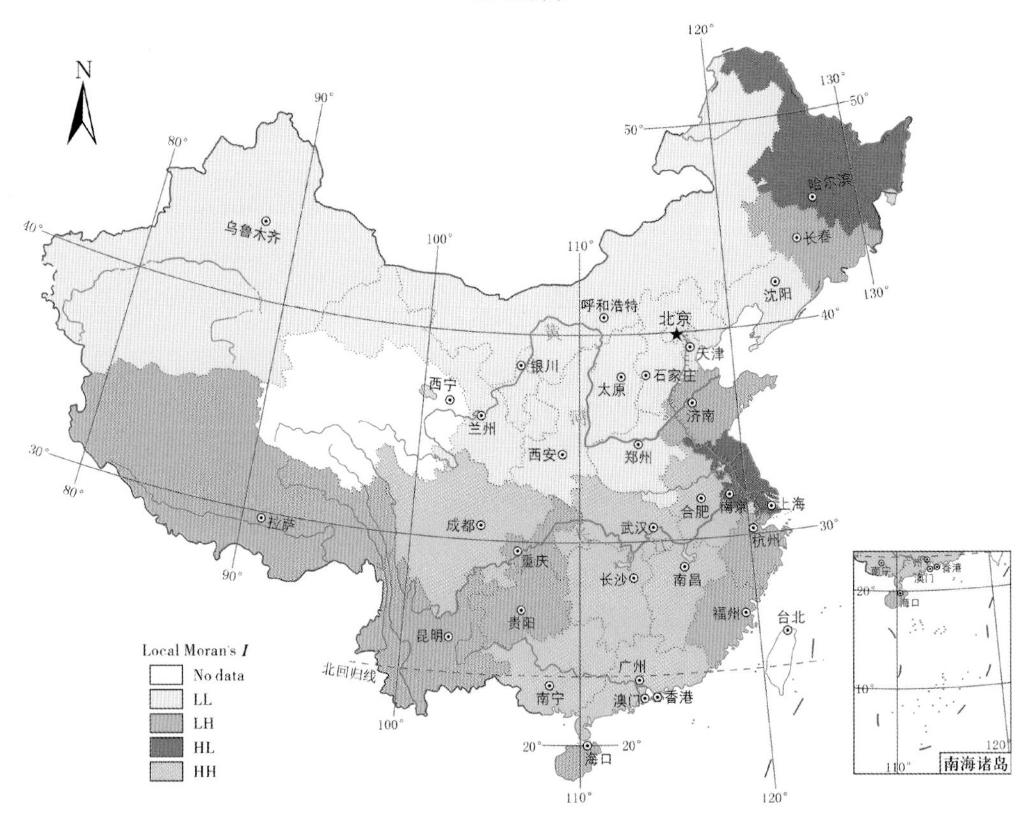

B 灌溉面积上产量

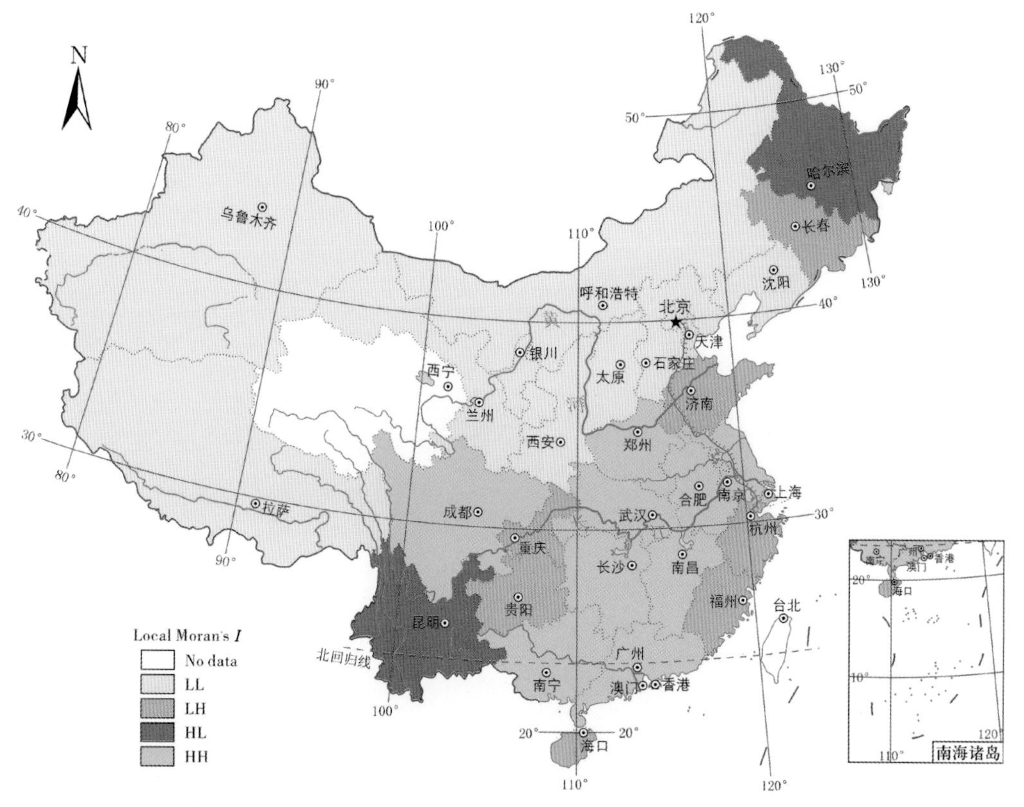

C　灌溉面积上灌溉水的分布

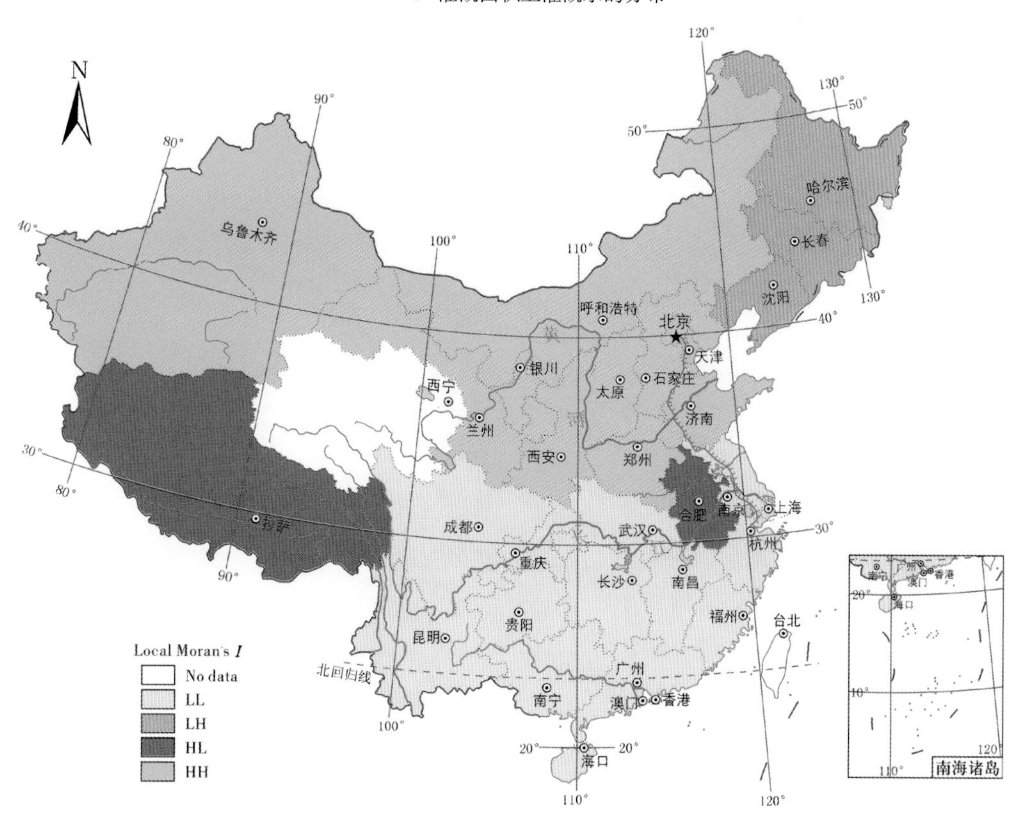

D　灌溉面积上生产单位水稻需要的灌溉水

图1-42　我国水稻需水及产量空间关联图

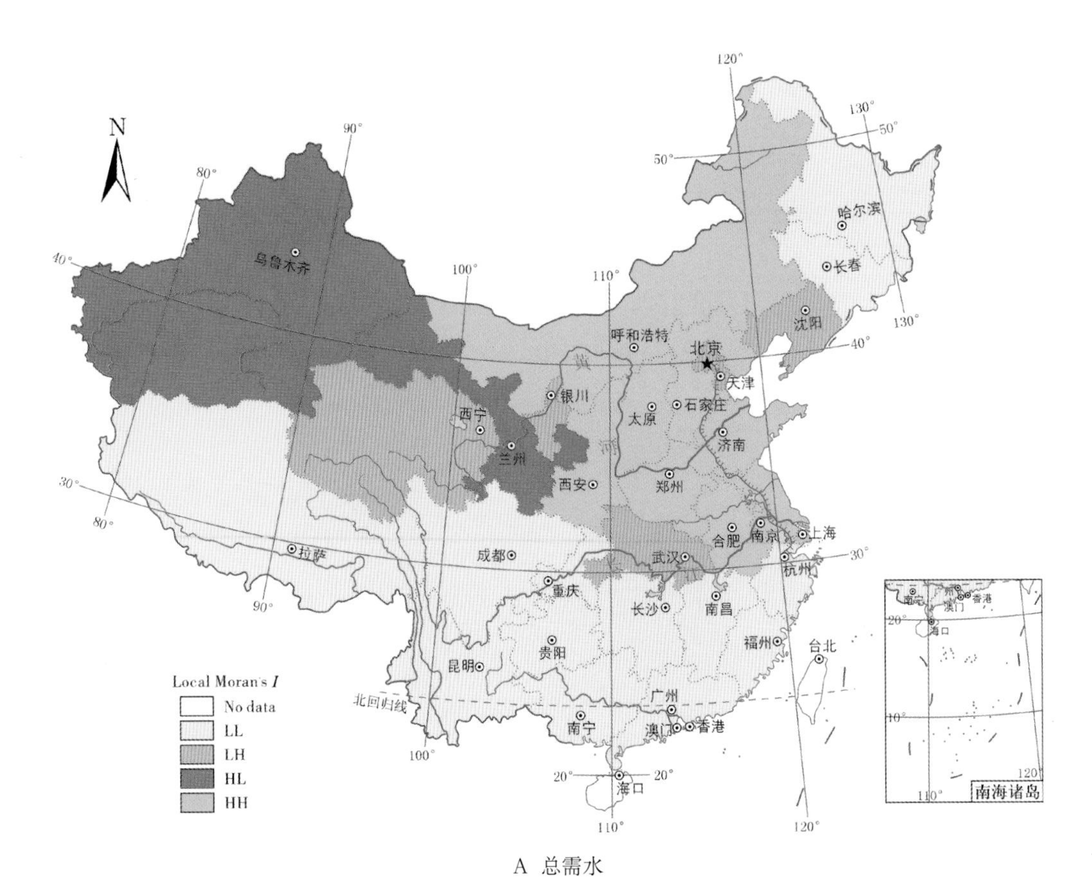

A 总需水

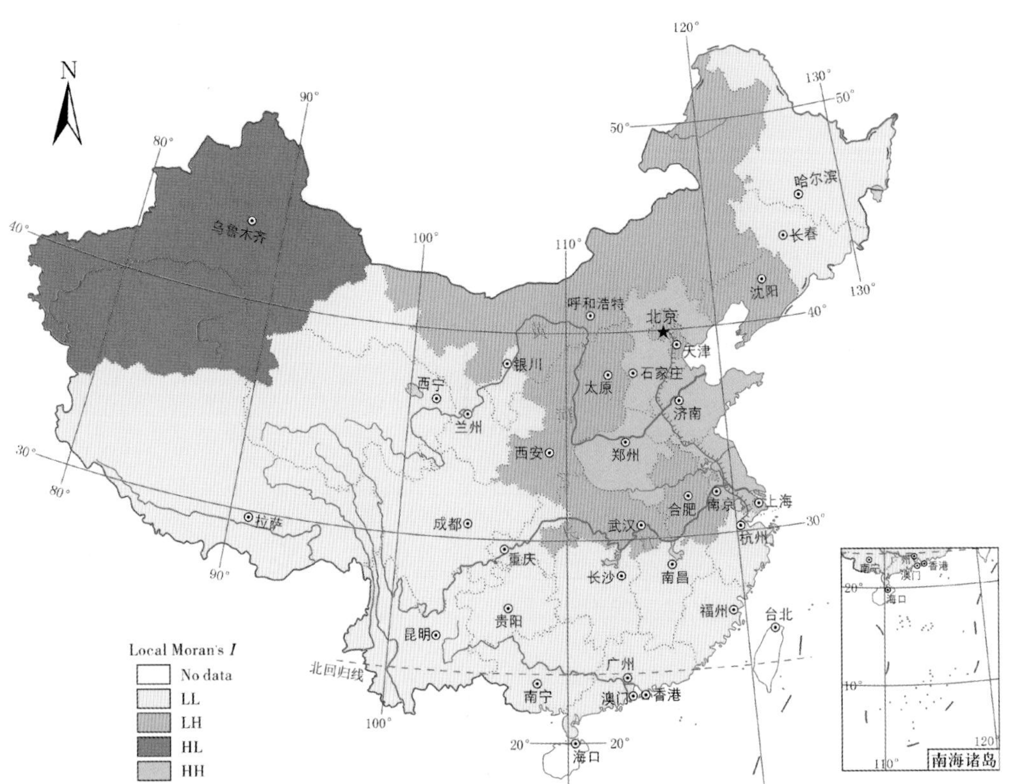

B 灌溉面积上产量

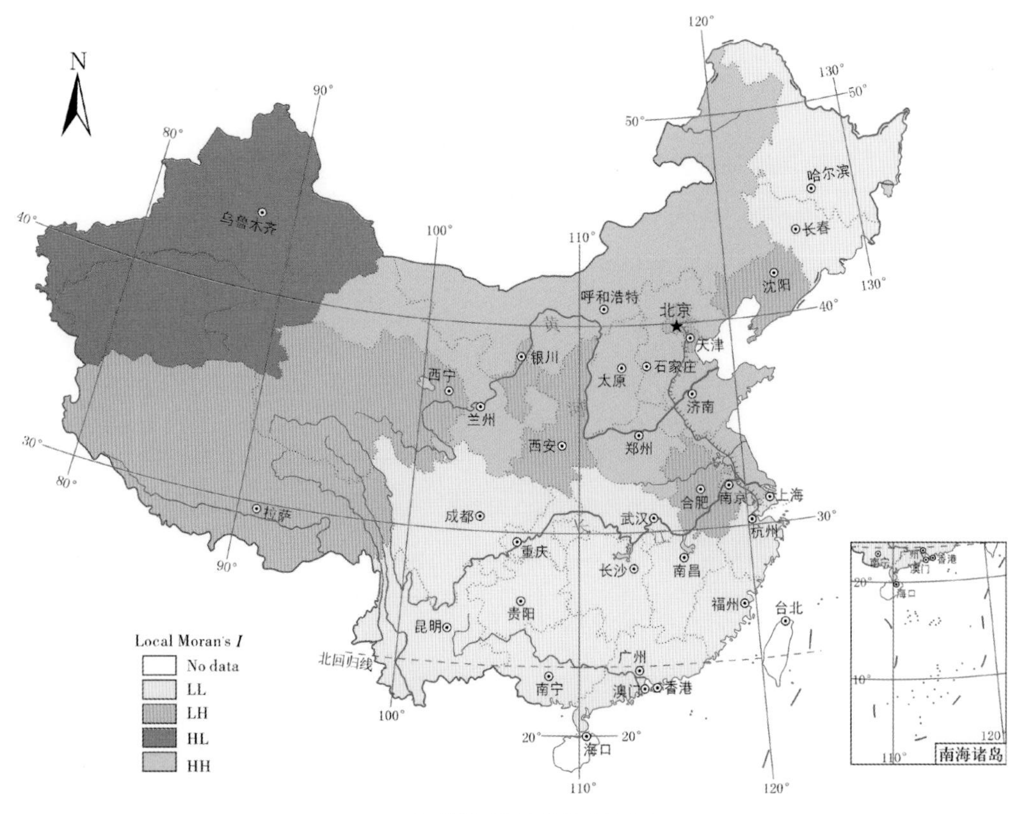

C 灌溉面积上灌溉水的分布

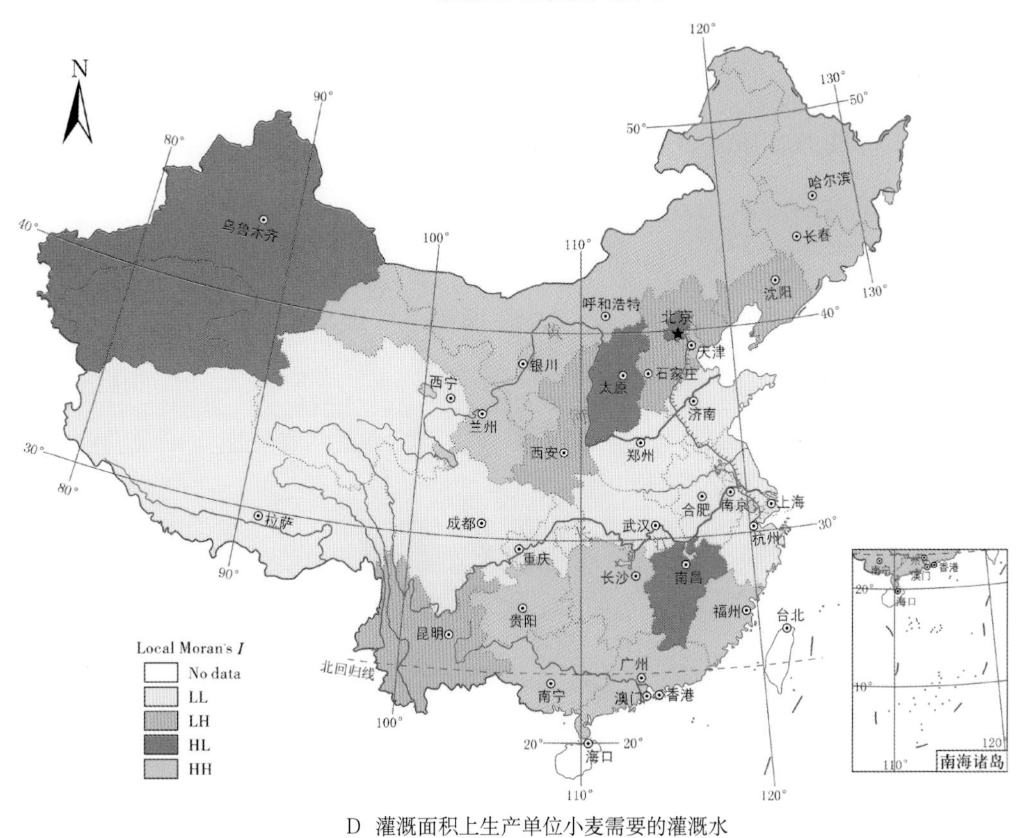

D 灌溉面积上生产单位小麦需要的灌溉水

图1-43 我国小麦需水及产量空间关联图

灌溉面积上生产单位小麦需要的灌溉水整体呈现以下分布规律：北方的黑龙江、吉林、内蒙古、甘肃、宁夏5省（自治区），南方的贵州、湖南、广西、广东、江西、福建6省（自治区），其生产单位小麦需要的灌溉水高于全国平均值，处于HH区；中部地区的河北、河南、江苏、山东、安徽、湖北、四川、青海、西藏等地生产单位小麦需要的灌溉水低于全国平均值，处于LL区（图1−43D）。

综合以上分析，从空间分布来看，我国小麦适宜种植区应为灌溉水需求量小的区域，尤其以中东部地区适宜。这一带种植小麦能用有限的农业水资源获得更大的产出。

（3）玉米

基于当前各省的土地灌溉率，结合31个省级行政区（海南无玉米产量除外）玉米种植情况，分析得出全国玉米总需水量总体呈现以下分布规律：南方大部分省份玉米总需水量均低于全国平均值，北方大部分省份总需水量高于全国平均值；从全国总需水量层面看，南方明显下凹，总需水量处于LL区，北方大多数地区明显上凸，总需水量处于HH区（图1−44A）。

各省（青海、西藏除外）灌溉面积上产量的分布规律与灌溉面积上灌溉水的分布规律基本一致，其中辽宁、四川、云南低于全国平均值，甘肃高于全国平均值；从全国层面看，北方大部分地区灌溉面积上产量处于HH区，南方地区处于LL区（图1−44B、图1−44C）。

灌溉面积上生产单位玉米需要的灌溉水整体呈现以下分布规律：在400mm等雨量线以西的新疆、西藏、青海、内蒙古，其生产单位玉米需要的灌溉水量高于全国平均值，处于全国明显的HH区；400mm等雨量线以东的东北、中部及东南部地区，除河北、江苏、江西、福建，其他各省生产单位玉米需要的灌溉水量低于全国平均值，处于全国的LL区（图1−44D）。

综合以上分析，从空间分布来看，我国玉米适宜种植区为南部地区。在当前种植的基础上，扩大南方玉米种植面积，有利于提高农业水资源的利用效率。

3. 典型粮食作物灌溉水量（蓝水）需求的空间分布特征

在以上有关三大典型粮食作物空间特征分析的基础上，采用生产单位粮食作物需要的灌溉水量分省值与全国平均值之比，进一步刻画三种作物的地带性分布规律，辨识主要粮食作物的适水种植规律（图1−45）。

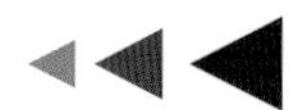

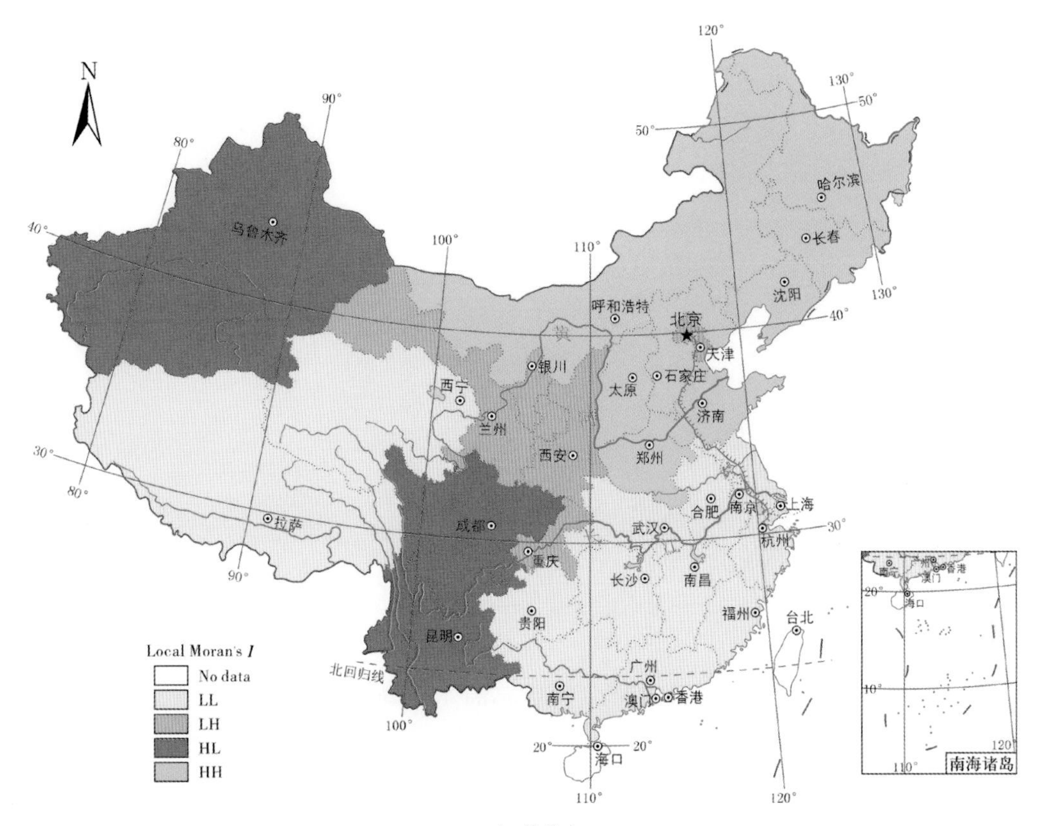

A　总需水

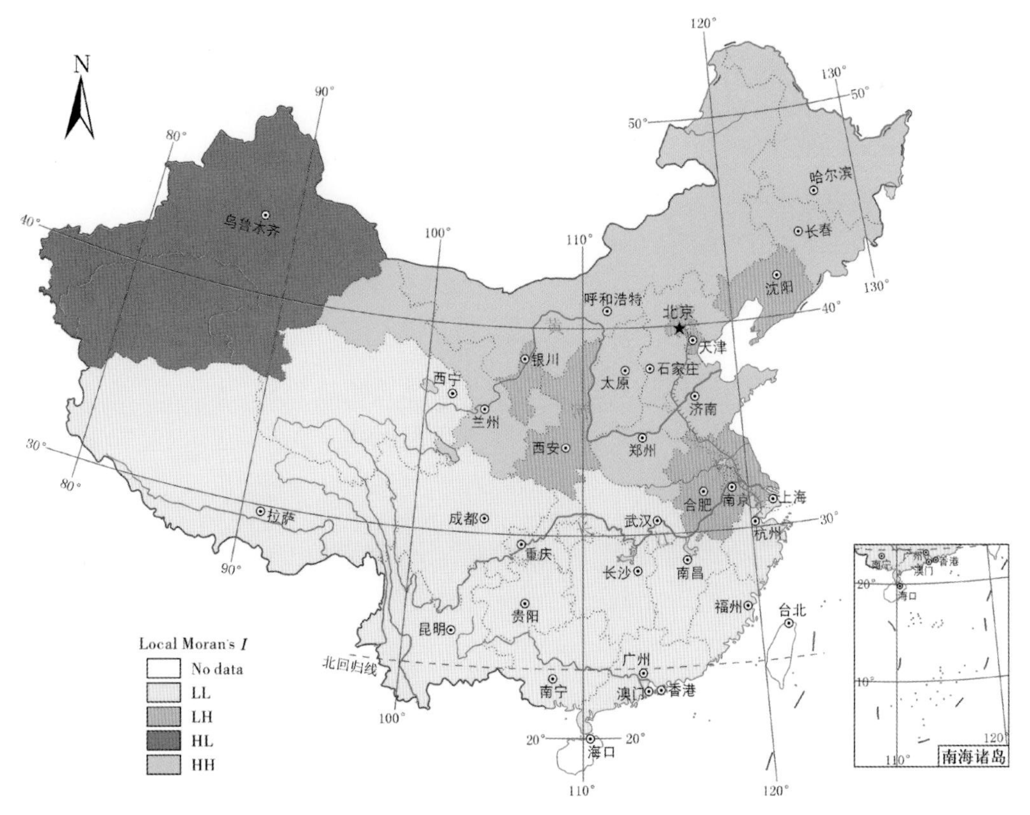

B　灌溉面积上产量

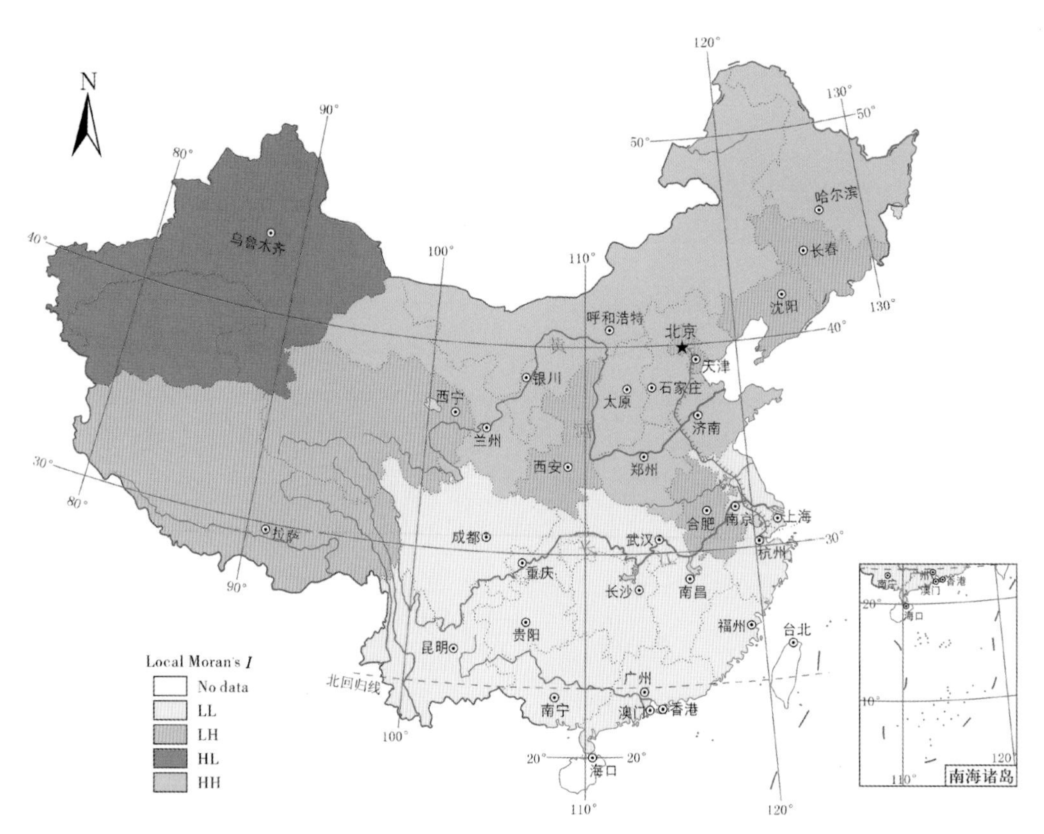

C 灌溉面积上灌溉水的分布

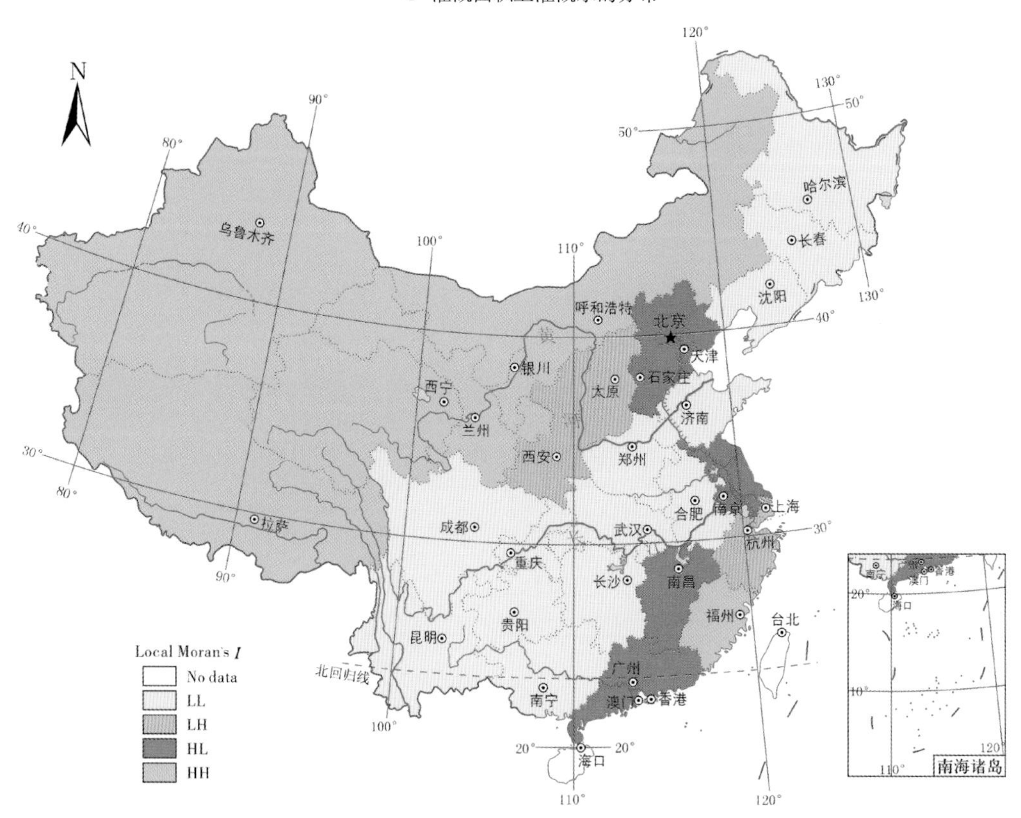

D 灌溉面积上生产单位玉米需要的灌溉水

图1-44 我国玉米需水及产量空间关联图

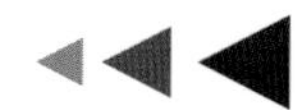

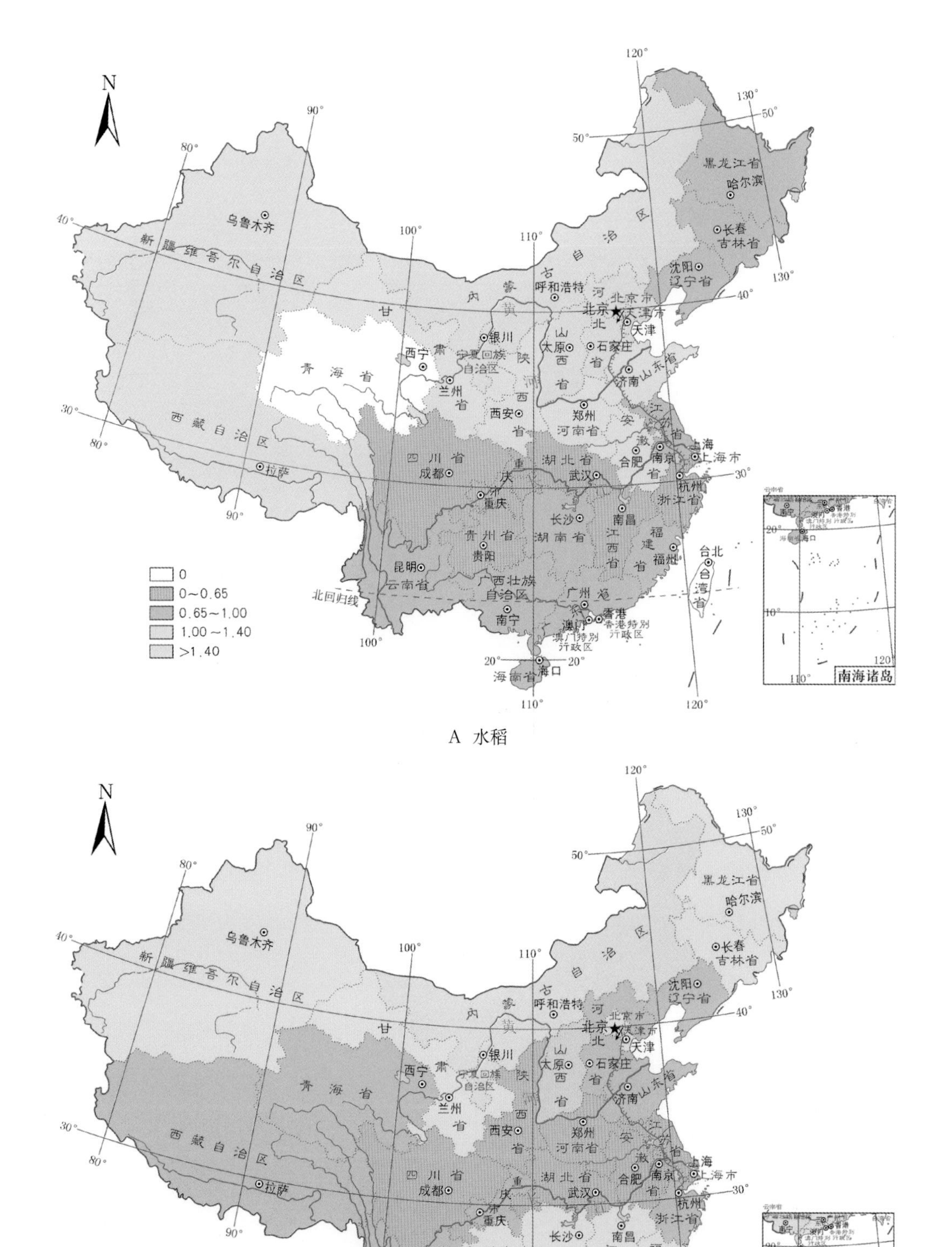

A 水稻

B 小麦

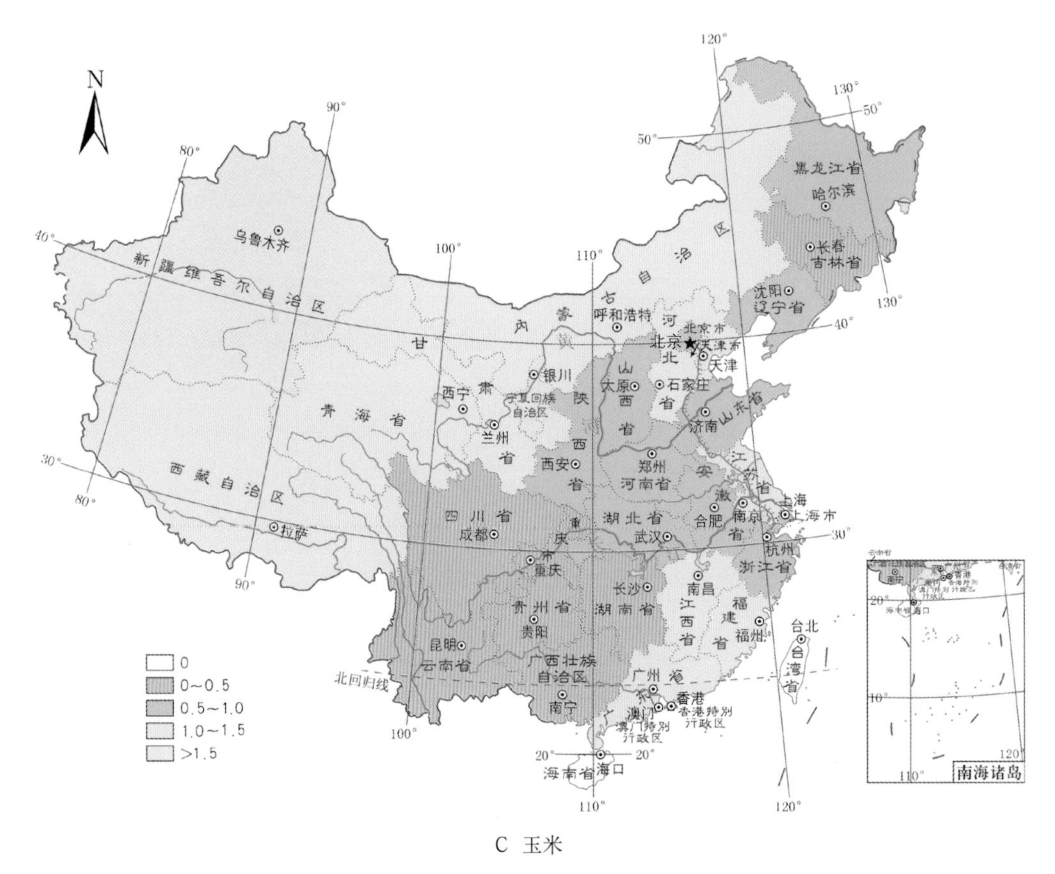

C 玉米

图1-45 生产单位粮食对灌溉水量的需求量与全国平均值之比

（1）水稻

水稻生产对灌溉水量需求的低值区位于四川、重庆、贵州、湖北、江西、浙江6省（直辖市），生产单位水稻对灌溉水量的需求量小于等于全国平均值的60%，是最适宜的水稻种植区域；其次是东北三省以及湖南、福建、云南、广西、广东和海南，生产单位水稻对灌溉水量的需求量小于等于全国平均值；而华北平原的部分省市生产单位水稻对灌溉水量的需求量，约为全国平均值的1.0～1.4倍，生产单位水稻对灌溉水量的需求量最高的区域为内蒙古、河北、新疆、西藏等地，最高达到全国平均值的1.8倍。

（2）小麦

小麦生产对灌溉水量需求的低值区位于我国大陆带中间地带的江苏、安徽、河南、湖北、陕西、四川等省，生产单位小麦对灌溉水量的需求量小于全国平均值的一半，是小麦种植最适宜的区域；在山东、河北、青海等省，生产单位小麦对灌溉水量的需求量小于等于全国平均值；内蒙古、宁夏、广西生产单位小麦对灌溉水量的需求量大于全国平均值的1.5倍；其余省市生产单位小麦对灌溉水量的需求量约为全国平均值的1.0～1.5倍。

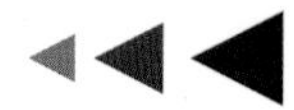

(3) 玉米

玉米生产对灌溉水量的需求呈现区块分布的特点。生产单位玉米对灌溉水量需求量较小的主要有三个区域：一是东北地区的黑龙江、吉林和辽宁；二是南部的云贵川、广西、湖南地区；三是中部的山东、山西、安徽等地。这三个区域生产单位玉米对灌溉水量的需求量小于等于全国平均值，尤其是前两区域生产单位玉米对灌溉水量的需求量小于等于全国平均值的一半，从对农业水资源高效利用角度考虑，是玉米种植最适宜的区域。新疆玉米需水呈现一个明显高点，对灌溉水量的需求量大于全国平均值的2.4倍。其余省市生产单位玉米对灌溉水量的需求量大于全国平均值的1.0～2.4倍。

(四) 粮食生产与消费中灌溉水量的区域转移

若按粮食生产量与消费量之差乘以其生产单位粮食所需的灌溉水量（蓝水）计算，2015年主产省区余粮中附着（消耗）的灌溉水量（虚拟水量）达到207.9亿m^3，主销省区缺粮中附着的灌溉水量约286.2亿m^3，平衡省区粮食略有剩余，附着的灌溉水量约54.1亿m^3（图1-46）。

2015年北方河北、山西、内蒙古、辽宁、吉林、黑龙江、山东、河南、宁夏、甘肃、新疆11省（自治区）余粮共计1.23亿t，占全国余粮的比例高达91.2%，附着在粮食产品中的灌溉水量达到229亿m^3，通过粮食流通由北方流向南方，加剧了北方水资源短缺状况和南北方水资源的不平衡。全国各省份虚拟水的运移量如图1-47所示。

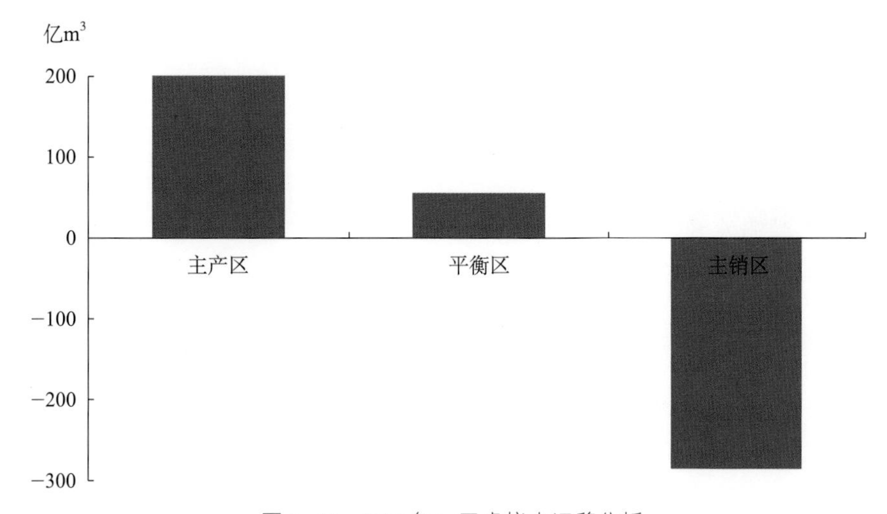

图1-46　2015年三区虚拟水运移分析

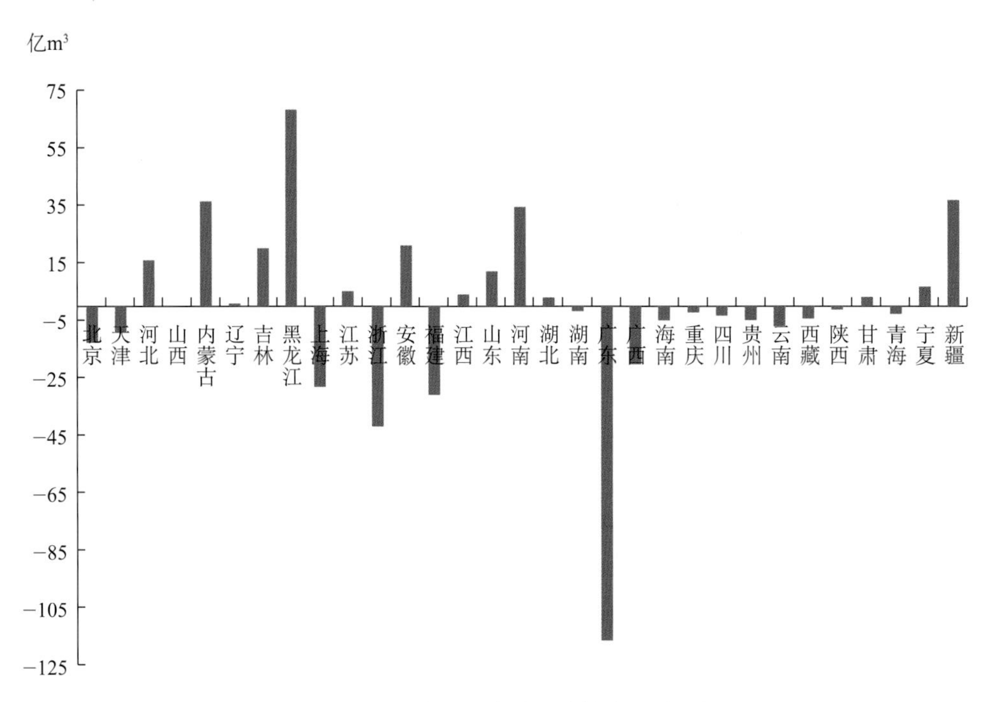

图1-47　2015年全国各省份虚拟水运移分析

四、保障未来我国粮食生产安全的需水阈值分析

中国用占世界不足10%的耕地养活了世界近20%的人口，农业灌溉发挥了重要作用。随着农业主产区向北方转移，粮食生产对灌溉的依赖性更加凸显。然而，面对国民经济的发展和工业化进程的快速推进，粮食生产赖以保障的水土资源持续向非农产业转移，灌溉用水面临着严峻的形势。考虑到未来经济发展和全面建成小康社会的建设目标，保障农业用水量，特别是农田灌溉用水成为其重要支撑。为了客观估算未来农田灌溉用水量，以下采用定额法，结合《全国现代灌溉发展规划》，以中国工程院“中国粮食安全与耕地保障问题战略研究”课题组预测的近期2020年和远期2030年保障粮食安全的粮食刚性需求目标为前提，分析预测保障我国粮食安全未来可能的灌溉面积；在此基础上，结合未来的节水措施和用水总量控制红线（水利部，2014），分析农田灌溉需水量和未来农田灌溉用水最低保障阈值。

（一）粮食刚性需求目标

一个国家人均粮食消费量的变化与国家的经济发展水平联系紧密。目前我国正处在人均日能值摄入量快速上升期，预计到2030年粮食需求量将达到峰值。但是不同研究的预测结果不同。按照《国家粮食中长期规划纲要（2008—2020年）》和《全国新增1 000亿斤粮食生产能力规划（2009—2020年）》提出的目标，到2020年为了满足人均395kg粮食消费量需求，需要5 725亿kg粮食总量；如果按照人均400kg的粮食安全标准估算，2020年、2030年我国粮食需求总量分别约5 800亿kg、6 000亿kg。《“十三五”农业现代化规划（2016—2020年）》对粮食综合生产能力提出：到2020年粮食（谷物）综合生产能力为5.5亿t，届时全国总人口14.2亿人，人均387kg。中国工程院“国家食物安全可持续发展战略研究”项目组根据人均粮食消费量以及未来人口总量，预测了人口达到15亿人时，我国口粮需求量为3亿t。也有相关研究预测，2020年我国粮食需求总量为5.48亿t。中国工程院“中国粮食安全与耕地保障问题战略研究”课题组结合2013—2015年我国各省城乡居民食品消费的收入弹性，参考2020年、2030年我国城乡居民可能的收入水平预计：2020年我国人均粮食消费量将为479kg，粮食消费总需求量将达到6.81亿t；2030年我国人均粮食消费量将达536kg，粮食消费总需求量将达7.74亿t。按照粮食自给率95%计算，2020年、2030年我国粮食总产量需分别达到6.47亿t和7.34亿t。

本书仍按照最保守估算，以《国家粮食中长期规划纲要（2008—2020年）》和《全国新增1 000亿斤粮食生产能力规划（2009—2020年）》预测成果，考虑到粮食自给率95%，再综合考虑3%以内的弹性，2020年全国粮食综合生产能力应该维持在5 700亿kg，2030年维持在5 880亿kg左右，才能基本满足两个阶段国民经济发展对粮食生产的刚性需求。

对各省（市）粮食生产量，以《国家粮食中长期规划纲要（2008—2020年）》和《全国新增1 000亿斤粮食生产能力规划（2009—2020年）》为基础，根据各省2020年农业经济发展目标和农业结构调整作微调，2030年粮食增长预测在2020年的基础上进一步微调。预测结果表明：到2020年全国可实现新增近5 000万t粮食综合生产能力，其中13个粮食主产省（自治区）实现新增3 900万t粮食综合生产能力，占整个1 000亿斤新增粮食综合生产能力的78%。2030年维持全年粮食综合生产能力58 800万t左右，其中13个粮食主产省（自治区）实现新增3 900万t粮食综合生产能力，占整个1 000亿斤新增粮食综合生产能力的78%。全国和13个粮食主产省（自治区）目标年粮食增产目标预测结果如表1-12所示。

表1–12　全国和粮食主产省（自治区）目标年粮食增产目标预测

单位：万t

地区	1 000亿斤增粮计划	2020年			2030年		
		结构调减粮食产量	实际增加粮食产量	实际粮食年产量	结构调减粮食产量	实际增加粮食产量	实际粮食年产量
全国	4 965.87	−5 484.00	−518.13	57 008.36	−3 152.54	1 813.33	58 821.70
13个粮食主产省（自治区）	3 900.84	−3 340.35	560.53	44 387.73	−1 912.27	1 988.60	46 376.30
河北	266.48	−239.83	26.65	3 225.90	−106.59	159.89	3 385.78
内蒙古	272.94	−218.36	54.59	2 469.40	−95.53	177.41	2 646.81
辽宁	266.45	−244.69	21.76	2 065.70	−141.75	124.70	2 190.40
吉林	452.13	−380.89	71.25	3 309.47	−250.94	201.20	3 510.67
黑龙江	704.34	−573.75	130.59	5 836.19	−263.25	441.09	6 277.28
江苏	277.83	−250.05	27.78	3 363.33	−133.36	144.47	3 507.80
安徽	263.36	−223.86	39.50	3 188.17	−126.41	136.95	3 325.12
江西	107.71	−70.01	37.70	2 106.65	−32.31	75.40	2 182.05
山东	371.78	−316.02	55.77	4 500.65	−178.46	193.33	4 693.97
河南	465.54	−442.26	23.28	5 612.33	−316.57	148.97	5 761.30
湖北	125.33	−119.07	6.27	2 413.60	−70.19	55.15	2 468.74
湖南	154.23	−123.39	30.85	2 970.20	−86.37	67.86	3 038.06
四川	172.72	−138.17	34.54	3 326.14	−110.54	62.18	3 388.32

需要指出的是，由于经济作物比较效益高，其结构调整大多是在现有条件较为优越的灌溉面积上实现，粮食作物结构调整中往往处于弱势地位，因此新增1 000亿斤粮食综合生产能力主要依靠国家公共财政投入，以改善灌溉条件、增加灌溉面积来实现。

（二）灌溉面积发展规模

以满足未来粮食消费需求所需要的粮食作物灌溉面积和当前我国粮食播种面积为基

础，预测未来水平年农田灌溉面积发展规模。在具体预测中，结合《全国现代灌溉发展规划（2012—2020年）》、《北京市两田一园农业高效节水三年实施方案（2017—2019年）》（征求意见稿）以及《山东省水资源综合规划》《引江济淮工程》等相关规划，预计到2020年和2030年全国农田有效灌溉发展面积将达到10.05亿亩和10.35亿亩；综合各地经济发展和《“十三五”新增1亿亩高效节水灌溉面积实施方案》中各省（市）灌溉面积的发展规划，得出2025年全国农田有效灌溉面积。不同水平年全国农田有效灌溉面预测结果具体为：

到2025年，全国灌溉面积达到11.25亿亩，其中农田有效灌溉面积10.20亿亩，北方地区约占56.1%，主要集中在黑龙江、山东、河南、新疆、河北和内蒙古6省（自治区），黑龙江省最大，约占全国的10%；南方地区约占43.9%，主要分布在安徽、江苏、湖北、湖南和贵州5省，以安徽省最大，占全国的6.4%。按照十大农业分区统计，农田有效灌溉面积占全国面积的比重：东北区15.5%，华北区22.3%，长江区25.9%，其他区均不足7.2%。

到2030年，全国灌溉面积达到11.45亿亩，其中农田有效灌溉面积10.35亿亩，增加面积主要分布在黑龙江、吉林、内蒙古、四川、山东和湖北；同时，河南省和云南省农田灌溉面积也得到进一步发展。届时，农田有效灌溉面积北方地区占56.6%，南方占43.4%。按照十大农业分区统计，农田有效灌溉面积占全国面积的比重：东北区16.6%，华北区22.1%，长江区25.4%，其他区均不足7%。与2025年相比，2030年全国灌溉面积的增长主要集中于东北区，以黑龙江省增长最多，5年增长1 216万亩，占全国农田有效灌溉面积增长量的81.12%，到2030年底东北区的农田有效灌溉面积达到1.7亿亩，其中黑龙江省为1.16亿亩（表1–13）。

不同水平年全国各省份农田有效灌溉面积分布如图1–48所示。

表1–13　2025年、2030年十大农业分区农田有效灌溉面积及其占全国的比重

单位：亿m^3，万亩，%

地区	农田灌溉可用水量			农田有效灌溉面积			占全国面积的比重		
	2020年	2025年	2030年	2020年	2025年	2030年	2020年	2025年	2030年
全国	3 230	3 230	3 230	100 500	102 000	103 499	100.0	100.0	100.0
东北区	409	446	483	14 405	15 775	17 145	14.3	15.5	16.6

（续）

地区	农田灌溉可用水量			农田有效灌溉面积			占全国面积的比重		
	2020年	2025年	2030年	2020年	2025年	2030年	2020年	2025年	2030年
华北区	427	428	429	22 591	22 749	22 907	22.5	22.3	22.1
长江区	900	885	869	26 427	26 361	26 291	26.3	25.8	25.4
华南区	400	388	376	7 244	7 189	7 133	7.2	7.0	6.9
蒙宁区	182	191	200	6 061	6 194	6 328	6.0	6.1	6.1
晋陕甘区	166	166	167	5 709	5 721	5 733	5.7	5.6	5.5
川渝区	160	163	167	5 816	6 001	6 184	5.8	5.9	6.0
云贵区	194	194	195	4 724	4 754	4 783	4.7	4.7	4.6
青藏区	37	41	44	851	889	926	0.8	0.9	0.9
西北区	355	329	301	6 672	6 367	6 062	6.6	6.2	5.9

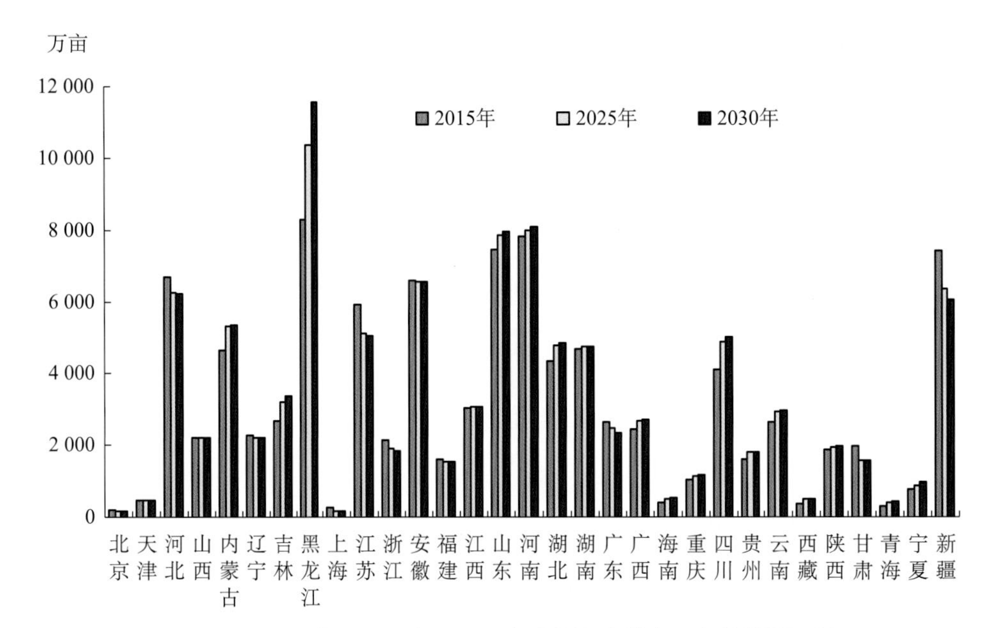

图1-48　2015年、2025年、2030年全国各省份农田有效灌溉面积

2025年水稻、小麦、玉米三大典型粮食作物灌溉面积主要集中在华北、东北、长江和晋陕甘四大农业区。与2015年现状相比，水稻灌溉面积在空间分布上的变化较大，华北区、晋陕甘区和长江区占全国水稻灌溉面积的比例下降，东北区增加，且东北区较现状年增长9个百分点；小麦、玉米灌溉面积的区域分布变化不明显。2025年水稻、小麦、玉米三大主要粮食作物灌溉面积地区分布如图1-49所示。

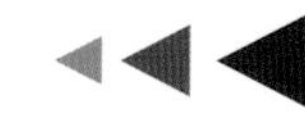

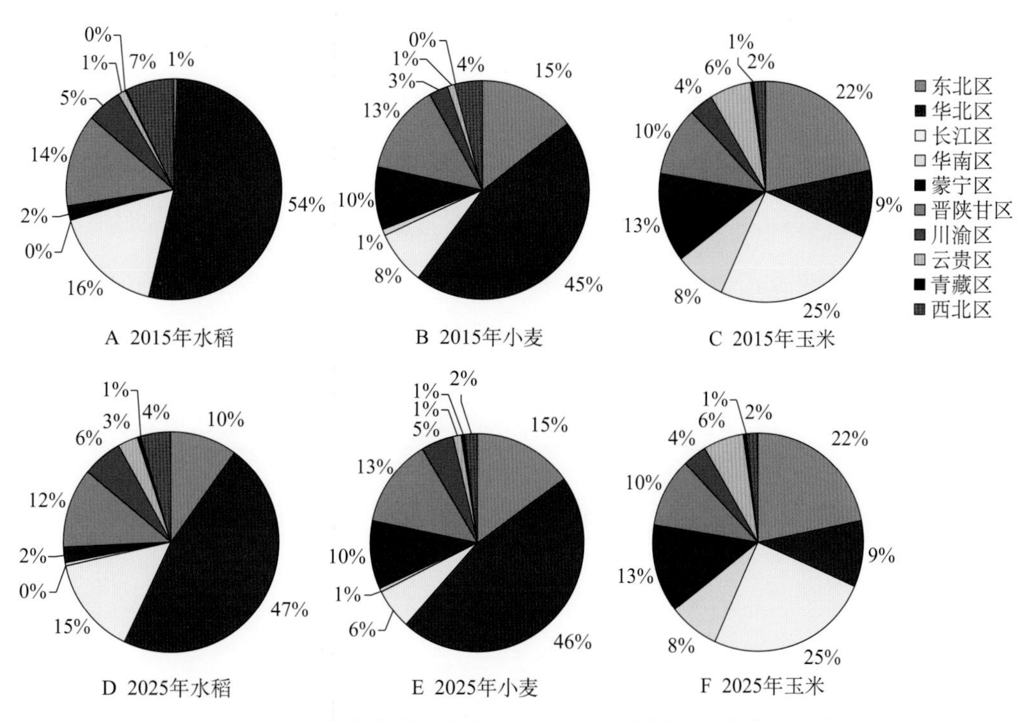

图1-49　2015年、2025年水稻、小麦、玉米三大主要粮食作物灌溉面积地区分布

（三）农田灌溉需水量

由于当前农业用水计量不到位，年用水量主要根据实验数据推测，对典型区调研发现，按实验数据推测用水量与实际用水量有一定的差异。为了客观估算现状农田灌溉用水量，本书以全国160个代表性气象站，采用Penman—Monteith公式计算了1986—2014年主要作物多年平均净灌溉需水量，与《中国水资源公报》统计的亩均用水量比较，综合确定灌溉用水量。分析结果表明：在当前种植结构和多年平均降水条件下，全国农田充分灌溉净定额为309m^3/亩，毛定额为583m^3/亩，净定额与毛定额之比为0.53：1。《2015中国水资源公报》亩均用水量统计值（实灌面积上）为394m^3/亩，介于计算净定额与毛定额之间，部分省净定额大于毛定额，部分省毛定额小于净定额，说明目前各省级行政区的节水水平差异较大，其中也存在统计用水量误差、灌溉面积上种植结构误差等影响。从总体上看，计算的综合净定额与《中国水资源公报》的亩均综合用水量之比为0.78：1，明显高于净定额与毛定额之比（0.53），表明不少地区已在实行非充分灌溉，具有一定的节水水平，如北京市当前灌溉水利用系数为0.71，今后三年将提高到0.75。

本书综合以上结果，以亩均用水定额为基础，采用定额法预测规划水平年农田灌溉需水量。

1. 规划水平年灌溉定额

通过将理论灌溉定额与《2015中国水资源公报》统计的亩均用水量比较，结合农田灌溉当前用水水平，综合确定灌溉定额：对于公报统计亩均用水量大于理论计算毛定额的地区，采用统计亩均用水量与毛定额的平均值；对于公报统计亩均用水量小于理论计算净定额的地区，采用公报统计亩均用水量与净定额的平均值。结果表明：

在当前节水条件下，全国农田灌溉用水定额为400m³/亩，其中14个省（自治区）超过全国平均水平，其中前7省（自治区）按照从大到小的顺序依次为海南、广西、宁夏、广东、江西、青海、新疆；农田灌溉用水定额不足300m³/亩的包括7省（区），从小到大依次为山西、河南、河北、天津、山东、北京、安徽（图1-50）。

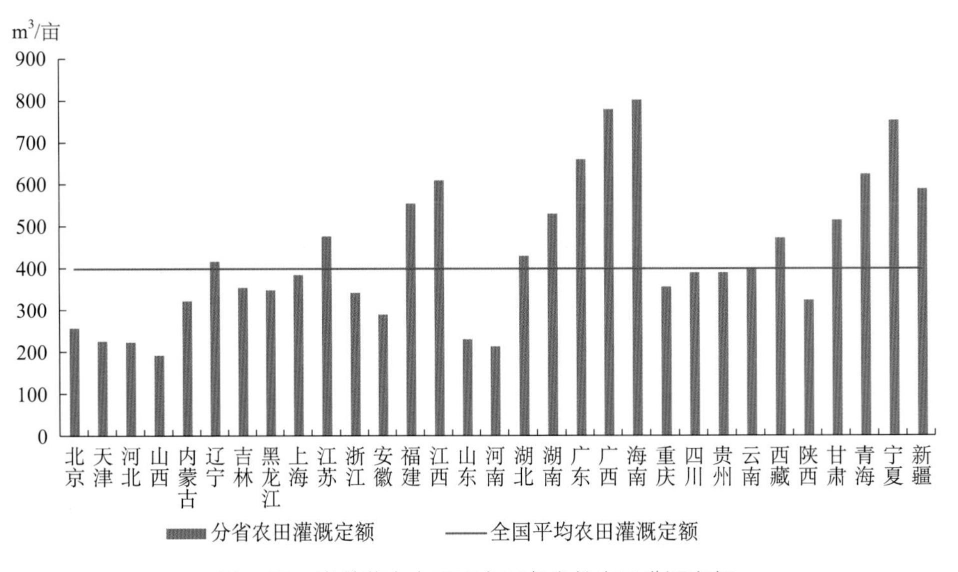

图1-50 当前节水水平下全国各省份农田灌溉定额

在强化节水条件下，考虑农田灌溉需水量和农田灌溉可用水量，要保障未来10亿亩高标准农田用水需求，需要进一步采用强化节水、适水种植、优化种植结构等综合“节流”措施，将农田灌溉水有效利用系数由当前的0.536提高到2020年0.550、2025年0.575和2030年0.600，届时农田灌溉用水定额分别为390m³/亩、373m³/亩和357m³/亩。与当前节水水平下的定额比较，强化节水条件下，全国亩均可节水量10m³、27m³和43m³；不同水平年各省份亩均节水量差异较大（图1-51），2020年，仅广西亩均节水量超过50m³；2025年，4个省份亩均节水量超过50m³，仍以广西最大，达到89m³；2030年，12个省份亩均节水量超过50m³，其中以广西、宁夏、广东和海南四省（自治区）亩均节水较大，分别达到121m³、86m³、83m³和82m³。

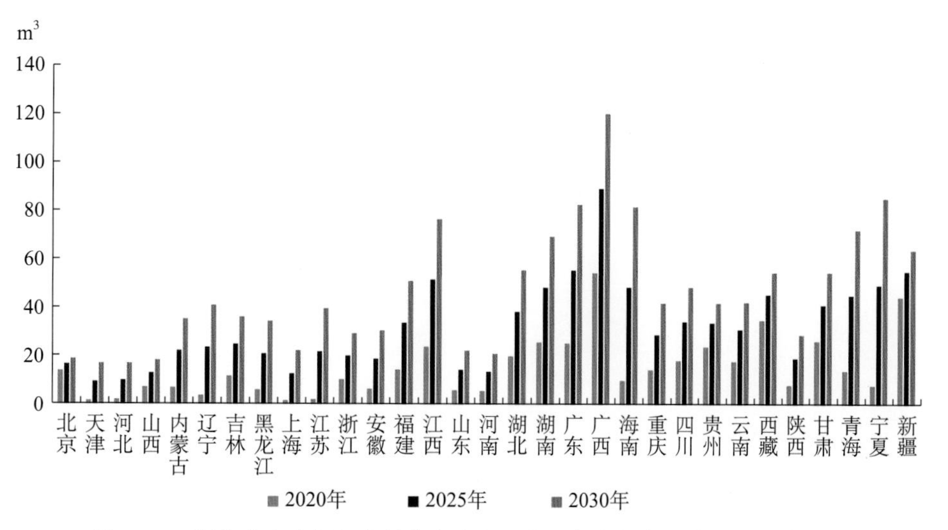

图1-51　强化节水水平与当前节水水平下全国各省份农田灌溉定额的变化

2．当前节水水平下农田灌溉需水量

鉴于全国各地降水丰枯不同步、实灌面积通常小于有效灌溉面积的客观情况，本书需水预测采用有效灌溉面积和折算灌溉面积（按照2013—2014年实灌面积占有效灌溉面积的比例折算）两种方法计算，结果如表1-14所示。

按有效灌溉面积计算，2020年、2025年、2030年全国农田灌溉需水量分别为3 948.0亿m³、3 995.7亿m³和4 043.0亿m³。北方地区农田灌溉需水量占全国农田灌溉需水量的比例呈增加趋势，由2020年的47%增加到2030年的48.2%，主要集中于新疆、黑龙江、山东、内蒙古和河南5省（自治区），5省（自治区）农田灌溉总需水量占全国的比重基本维持在31%～32%。其中，5省（自治区）占全国农田灌溉用水比例，黑龙江省呈增加趋势，由2020年的8.12%上升到2030年的10.04%；新疆呈减少趋势，由2020年的9.97%下降到2030年的8.85%。

南方地区农田灌溉需水量占全国农田灌溉需水量的比例呈减少趋势，由2020年的53%下降为2030年的51.8%，主要集中于湖南、江苏、广西、湖北、安徽、江西和四川7省（自治区），占全国农田灌溉需水量的比例均超过4.5%，7省（自治区）总的农田灌溉需水量占全国的比重基本维持在36.8%～37.3%。其中，7省（自治区）占全国农田灌溉用水量比例，湖南、江苏和安徽呈减少趋势，其他各省呈增加趋势，但变化幅度并不明显。

按折算灌溉面积计算，2020年、2025年、2030年全国农田灌溉需水量分别为3 331.5亿m³、3 366.9亿m³和3 402.6亿m³。与上述有效灌溉面积相比，北方地区占全国农田灌溉需水量的比例约增加1.5个百分点，由2020年的45.6%增加到2030年的49.6%，仍主要集中于新疆、黑龙江、山东、内蒙古和河南5省（自治区），且新疆、山东变化较大，其占比均增加，其他各省变化不明显。

表1-14　当前节水水平下规划水平年农田有效灌溉面积及需水量预测

单位：m^3/亩，万亩，亿m^3

地区	当前用水定额	农田有效灌溉面积			实灌面积/耕地面积（2013—2014年平均）	农田灌溉需水量					
						按有效灌溉面积计			按折算灌溉面积计		
		2020年	2025年	2030年		2020年	2025年	2030年	2020年	2025年	2030年
全国	400	100 500	102 000	103 499	0.84	3 948.0	3 995.7	4 043.0	3 331.5	3 366.9	3 402.6
北京	260	240	219	198	0.88	5.3	5.2	5.2	4.7	4.6	4.6
天津	228	460	458	456	0.90	10.5	10.4	10.4	9.4	9.4	9.3
河北	224	6 277	6 247	6 217	0.82	140.8	140.2	139.5	114.9	114.4	113.8
山西	193	2 200	2 200	2 200	0.98	42.4	42.4	42.4	41.4	41.4	41.4
内蒙古	323	5 261	5 310	5 358	0.82	169.9	171.5	173.1	139.3	140.5	141.8
辽宁	417	2 207	2 207	2 207	0.85	92.0	92.0	92.0	78.3	78.3	78.3
吉林	354	3 068	3 222	3 376	0.61	108.5	114.0	119.3	66.4	69.7	73.1
黑龙江	351	9 130	10 346	11 562	0.84	320.7	363.4	406.1	269.1	304.9	340.7
上海	386	183	173	162	1.00	7.1	6.7	6.3	7.1	6.7	6.3
江苏	478	5 146	5 101	5 056	0.64	246.1	244.0	241.8	158.5	157.2	155.8
浙江	342	2 004	1 920	1 836	0.92	68.6	65.7	62.8	63.2	60.5	57.9
安徽	291	6 539	6 544	6 549	0.80	190.1	190.3	190.4	152.4	152.6	152.7
福建	556	1 534	1 537	1 539	0.82	85.3	85.4	85.5	69.6	69.7	69.8
江西	611	3 083	3 084	3 085	0.87	188.4	188.4	188.5	163.6	163.6	163.7
山东	230	7 768	7 856	7 944	0.94	178.9	180.9	183.0	168.4	170.3	172.2

（续）

地区	当前用水定额	农田有效灌溉面积			实灌面积/耕地面积（2013—2014年平均）	农田灌溉需水量					
						按有效灌溉面积计			按折算灌溉面积计		
		2020年	2025年	2030年		2020年	2025年	2030年	2020年	2025年	2030年
河南	214	7 882	7 987	8 092	0.86	169.0	171.3	173.5	146.0	147.9	149.9
湖北	431	4 721	4 789	4 857	0.82	203.5	206.4	209.3	166.0	168.4	170.8
湖南	530	4 751	4 751	4 751	0.84	251.8	251.8	251.8	212.7	212.7	212.7
广东	660	2 586	2 469	2 352	0.93	170.7	163.0	155.2	158.1	151.0	143.8
广西	780	2 647	2 672	2 697	0.86	206.4	208.4	210.3	177.3	178.9	180.6
海南	803	477	511	545	0.64	38.3	41.1	43.8	24.6	26.3	28.1
重庆	354	1 083	1 135	1 186	0.67	38.3	40.1	42.0	25.6	26.9	28.1
四川	392	4 733	4 867	5 000	0.80	185.5	190.7	196.0	148.0	152.2	156.4
贵州	391	1 800	1 800	1 800	0.85	70.3	70.3	70.3	60.1	60.1	60.1
云南	397	2 924	2 954	2 983	0.89	116.1	117.3	118.4	103.1	104.1	105.2
西藏	474	491	492	492	1.00	23.3	23.3	23.3	23.3	23.3	23.3
陕西	325	1 927	1 943	1 958	0.83	62.6	63.1	63.6	52.0	52.4	52.8
甘肃	514	1 582	1 579	1 575	0.87	81.3	81.1	81.0	70.8	70.6	70.5
青海	625	360	397	434	0.85	22.5	24.8	27.1	19.1	21.1	23.0
宁夏	755	800	885	970	0.95	60.4	66.8	73.3	57.5	63.6	69.7
新疆	590	6 672	6 367	6 062	0.97	393.6	375.7	357.7	381.0	363.6	346.2

注：折算灌溉面积按2013—2014年实灌面积占有效灌溉面积比例计算，全国平均折算系数为84%。

南方地区农田灌溉需水量减少，由2020年的51.4%下降为2030年的50.4%；主要集中于湖南、江苏、广西、湖北、安徽、江西和四川7省（自治区），且江苏和四川明显减少，江西增大，其他省（自治区）无明显变化。不同水平年南北方有效灌溉面积和折算灌溉面积上农田灌溉需水量如图1-52所示。

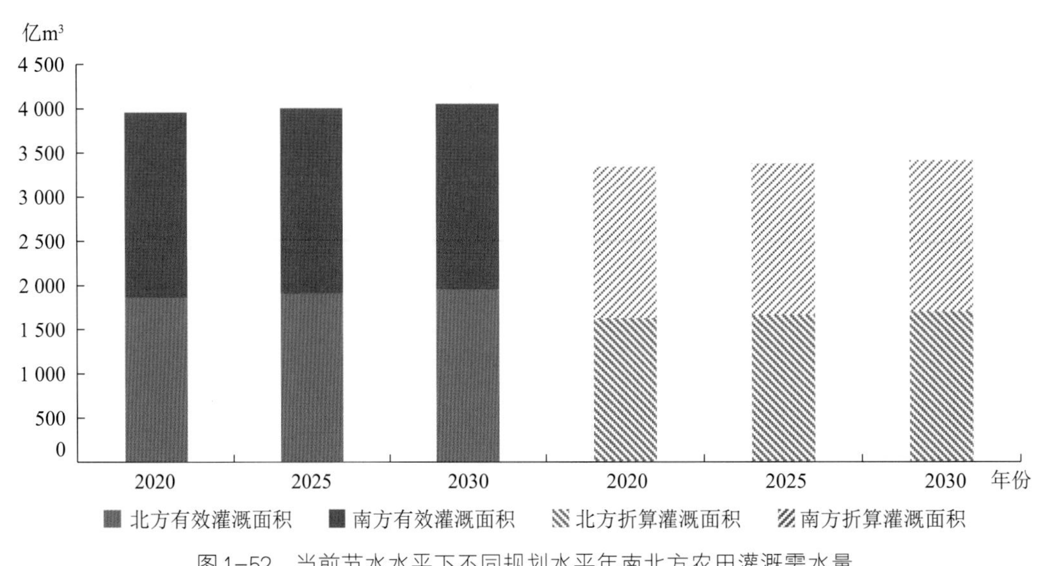

图1-52　当前节水水平下不同规划水平年南北方农田灌溉需水量

3. 强化节水条件下农田灌溉需水量

综合考虑农田灌溉需水量和农田灌溉可用水量，要保障未来10亿亩高标准农田建设用水需求，需进一步采用强化节水、适水种植、优化种植结构等综合“节流”措施，结合不同水平年农田灌溉水利用系数，采用有效灌溉面积和折算灌溉面积计算，强化节水条件下的农田灌溉需水量如表1-15所示。

按有效灌溉面积计算，2020年、2025年、2030年全国农田灌溉需水量将分别达到3 806.8亿m³、3 705.2亿m³和3 603.5亿m³。南北方用水量均呈减少趋势，但占全国农田灌溉需水量比例呈北方增加、南方减少态势，其中，北方由2020年的47%增加到2030年的48.7%；在地区分布上，仍主要集中于新疆、黑龙江、山东、内蒙古和河南5省（自治区），且黑龙江、山东、河南三省占全国比重呈增长，其他两自治区下降。2030年，以黑龙江、新疆占比较大，占全国比重分别为10.17%和8.85%；其次为山东、内蒙古和河南3省（自治区），3省（自治区）农田灌溉需水量占全国的比重均维持在4%～5%。

南方地区占比由2020年的53%下降为2030年的51.4%；在地区分布上，仍主要集中于湖南、江苏、广西、湖北、安徽、江西和四川7省（自治区），占全国比重除四川

表1-15　强化节水条件下规划水平年农田灌溉需水量预测

单位：亿m^3

地区	农田灌溉水有效利用系数				农田灌溉需水量						农田灌溉可用水量			非常规水利用量					
	《2015中国水资源公报》	《全国现代灌溉发展规划（2012—2020年）》			有效灌溉面积			折算灌溉面积						有效灌溉面积			折算灌溉面积		
		2020年	2025年	2030年	2020年	2025年	2030年	2020年	2025年	2030年	2020年	2025年	2030年	2020年	2025年	2030年	2020年	2025年	2030年
全国	0.536	0.550	0.575	0.600	3 806.8	3 705.2	3 603.5	3 208.1	3 119.4	3 031.3	3 230.5	3 230.3	3 230.2	604.8	511.2	418.3	170.7	109.6	64.4
北京	0.710	0.750	0.757	0.764	5.0	4.9	4.8	4.4	4.3	4.2	7.9	7.0	6.1						
天津	0.687	0.691	0.716	0.741	10.4	10.0	9.6	9.4	9.0	8.7	10.2	10.6	11.1	0.3					
河北	0.670	0.675	0.700	0.724	139.8	134.4	129.1	114.1	109.7	105.3	129.8	128.7	127.6	10.0	5.8	1.5			
山西	0.530	0.550	0.567	0.584	40.8	39.7	38.5	39.9	38.7	37.6	43.3	43.2	43.2						
内蒙古	0.521	0.532	0.559	0.585	166.4	160.3	154.1	136.4	131.3	126.3	129.1	132.8	136.4	37.3	27.5	17.7	7.3		
辽宁	0.587	0.592	0.622	0.651	91.3	87.1	83.0	77.7	74.2	70.6	72.4	71.9	71.3	18.8	15.3	11.7	5.2	2.3	
吉林	0.563	0.582	0.605	0.627	104.9	106.0	107.2	64.2	64.9	65.6	92.0	97.5	102.9	12.9	8.6	4.3			
黑龙江	0.590	0.600	0.627	0.654	315.3	340.9	366.4	264.6	286.0	307.4	244.6	276.9	309.2	70.8	64.0	57.2	20.0	9.1	
上海	0.735	0.738	0.759	0.779	7.0	6.5	5.9	7.0	6.5	5.9	12.2	11.0	9.8						
江苏	0.598	0.600	0.626	0.652	245.3	233.5	221.8	158.0	150.4	142.9	221.4	217.6	213.7	23.9	16.0	8.1			
浙江	0.582	0.600	0.618	0.636	66.5	62.0	57.5	61.3	57.1	53.0	65.9	62.3	58.8	0.7					
安徽	0.524	0.535	0.560	0.585	186.2	178.4	170.6	149.3	143.0	136.8	133.6	129.8	126.0	52.6	48.6	44.6	15.7	13.2	10.8
福建	0.533	0.547	0.567	0.587	83.1	80.4	77.7	67.8	65.6	63.4	84.1	84.0	83.9						
江西	0.490	0.510	0.535	0.560	181.0	173.0	164.9	157.2	150.2	143.2	139.0	139.1	139.2	42.0	33.9	25.7	18.2	11.1	4.0

（续）

地区	农田灌溉水有效利用系数				农田灌溉需水量						农田灌溉可用水量			非常规水利用量					
	《2015中国水资源公报》	《全国现代灌溉发展规划（2012—2020年）》			有效灌溉面积			折算灌溉面积						有效灌溉面积			折算灌溉面积		
		2020年	2025年	2030年	2020年	2025年	2030年	2020年	2025年	2030年	2020年	2025年	2030年	2020年	2025年	2030年	2020年	2025年	2030年
山东	0.630	0.646	0.671	0.696	174.5	170.1	165.6	164.2	160.1	155.9	147.9	149.3	150.7	26.6	20.8	14.9	16.4	10.8	5.2
河南	0.601	0.616	0.641	0.666	164.9	160.7	156.6	142.4	138.8	135.2	131.2	132.2	133.2	33.7	28.5	23.4	11.2	6.6	2.0
湖北	0.500	0.524	0.549	0.574	194.2	188.3	182.3	158.4	153.6	148.8	143.5	144.2	144.8	50.7	44.1	37.5	14.9	9.5	4.0
湖南	0.496	0.521	0.546	0.571	239.7	229.2	218.7	202.5	193.6	184.7	185.2	180.8	176.5	54.6	48.4	42.2	17.3	12.8	8.2
广东	0.481	0.500	0.525	0.550	164.2	150.0	135.8	152.1	139.0	125.8	129.7	118.9	108.1	34.5	31.1	27.7	22.5	20.1	17.7
广西	0.465	0.500	0.525	0.550	192.0	184.9	177.8	164.8	158.8	152.7	155.8	153.2	150.6	36.2	31.7	27.2	9.0	5.6	2.1
海南	0.563	0.570	0.599	0.627	37.9	38.6	39.3	24.3	24.7	25.2	30.1	31.7	33.2	7.7	6.9	6.1			
重庆	0.480	0.500	0.522	0.544	36.8	36.9	37.0	24.6	24.7	24.8	19.5	20.6	21.7	17.2	16.3	15.3	5.1	4.1	3.1
四川	0.454	0.476	0.497	0.518	177.0	174.4	171.8	141.2	139.1	137.1	140.2	142.6	145.1	36.8	31.7	26.7	1.0		
贵州	0.451	0.480	0.493	0.505	66.1	64.4	62.8	56.4	55.0	53.6	66.4	65.8	65.2						
云南	0.451	0.472	0.489	0.505	110.9	108.3	105.8	98.5	96.2	94.0	127.5	128.5	129.4						
西藏	0.417	0.450	0.461	0.471	21.6	21.1	20.6	21.6	21.1	20.6	18.8	19.7	20.7	2.8	1.4		2.8	1.4	
陕西	0.556	0.570	0.590	0.610	61.1	59.5	58.0	50.7	49.4	48.1	54.3	54.7	55.1	6.8	4.8	2.9			
甘肃	0.541	0.570	0.588	0.605	77.2	74.8	72.4	67.2	65.1	63.0	67.9	68.3	68.7	9.3	6.5	3.7			
青海	0.489	0.500	0.527	0.553	22.0	23.0	24.0	18.7	19.5	20.4	18.7	20.9	23.1	3.3	2.1	0.9			
宁夏	0.501	0.506	0.536	0.565	59.8	62.4	65.0	56.9	59.3	61.8	52.7	58.1	63.5	7.1	4.3	1.5	4.2	1.2	
新疆	0.527	0.570	0.581	0.591	363.9	341.5	318.9	352.3	330.5	308.7	355.6	328.5	301.4	8.3	13.0	17.5		2.0	6.3

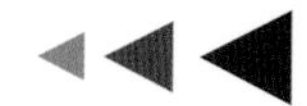

略有增加，其他各省（自治区）均呈下降趋势。2030年，江苏、湖南、湖北占比较大，占全国比重分别为6.2%、6.1%和5.1%，其次为广西、四川、安徽、江西四省（自治区），4省（自治区）占比居中，维持在4%～5%，其他各省均不足4%。

按折算灌溉面积计算，2020年、2025年、2030年全国农田灌溉需水量将分别达到3 208.1亿m^3、3 119.4亿m^3和3 031.3亿m^3。与上述有效灌溉面积相比，北方占全国农田灌溉需水量比例约增加了1.3个百分点，由2020年的48.7%增加到2030年的50.1%；在地区分布上，仍主要集中于新疆、黑龙江、山东、内蒙古和河南5省（自治区）。到2030年，新疆、黑龙江占全国比重均维持在10%以上，河南、内蒙古和山东均维持在4%～5%，且河南占比呈增加趋势。

与上述有效灌溉面积相比，南方占全国农田灌溉需水量比例在下降，由2020年的51.3%下降为2030年的49.9%；在地区分布上，主要集中于湖南、广西、湖北、江西、江苏、四川、安徽和广东8省（自治区）。到2030年，湖南、广西占全国比重分别为6.1%和5.0%，其他6省均维持在4%～5%，且四川占比呈增加趋势。不同水平年南北方有效灌溉面积和折算灌溉面积上农田灌溉需水量如图1-53所示。

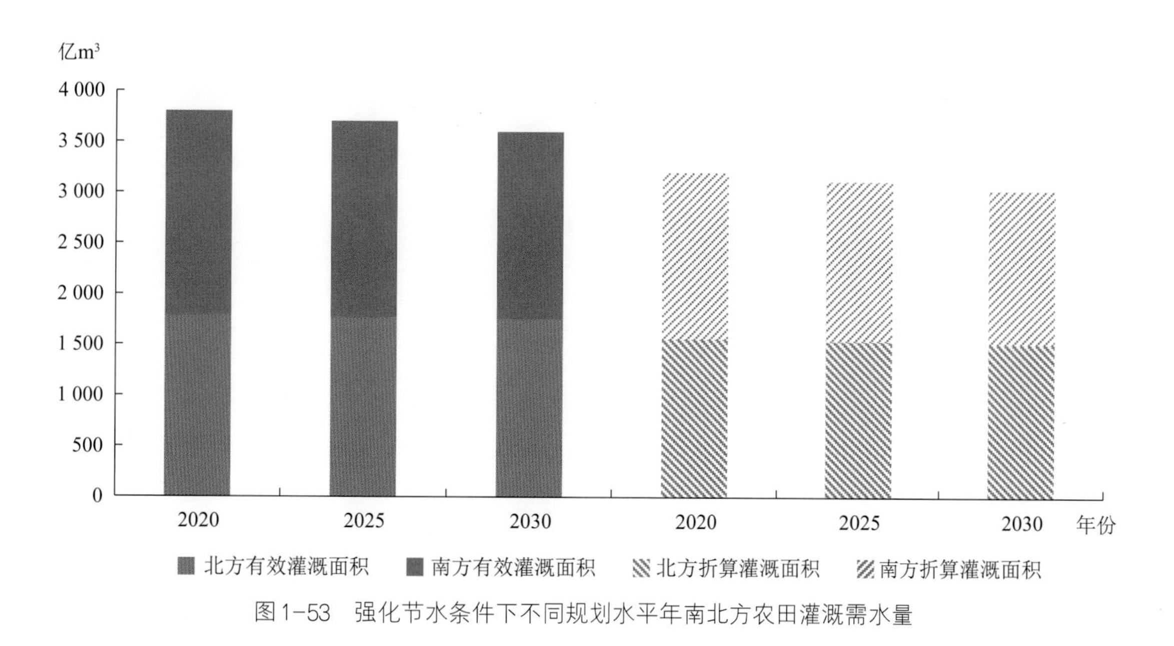

图1-53　强化节水条件下不同规划水平年南北方农田灌溉需水量

（四）农田灌溉可用水量及缺水状况

根据《全国现代灌溉发展规划（2012—2020年）》，2020年、2030年多年平均灌溉可用水量为3 720亿m^3和3 730亿m^3。根据《中国水资源公报》，2000年以来林牧渔用水

量变化较平稳，由2001年316.4亿m^3增加到2015年475.8亿m^3，年最大用水量为2012年（499.2亿m^3），未突破500亿m^3，考虑到未来灌溉面积的扩大和节水灌溉方式的增加，未来林牧渔用水量仍将控制在500亿m^3左右（最高达到544.5亿m^3），则2020—2030年多年平均农田灌溉可用水量（不包括非常规水量）为3 230亿m^3。

1. 当前节水水平下农田灌溉缺水量

以3 230亿m^3为农田灌溉用水量约束下限，在当前节水水平下，按2020年、2025年和2030年不同规划水平年有效灌溉面积发展规模计算，三个水平年农田灌溉需水量分别超过可利用灌溉水量指标717.4亿m^3、765.3亿m^3和812.8亿m^3。在空间上，在2020年之前，全国仅4个省份农田灌溉用水相对充足；27个缺水省份中，南方14个，北方13个。缺水量占全国农田灌溉缺水量的比例，北方为42%，南方为58%。到2025年、2030年，除天津市农田灌溉用水由缺水变为相对充足，全国南北方其他省缺水量占全国比例与2020年相似。

按照折算的实灌面积计算，2020年、2025年和2030年农田灌溉缺水量分别为100.9亿m^3、136.6亿m^3和172.4亿m^3。在空间上，在2025年之前，全国仅13个省份农田灌溉用水相对充足；在18个缺水省份中，南北方各9个。2020年和2025年农田灌溉缺水量主要集中在北方地区，均占全国农田灌溉缺水量的一半以上。2030年，全国仅14个省份农田灌溉用水相对充足，其中青海省退出2025年之前的缺水省份行列；南北方农田灌溉缺水量在全国的占比发生逆转，几乎各占一半。

2. 强化节水条件下农田灌溉缺水量

以3 230亿m^3为农田灌溉用水量约束下限，若不考虑非常规水的可利用量，在强化节水水平下，全国灌溉水利用系数达到0.55以上时，按有效灌溉面积计算，2020年、2025年和2030年三个水平年需水量超过可利用灌溉水量指标分别为576.3亿m^3、474.9亿m^3和373.3亿m^3。在空间上，在2020年，6个省份农田灌溉用水相对充足；25个缺水的省份中，北方13个，南方12个，缺水量占全国的比例，北方为42%，南方58%。2025年、2030年，全国缺水的省份数量逐渐减少，但缺水量占全国比例呈南方增加、北方减少趋势。

按照折算的实灌面积计算，全国农田灌溉用水量可以得到基本保障，但区域差异较大。在2020年，16个省份农田灌溉用水相对充足，15个省份缺水，其中缺水率（缺水量与可供水量之比）超过10%的省份7个，从小到大依次为湖北、安徽、山东、江西、

广东、西藏和重庆。随着种植结构调整和节水灌溉力度的增加，到2025年、2030年，全国缺水的省份逐渐减少为14个和10个，相应的缺水率超过10%的省（市）分别下降到3个和2个，主要分布在广东、重庆和安徽三省（直辖市）。若考虑未来污水处理能力和非常规水（再生水和微咸水）回用力度的增加等措施，区域上的灌溉缺水也可避免。

不同水平年折算灌溉面积上缺水量分布如图1-54、图1-55所示。

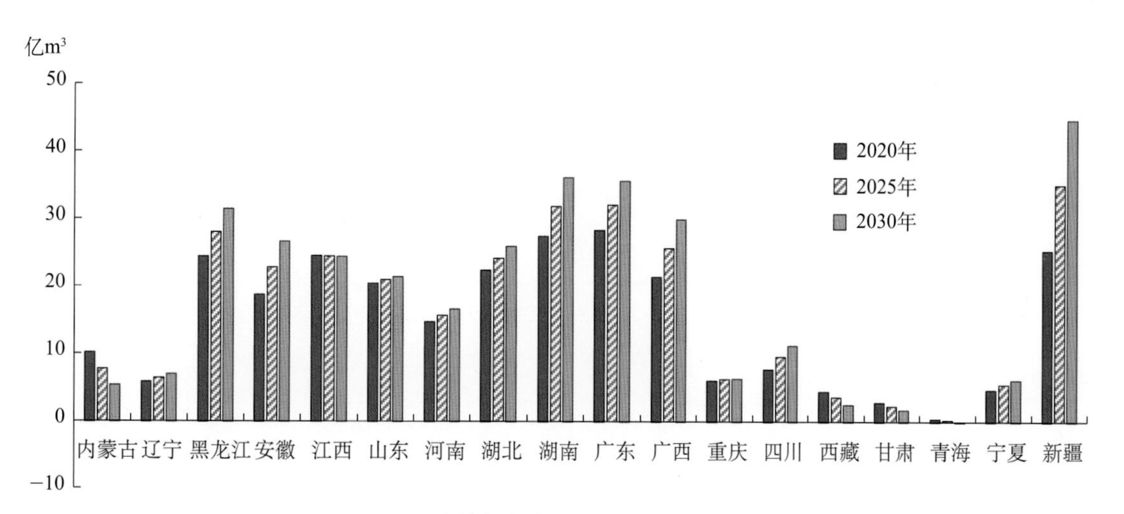

图1-54　当前节水水平下不同水平年缺水量

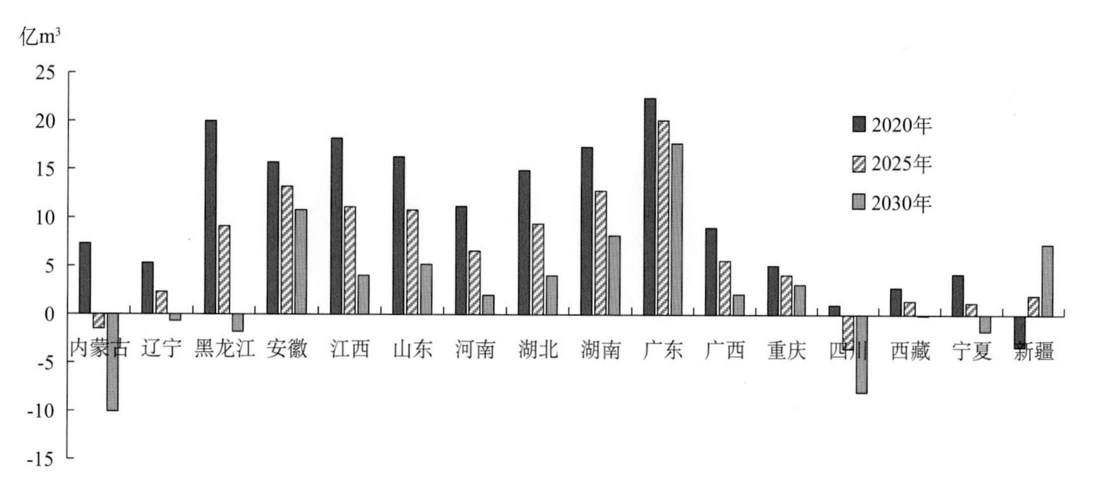

图1-55　强化节水条件下不同水平年缺水量

综上所述，比较不同节水措施下的农田灌溉用水量的供需关系可见，要支撑10亿亩高标准农田用水需求，至少需要保障农田灌溉基本用水底线3 230亿m^3；远期要进一步发展灌溉面积，开发其他水源，以保障区域内农田灌溉供需平衡。因此，结合全国灌溉农业发展目标和布局，进一步强化节水、发展适水种植、优化种植结构、提高再生水回用量等综合措施，成为保障10亿亩高标准农田建设的必然选择。

五、农业水资源高效利用战略举措

在新形势下，我国粮食生产的主要矛盾已由总量不足转变为结构性矛盾，粮食生产向北方转移，南北方水资源与粮食生产错位加剧；北方多数地区的地表水资源开发程度已超过上限，大多数地区的地下水已严重超采，黄河以北主产区地下水利用濒临危机，难以持续。推进农业供给侧结构性改革、适水种植、强化节水，建设节水高效的现代灌溉农业和现代旱作农业体系是当前和今后一个时期提高农业水资源质量和效率、建设10亿亩高标准农田、保障粮食安全的重要任务。

（一）发展目标与总体布局

1. 指导思想

以确保国家粮食安全（口粮自给）和重要农产品有效供给、加快现代农业和现代水利发展、促进生态文明为目标，以全面落实用水总量控制指标、转变农业用水方式、提高降水和灌溉水利用水平、建设旱涝保收高效稳产高标准农田为主线，以优化水土资源配置、夯实灌排设施基础、保护灌区生态环境、创新灌溉发展体制机制为重点，着力构建与资源环境承载能力、经济社会发展和美丽乡村建设要求相适应的现代灌溉农业体系和现代旱作农业体系。

2. 基本原则

——守住农业基本用水底线，高效利用水资源。坚持谷物基本自给、口粮绝对安全底线，适水种植，建设高标准节水灌溉农田，落实用水总量控制指标，保障合理的灌溉用水需求。

——坚持以水定灌，有进有退。以水资源承载能力倒逼灌溉规模调整，巩固和适度扩大南方水稻种植面积，适度调减华北地下水严重超采区小麦种植规模，水旱并举实现水资源可持续利用和灌溉的可持续发展。

——坚持开源节流并举，节水为先。科学开发利用再生水资源和微咸水资源，大力发展和推广喷灌、微灌、低压管灌等高效灌溉技术和渠道防渗技术，构建与新型农业经营体系相适应的现代灌溉农业体系。

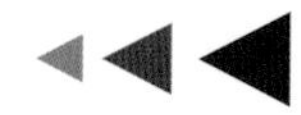

——突出用水效率和效益，优化粮作布局。按照作物需水和灌溉水量的地区分布规律，适水种植、优化粮食作物区域布局，合理调配水资源，提高农业生产的比较效益。

3．发展目标

总目标：建设现代灌溉农业体系和现代旱作农业体系。

具体目标：

到2025年，水土资源配置与灌溉发展布局趋于合理，灌排设施和信息化水平明显提升。在多年平均情形下，全国灌溉用水量控制在3 725亿m^3以内，农田有效灌溉面积达到10.2亿亩，节水灌溉工程面积达到7.76亿亩，节水灌溉率达到69%，其中高效节水灌溉工程面积达到4.35亿亩，高效节水灌溉率达到39%，农田灌溉水有效利用系数提高到0.57以上。

到2030年，基本完成现有灌区改造升级，新建一批现代灌区，基本实现灌溉现代化。在多年平均情形下，全国灌溉用水量控制在3 730亿m^3以内，农田有效灌溉面积达到10.35亿亩，节水灌溉工程面积达到8.5亿亩，节水灌溉率达到74%，其中高效节水灌溉工程面积达到5亿亩，高效节水灌溉率达到44%，农田灌溉水有效利用系数提高到0.60以上。

到2035年，力争全面建成以适产高效、精准智慧、环境友好型和云服务为特征的现代灌溉农业体系和现代旱作农业用水体系，适度发展灌溉面积，提高农田灌溉保证率，使全国灌溉用水量趋于稳定。

4．总体布局

北方地区总体“水少地多”，以高效节约利用水资源、提高水资源利用效率效益为中心，推行土地集约化利用和适产高效型限水灌溉（调亏灌溉）制度相结合，同时考虑小麦南移、农牧交错带以草业为主的种植结构调整。按“增东稳中调西”的原则，优化灌溉面积发展规模，东北地区重在节水增粮、黄淮海平原区重在节水压采、西部地区重在节水增收。

南方地区总体“水多地少”，以节约集约利用土地资源、提高土地资源利用效率效益为中心，稳定基本农田和控制排水型适宜灌溉相结合，果草结合，发展绿肥种植。按“调东稳中增西”的原则，优化灌溉面积发展规模，大力推广水稻控制灌溉技术，着力节水减污。东部强化甘蔗主产区种植规模，适当调减其他大田作物种植规模；中部长江中下游地区稳固水稻主产区，加强田间水肥高效利用综合调控技术模式和面源污染治理工作；西部四川盆地片区增加水稻“湿、晒、浅、间”控制性灌溉模式规模。

（二）建设节水高效的现代灌溉农业体系

1．推广高效节水灌溉技术，提高灌水效率

我国当前灌排设施建设仍相对滞后，全国50%耕地缺少基本灌排条件，仍是“望天田”；约40%的大型灌区、50%～60%的中小型灌区、50%的小型农田水利工程设施不配套，大型灌排泵站设备完好率不足60%；10%以上低洼易涝地区排涝标准不足三年一遇；旱涝保收田面积仅占耕地面积的30%（全国农村工作会议，2014）。

2000年以来，我国农业节水力度进一步增大，节水灌溉面积呈上升趋势，但高效节水灌溉面积占比仍相对较低。2015年节水灌溉面积约4.66亿亩，占耕地灌溉面积（含林果灌溉面积）的47.16%。其中，低压管灌、喷灌、微灌三种高效节水灌溉面积约2.69亿亩，占灌溉面积的27.2%，且以低压管灌占比最大，约占49.7%，喷灌和微灌占比较小，仅为13.68%（图1-56）。与国际先进水平相比，目前我国高效节水的喷灌和微灌占灌溉面积比重远不及德国、以色列和美国2000年水平。

相应农业用水效率相对较低。2015年全国灌溉水利用系数仅为0.536，西欧国家普遍达到0.7～0.8；全国粮食水分生产率仅为发达国家的70%，据统计，发达国家一般维持在2kg/m³。

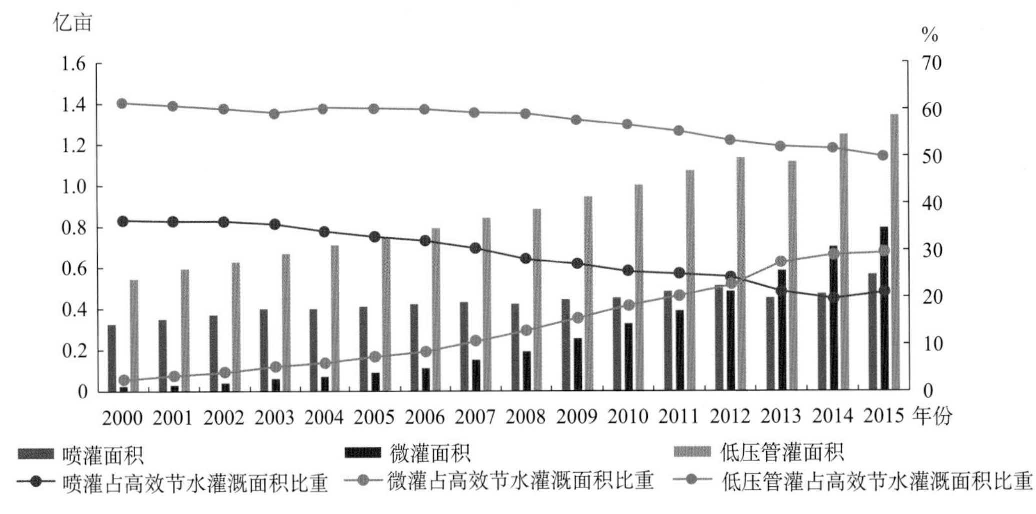

图1-56　三种高效节水灌溉技术历年走势

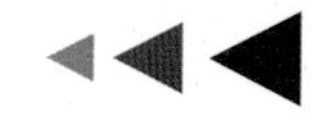

要坚持总量控制、统筹协调，因地制宜地大力发展和推广以喷灌、微灌、低压管道输水灌溉为主的高效灌溉技术。力争到2025年，全国节水灌溉面积达到7.8亿亩，其中喷灌、微灌和低压管道输水灌溉的高效节水灌溉面积达到4.3亿亩。到2030年，全国节水灌溉面积达到8.5亿亩，其中喷灌、微灌和低压管道输水灌溉的高效节水灌溉面积达到5.0亿亩。在地区分布上，以东北、华北、长江区和新疆地区占比较大，2025年、2030年四个地区节水灌溉面积占全国的比例维持在66.9%左右，高效节水灌溉面积占全国比例维持在72%左右，且以华北、新疆发展占比最高。严重缺水的华北地区应全面推广喷灌微灌和低压管道输水灌溉等高效节水技术。具体分布如图1-57、表1-16所示。

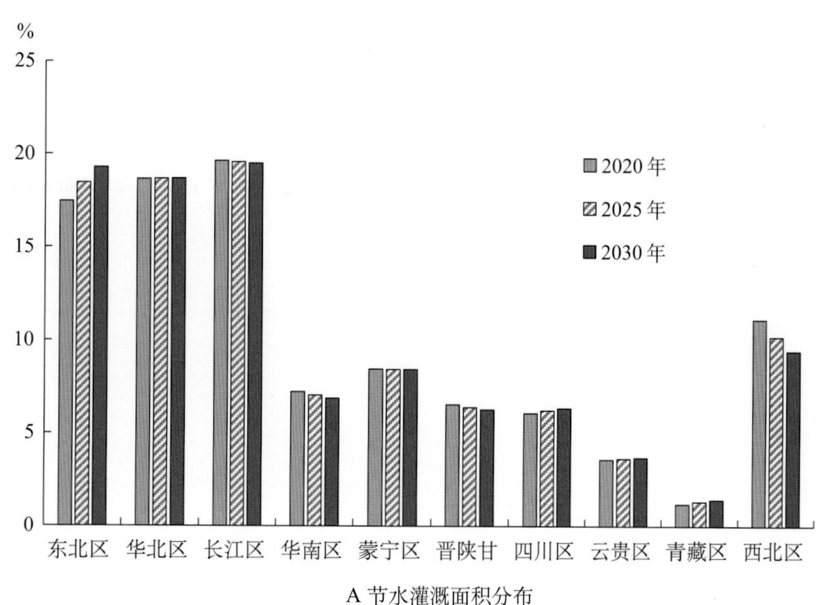

A 节水灌溉面积分布

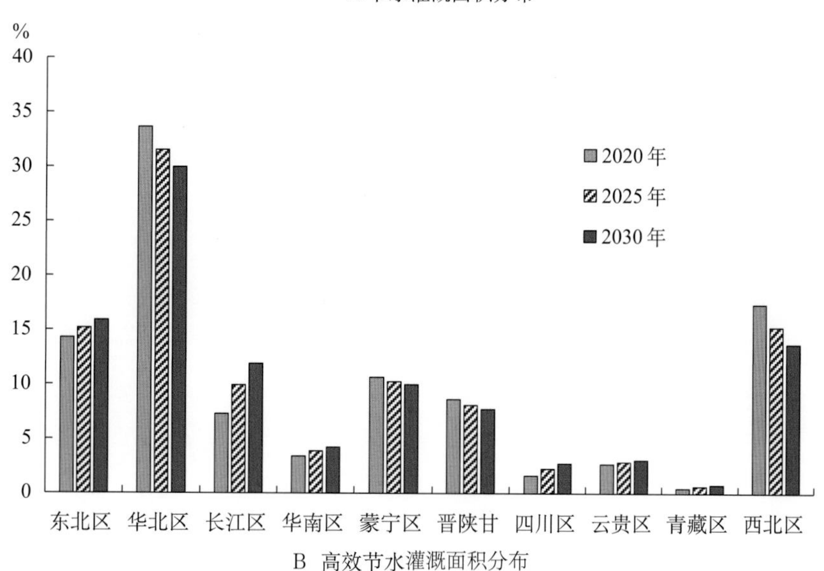

B 高效节水灌溉面积分布

图1-57　全国节水灌溉面积、高效节水灌溉面积分布

表1-16 全国各省份2020年、2025年、2030年节水灌溉面积发展情况

单位：万亩

地区	2015年					2020年					2025年		2030年	
	节水灌溉面积	高效节水灌溉面积				节水灌溉面积	高效节水灌溉面积				节水灌溉面积	高效节水灌溉面积	节水灌溉面积	高效节水灌溉面积
		小计	管灌	喷灌	微灌		小计	管灌	喷灌	微灌				
全国	46 590	26 885	13 366	5 622	7 897	70 118	36 887	17 381	7 698	11 807	77 614	43 449	85 108	50 019
北京	296	278	200	56	22	320	318	200	71	47	309	308	298	298
天津	311	231	220	7	4	429	271	259	7	5	451	294	473	317
河北	4 710	4 230	3 777	290	163	5 230	5 230	4 342	515	373	5 578	5 547	5 927	5 863
山西	1 343	995	812	115	68	1 636	1 295	947	170	178	1 771	1 418	1 906	1 540
内蒙古	3 712	2 512	829	756	927	5 039	3 512	829	1 056	1 627	5 544	3 943	6 049	4 374
辽宁	1 210	987	260	214	513	1 970	1 287	455	224	608	2 110	1 413	2 249	1 539
吉林	1 003	926	185	539	202	2 396	1 227	215	745	267	2 719	1 471	3 041	1 715
黑龙江	2 545	2 253	16	2 107	130	7 880	2 753	51	2 527	175	9 507	3 729	11 135	4 705
上海	215	115	109	5	1	223	120	113	5	2	207	121	190	123
江苏	3 504	578	398	99	81	4 094	778	543	129	106	4 369	1 100	4 644	1 423
浙江	1 641	249	93	82	74	2 034	359	118	127	114	1 993	451	1 952	543
安徽	1 360	258	85	149	24	2 274	418	140	224	54	2 658	921	3 041	1 425
福建	863	330	146	135	49	889	410	186	165	59	993	503	1 096	597
江西	751	122	41	31	50	1 775	222	66	61	95	1 969	395	2 163	568
山东	4 379	3 188	2 869	209	110	4 412	4 138	3 679	279	180	4 958	4 638	5 504	5 139

（续）

地区	2015年					2020年					2025年		2030年	
	节水灌溉面积	高效节水灌溉面积				节水灌溉面积	高效节水灌溉面积				节水灌溉面积	高效节水灌溉面积	节水灌溉面积	高效节水灌溉面积
		小计	管灌	喷灌	微灌		小计	管灌	喷灌	微灌				
河南	2 508	1 807	1 523	242	42	2 697	2 457	2 048	307	102	3 203	2 919	3 708	3 381
湖北	575	461	196	167	98	1 849	611	261	222	128	2 175	891	2 502	1 172
湖南	522	25	16	7	2	1 529	175	86	62	27	1 817	437	2 106	699
广东	444	54	31	13	10	1 190	104	46	43	15	1 300	242	1 409	381
广西	1 427	173	72	42	59	2 625	653	297	122	234	2 748	809	2 870	965
海南	125	71	38	13	20	358	91	45	18	28	416	130	475	170
重庆	309	86	65	18	3	458	156	105	38	13	549	227	640	299
四川	2 352	235	140	71	24	3 805	435	270	101	64	4 281	754	4 757	1 074
贵州	488	175	109	36	30	1 165	245	159	51	35	1 277	343	1 389	442
云南	1 087	239	162	24	53	1 352	739	427	124	188	1 551	914	1 750	1 090
西藏	35	25	25	0	0	389	30	28	1	1	482	86	575	141
陕西	1 316	551	438	47	66	1 812	811	578	72	161	1 953	932	2 095	1 052
甘肃	1 381	528	235	38	255	1 133	1 078	520	98	460	1 238	1 174	1 344	1 271
青海	204	56	44	3	9	457	136	89	8	39	554	190	651	244
宁夏	466	236	56	54	126	898	416	61	69	286	1 015	516	1 132	615
新疆	5 508	4 913	176	55	4 682	7 800	6 412	218	58	6 136	7 919	6 633	8 038	6 854

资料来源：2015年数据采用《中国水利统计年鉴》，2020年数据采用《“十三五”新增1亿亩高效节水灌溉面积实施方案》（水农〔2017〕8号）。

以水资源承载能力倒逼灌溉规模调整，构建与集约化、专业化、组织化、社会化的新型农业经营体系相适应的现代灌溉设施体系、技术体系和管理体系，适应农户兼业化、村庄空心化、劳动力老年化的新形势，提高农业生产的比较效益，实现水资源可持续利用和灌溉的可持续发展。

2．适水种植，抑制灌溉需求量增长

坚持底线思维，守住农业基本用水底线和不超越水资源承载能力红线。适水种植的重心是按照作物需水和灌溉水量的地带性特征，适水种植，优化粮食作物区域布局。重点是合理调整和布局高耗水的水稻、冬小麦种植区，以较小的灌溉用水需求保障稻谷、小麦口粮生产安全。

（1）小麦南移，巩固冬小麦主产区种植规模

冬小麦主要分布在河南、山东、河北、安徽、江苏、陕西、甘肃、新疆和山西等北方水资源紧缺地区，2015年9省（自治区）冬小麦播种面积占全国冬小麦种植面积的82%。由于降水量南高北低，冬小麦需补充灌溉水量由南向北递增，高值区位于西部的新疆克拉玛依市和西藏阿里地区，需补充灌溉水量500～600mm；低值区位于淮河流域南部，需补充灌溉水量100～200mm。

然而，2000—2015年，全国冬小麦播种面积增加了2364.6万亩，增量的60.8%分布在安徽（491万亩）、江苏（338万亩）、河南（608万亩），三省合计增加1437万亩（图1-58）；而同期河北冬小麦播种面积减少了609万亩，约占其2000年冬小麦播种面积的15.2%，但2015年其播种面积仍占全国播种面积的9.79%。

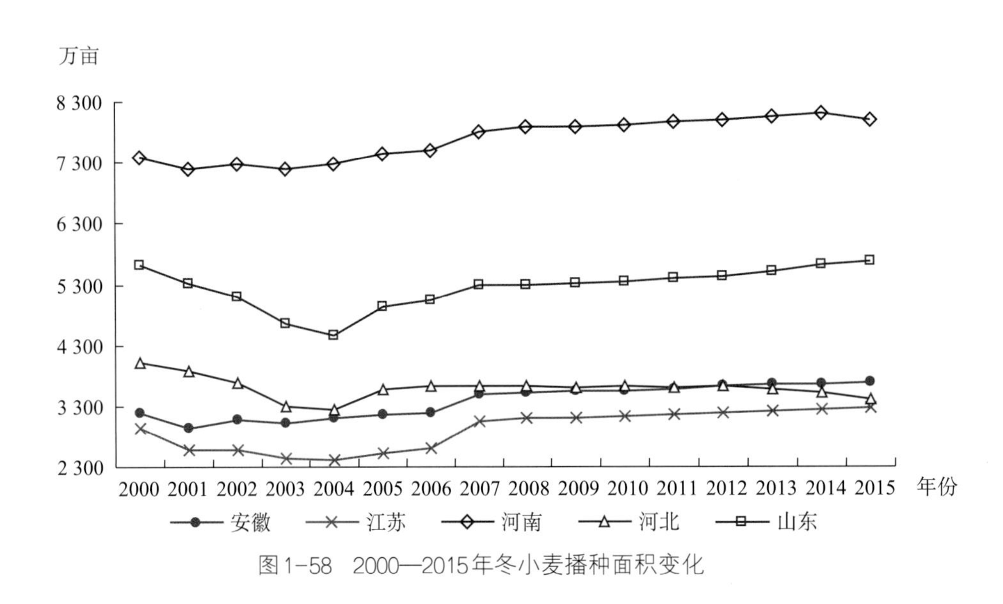

图1-58　2000—2015年冬小麦播种面积变化

 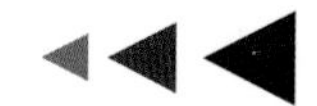

淮河流域北部是冬小麦灌溉低值区，冬小麦生育期降水量均匀，安徽需灌溉水量仅为河北的63%，亩均灌溉用水量可减少约80m^3。小麦南移，若按亩均减少80m^{3}计算，2000年以来河北减少600万亩冬小麦播种面积，南移至淮南安徽一带，相应减少灌溉水量约4亿m^3。

据不完全统计，目前淮河流域北部安徽，河南信阳、南阳，江苏赣榆一带，至少有1 500万亩冬小麦非灌溉种植面积。根据“引江济淮工程”推荐方案，农业可利用水量5.44亿m^3，向淮河流域总补水灌溉面积约1 085万亩，小麦南移结合砂姜黑土旱改水工程，建设稻麦两熟高标准农田，可新增补充灌溉面积1 000万亩，预计可增产671万t（增产0.671t/亩×1 000万亩），创建新粮仓。建议进一步论证引江入淮建设稻麦两熟生产基地的可行性。

从水量上看，与在河北地区生产等量的小麦相比，小麦南移至淮河流域北部安徽一带，可减少小麦生产需水量50.0亿m^3（节水0.5m^3/kg×1 000万t），其中可节约灌溉水量（蓝水）40.0亿m^3（节水0.4m^3/kg×1 000万t）。小麦南移、适水种植有利于稳定和扩大冬小麦种植面积、提高产量并减缓华北地区地下水超采。

此外，在安徽、河南、山东、江苏发展小麦雨养种植较其他区域的单位水生产效率高1倍，适宜发展冬小麦旱作。黄淮河平原区通过提倡小麦南移，适度调减华北平原地下水严重超采区的小麦种植，发展旱作冬油菜+青贮玉米以及耐旱耐盐碱的棉花、油葵和马铃薯。粗略估计，在基本稳定我国冬小麦优势区生产产能的前提下，可压缩小麦灌溉面积300万亩。与此同时，扩大淮北平原冬小麦播种面积。通过小麦南移、适水种植、以水限产、调亏灌溉，既可抑制华北平原冬小麦的需（耗）水量，又可稳定我国冬小麦优势区的生产产能。

(2) 南恢北稳，推广水稻控制灌溉，节水增产

水稻生产对灌溉需求的低值区位于四川、重庆、贵州、湖北、江西、浙江6省（直辖市），灌溉水需求量不足全国平均值的60%，是最适宜的水稻种植区域。其次是东北三省以及南方湖南、福建、云南、广西、广东和海南，小于等于全国平均值。因此，在稳定和保护好东北水稻生产基地的同时，要努力恢复、巩固和开发南方地区双季稻种植面积，以保障我国口粮安全。

逐步收缩东北地区井灌区水稻种植面积，重点提升江河湖地表水灌区水稻集约化生产水平，采取控制性灌溉措施，亩均灌溉量可由335m^{3}降低到210m^3，亩均增产约5%，

提升产品质量。

重点建设长江中下游地区、西南地区水稻优势产区，恢复水热资源匹配度较高的华南地区水稻种植，采取“浅、薄、湿、晒（或湿、晒、浅、间）”措施，亩均灌溉量可由520m^{3}降低到310m^3，亩均增产约13%。

（3）粮改饲、米改豆，缓解“北粮南运”和北方水资源短缺的压力

目前，我国“北粮南运”主要解决的是南方饲料粮不足。结合当前玉米产能过剩且“北粮南运”主要为饲料粮运输的现实，应以玉米种植结构调整为重点，以草食畜牧业发展为载体，引导玉米籽粒收储利用转变为全株青贮利用，促进玉米资源从跨区域销售转向就地利用，既是构建种养循环、产加一体、粮饲并重、农牧结合的新型农业生产结构要求，也是缓解“北粮南运”、北方水资源短缺的压力，提高农业用水效率和效益的要求。

青贮玉米的合理收割期为玉米籽实的乳熟末期至完熟前期，产量和营养价值最佳，还可少浇1～2水。玉米改种青贮玉米、燕麦、豆类，亩均可减少灌溉水量60～90m^3。玉米改种大豆，兼顾马铃薯和饲草，亩均可节水15～25m^3。

大力开展粮改饲、米改豆，实施主产区、主销区粮改饲双侧结构调整，重点推进从平衡区滑到主销区的云贵和广西种植结构调整，从粮食作物种植向饲（草）料作物种植的方向转变，促进玉米资源从跨区域销售转向就地利用：一可有效利用天然降水，减少灌溉用水，提高水分生产率；二可减少地下水开采量和化肥施用量，减缓北方地区地下水超采和面源污染；三可增加南北方饲料粮自给，减少“北粮南运”的压力。

若按照《农业部关于“镰刀弯”地区玉米结构调整的指导意见》将我国镰刀湾地区（北方：河北、山西、内蒙古、辽宁、吉林、黑龙江、陕西、甘肃、宁夏、新疆）的籽粒玉米调减5 000万亩，改种青贮玉米，可节水30亿m^3（节水60m^3/亩×5 000万亩）。每亩青贮玉米产能为籽粒玉米的2倍，在能量供给相同的情况下，种植青贮玉米节水约60亿m^3。在南方（广西、贵州、云南）种植籽粒玉米5 000万亩，则在减少北方60亿m^{3}灌溉水资源的同时，可弥补南方地区4 381万t（全国平均876kg/亩×5 000万亩）的粮食亏缺，减少因“北粮南运”带走的虚拟灌溉水量43.81亿m^3（南方单位玉米生产灌溉需水量平均值为0.1m^3/kg），有利于缓解北方水资源短缺。

在北方广大半干旱、干旱地区，压缩灌溉玉米的种植面积，恢复谷子、高粱、莜麦、荞麦和牧草等耐旱作物面积，减少灌溉用水量。

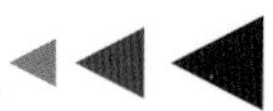

3．调亏灌溉，抑制北方地区地下水超采

北方地区的粮食生产离不开地下水的保障。据《2015中国水资源公报》统计，十大流域片区中，北方七片区地下水开发利用量基本在40%以上（其中黄河流域为36%），一半以上的开采量用于农田灌溉。粮食主产大省黑龙江地下水灌溉面积占全省总灌溉面积的63%，部分地区已超过开采的限制水平；其中三江平原地下水灌溉区面积占总灌溉面积的78%，造成地下水位下降（吕纯波，2016）。西北地区在大量开发地表水的同时，不断加大地下水的开采，除塔里木盆地地下水尚有一定的开采潜力，其余各流域的地下水开发利用程度已经很高，在天山北坡经济带、黑河中下游和石羊河中下游地下水位不断下降，造成天然绿洲退化、大面积土地沙化等问题（石玉林，2004）。

华北地下水超采问题更加突出，已形成世界上最大的集中连片地下水超采漏斗区。以河北省为例，全省粮食总产量从20世纪50年代的754.2万t持续增长到2015年的3 363.8万t，增长了3.46倍，粮食播种面积上的亩产从50年代初的69kg增加到2015年351kg，增长了4倍，农业地下水开采量占全省地下水开采量的比例长期维持在70%左右，地下水开采量由2000年的127亿m^3下降到2015年的97亿m^3，减少了30亿m^3（图1-59、图1-60）。2005—2015年河北省地下水资源开发利用率平均达130%，2015年总超采量60亿m^3（河北省地下水超采综合治理试点方案，2015），超采地下水已成为保障粮食增产的主要驱动。因此，在华北平原优化冬小麦—夏玉米灌溉制度，挖掘作物高效利用潜力，是减少地下水超采的主要措施之一。

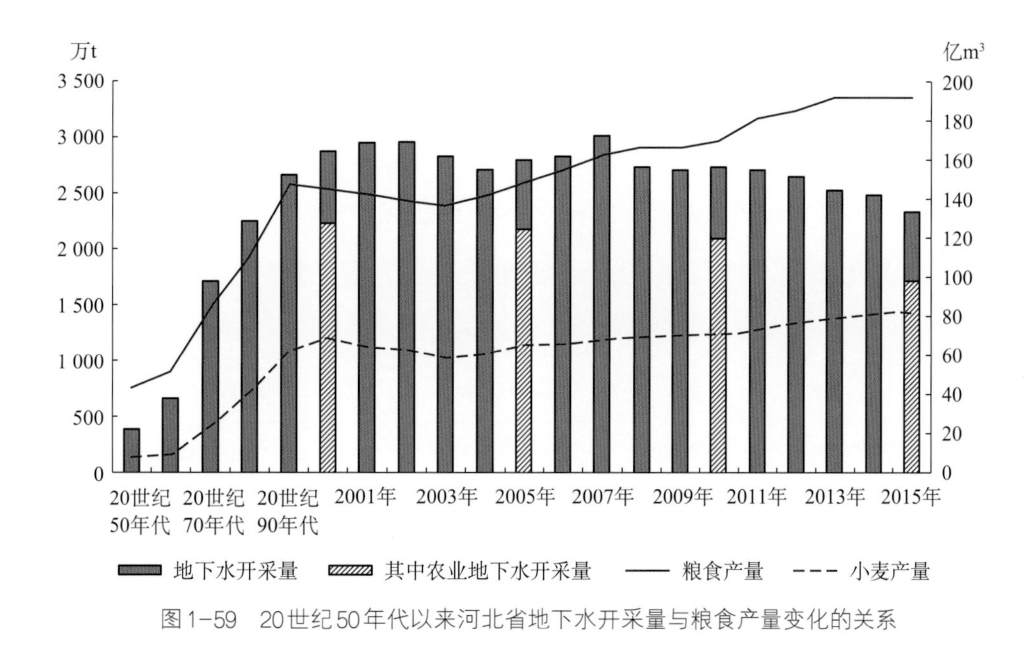

图1-59　20世纪50年代以来河北省地下水开采量与粮食产量变化的关系

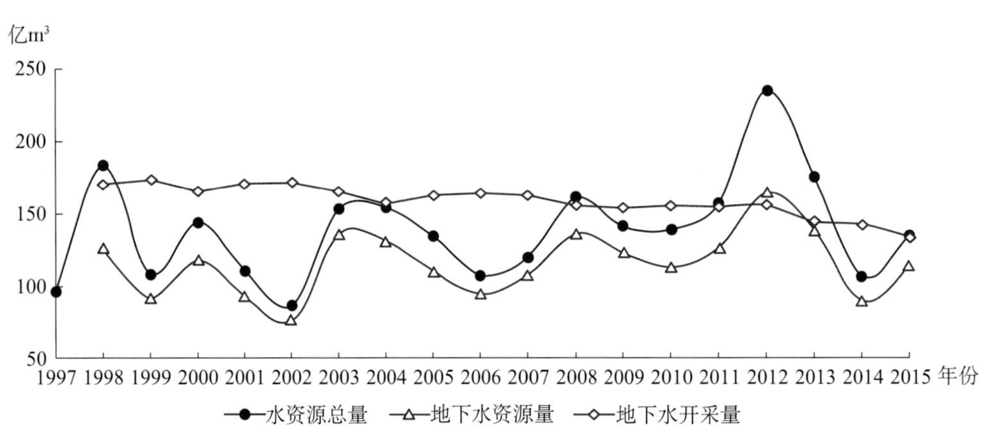

图1-60 1997—2015年 河北省水资源总量、地下水资源量、地下水水开采量的变化

(1) 优化冬小麦—夏玉米灌溉制度，挖掘作物高效用水潜力

华北平原多年平均条件下，实行冬小麦调亏（或亏缺）灌溉与夏玉米雨养制度，小麦—玉米两熟亩均灌溉需水量100～200m³，耗水量500～650mm，与常规灌溉相比，每亩可节水50～100m³，小麦减产可控制在13%以内。总体上看，实施调亏（或亏缺）灌溉制度，在稳产（约1 000kg/亩）前提下，较传统灌溉制度可提高作物水分利用效率约10%。

华北地区冬小麦具有保护土地资源的生态功能，不宜大规模压减种植面积，应以水限产、量水发展，在适当压减小麦产量的前提下，可以保证灌溉麦田1.04亿亩，发展半旱地农业。加大水利、农艺和生物节水技术的标准化、模式化和规模化应用，推广冬小麦—夏玉米轮作方式节水稳产高效的调亏灌溉制度，从追求单产最高的丰水高产型农业向节水高效优质型农业发展。坚持量水发展，非灌溉地发展粮草轮作，推进种养结合和其他旱作农业模式，逐步退减地下水超采量，现代灌溉农业和旱地农业并举，有序实现地下水的休养生息。

东北地区在现有灌溉制度的基础上，实施调亏灌溉，推广控制性灌溉，特别是在井灌区，据统计可再节水30%～40%（吕纯波，2016）。以井灌区水稻为例，采用控制性灌溉技术，与目前采用的“浅、晒、浅”灌溉相比，三江平原井灌区水稻亩均减少灌溉量175mm、水分生产率提高60%；松嫩平原可减少灌溉量200mm、水分生产率提高35%。

西北干旱内陆区加大种植结构调整力度的同时，推广调亏灌溉制度，可使灌溉定额减少。目前新疆亩均灌溉定额为800m³，南疆高达900～1 000m³，大力推广调亏灌溉，并配合以合理的高效节水灌溉技术措施，可使灌溉定额亩均下降100～200m³（石玉林，2004）。

(2) 强化管理，保护地下水资源

合理开发利用浅层地下水，限制开采深层地下水，通过总量控制、强化管理，实现

 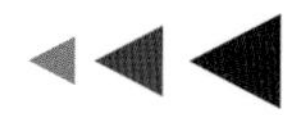

采补平衡。在浅层地下水资源丰富地区，井渠结合有利于高效利用水资源。在地下水严重超采区，从严管控地下水开采使用，节约当地水，引调外来水，将深层地下水资源作为战略储备资源；着力发展现代节水农业，增加地下水替代水源，通过综合治理，压减地下水开采，修复地下水生态。

在华北地下水严重超采区要加大压采力度，适度调减华北地下水严重超采区小麦种植面积，改种耐旱耐盐碱的棉花、油葵和马铃薯。对于划属压采地区，农地利用的调整要因地制宜，或改种饲（草）料，发展畜牧业，或改为休闲观光、旅游等，发展低耗水农业，逐渐恢复地下水位。在地下水超采区推行“定额管理、计量收费、节水奖励、超用加价”相关的农业水价改革，提高用水效率，减少地下水开采。

在松嫩平原，减少水稻种植面积，积极发展旱田作物；在三江平原，量水发展水稻，加大水稻种植面积向沿江沿河转移。从整体上抑制东北地区地下水的超采。

在西北地区，结合区域水资源特点，开展宜农则农、宜林则林、宜牧则牧的种植结构调整，控制灌溉面积的发展；推行地膜覆盖，通过保温节水的作用，减少灌溉用水。根据水源条件实行灌溉农业和旱作农业并举，发展适宜当地气候条件的低耗水作物，采用集雨补灌，减少对地下水的开采；改变灌区供水方式，如井渠结合、渠池（窖）集合，提高供用水效率。

4. 稳定水稻灌面，建设高标准稻田

长江中下游地区总土地面积约91.59万km^2，占全国的9.54%，是我国最大、最重要的水稻生产基地，水稻播种面积和产量均占到全国的近一半（表1-17），在保障我国粮食安全体系中具有举足轻重的作用。

表1-17　2000—2015年长江中下游地区粮食播种面积与产量

单位：万亩，万t，%

年份	播种面积						粮食产出			
	面积			占全国的比例			产量		占全国的比例	
	农作物	粮食作物	水稻	农作物	粮食作物	水稻	粮食作物	水稻	粮食作物	水稻
2000年	84 959	58 665	33 609	27.5	25.3	49.9		9 532.0		50.7
2005年	82 521	55 662	32 628	26.7	24.6	50.3	12 972.9	9 186.5	26.8	50.9
2010年	84 279	57 510	33 521	25.9	24.0	49.9	14 322.6	9 851.9	26.2	50.3
2015年	93 543	59 880	33 957	25.7	23.9	49.5	15 505.4	10 369.5	25.5	50.2

近年来，由于城市化进程中耕地资源被大量挤占、乡镇企业快速发展，长江中下游地区农田撂荒、耕地流失现象突出，耕地面积由2000年3.81亿亩下降到2010年3.59亿亩，在相关部门呼吁和关注下，现逐步回升至2015年3.77亿亩（表1-18），但粮食作物播种面积、粮食产量占全国的比例均在下降（表1-17）。

表1-18　1985年以来长江中下游地区耕地面积变化

单位：万亩，%

地区	1985年	1990年	1995年	2000年	2005年	2010年	2015年
上海	509	485	435	473	473	366	285
江苏	6 906	6 837	6 672	7 593	7 593	7 146	6 861
浙江	2 665	2 585	2 427	3 188	3 188	2 881	2 968
安徽	6 633	6 548	6 437	8 958	8 958	8 595	8 809
江西	3 553	3 524	3 463	4 490	4 490	4 241	4 624
湖北	5 377	5 215	5 037	7 424	7 424	6 996	7 883
湖南	5 013	4 968	4 875	5 930	5 930	5 684	6 225
长江中下游地区	30 656	30 163	29 345	38 055	38 055	35 909	37 655
占全国的比例	21.1	21.0	20.6	19.5	19.5	19.7	18.6
全国	145 269	143 509	142 456	195 060	195 060	182 574	202 497

资料来源：2000年后数据引自《中国统计年鉴》，为新调查数字。

影响长江中下游地区粮食生产能力的主要因素有三个方面：

区域内乡镇企业的快速发展，一方面建设用地大量挤占优质耕地，另一方面大量吸引农村劳动力，加上工资性收入远高于农业生产收入，极大地影响了农民种粮积极性。根据《中国统计年鉴》及《中国乡镇企业及农产品加工年鉴》数据统计，2013年末长江中下游地区乡镇企业从业人数达到5 200万人，占乡村人口比例由2000年的5.24%增长到2013年的8.22%（图1-61），农业纯收入中工资性收入由2000年的48.24%增加到2013年的54.75%（图1-62）。

水利建设相对滞后，影响了地区的粮食产量。据统计，2001—2011年，长江中下游地区有效灌溉面积基本维持在2.37亿亩左右，仅增加了510万亩，所幸随后的3年灌溉

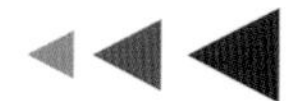

面积得到极大发展，从2011年的2.41亿亩增长到2015年的2.70亿亩。

旱涝灾害频发，影响地区粮食稳产。长江中下游地区是我国的多雨区之一，3—6月集中了年降水量的60%，6—7月占年降水量的35%，由于地势平坦低洼、排水不畅，降水集中季节常发生洪涝灾害。尽管近些年防洪工程能力提高，水灾面积略有下降趋势，2010—2015年长江中下游地区水旱灾害受灾面积仍总体处于高位（图1-63），2015年水旱灾面积4 595万亩，占全国的53.5%，其中水灾较为严重，占全国水灾受灾面积的52.4%。

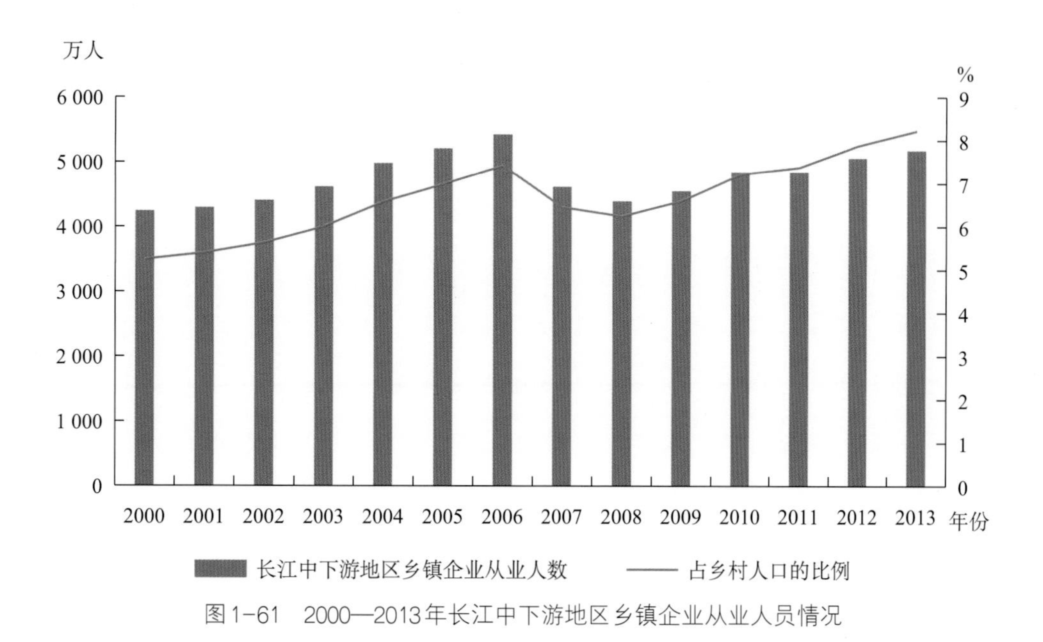

图1-61　2000—2013年长江中下游地区乡镇企业从业人员情况

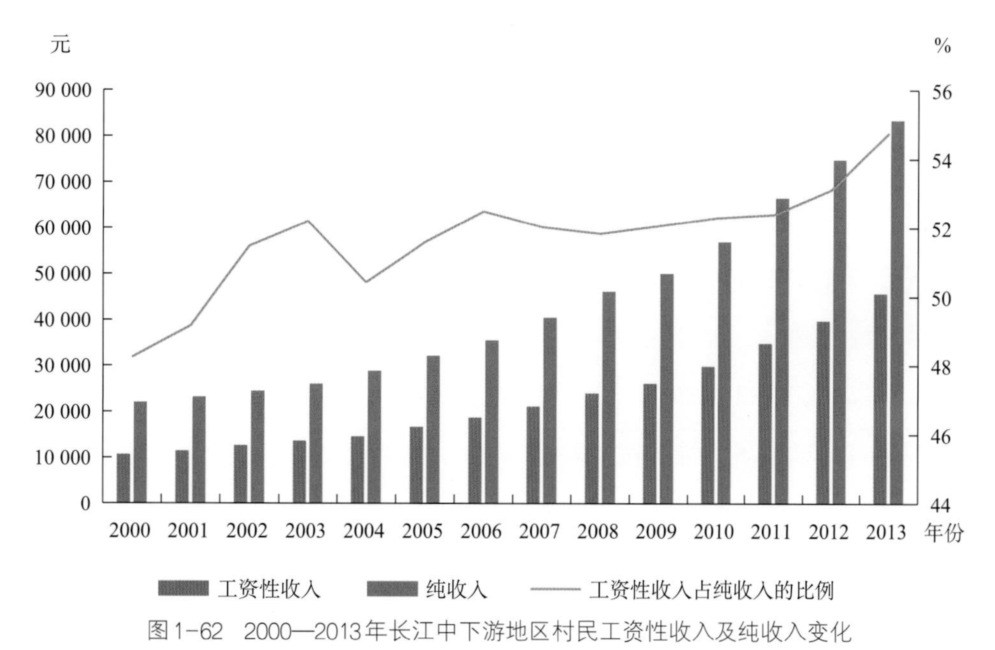

图1-62　2000—2013年长江中下游地区村民工资性收入及纯收入变化

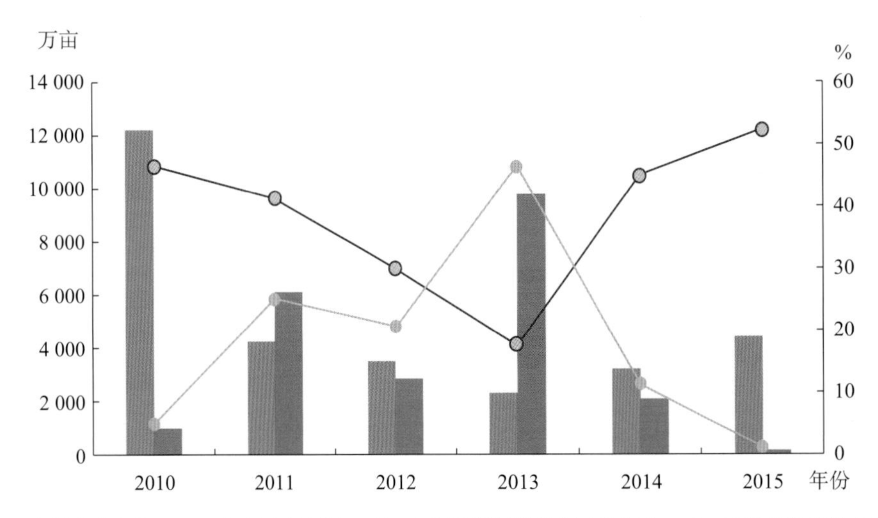

图1-63　2010—2015年长江中下游地区水旱灾害情况

审视全国粮食生产的未来形势，长江中下游地区仍将是我国最大、最重要的水稻生产基地。要充分利用区域内较为发达的工农业基础和沿江沿海的地域优势，合理提高复种指数，推进水稻“单改双”，减少水稻“双改单”变化对粮食生产的冲击。据相关统计，长江流域1998—2006年至少有2 616万亩双季稻改为单季稻，尽管2004年实施了“三减免，三补贴”措施，但仍未能有效遏制农户水稻“双改单”生产行为（辛良杰等，2009；王全忠，2015）。要努力恢复和稳定双季稻种植面积，改造升级现有灌区，加强低洼易涝区排涝体系建设，完善灌排设施和节水工程，提高农田灌溉排水保障程度，推广规模化生产，提高农民种粮积极性。

(1) 严格实行耕地保护，划定水稻粮食生产功能区

针对区域耕地面积减少、农民种粮积极性不高等问题，配合国家永久性基本农田划定政策，综合考虑资源承载能力、环境容量、生态类型和发展基础等因素，提升长江中下游水稻主产区的功能定位；将水土资源匹配较好、相对集中连片的水稻田划定为粮食生产功能区，明确保有规模，加大建设力度，实行重点保护，稳定优质双季稻面积，强力推进高标准稻田建设。

推广水稻集中育秧和机插秧，提高生产组织化程度，提倡集约化生产模式，减轻劳动强度。规范直播稻发展，推广优质籼稻，着力改善稻米品质，因地制宜发展再生稻。结合《全国种植业结构调整规划（2016—2020年）》和水土资源匹配特点，建议到2020年，长江中下游地区双季稻种植面积稳定在1.1亿亩；在布局上，洞庭湖平原与鄱阳湖平原以双季稻种植为主，适当增加玉米种植比例；江汉平原和江淮平原以稻麦种植为

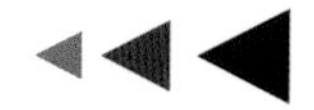

主，在保障水源的淮河两岸实行旱地改水地，发展糯、粳米为主的优质稻，实现稻麦两熟的耕作制度。

(2) 改造升级现有灌区，完善灌排设施，发展水稻控制灌溉

积极改造升级现有灌区，加强低洼易涝区排涝体系建设，完善灌排设施，改善灌溉条件。在中游水土条件适宜地区，适度新建灌区，扩大灌溉面积；在下游地区，结合水资源承载能力和城镇化布局，合理调整灌溉面积。加强中低产田改造，科学开发沿海滩涂资源。在长江中下游平原，加大退田还湖、平垸行洪力度，提高江河防洪能力。

（三）重点工程

按照先挖潜、后配套，先改建、后新建的原则，重点开展以下工程建设。

1. 水源工程改造与建设

结合全国重点小型病险水库除险加固、大中型病险水闸除险加固等的实施，推进全国4 000处蓄、引、提、调等大型水源工程改造。开展东北与西南大中型水源工程建设，加强对小型水源工程的新建和改造。

加快推进引江济淮工程和山东T形骨干水网建设，扩大南水北调中线调水规模，实施南水北调东线后续工程、万家寨引黄等调水工程，解决水资源严重不安全地区的水资源短缺。

2. 灌区节水改造与建设

重点推进456处大型灌区和1 869处重点中型灌区续建配套与节水改造；积极推进5 447处一般中型灌区续建。在东部沿海地区、大城市郊区、集团化垦区、农产品主产区基础条件较好的灌区，开展灌区现代化升级改造。在东北、长江中游、西南等水土资源条件适宜的地区，新建654处大中型灌区。结合高标准农田建设，因地制宜开展小型灌区改造升级，其中北方平原地区重点发展高效节水灌溉，推动井灌区实现管道化、自来水化灌溉；西南山区重点发展小水窖、小水池、小水塘坝、小泵站、小水渠“五小工程”；长江中下游、淮河以及珠江流域等水稻区，重点加强渠系工程配套改造和低洼易涝区排涝工程建设。

3. 灌区信息化与现代化灌区建设示范工程

开展重点大中型灌区用水监测计量、信息化建设，构建全国灌区监测体系；加强大

中型灌区水质监测网络建设；形成智能化、信息化、科学化以及云平台化的灌区管理信息体系。

在华北地区选择井渠结合灌区，按照测土配方、土壤墒情监测与作物生育特性相结合，建设精准灌溉、精准施肥、智能化管控的现代化灌区。对土壤墒情、土壤肥力、地下水埋深、地表水闸门以及作物长势等进行自动监测、远程数据传输、云计算处理；采用3S技术、互联网技术以及人工智能技术相结合，形成具有灌区灌溉信息感知诊断、决策智能优化、实时反馈调控等特点的现代化灌区。

4．华北平原地下水压采工程

自2014年国家在河北省开展地下水超采综合治理试点以来，河北省已连续三年实施《地下水超采综合治理试点方案》，2014年、2015年、2016年分别落实压采措施面积789.3万亩、1 080.1万亩、1 277.94万亩。2015年实现压采量5.13亿m^3，项目区亩均节水量65m^3；2016年实现压采量16.95亿m^3，项目区亩均节水量157m^3。据《南水北调报》报道，试点3年以来，河北省关停地下水井7 063眼，地下水压采修复效果初步显现，2016年浅层地下水位较治理前上升0.58m，深层地下水位上升0.7m（王昆、李继伟，2018）。

鉴于好的压采效果，建议在更大范围推广河北省地下水超采综合治理模式，以节、引、蓄、调、管为着力点，进一步优化种植结构调整、非农作物替代、冬小麦春灌节水、保护性耕作、水肥一体化喷灌、井灌高效节水、地表水替代地下水灌溉等综合节水措施，完善治理目标体系，全面推进节水压采机制、项目建管机制、水价形成机制、组织推动机制、群众参与机制；扩大地下水超采综合治理范围，逐步退减地下水超采量，修复地下水生境。

重点水利工程建设项目如表1-19所示。

表1-19　保障10亿亩高标准农田建设重点水利工程建设项目清单

工程建设任务		主要建设任务	
		2016—2020年	2020—2030年
水源工程	改造水源工程	全国共改造蓄、引、提、调等大型水源工程4 000处	
	新建水源工程	重点开展东北、西南等地区大中型水源工程建设约1 000处。全国新建和改造机井140万眼，新建和改造地表水及其他水源工程115万座	

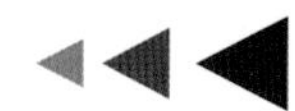

（续）

<table>
<tr><th rowspan="2" colspan="2">工程建设任务</th><th colspan="2">主要建设任务</th></tr>
<tr><th>2016—2020年</th><th>2020—2030年</th></tr>
<tr><td rowspan="2">大中型灌区节水改造与现代化升级改造工程</td><td>大中型灌区节水改造工程</td><td>大型灌区364处：骨干工程共改造、配套及新建水源渠首156处，渠系建筑物13.9万座，渠道长度4万km。
重点开展中型灌区1 869处；骨干工程共改造、配套及新建水源渠首4 249处，渠系建筑物21.68万座，渠道长度12.62万km，排水沟长度5.9万km；田间工程共改善灌溉面积1.11亿亩，改善和新增除涝面积1 080万亩。
一般中型灌区3 000处：骨干工程共改造、配套及新建水源渠首2 920处，渠系建筑物10.26万座，渠道长度5.8万km，排水沟长度1.88万km；田间工程共改善灌溉面积3 466万亩，改善和新增除涝面积216万亩</td><td>大型灌区92处节水改造：骨干工程共改造、配套及新建水源渠首1 106处，渠系建筑物16.8万座，渠道长度7.61万km，排水沟长度10.67万km；田间工程共改善灌溉面积1.62亿亩，改善和新增除涝面积2 233万亩。
一般中型灌区2 447处节水改造</td></tr>
<tr><td>大中型灌区升级改造</td><td>以东部沿海地区、大城市郊区、集团化垦区、农产品主产区、基础条件较好的灌区等为重点，力争完成1.51亿亩大型灌区、0.76亿亩重点中型灌区升级为现代化灌区；力争完成约3 000处一般中型灌区的升级改造并将0.49亿亩灌区升级为现代化灌区</td><td>进一步选择条件好的灌区，开展现代化灌区建设，基本完成现代化建设</td></tr>
<tr><td rowspan="3">大中型新灌区建设</td><td rowspan="3">新建现代化大中型灌区</td><td>大型灌区：新建70处，骨干工程共新建、改建水源渠首236处，渠系建筑物3.02万座，渠道1.46万km，排水沟长度0.58万km，改善和新增除涝面积188万亩</td><td></td></tr>
<tr><td>重点中型灌区203处：骨干工程共新建、改建水源渠首379处，渠系建筑物2.47万座，渠道1.41万km，排水沟长度0.25万km，改善和新增除涝面积73.5万亩</td><td>骨干工程共新建、改建水源渠首379处，渠系建筑物2.47万座，渠道1.41万km，排水沟长度0.25万km，改善和新增除涝面积73.5万亩</td></tr>
<tr><td>一般中型灌区381处：骨干工程共新建、改建水源渠首701处，渠系建筑物1.87万座，渠道1.30万km，排水沟长度0.21万km，改善和新增除涝面积31.8万亩</td><td>骨干工程共新建、改建水源渠首701处，渠系建筑物1.87万座，渠道1.30万km，排水沟长度0.21万km，改善和新增除涝面积31.8万亩</td></tr>
<tr><td colspan="2">小型灌区建设改造升级</td><td>北方平原地区重点发展高效节水灌溉，推动井灌区实现管道化、自来水化灌溉；西南山区重点发展小水窖、小水池、小水塘坝、小泵站、小水渠“五小工程”，结合节水灌溉，适度增加灌溉面积；长江中下游、淮河以及珠江流域等水稻区，重点加强渠系工程配套改造和低洼易涝区排涝工程建设，大力推广控制灌溉技术。力争完成2.79亿亩灌区的改造及升级为现代化灌区的任务，2020年小型灌区灌溉面积达到5.07亿亩</td><td>加大小型灌区现代化建设，巩固升级已有灌区现代化水平</td></tr>
<tr><td colspan="2">灌区信息化建设</td><td>全面加强农业灌溉用水监测计量，渠灌区逐步实现斗口计量，井灌区逐步实现井口计量，有条件的地区实现田头计量，到2020年全国灌溉用水计量率力争超过60%，逐步推进灌溉用水的自动化、智能化监测。</td><td>全面推进农业灌溉用水监测计量，到2030年全国用水计量率力争达到90%，大中型灌区基本实现灌溉用水的自动化和智能化监测</td></tr>
</table>

（续）

工程建设任务		主要建设任务	
		2016—2020年	2020—2030年
灌区信息化建设		构建全国灌区监测体系。2020年完成大型灌区和泵站信息化建设任务，全面开展并基本完成重点中型灌区、小型农田水利建设重点县的信息化建设任务。 以农业用水功能区为重点，加强全国大中型灌区水质监测网络建设，开展大中型灌区水质定期监测评价制度，实行定期信息发布和预警预报制度。 推广生态沟渠、生态湿地、多塘系统、生态隔离等技术，以长江流域、珠江流域为重点，实施农业生态拦截工程，强化监测手段，及时掌握灌区面源污染现状和变化趋势	开展并基本完成一般中型灌区的信息化建设任务，推进小型农田水利建设信息化，提高全国灌溉信息化覆盖率
水资源调配工程	引江济淮工程	建设全线总长度1 048.68km，其中引江济巢段总长234.39km；江淮沟通段，总长156.30km，跨河建筑物工程37座，重要水利枢纽3座；江水北送段，建设渠道总长657.98km，安徽段长494.52km，河南段长163.46km；安徽段泵站7座，河南段泵站3座。通过工程建设可全面提高长江流域巢湖、菜子湖周边灌区、淮河干流蚌埠闸传统补水灌区（主要包括沿淮两岸灌区、茨淮新河灌区、怀洪新河灌区和永幸河灌区）等地的供水保证率；总灌溉补水面积为1 809万亩	
	山东T形水网建设	完善南水北调东线一期配套工程，实施引黄济青改扩建工程、胶东调水第二条引黄线路工程，论证实施胶东调水南水线工程；开展沂沭河洪水利用，沭水东调、沂水西调、南水北调等工程和引黄闸改建工程	南水北调东线二、三期工程建设

专题报告二

现代农业高效用水模式及有效管理措施

一、全国主要作物灌溉需水量分布特征

（一）研究分区和基础数据

农业用水研究分区以全国水资源三级区为基础，剔除部分农业用水少或资料缺失的区域，同时将个别涉及范围较大的三级区分为若干子区。

全国水资源分区共分为10个一级区、80个二级区、214个三级区，其中香港（H070200）、澳门（H070400）、南海各岛诸河（H100200）3个三级分区农业用水较少，本书不予考虑。个别三级分区涉及范围较大，将其分为若干子区：黑龙江干流（A050100）分为3个子区，花园口以下干流区间（D070300）分为2个子区，怒江勐古以上（J030100）分为2个子区，伊洛瓦底江（J030300）分为2个子区，藏南诸河（J050100）分为4个子区，因此共增加8个分区，新增加的三级分区编号规则为在原有编号基础上将末位数字改为0、1、2等。奇普恰普河（J060100）、塔克拉玛干沙漠（K130100）2个三级区农业用水很少且无气象资料，台澎金马诸河（G070100）缺少有关资料，因此该3个分区不予考虑。最终确定研究分区共计219个，其中农业用水研究子区共有216个（刘钰等，2009）。

在每个三级区内选定一个典型气象站作为该区的代表气象站，区内无气象站的在邻近三级区选定典型气象站，以邻近区典型气象站的气象资料作为该三级分区的气象资料，最终选定代表气象站共160个（图2-1）。

根据近三年来的农业种植情况，对各三级区内种植的所有作物及其种植面积进行了调查统计，选择种植面积占总播种面积比例大于5%的主要作物为研究对象。最终选择确定的研究作物共计30种，主要代表性作物5种，分别为小麦、中稻、夏玉米、春玉米和棉花。各三级区内包含的作物种类数不一样，基本涵盖了每个三级区的主要灌溉作物。

（二）分区主要作物需水量与净灌溉需水量

采用1986—2014年的气象资料，分析计算各三级区多年平均参照腾发量（ET_O）、作物需水量（ET_C）和净灌溉需水量（IR）。全国多年平均降水量及参照腾发量的分布情

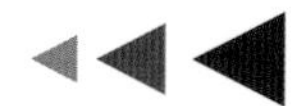

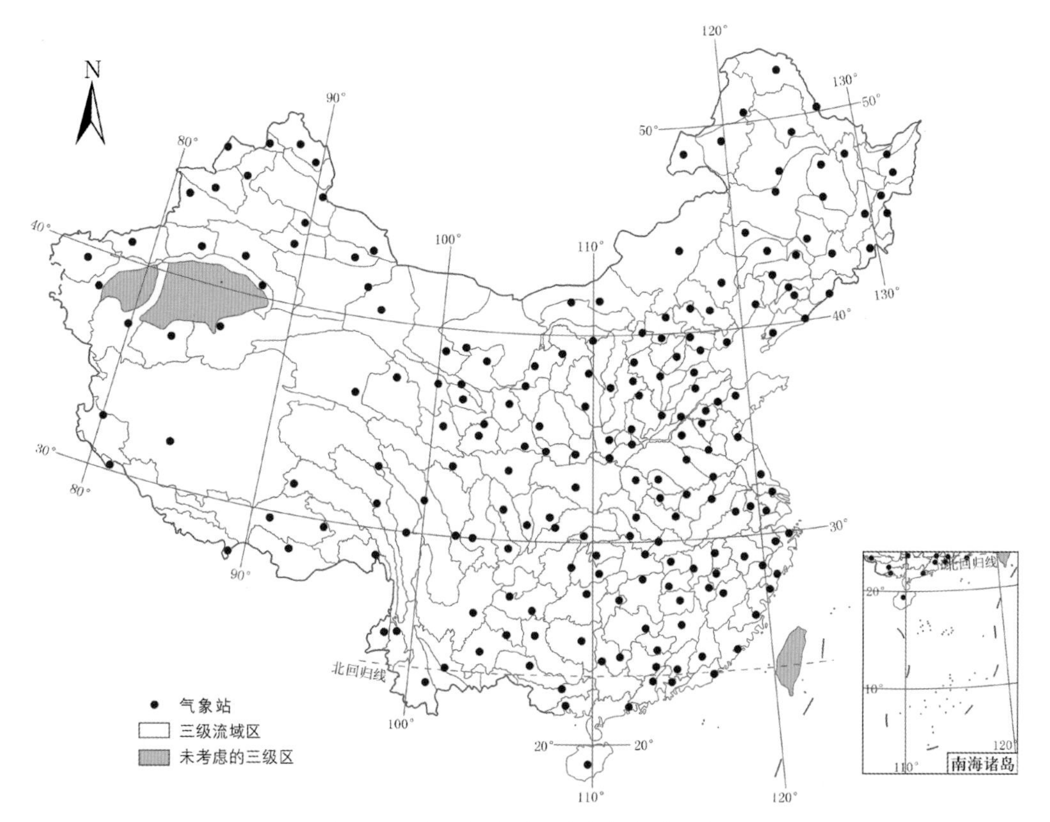

图2-1　各三级流域区代表气象站分布

况分别如图2-2、图2-3所示。

图2-2显示我国的降雨分布极不均匀，年均降水量从东南的2 000mm以上到西北的不足50mm，南北差异很大。图2-3显示我国的大气蒸发能力分布也有较大差别（倪广恒等，2006），蒸发能力最高的地区在河西走廊，由于气候干燥，年蒸发能力达到1 400mm以上；其次是岭南地区，由于纬度较低，辐射较强，蒸发能力也比较高。

由于不同作物的生理需水特性、生长期的起止日期及长度不同，不同作物需水量差异较大；又由于各年生长期内的降水量和降水分布有很大差别，即使同一地区同种作物，不同年份对降水的有效利用比例也在变化，致使各年需补充灌溉的水量差异较大。

对比全国不同地区主要作物多年平均作物需水量和净灌溉需水量，总体上大致符合以下规律：蒸腾蒸发量大的作物依次是水稻、棉花、甜菜、小麦和谷子；灌溉需水量大的作物依次是水稻，小麦、甜菜、棉花和薯类；蒸腾蒸发量和灌溉需水量均小的作物依次为大豆、花生和夏玉米；南方和东北的大部分地区正常年景旱田作物可不灌溉（陈玉民、郭国双，1993）。以下分别针对小麦、玉米、棉花、水稻和大豆等几种代表性作物进行分析。

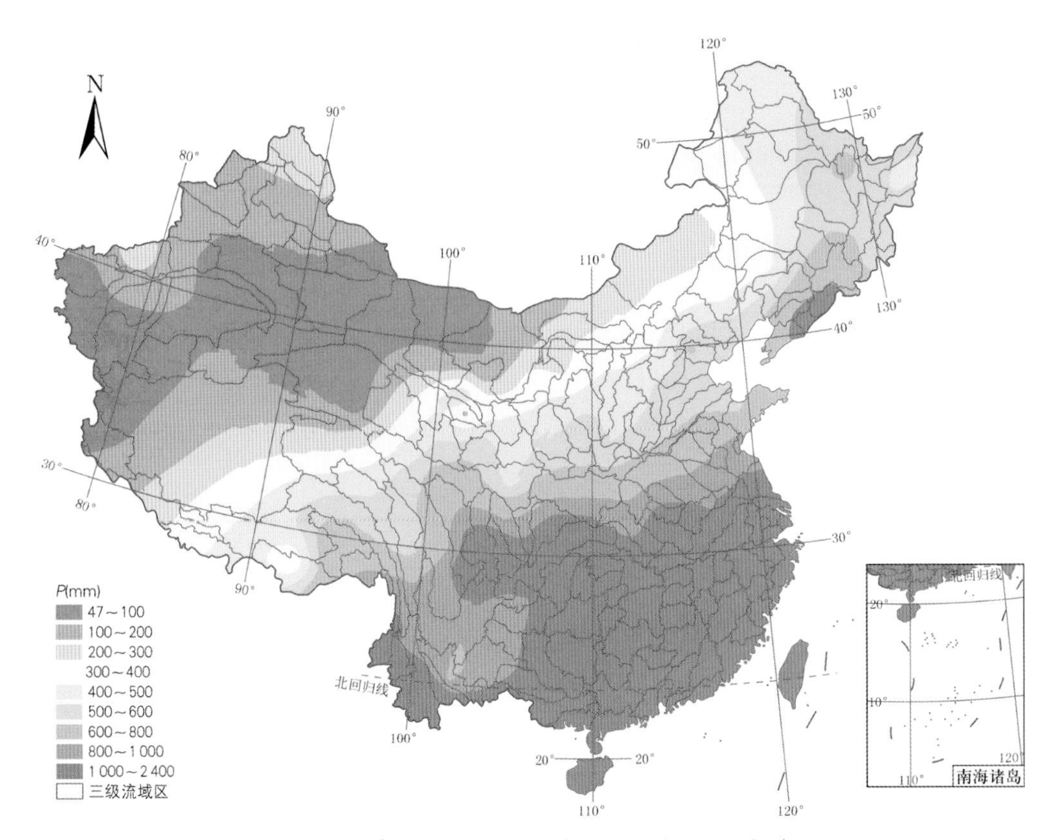

图2-2　全国多年（1986—2014年）平均降水量等值线图

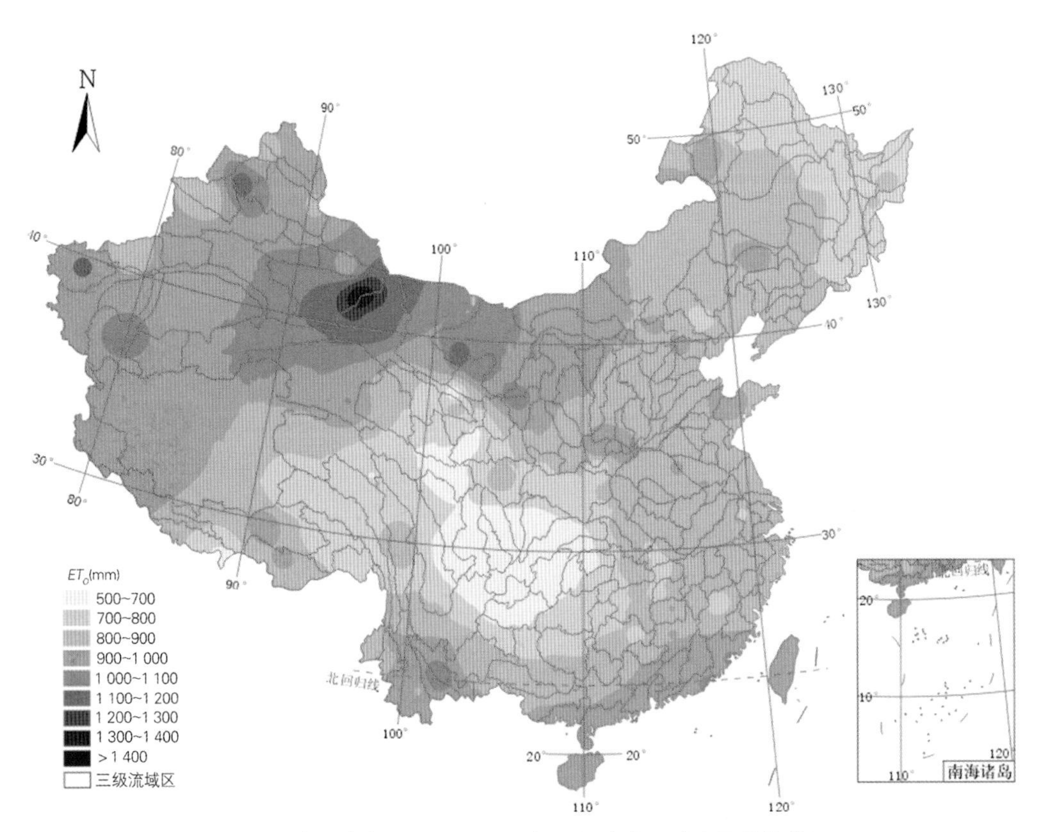

图2-3　全国多年（1986—2014年）平均参照腾发量等值线图

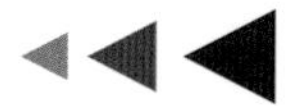

1. 小麦

小麦主要分布在河南、山东、河北、安徽、江苏、陕西、甘肃、新疆和山西等地，小麦全生育期需水量为240～630mm（周蕊蕊，2014），从南向北逐渐增大。南方小麦生长期阴雨天较多，光照少，气温低，大气蒸发能力小，因而需水量小；而北方小麦生长期日照时数多，风大，气温高，大气蒸发能力大，因而需水量大。

小麦生长期一般情况下降水强度不大，降水量基本有效，由于降水量南高北低，而需水量则南低北高，在生长期降水量与需水量的双重影响下，冬小麦需补充灌溉水量由南向北递增。高值区位于西部的新疆克拉玛依市和西藏阿里地区，需补充灌溉水量500～600mm；低值区位于淮河流域南部及长江中下游地区，需补充灌溉水量100～200mm；在黄淮海平原区，高值区位于由山东潍坊向西北延伸的德州、天津、保定、北京的条形带上，需补充灌溉水量350～400mm，向南北两侧递减（图2-4、图2-5）。

小麦多年平均灌溉需水量占总需水量比例为40%～65%，由南向北递增，是除水稻外对灌溉需求最高的作物。在新疆，灌溉占总需水比例达到80%以上，几乎完全依赖灌溉。

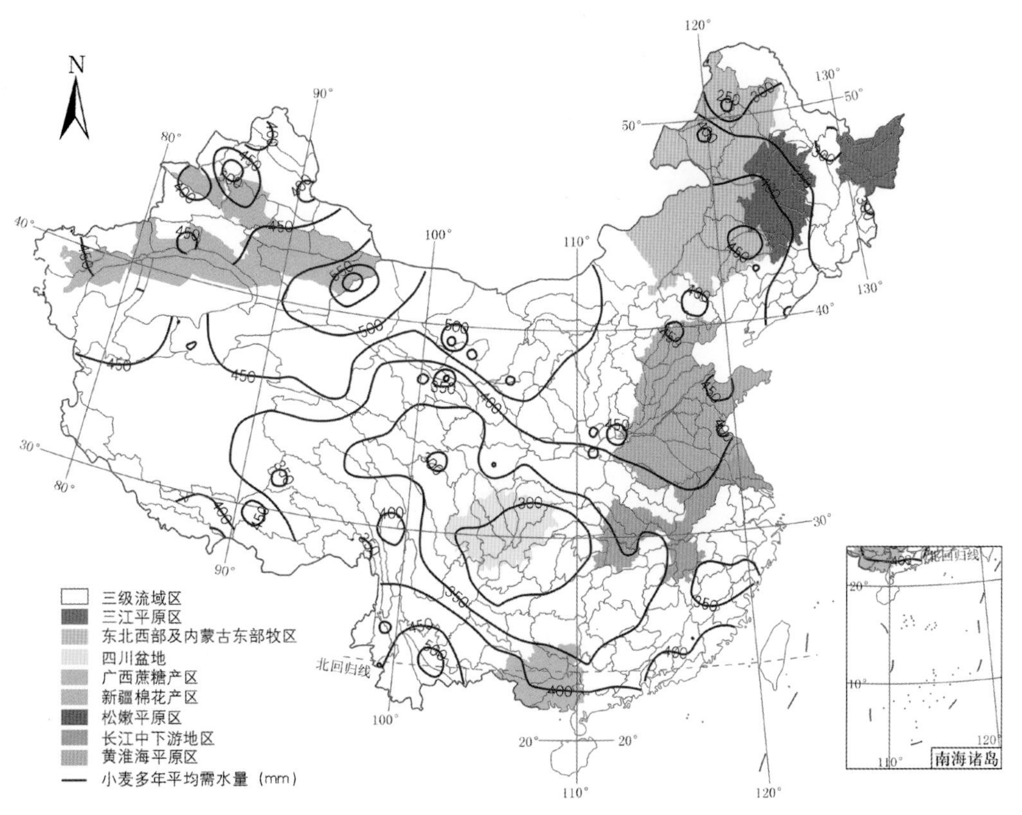

图2-4　小麦多年（1986—2014年）平均需水量等值线图

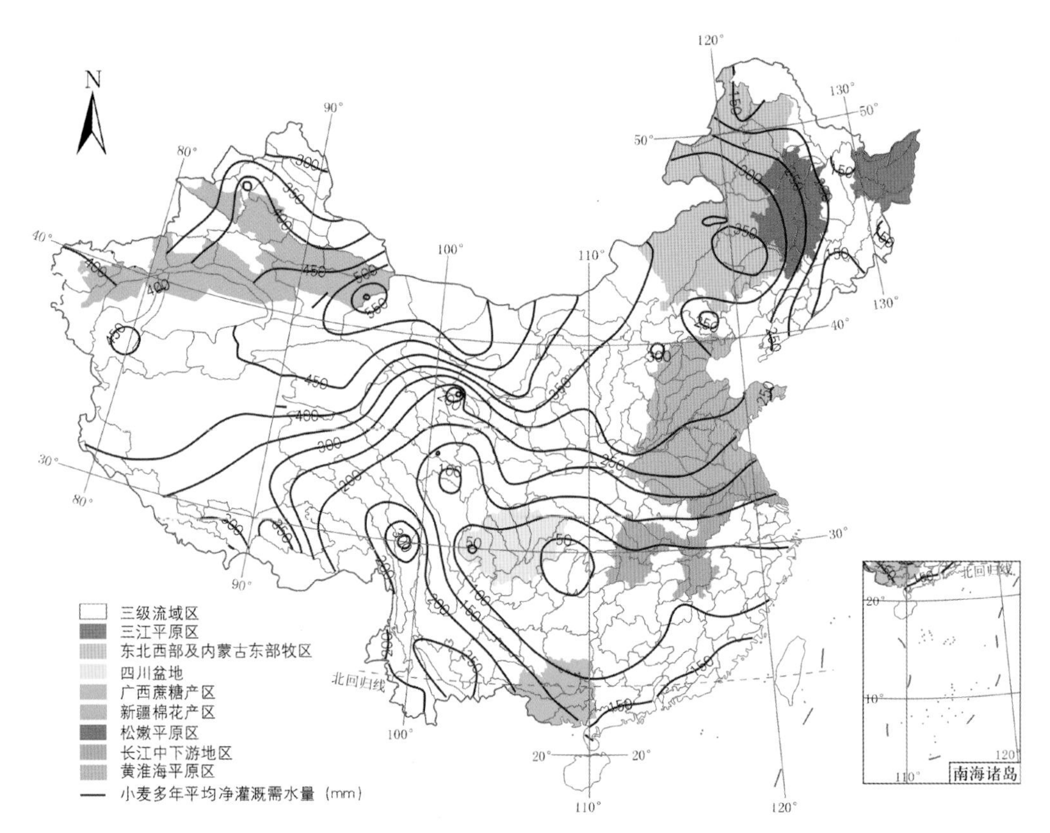

图2-5　小麦多年（1986—2014年）平均净灌溉需水量等值线图

2. 玉米

夏玉米主要分布在华北地区、陕西关中、安徽省淮北平原等地，这些地区光、热、水等资源较好，适宜一年两熟制。春玉米横贯东北和西北（段爱旺等，2004）。

夏玉米生长期一般为6月中旬至9月中旬，生育期为90～100d，大部分地区全生育期需水量为200～400mm，由于生长期短，热量条件差异不大，地区间需水量差别较小。夏玉米整个生长期处于雨季，是对灌溉依赖程度最弱的粮食作物，灌溉水量在地区间差异也不显著。由于降水时空分布不均匀，补充灌溉水量随年型变化，大部分地区需补充灌溉一水，中等干旱和特殊干旱年需补充灌溉两水。多年平均灌溉需水量占总需水量的10%～40%（图2-6、图2-7）。

春玉米生长期一般为4月下旬、5月中旬至9月中旬，生育期为125～140d，全生育期需水量为250～600mm，通常需比夏玉米多灌一水。在东部地区，灌溉高值区位于三门峡地区，向南北递减，东北地区需补充灌溉水量为100～150mm（图2-8、图2-9）。多年平均净灌溉需水量占作物总需水量的比重在东北地区为10%～45%，西北地区为80%～98%。

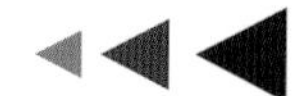

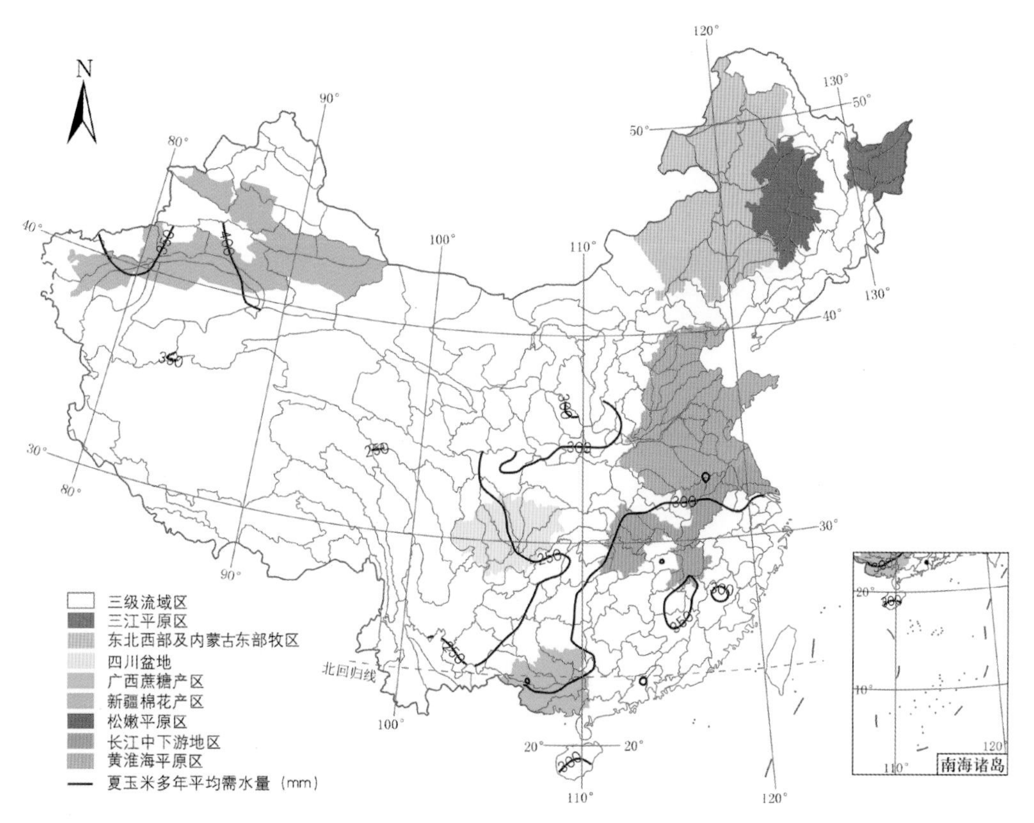

图2-6　夏玉米多年（1986—2014年）平均需水量等值线图

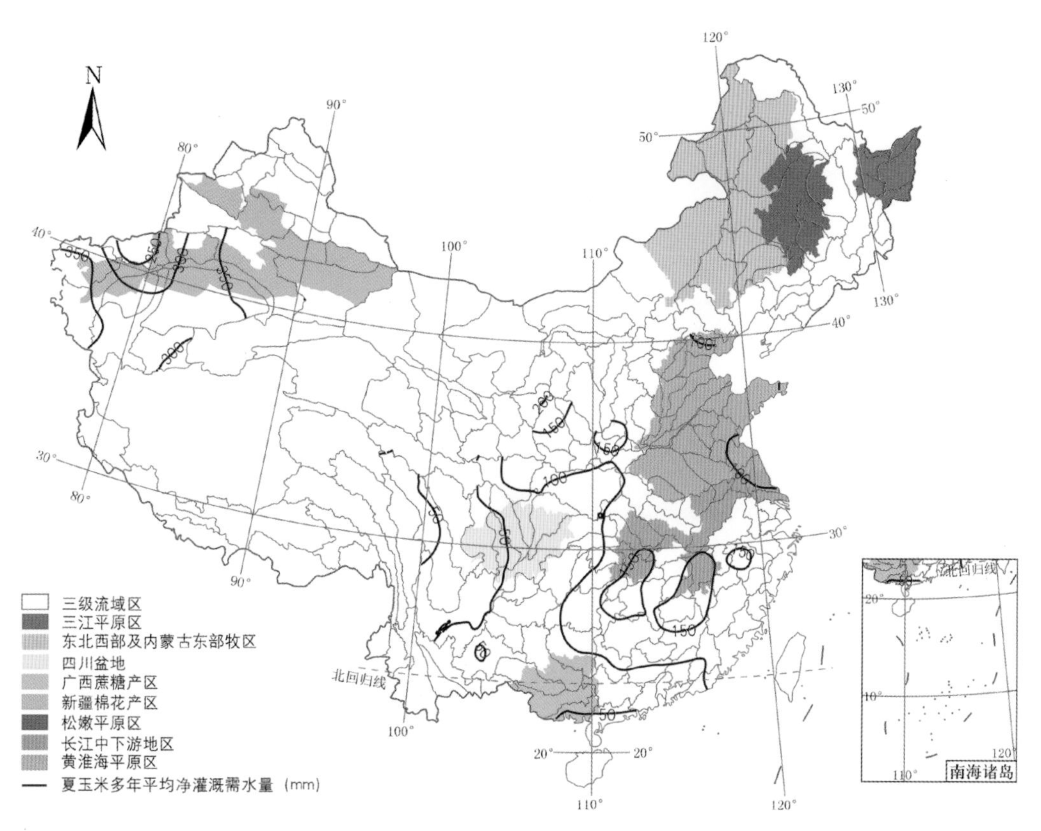

图2-7　夏玉米多年（1986—2014年）平均净灌溉需水量等值线图

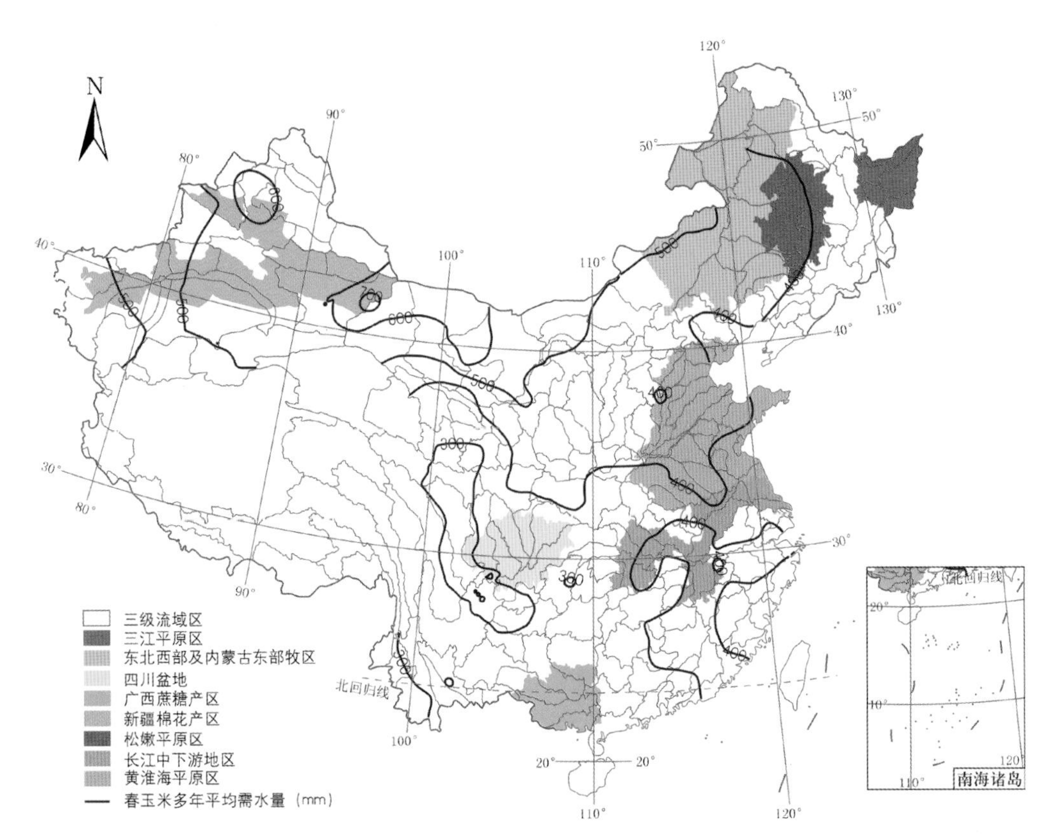

图2-8　春玉米多年（1986—2014年）平均需水量等值线图

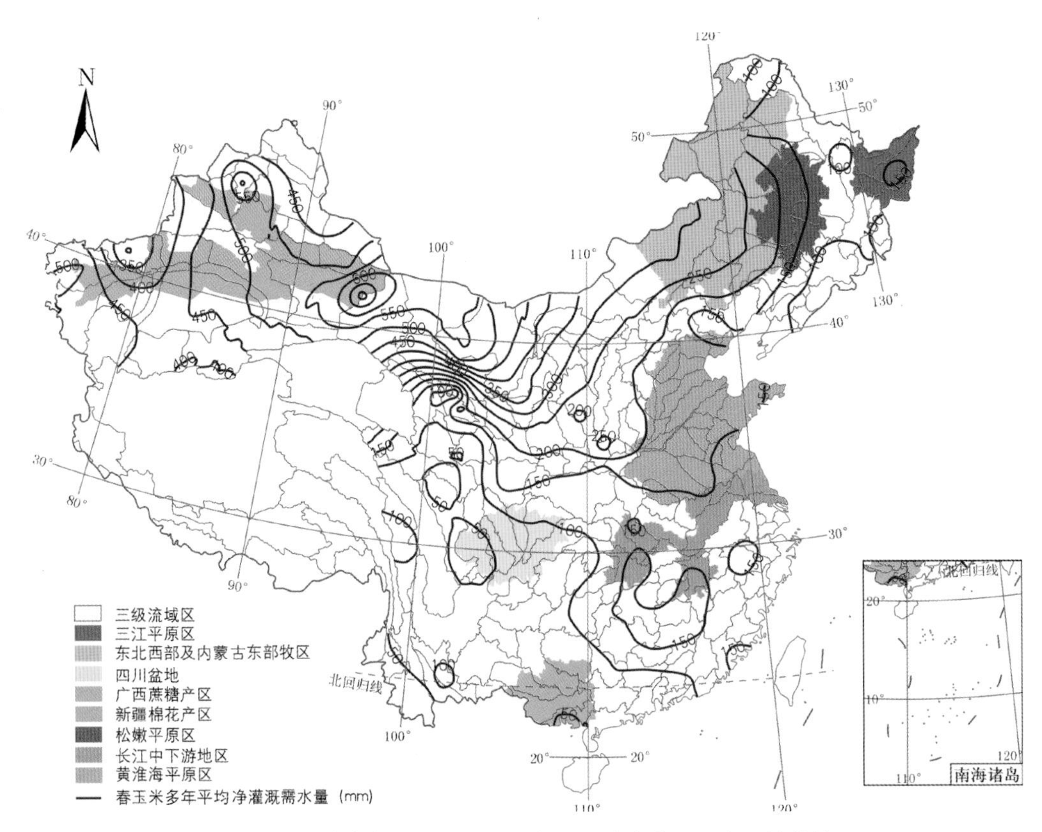

图2-9　春玉米多年（1986—2014年）平均净灌溉需水量等值线图

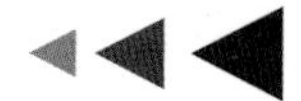

3. 棉花

棉花主要分布在新疆、山东、河南、河北、湖南、江苏、安徽等地。棉花生长期较长，从4月中下旬至10月中下旬，全生育期需水量为500～650mm，从南向北逐渐增大。灌溉需水量高值区位于新疆克拉玛依地区，需补充灌溉水量600～700mm，最高达800mm；低值区位于华南地区的广西东部及广东西部，需补充灌溉水量30～100mm；东部主产区需补充灌溉水量150～250mm（图2-10、图2-11）。

棉花多年平均灌溉需水量占总需水量比例为30%～50%，在西北新疆达到80%以上，完全依赖灌溉。近年来，很多地区实行棉花覆膜种植，灌溉需水量可降低75～120mm。

4. 水稻

水稻在粮食作物中分布面积最广，主要分布在湖南、江西、广西、广东、安徽、江苏、四川和黑龙江等地。水稻分为早稻、晚稻和中稻。中稻主要分布在长江中下游平原、云贵高原、四川盆地、东北地区的三江平原和辽河平原。

中稻全生育期需水量：东北地区较低，为500～700mm；新疆一带最高，为

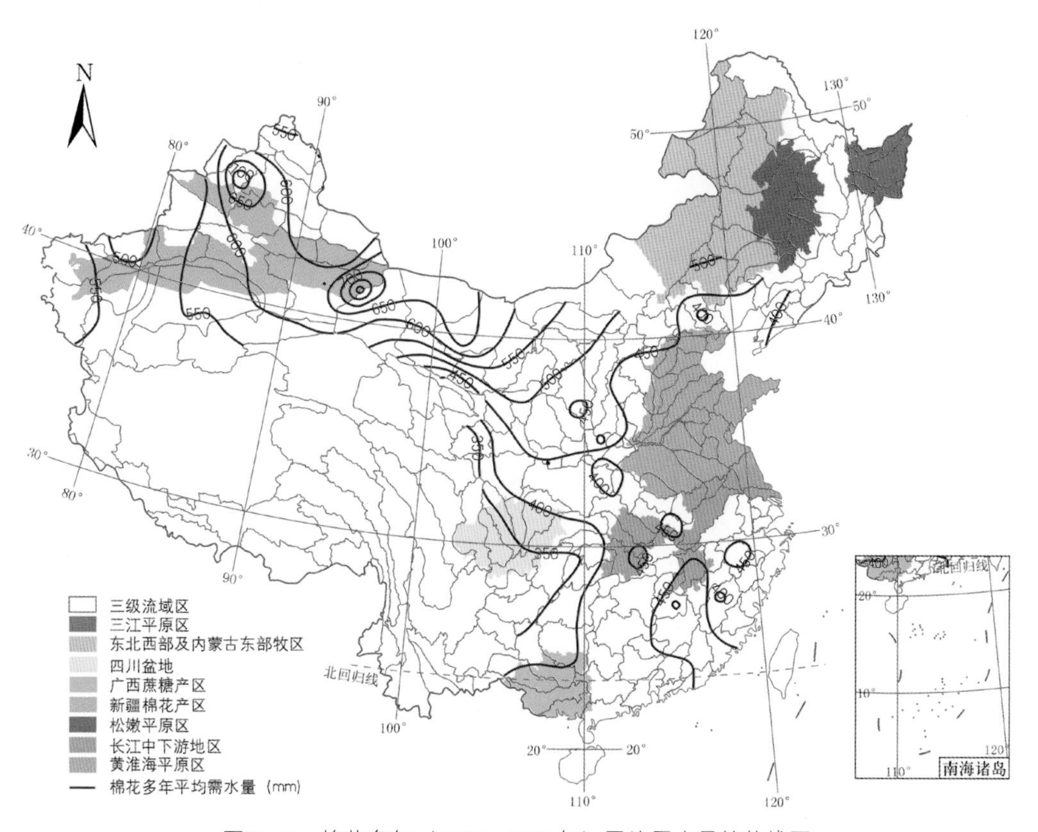

图2-10 棉花多年（1986—2014年）平均需水量等值线图

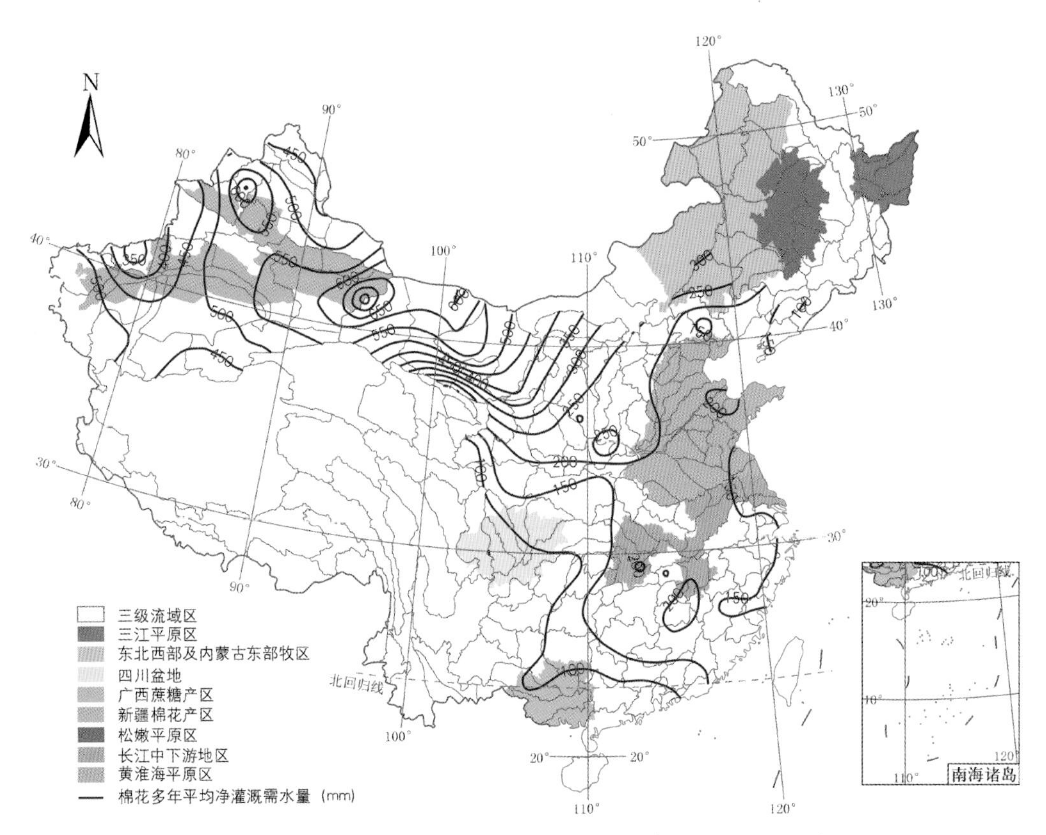

图2-11　棉花多年（1986—2014年）平均净灌溉需水量等值线图

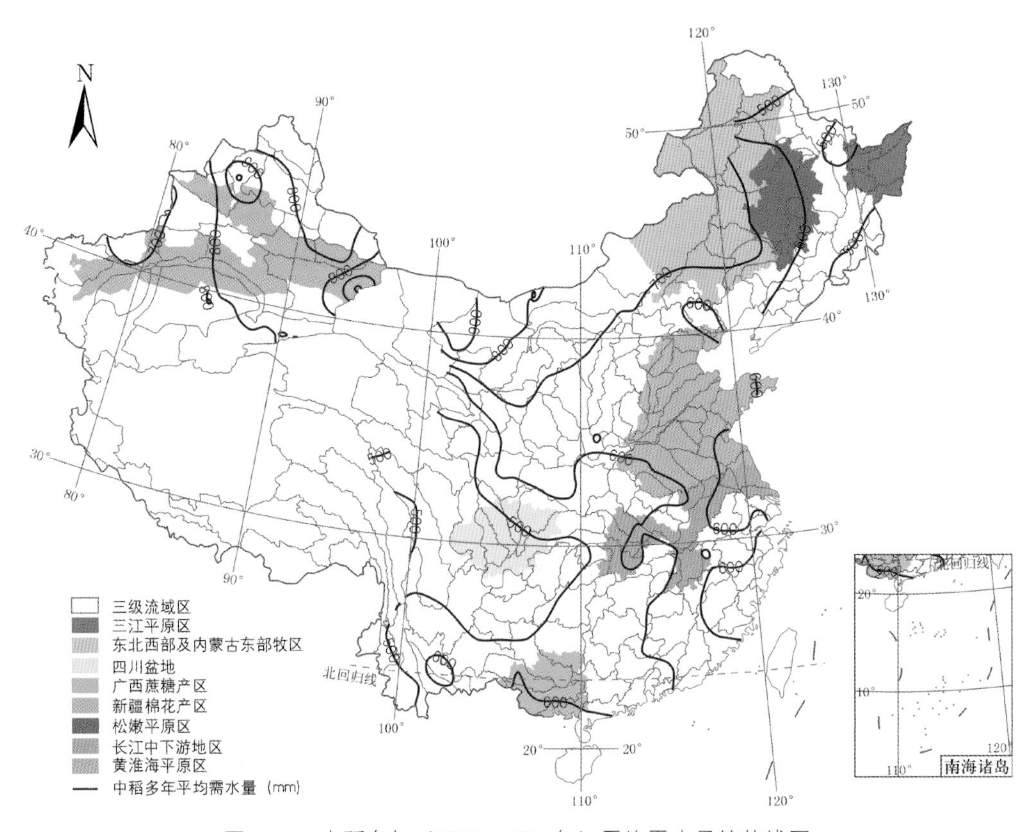

图2-12　中稻多年（1986—2014年）平均需水量等值线图

700～1 000mm；黄淮海地区为600～700mm；南方地区一般为500～600mm（周蕊蕊，2014）。中稻需补充灌溉水量由南向北递增，高值区位于新疆吐鲁番盆地和巴音郭楞蒙古自治州地区，需补充灌溉水量850～900mm；低值区位于华南地区的广西东部、广东西部以及四川盆地，需补充灌溉水量100～150mm（图2-12、图2-13）。

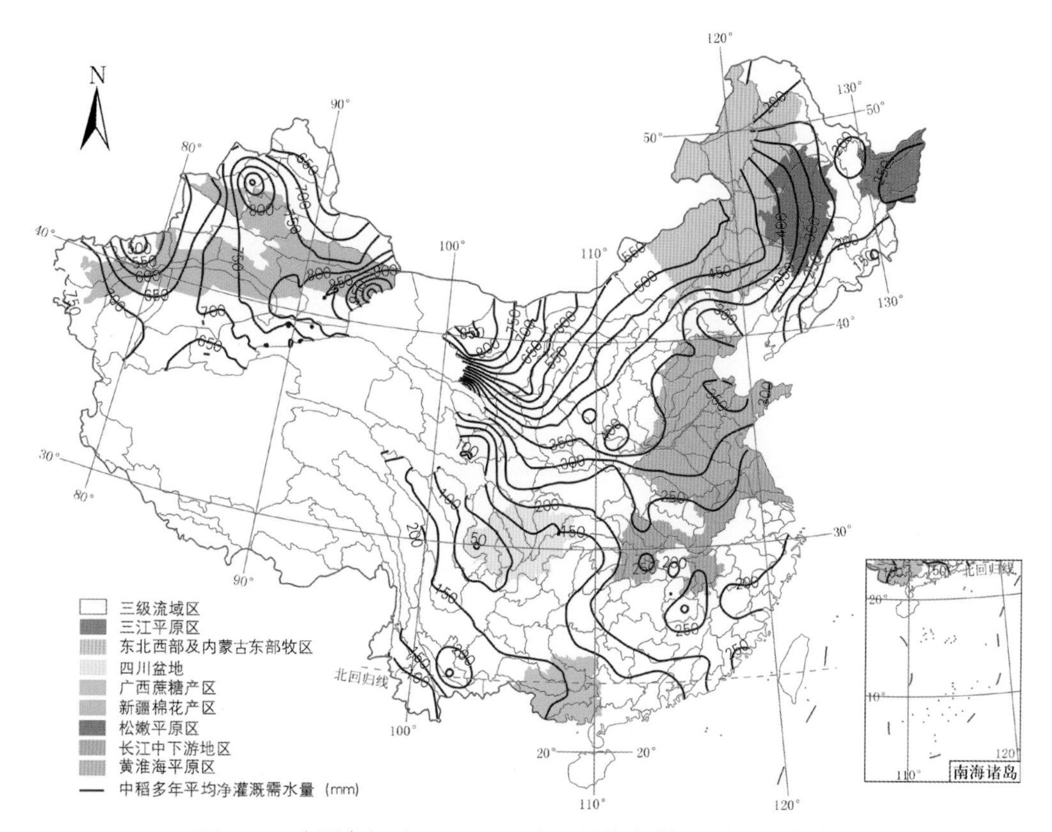

图2-13 中稻多年（1986—2014年）平均净灌溉需水量等值线图

中稻多年平均灌溉需水量占总需水量比例在东北地区为30%～55%，黄淮海平原为55%～70%，西北新疆达到80%以上，在南方地区一般小于40%。

二、典型地区粮食作物用水效率和空间变异规律

（一）黄淮海平原冬小麦、夏玉米和苜蓿

1. 冬小麦

根据《中国统计年鉴2016》，冬小麦作为黄淮海平原区分布最广、种植面积最大的粮食作物之一，其播种面积占该区域总播种面积的30%以上，占全国小麦播种面积的

68%。受季风气候影响，黄淮海平原区降水的时间分布与冬小麦需水耦合性差，冬小麦生育期降水约200mm，约占生育期内需水的50%，因此必须通过灌溉补充冬小麦生育期内需水。根据多年灌溉试验资料，黄淮海平原区充分灌与亏缺灌下冬小麦净灌溉水量分别为119mm和71mm，采用亏缺灌可减少净灌溉水量48mm。黄淮海平原区冬小麦生育期内降水量、需水量与灌溉量的空间分布如图2-14所示。

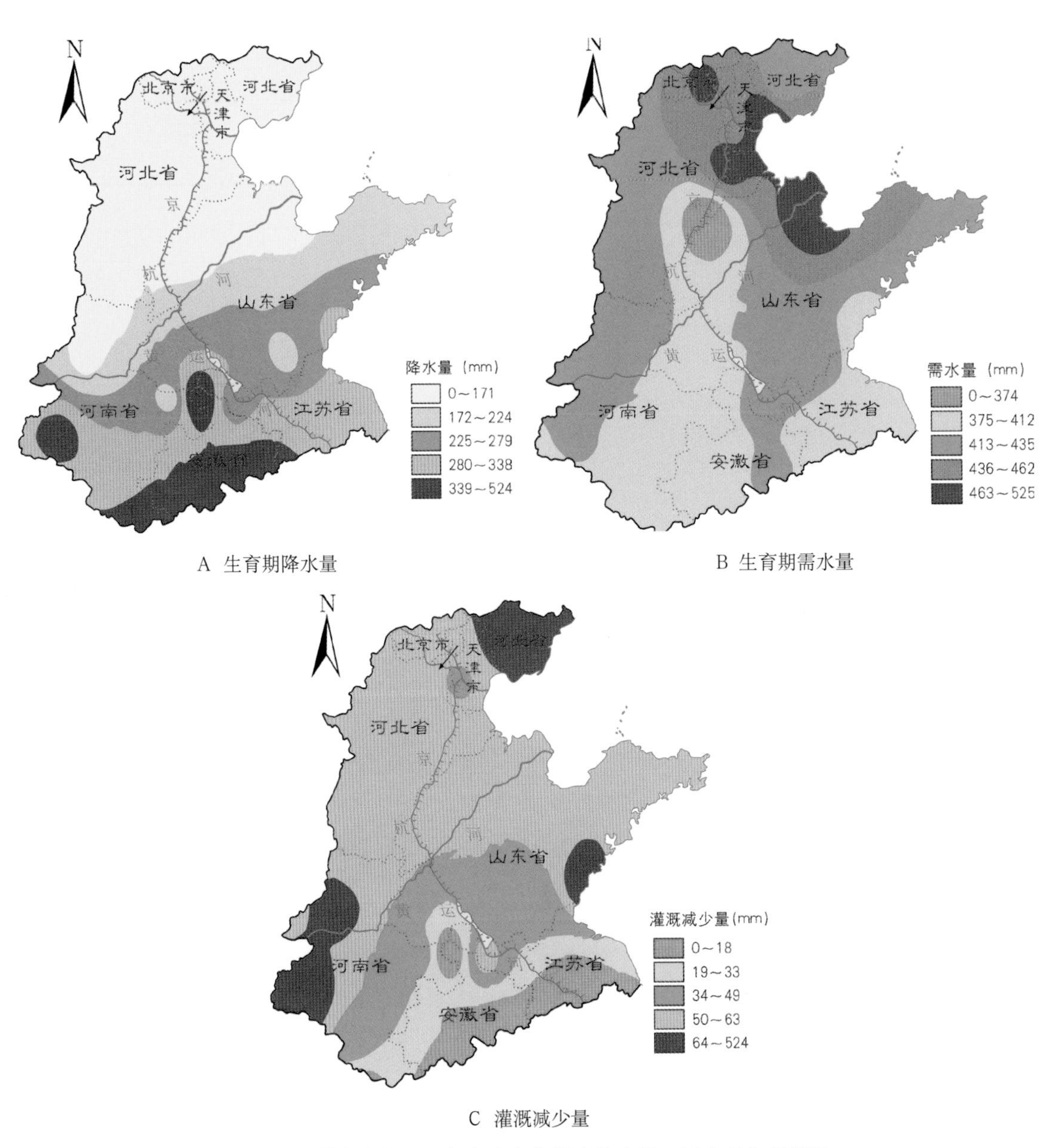

A 生育期降水量

B 生育期需水量

C 灌溉减少量

图2-14 黄淮海平原区冬小麦生育期内降水量、需水量与灌溉量

黄淮海平原冬小麦生育期内耗水量如图2-15所示。在充分灌、亏缺灌及雨养条件下，冬小麦耗水量分别为430mm、396mm、320mm。在灌溉条件下，由于灌溉对土

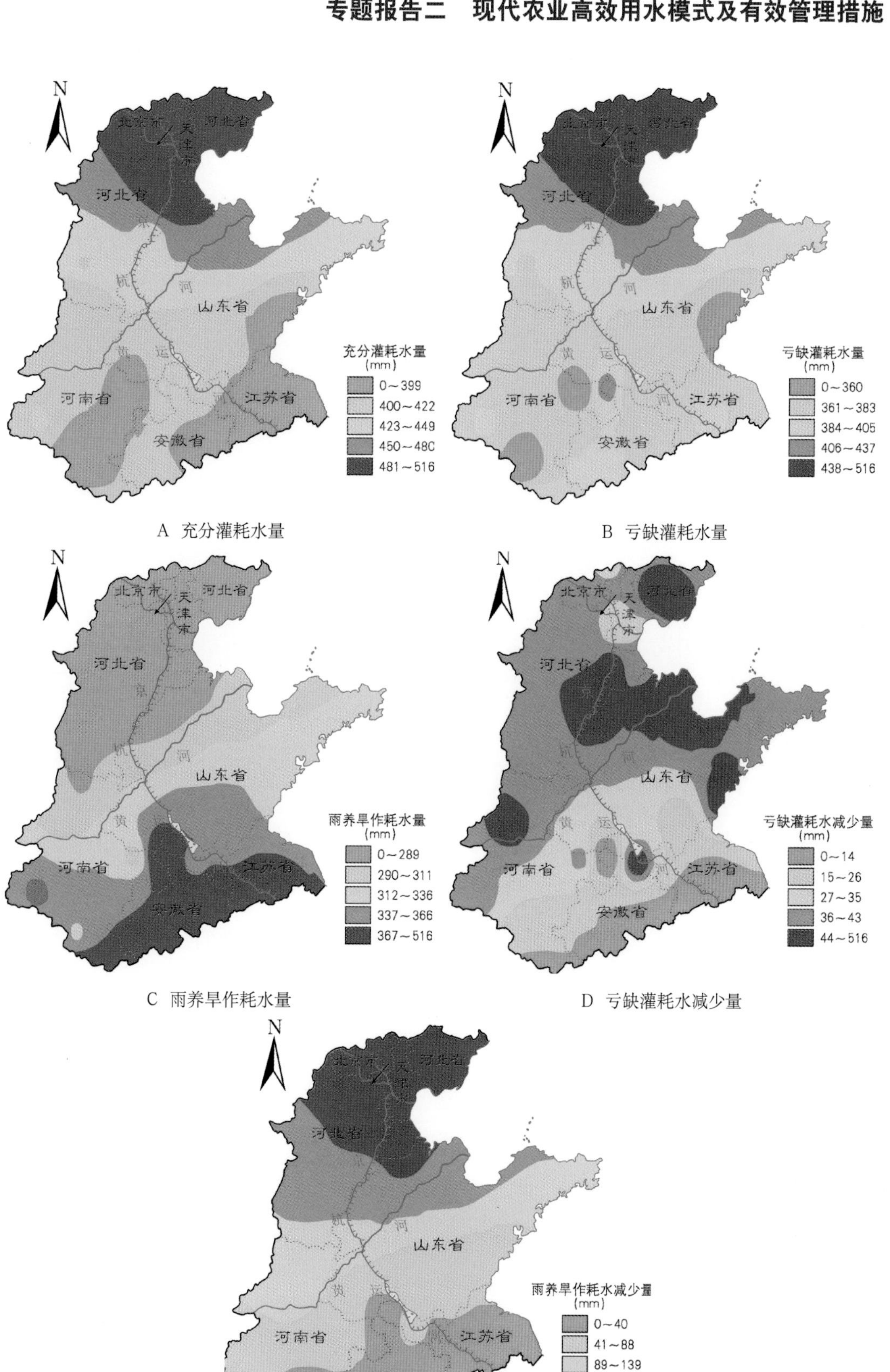

A 充分灌耗水量

B 亏缺灌耗水量

C 雨养旱作耗水量

D 亏缺灌耗水减少量

E 雨养旱作耗水减少量

图2-15　黄淮海平原区冬小麦生育期内耗水量的空间分布

壤水的补充，耗水量受土壤水分制约的影响较小，而受生育期长度的影响较大。黄淮海南部地区冬小麦生育期短，仅为220d左右，而北部地区冬小麦生育时段长达260d左右，部分区域甚至高达280d，所以在灌溉条件下冬小麦区域耗水呈由南向北递减规律。在雨养条件下，冬小麦耗水量主要受制于生育期内降水量的多寡，在北部地区降水量仅为116～171mm，占冬小麦生育期内需水量的25%～35%，而南部地区降水量高达279～429mm，占冬小麦生育期内需水量的60%～90%，所以在雨养条件下黄淮海平原区冬小麦耗水区域变化规律与降水分布规律基本一致，即由北向南呈递增趋势。与充分灌相比，采用亏缺灌溉区域耗水量平均可减少34mm。由图2-15 D可看出，南部区域耗水量减少量为0～35mm，耗水减少量均值为22mm；而在北部区域，耗水减少量为36～55mm。为此，与降水较丰富的南部区域相比，在水资源短缺的北方区域采用亏缺灌溉对减少区域耗水量具有重要作用。

黄淮海平原冬小麦产量分布如图2-16所示。充分灌条件下亩均产量为414kg，亏缺灌条件下亩均产量为361kg，而雨养条件下亩均产量仅为180kg。在充分灌条件下，冬小麦产量区域分布差异不明显；在亏缺灌条件下，因北部区域降水量少，采用亏缺灌在一定程度上影响冬小麦产量，导致该区域冬小麦产量降低；在雨养条件下，冬小麦生长完全受制于生育期内降水的多寡，产量分布规律与区域降水分布完全一致，即由北向南呈递增趋势，其中在北部区域雨养条件下冬小麦亩产低于77kg。可见，在水资源紧缺的黄淮海平原区，冬小麦采用亏缺灌的产量能达到充分灌的87%，且较雨养产量翻番。

黄淮海平原冬小麦水分生产率如图2-17所示。充分灌、亏缺灌和雨养条件下冬小麦的水分生产率分别为1.46kg/m^3、1.38kg/m^{3}和0.77kg/m^3。在充分灌与亏缺灌条件下，黄淮海平原冬小麦水分生产率由东北部向西南部递增，而雨养条件下其水分生产率空间分布规律与生育期内降水量空间分布规律基本一致，即由北向南呈递增趋势。

2. 夏玉米

黄淮海平原夏玉米需水与降水的耦合程度较高，在多年平均条件下，夏玉米生育期内降水量大于其需水量，因而完全可以实现雨养旱作（宋慧欣等，2010）。黄淮海平原不同区域雨养旱作下夏玉米的水分生产率如表2-1所示，生育期降水量为392～562mm，均值为470mm；耗水量为343～385mm，均值为363mm；亩产为763～814kg，均值为788kg；水分生产率为3.11～3.44kg/m^3，均值为3.26kg/m^3。

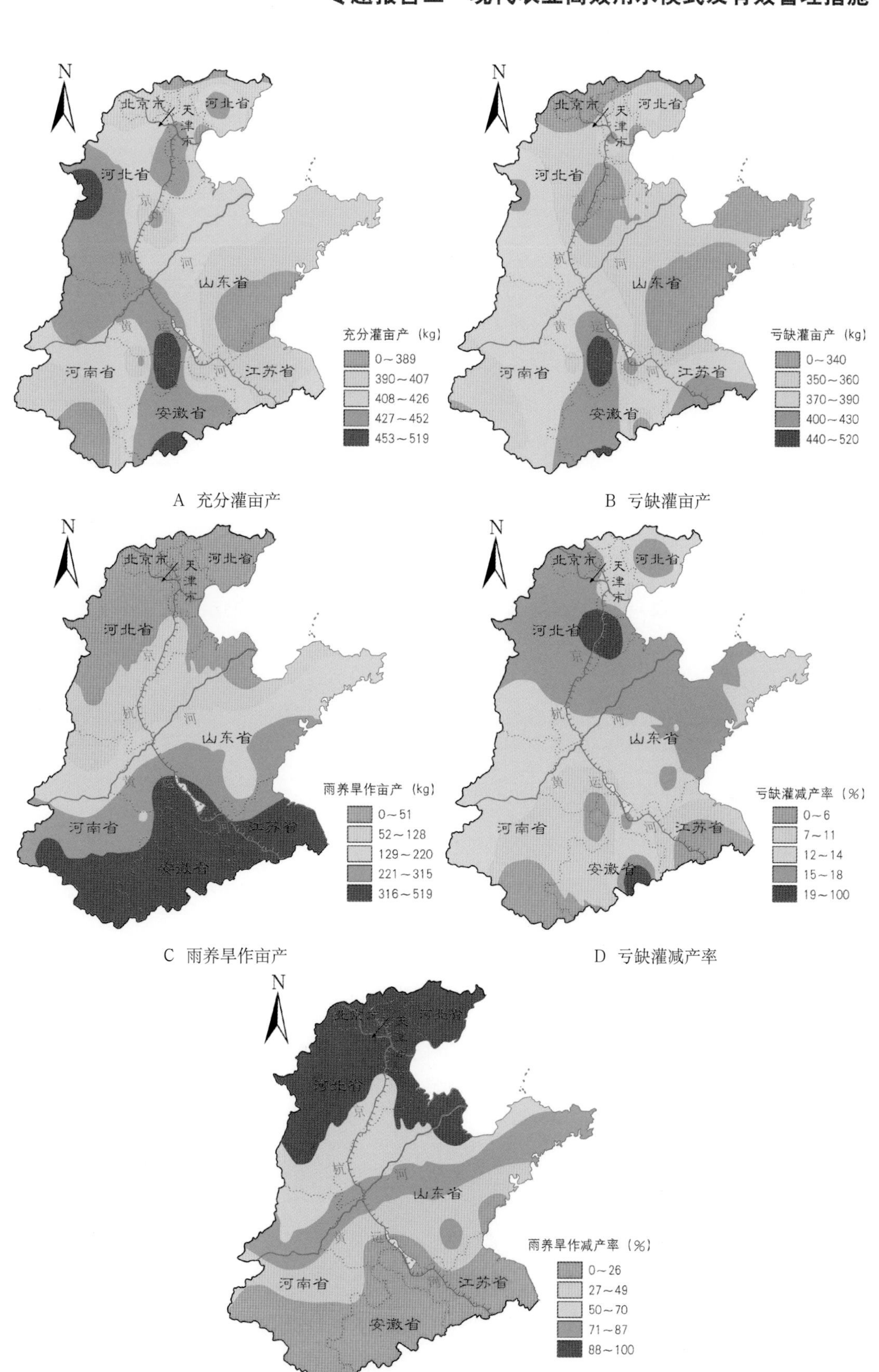

图2-16 黄淮海平原区冬小麦产量的空间分布

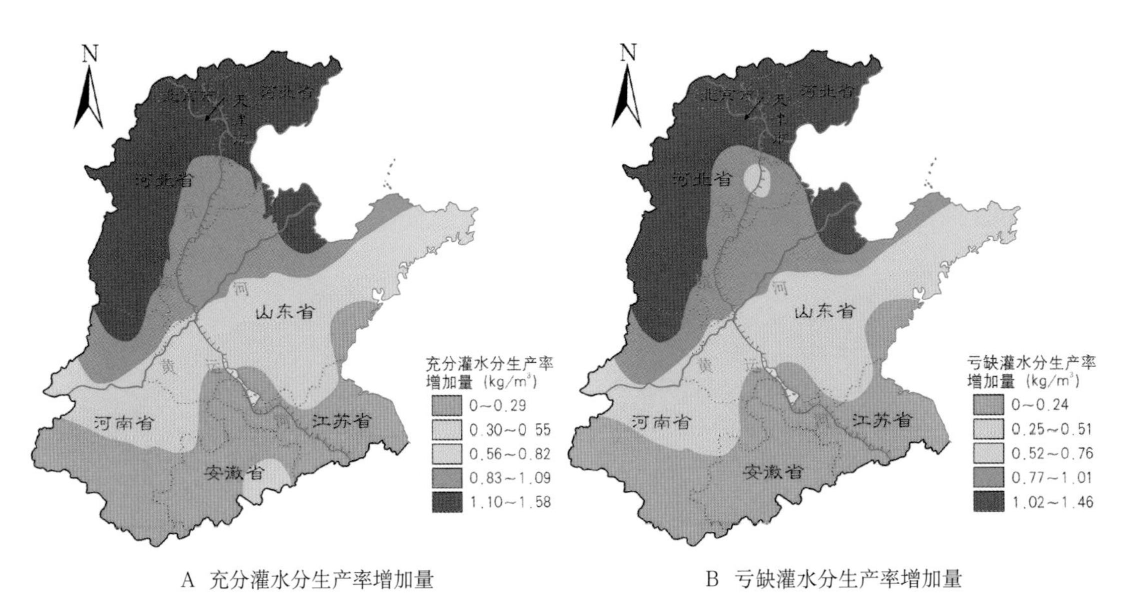

A 充分灌水分生产率增加量　　　　B 亏缺灌水分生产率增加量

图2-17 黄淮海平原区冬小麦水分生产率的空间分布

表2-1 黄淮海平原区雨养旱作夏玉米的水分生产率

单位：mm，kg，kg/m³

地区	降水量	耗水量	亩产	水分生产率
北京	438	343	766	3.35
天津	403	372	814	3.28
河北	392	385	798	3.11
河南	465	353	802	3.41
山东	481	360	763	3.18
安徽	562	379	781	3.09
江苏	552	346	791	3.43
平均	470	363	788	3.26

3. 苜蓿

华北紫花苜蓿在耗水量为673mm时，其亩产与水分生产率都较大，分别为3 384kg、7.54kg/m³。紫花苜蓿在整个生育期内需水强度呈单峰曲线，3月因植株较小、气温较低等因素，日需水强度约0.7mm；随气温回升，植株生长迅速，至6月其日需水强度增加到生育期内最大值，为4.13mm；其后降低，至9月份，日需水强度下降到1.90mm；10月至次年2月，随着大气干燥力及其群落盖度的减少，苜蓿日需水强度进一步下降直至0.8mm。根据平水年的降水情况，计算获得紫花苜蓿净灌溉定额为188mm（刘洪禄等，2005）。按井灌区井口出水量计量，平水年苜蓿喷灌与管灌的灌溉

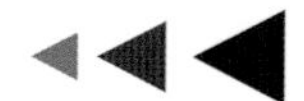

定额分别为209mm、235mm。

（二）三江平原水稻与玉米

1．水稻

三江平原水土资源优势明显，适合水稻发展，粮食商品率高达85%以上（安云凯，2010）。水稻需水量为546mm，生育期内多年平均降水量为441mm，占其需水量的80%。

随着井灌水稻面积逐年扩大，地下水资源严重超采，并出现漏斗现象，已引发一系列生态环境问题，如湿地萎缩、生物多样性遭到破坏、农业面源污染、黑土地退化沙化等。为应对严峻水资源紧缺形势，该地区已改变以往传统的大水漫灌方式，当前多采用“浅、晒、浅”的水层管理模式，并发展到在水稻正常生长过程中没有水层的控制灌溉技术。三江平原不同灌溉制度下水稻的灌溉量与水分生产率如表2-2所示，与“浅、晒、浅”相比，采用控制灌溉技术可减少灌溉量175mm，减少耗水量293mm，亩产增加16kg，水分生产率提高68%。采用控制灌溉，通过合理的土壤水分控制，不仅能大幅度减少灌溉量与耗水量，而且能促进水稻根系发达并控制水稻地上部株型的无效生长，显著提高水稻水分生产率，达到节水高产目的。

表2-2　三江平原区不同节水灌溉制度下水稻的水分生产率

单位：mm，kg，kg/m^3

灌溉制度	灌溉量	耗水量	亩产	水分生产率
浅、晒、浅	450	754.3	674.9	1.34
控制灌溉	275	460.9	690.7	2.25

2．玉米

春玉米是黑龙江省三江平原的三大作物之一，年播种面积约53.7万hm^2，占全省播种面积的15%。春玉米生育期降水量与需水量相当，约为400mm，能基本满足作物需水。通过选择适宜品种、科学合理施肥，亩产可达800kg以上，水分生产率为3kg/m^3。然而，王静等（2011）采用1959—2007年资料，发现春玉米生育期内降水量占年降水量的比例显著减少，导致春玉米生长季缺水的风险加大；春玉米生长季内最长连续无降水日数呈极显著增加趋势，而最长连续降水日数却呈极显著下降趋势，说明研究区自然降水条件下春玉米生长季干旱风险有所加大。

（三）松嫩平原水稻与玉米

1. 水稻

松嫩平原是水稻优势产区，种植面积呈不断扩大趋势。水稻需水量为665mm，生育期内多年平均降水量为374mm，仅占其需水量的56%。松嫩平原水稻灌溉主要采用两种方式，即“浅、晒、浅”与控制灌溉。浅、晒、浅与控制灌溉条件下的灌溉量分别为545mm、345mm，相应的水分生产率分别为1.14kg/m^{3}和1.53kg/m^3（表2−3）。与“浅、晒、浅”相比，采用控制灌溉技术可减少灌溉量200mm，减少耗水量145mm，亩产增加43kg，水分生产率提高34%。

表2−3　松嫩平原区不同灌溉制度下水稻的水分生产率

单位：mm，kg，kg/m^3

灌溉制度	灌溉量	耗水量	亩产	水分生产率
浅、晒、浅	545	725.6	550.6	1.14
控制灌溉	345	580.2	593.2	1.53

2. 玉米

松嫩平原是重要的春玉米生产基地，春玉米播种面积占该地区总播种面积的80%以上，种植模式以雨养旱作为主，且区域差异较大（石元亮等，2003）。东部地区降水量较多，雨养旱作亩产较高，可达848kg；西部地区降水量较少，不能完全满足春玉米需水要求，雨养旱作亩产较低，约为663kg。松嫩平原春玉米的水分生产率如表2−4所示，在雨养旱作下，松嫩平原西部地区的春玉米水分生产率为2.29kg/m^3，比东部地区春玉米水分生产率降低25%；在补充灌条件下，东、西部区域的春玉米产量差异缩小，且东部地区春玉米耗水量较西部地区小15%、水分生产率高21%。

表2−4　松嫩平原不同灌溉制度下春玉米的水分生产率

单位：mm，kg，kg/m^3

灌溉方式	区域	灌溉量	降水量	耗水量	亩产	水分生产率
雨养	东部	—	396	416	848	3.06
	西部	—	342	435	663	2.29
补充灌	东部	40	396	433	847	3.01
	西部	80	342	509	846	2.49

（四）内蒙古东部牧区青贮玉米

内蒙古东部牧区降水少，但年蒸发量在2 000mm以上，水资源缺口严重、草畜矛盾突出。青贮玉米新鲜样品中的粗蛋白质含量可达3%以上，富含糖类，且所占生产空间小，可长期保存，利于周年均衡供应，是解决牲畜所需青贮饲料的最有效途径（范晓慧，2012）。

内蒙古东部牧区青贮玉米需水量为451mm，而生育期降水量为275mm，仅占其需水量的60%左右。不同灌溉制度下青贮玉米产量与水分生产率如表2-5所示，从中可以看出，内蒙古东部牧区青贮玉米在充分灌条件下亩产最高，达6 445kg，其他灌溉制度下亩产依次为苗期干旱5 901kg、成熟刈割期干旱5 511kg、抽雄期干旱5 078kg、拔节期干旱4 548kg。青贮玉米的水分生产率以抽雄期干旱最大，达17.14kg/m^3，其他灌溉制度下水分生产率依次为充分灌16.99kg/m^3、苗期干旱16.81kg/m^3、成熟刈割期干旱16.70kg/m^3，而拔节期干旱最小，仅14.64kg/m^3，表明拔节期是青贮玉米的需水关键期。

表2-5　内蒙古东部牧区不同灌溉制度下青贮玉米的水分生产率

单位：mm，kg，kg/m^3

灌溉方式	耗水量	亩产（鲜重）	水分生产率
苗期干旱	526	5 901	16.81
拔节期干旱	466	4 548	14.64
抽雄期干旱	444	5 078	17.14
成熟刈割期干旱	495	5 511	16.70
充分灌	569	6 445	16.99
平均	500	5 497	16.49

根据多年试验数据，以产量与水分生产率都较大为目标，采用动态规划法获得内蒙古东部牧区不同水文年青贮玉米的灌溉制度，丰水年灌溉定额为100mm，平水年灌溉定额为200mm，而在干旱年灌溉定额为350mm（表2-6）。

表2-6　内蒙古东部牧区不同水文年青贮玉米推荐灌溉制度

单位：mm

水文年	灌溉量	各生育阶段灌溉量			
		苗期	拔节期	抽雄期	成熟刈割期
丰水年	100	0	30	70	0
平水年	200	0	70	130	0
干旱年	350	40	150	110	50

（五）长江中下游地区中稻

长江中下游地区是中国最重要的水稻生产区，水稻种植面积和产量均占全国的45%以上（李勇等，2011）。长江中下游地区不同灌溉制度下中稻耗水量与水分生产率如表2-7所示，从中可以看出，淹灌与“浅、薄、湿、晒”条件下的水稻耗水量分别为482～654mm和408～591mm，亩产分别为416～735kg和419～681kg，其中产量最高省份为安徽省，而江西省水稻产量较低；淹灌和“浅、薄、湿、晒”条件下的水稻水分生产率分别为1.29～1.68kg/m^3和1.54～2.23kg/m^3，表明采用“浅、薄、湿、晒”水分生产率提高7%～34%。

表2-7　长江中下游地区不同灌溉制度下中稻的水分生产率

单位：mm，kg，kg/m^3

地区	灌溉制度	灌溉量	耗水量	亩产	水分生产率
湖北	淹灌	482	590	571	1.45
	浅、薄、湿、晒	413	591	612	1.55
安徽	淹灌	—	654	735	1.68
	浅、薄、湿、晒	—	459	681	2.23
江西	淹灌	—	482	416	1.29
	浅、薄、湿、晒	—	408	419	1.54
江苏	淹灌	—	609	560	1.38
	浅、薄、湿、晒	—	497	613	1.85
平均	淹灌	—	584	571	1.45
	浅、薄、湿、晒	—	489	581	1.79

（六）四川盆地水稻

水稻是四川最重要的粮食作物，丘陵区为四川盆地水稻的主体区域。近50年气象资料表明，丘陵区春旱、夏旱、伏旱出现频率分别为63%、71%和65%。根据四川用水定额地方标准（DB51/T 2138—2016），在75%灌溉保证率下盆中丘陵区、盆南丘陵区、盆东平行岭谷区、盆周边缘山地区、川西南中山山地区、川西南中山宽谷区的灌溉用水定额分别为375mm、360mm、375mm、360mm、450mm、900mm。盆南丘陵区与盆周边缘山地区的灌溉用水定额最小，仅为360mm；川西南中山宽谷区最大，达900mm。

四川盆地不同灌溉方式下水稻的水分生产率如表2-8所示，与淹灌相比，旱种、湿润灌溉方式和"湿、晒、浅、间"处理耗水量分别减少55.60%、27.31%和34.77%；旱种减产33%，湿润灌溉方式和"湿、晒、浅、间"处理分别增产17%、26%；旱种、湿润灌溉方式和"湿、晒、浅、间"处理的水分生产率分别增加50%、61%、92%。可见，"湿、晒、浅、间"处理的灌溉量较低，仅522mm，但该灌溉方式亩产与水分生产率最高，分别为650kg、1.69kg/m^3；而旱种条件下水分生产率虽然高于淹灌，但水稻亩产明显偏低。为此，四川盆地水稻适宜灌溉制度推荐采用"湿、晒、浅、间"，确保水稻生产节水、适产、高效（张荣萍，2003）。

表2-8　四川盆地不同灌溉方式下水稻水分生产率

单位：mm，kg，kg/m^3

灌溉方式	降水量	泡田用水	灌溉量	耗水量	亩产	水分生产率
旱种	316	127	272	393	347	1.32
湿润灌溉	316	211	643	643	607	1.42
湿、晒、浅、间	316	211	522	577	650	1.69
淹灌	316	211	1 082	885	517	0.88

（七）广西甘蔗

广西甘蔗种植面积、原料蔗产量及蔗糖产量已经连续多年位居全国首位，是我国最重要的甘蔗及食糖生产基地。广西多年平均条件下甘蔗生育期内降水量为1 391mm，总量上满足作物需水要求，但由于降水时空分布不均匀，季节性干旱时有发生。同时，广

西90%以上的蔗地为旱坡地，水利灌溉基础设施落后，抗旱能力低，每年的春旱、秋旱时节都对甘蔗萌芽、出苗、分蘖和拔节伸长造成严重影响（任仕周，2014）。

广西甘蔗的灌溉时间一般分为三个时期：一是每年2—3月的旱季需灌保苗水；二是6—7月短期高温干旱需补水；三是10—12月秋旱通过灌溉使甘蔗伸长。另外，成熟期极端干旱要补水，但砍收前20d要停止灌溉，以利于糖分累积。

广西不同灌溉制度下甘蔗的水分生产率如表2-9所示，在适宜灌条件下，平均灌溉量为289mm，各分区灌溉量为270～300mm，其中桂西区最大，而桂东北区最小；在雨养条件下，平均灌保苗水156mm，各分区灌保苗水为143～173mm，其中桂南区最大，而桂东北区最小。在适宜灌条件下，平均水分生产率为10.12kg/m³，各分区水分生产率为9.92～10.24kg/m³，其中桂西区、桂南区最大，而桂中区最小；在雨养条件下，平均水分生产率为7.02kg/m³，各分区水分生产率在6.64～7.50kg/m³，其中桂西区最大，而桂南区最小。与雨养条件相比，适宜灌增产58%，水分生产率提高44%。

表2-9　广西不同灌溉制度下甘蔗的水分生产率

单位：mm，kg，kg/m³

分区	灌溉制度	灌溉量	耗水量	亩产	水分生产率
桂东北区	保苗水+雨养	143	825	3 700	6.73
	适宜灌	270	908	6 100	10.08
桂南区	保苗水+雨养	173	870	3 850	6.64
	适宜灌	293	938	6 400	10.24
桂西区	保苗水+雨养	150	840	4 200	7.50
	适宜灌	300	923	6 300	10.24
桂中区	保苗水+雨养	158	855	4 100	7.19
	适宜灌	293	938	6 200	9.92
平均	保苗水+雨养	156	848	3 963	7.02
	适宜灌	289	927	6 250	10.12

（八）新疆棉花

新疆棉花主产区是我国最大的经济棉区，种植面积和皮棉产量均居全国第一位，棉花生产也成为当地支柱产业。但新疆棉区干旱少雨，属于典型的灌溉农业生产区（申孝军等，2012）。新疆棉花产区主要涉及准噶尔盆地南缘区、吐哈盆地区与塔里木盆地西缘北缘平原区3个分区。新疆棉花主产区各分区主要特性如表2-10所示，其中准噶尔盆地南缘区降水不多，热量充足，空气干燥，适宜早熟陆地棉栽培；吐哈盆地区多年平均年降水量仅为7mm，是新疆乃至全国降水量最少的地区，空气异常干旱，是我国长绒棉生产基地；塔里木盆地西缘北缘平原区，特别是西部边缘温热干旱区积温高、无霜期长，热量条件好，宜种植长绒棉，是棉花最适宜栽培区。

表2-10　新疆棉花主产区各分区主要特性

分区	农业气候特征值				农业气候特征及水利特征
	≥10℃积温	无霜期	年降水量	需水量	
准噶尔盆地南缘区	3 950 ~ 3 450	185 ~ 175	100 ~ 150	597	作物生长季温暖，干旱，干热风，冬季严寒；渠系防渗率高
吐哈盆地区	> 4 000	> 180	< 40	1 073	作物生长季炎热，干燥，降水少，冬季干冷；光热资源丰富，无霜期长
塔里木盆地西缘北缘平原区	4 500 ~ 3 950	215 ~ 180	20 ~ 80	600	作物生长季温热，干旱，干热风，风沙，浮尘；光热丰富，无霜期长，渠道防渗率较低

在新疆塔里木盆地西缘北缘平原区，推荐灌溉定额375mm，砂壤土条件下灌水间隔为7d，全生育期内灌水12次，亩产为333kg，灌溉水分生产率最大达1.15kg/m^3（刘磊，2011）。在吐哈盆地区，棉花滴灌推荐灌水定额为21mm，全生育期内灌水29次，灌溉定额为609mm（吐鲁番地区水利水电勘测设计研究院，2007）。在准噶尔盆地南缘区，采用单管4行灌溉模式，推荐灌溉定额为375mm，壤土条件下灌水间隔为5d，全生育期内灌水13次，亩产为382kg，灌溉水分生产率最大为1.05kg/m^3（郑耀凯，2009）。

三、现代灌溉农业的优化技术模式

（一）三江平原区

1．区域特征

三江平原位于黑龙江省东北部，包括黑龙江、松花江与乌苏里江汇流的三角地带以及倭肯河与穆棱河流域和兴凯湖平原，属于冲积、湖积平原，包括萝北、鹤岗、汤原等23个市（县、区）和58个农场。全区国土面积10.88万km^2，耕地面积351万hm^2。

（1）气温较低，低温冷害时有发生

多年平均气温2～3℃，≥10℃有效积温2 300～2 500℃，降水量500～600mm，年水面蒸发量600～700mm，年径流深70～150mm。全年无霜期120～140d，年内5月温度偏低，8月气温急降，从而影响苗期返青分蘖和后期孕穗开花，一般满足早中熟水稻热能需要。但由于年际、年内天气异常时有发生，水稻受低温冷害发生频率为10%～26%，3～4年发生一次，减产20%～30%，有时遇上早霜或雪灾，甚至绝产（于大鹏、姚章村，2004）。

（2）地下水资源较丰富，但井水温度低，水稻生产发育受影响

三江平原区井灌水稻面积较大，井灌水为松散岩类孔隙水，水质良好，但水温较低，井口水温一般为5～6℃，与水稻适宜生长温度（20℃）有较大差距，如果井水直接灌田，将严重影响水稻生长发育（于大鹏、姚章村，2004）。

（3）整体土壤肥力较高，东部土壤渍涝严重

三江平原区土壤类型较多，包括暗棕壤、黑土、草甸土、白浆土、沼泽土、冲积土、砂土等。耕地土壤以草甸土、白浆土和黑土为主，有机质和养分总储量高，肥力较高。三江平原东部靠近黑龙江和乌苏里江，土壤多为白浆土，地势平缓，受黏、湿、冷、瘠等因素影响，渍涝严重，低产土壤所占面积较大。

（4）过境地表水资源丰富，可开发利用条件好

黑龙江、乌苏里江和松花江三大江有充沛的过境水量，具有得天独厚的水资源开发利用条件。靠近黑龙江、乌苏里江和兴凯湖沿岸的县（市）及农场，可充分利用过境水和本地地表水资源发展水稻灌溉。

2. 农业结构调整方向

根据《全国新增1 000亿斤粮食生产能力规划（2009—2020年）》，东北区承担新增粮食产能任务150.5亿kg，占全国新增产能的30.1%。而三江平原是黑龙江省主要的粮食产能基地。根据《全国种植业结构调整规划（2016—2020年）》，东北地区调整方向为稳定三江平原等优势产区的水稻面积；加快大中型灌区续建配套和节水改造，特别是加大“两江一湖”（黑龙江、乌苏里江、兴凯湖）水利工程建设力度，改进水稻灌溉方式，扩大自流灌溉面积，减少井灌面积，控制地下水开采；到2020年，东北地区水稻

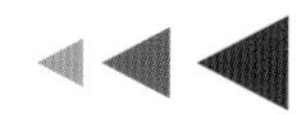

自流灌溉面积比例达到2/3左右。根据《全国农业可持续发展规划（2015—2030年）》，在三江平原等水稻主产区，控制水田面积，限制地下水开采，改井灌为渠灌，到2020年渠灌比例提高到50%，到2030年实现以渠灌为主。

综合以上规划，三江平原农业结构调整方向可归纳为：稳定水稻种植面积；扩大渠灌面积，减少井灌面积；改进水稻灌溉方式。

3．节水农业发展制约因素

其一，三江平原发展水稻生产的不利自然条件是存在“三低”，即地处高寒地区，气温低；多为井水灌溉，水温低；土壤黏重，地温低。严重影响水稻生长发育，使水稻晚熟、劣质、低产，甚至贪青、倒伏、绝产。所以如何“增温”，是三江平原水稻生产的技术关键和难题（于大鹏、姚章村，2004）。

其二，三江平原是我国典型低湿平原，地下水水位（尤其上层滞水季节性）过高，渍涝严重。在利用地表水资源灌溉的渠灌区，由于长期淹水灌溉，造成土壤潜育化、沼泽化、盐碱化。

其三，随着近年来井灌水稻面积不断扩大，三江平原地下水资源平衡受到了严重破坏，地下水局部超采。

其四，水土流失严重，不仅破坏生态环境、降低土壤肥力，还形成严重的面源污染，水质污染严重，生态遭到破坏。

其五，由于多年种稻，水土环境条件恶化，使水稻产量下降，水稻种植可持续发展遇到了新的难题。

4．农业节水技术发展方向

根据三江平原区农业结构调整方向，要实现粮食增产，扩大水稻种植面积，必然会增大水资源利用量，增加地表水、地下水资源的压力，因此发展以水稻节水控制为主的节水新技术对该地区水资源综合利用，特别是对三江平原生态、经济协调发展具有重要的意义。

根据《国家农业节水纲要（2012—2020年）》《全国高标准农田建设总体规划》以及《全国农业可持续发展规划（2015—2030年）》，结合三江平原区农业结构调整方向，三江平原农业节水技术发展方向为：

加大现有灌区续建配套与节水改造力度，积极推广应用渠道防渗、管道输水技术，推行滴灌等高效节水灌溉，新建灌区应达到节水灌溉工程规范要求，大力推广水稻控制

灌溉技术。

推广应用秸秆和地膜覆盖、深松整地、秸秆还田、坐水种、有机肥、大田作物和水稻的节水灌溉制度、灌区的农业节水信息化技术等农业非工程节水技术。

积极发展输配水工程节水技术，加强输水管道防冻胀标准，适度发展与大型机械相结合的水肥一体化技术。

推广激光控制平地技术、雨水集蓄利用工程技术、聚丙烯酰胺和保水剂等，加强土壤保墒能力。

实施玉米—大豆间作轮作制度，推广抗旱坐水种、保护性耕作、大垄双行覆盖等技术，充分利用水资源，提高节水农业的效益。

开展黑土地保护，实施深耕深松、秸秆还田、培肥地力，配套有机肥堆沤场，推广粮豆轮作。

防治水土流失，实施改垄、修建等高地埂植物带、推进等高种植和建设防护林带等措施。

5. 适应区域特点的节水高效农业技术模式

(1) 井灌区节水增温增效灌溉工程技术模式

三江平原井灌地区发展水稻生产的不利自然条件是存在“三低”，即水温低、气温低、地温低，所以如何“增温”是三江平原区水稻生产的技术关键和难题。适用于三江平原区井灌水稻节水增温灌溉的模式主要包括塑料薄膜防渗、加长输水长度和减缓流水速度、修建晒水池等。

发展塑料薄膜防渗。塑料薄膜具有良好的柔性、伸延性和较强的抗拉能力，适用于各种不同形状的渠道断面。由于土壤冻胀对刚性防渗材料造成不同程度的破坏，而塑料薄膜具有较好的耐冻性，塑料遇热柔软、遇冷发硬，温度回升后又逐渐恢复原有的性能，所以塑料薄膜防渗特别适用于寒冷的三江平原区。据实际观测资料，铺设塑料薄膜每百米可提高渠系输水温度2～3℃。

发展宽浅式渠道。在水稻的灌溉期气温还较低，导致灌溉水温比较低，为了在输水过程中利用太阳辐射来加温，输水渠道应尽量采用宽浅式渠道，并把渠道坡降改缓，降低流速，增加灌溉水在渠道中的流动时间，从而达到提高灌水温度的效果。

修建晒水池。修建晒水池是井灌区灌溉水增温的有效措施之一。尤其在三江平原区，晒水池被广泛采用，起到了很好的增温效果。据资料统计，晒水池一昼夜可使井

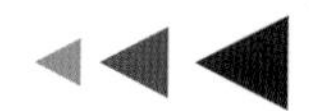

水水温升高9℃。修建的晒水池面积一般为稻田面积的1%～2.6%，形状以长方形为宜，池内水深0.6m左右。

（2）渠灌区田间工程节水改造模式

三江平原渠灌区输水渠道防渗衬砌率低、田间工程不配套、灌水方法落后，是发展节水灌溉的重点区域，特别是田间工程部分，由于以群众投入为主，是当前节水灌溉最薄弱的环节。因此，加快大中型灌区续建配套和节水改造，在对干渠、支渠等输水工程进行防渗的同时，对田间工程进行节水改造。改造的模式包括对斗渠、农渠进行防渗衬砌，平整土地，重新确定沟渠规格，采用小畦灌、沟灌、长畦短灌和波涌灌等先进的地面灌水技术，并通过开展非充分灌溉、水稻控制灌溉、降低土壤计划湿润层深度和采用覆盖保墒等农业综合节水技术，实现渠灌区全方位节水。

（3）井渠结合灌区节水灌溉工程技术模式

三江平原井渠结合型灌区面积约有20万hm^2，这类灌区的特点是无论单一依靠渠灌还是单一依靠井灌都存在水资源不足，或引起其他生态问题，必须实行井渠结合灌溉。这类灌区的节水灌溉工程技术模式为：开展地表水与地下水在时间上及空间上的联合调度。渠灌部分进行适度防渗输水渠道，井灌部分采用管道输水；田间采取长畦改短实施小畦灌溉及覆盖、化学节水、节水灌溉制度等农艺和管理节水措施，实现水资源的优化调度和农业高效用水。

（4）城郊农业节水灌溉工程技术模式

城郊农业的特点主要表现为产值高、生产效率高，为城市生活服务。因此，必须发展高效农业，即资源利用率高、生产效率高、经济效益高的农业。这类地区的节水灌溉工程技术模式为：大田粮食作物发展喷灌、管灌、小畦灌，蔬菜、果园及经济作物发展微灌和喷灌，灌溉用水管理实施自动化控制（朱福文、周振泉，2006；李长明等，2005）。

6．区域典型作物灌溉技术模式——寒地水稻节水控制灌溉技术模式

寒地水稻节水控制灌溉技术是黑龙江省联合河海大学，经在22个试验站开展多年理论研究和推广应用，摸索出的适合寒地特点的分区技术模式，2007—2014年在黑龙江省累计推广面积2 376万亩，取得良好效果（何权，2011）。2013年，黑龙江省正式颁布地方标准《寒地水稻节水控制灌溉技术规范》（DB23/T　1500—2013），2015年被科技部、环境保护部、住房城乡建设部和水利部联合发布的《节水治污水生态修复先进适用技术指导目录》收录。

（1）寒地水稻节水控制灌溉技术简介

寒地水稻节水控制灌溉技术又称水稻调亏灌溉，指在秧苗本田移栽后的各个生育期内，田面基本不再长时间建立灌溉水层，也不再以灌溉水层作为灌溉与否的控制指标，而是以不同生育期内不同的根层土壤水分作为下限控制指标，确定灌水时间、灌水次数和灌水定额的一种灌溉新技术。

在水稻生长发育过程中，适度进行水分胁迫，会使水稻产生一定的耐旱性，而且不会导致减产。其基本原理是：基于作物的生理生化作用受到遗传特性和生长激素的影响，认为如果在其生长发育某些阶段主动施加一定程度的水分胁迫，可以发挥水稻自身调节机能和适应能力，同时能够引起同化物在不同器官间的重新分配，降低营养器官的生长冗余，提高作物的经济系数，并可通过对其内部生化作用的影响，改善作物的品质，起到节水、优质、高效的作用。

（2）寒地水稻节水控制灌溉技术优势

寒地水稻控制灌溉技术是一项投入少、效益高、操作简单的灌溉技术，其优势主要表现在：增产效果明显，实收产量比常规灌溉提高5%～10%；稻米米质明显改善；节水效果显著，研究表明，控制灌溉条件下，全生育期灌水量亩均251m^3，与常规灌溉技术相比，亩均节水141m^3，平均节水36%。控制灌溉水稻的水分生产率为1.3kg/m^3，比常规灌溉提高了44%；抗倒伏能力、抗病能力大大增强。与常规灌溉技术相比，控制灌溉技术在操作上有以下几点不同：

灌溉依据不同。常规灌溉依据水层多少判断是否需要灌溉，控制灌溉依据土壤含水量大小是否达到控制标准判断是否需要灌溉。

灌水方法不同。常规灌溉采取“深、浅”或“浅、湿”循环交替，而控制灌溉采取“浅、湿、干”循环交替法。“浅”为30mm，“湿”为0mm，“干”为土壤含水量控制下限值。

灌水程度不同。常规灌溉属于充分灌溉，适时保证充足供水，不允许水稻受旱；控制灌溉则实行人为调亏，根据水稻不同生育期的生理特性，在分蘖等需水非敏感期实施人为胁迫，造成适度干旱，而在拔节孕穗和抽穗开花等需水敏感期又保证供水，使水稻后期呈现生长的补偿效应，是一种充分供水与非充分供水相结合的灌溉方式。

田间水层不同。常规灌溉长时间保留水层，仅在水稻分蘖末期晒田时和黄熟期不保留水层；而控制灌溉长时间不保留水层。

三江平原寒地水稻节水控制灌溉技术模式如表2-11所示。

表2-11　三江平原寒地水稻节水控制灌溉技术模式

<table>
<tr><th colspan="2" rowspan="2">水稻生育期</th><th rowspan="2">返青期</th><th colspan="3">分蘖期</th><th rowspan="2">拔节
孕穗期</th><th rowspan="2">抽穗
开花期</th><th rowspan="2">乳熟期</th><th rowspan="2">黄熟期</th></tr>
<tr><th>前期</th><th>中期</th><th>末期</th></tr>
<tr><td colspan="2">天数（d）</td><td>12～13</td><td>16～17</td><td>13～16</td><td>8～10</td><td>17～18</td><td>10～13</td><td>13～17</td><td>25</td></tr>
<tr><td colspan="2">生育进程</td><td colspan="8">返青期　分蘖期　拔节孕穗期　抽穗开花期　乳熟期　黄熟期</td></tr>
<tr><td rowspan="4">田间水分调控指标</td><td>蓄雨上限（mm）</td><td>50</td><td>50</td><td>50</td><td>0</td><td>50</td><td>50</td><td>20</td><td>0</td></tr>
<tr><td>灌水上限（mm）</td><td>20</td><td>20～30</td><td>20～30</td><td>0</td><td>30</td><td>30</td><td>20</td><td>0</td></tr>
<tr><td>灌水下限（%）</td><td>80～85</td><td>90～95</td><td>90～95</td><td>70～80</td><td>90</td><td>90～95</td><td>80</td><td>70</td></tr>
<tr><td>土壤裂缝表相（mm）</td><td>2～8</td><td colspan="2">0～4</td><td>6～10</td><td>2～4</td><td>0～4</td><td>6～8</td><td>8～15</td></tr>
<tr><td>水稻节水控制灌溉技术操作要点</td><td colspan="9">①进行格田平整，格田内平均地面高差宜控制在20mm内。对于一些暂时达不到土地平整要求的田块，灌水上限可适当调整，但不宜超过50mm。
②灌水下限可按照对应的土壤裂缝宽度来判断，裂缝大小不应超过最大限值。
③自流灌区预测来水少时，达不到灌水下限也应及时灌水。
④返青期至分蘖中期宜中控，应在达到灌水下限时再灌水；分蘖末期宜排水晒田重控，晒田结束后应及时、适量灌水；拔节孕穗期和抽穗开花期应轻控。
⑤水层管理应与喷药、施肥等农艺措施的用水相结合，保持一定水层。
⑥泡田定额宜为1 200m³/hm²。
⑦生育期灌溉定额宜为4 500～5 400m³/hm²，全生育期灌水6～10次，单次灌水定额为600～900m³/hm²。
⑧泡田期应结合水耙地封闭灭草；分蘖前期应进行二次封闭灭草，灌水上限宜达到50mm，宜保留水层10d左右。
⑨插秧期宜采用泡田插秧一茬水；在盐碱土、白浆土和活动积温低于2 300℃的地区，插秧时田间水层宜为20～30mm，其他区域“花达水”插秧；达到灌水下限时灌第一次水，灌水深度20～30mm。
⑩应高效利用天然降水，接近或达到灌水下限时应结合降水预报适时适量灌水。当降水超过蓄雨上限应及时排水，达到蓄雨上限的连续时间不应超过7d。
⑪应视土壤类型、肥力水平、水稻长势等情况采取相应的重控、中控或轻控。土壤肥力大的地区可控得重些，土壤肥力小的地区可控得轻些。
⑫盐碱地应结合泡田进行洗盐，灌水上限可达到50～100mm，洗盐次数可根据盐碱程度和排盐效果确定。
⑬渗透性较大、保水性差的土壤宜少灌、勤灌，适度轻控。
⑭防御障碍型冷害时，灌水深度可达100mm以上，冷害期过后应及时排水至灌水上限。
⑮如遇干旱天气，宜在水稻收割前15d左右灌一次饱和水。
⑯控制灌溉的育苗要求旱育壮秧、带蘖插秧，应采用水稻旱育稀植育苗，按DB23/T 020规定执行；种子及质量等要求应按GB 4404.1规定执行。
⑰水稻泡田期、本田期的整地、耙地等农艺管理应按DB23/T 020执行，本田除草应按GB/T 8321（所有部分）的规定。
⑱稻田基肥、追肥等施肥管理应按NY/T 496规定执行。
⑲防治水稻二化螟应按NY/T 59的规定，防病稻瘟病等用药管理应按GB/T 15790的规定执行</td></tr>
</table>

（二）松嫩平原区

1．区域特征

松嫩平原位于黑龙江省西部与西南部，包括齐齐哈尔市、绥化市、大庆市及哈尔滨市所属部分市(县)，并含有农垦系统所属国有农牧场，共计31个市(县)。春季多风少雨干旱，夏季短促湿热多雨，秋季冷凉霜冻频繁，冬季漫长干燥严寒。该区是由剥蚀堆积高平原与堆积低平原组成，高平原为兴安山地和南部山地的山前冲积与洪积台地，漫川漫岗，水土流失严重；低平原位于嫩江下游两岸，松花江上游北岸，地势平坦，在安达、肇源一带有许多封闭洼地和盐碱沼泡，伴有砂岗地。

（1）松嫩低平原区

该区包括甘南、龙江、泰来等11个市（县）和8个农场，属于冲积平原，平均海拔182m，土壤分布主要有黑钙土、盐碱土和风砂土等。气候温暖，光热条件充足，地表水资源匮乏，为生长季干燥指数（K）大于1.2的干旱区。多年平均气温变化为2～4℃，≥10℃有效积温2 600～2 850℃，年降水量400～500mm，年水面蒸发量800～900mm，年径流深10～25mm。该区作物水热生长期为159～171d，水稻从插秧至成熟时的生育期为120d，全年无霜期130～150d。该区热量条件佳，水分条件差，降水量少，蒸发量大，土壤渗水性强，且盐碱地多，龙江、甘南、泰来土壤渗漏严重，是黑龙江省灌溉定额较高的地区之一。

（2）松嫩北部高平原区

该区包括嫩江、讷河、五大连池等10个县（市、区）、7个农场。地貌特征多为丘陵状台地和切割台地，平均海拔260m，土壤分布主要有黑土、草甸土等。气候由冷凉过渡到温凉，多年平均气温为0～2℃，≥10℃有效积温2 000～2 300℃，为生长季干燥指数（K）1.0～1.2的半干旱区。多年平均年降水量450～550mm，年水面蒸发量600～800mm，年径流深50～150mm。作物水热生长期为150～159d，平均155d，全年无霜期110～130d。气候温凉，土壤肥沃，适宜麦、豆、薯生产。该区地处第三积温带和第四积温带上限，热量条件一般，农民水稻种植技术较差，深水灌溉较多。

（3）松嫩南部高平原区

该区包括望奎、庆安、铁力等17个市（县）和10个农场。地貌特征多为切割台地和波状台地，平均海拔329m，土壤分布主要有黑土、草甸土和沼泽土等。气候由温

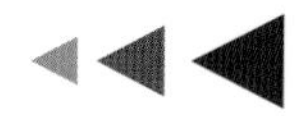

和过渡到温暖，多年平均气温2～3℃，≥10℃有效积温2 500～2 800℃，为生长季干燥指数（K）1.0～1.2的半干旱区。多年平均年降水量500～600mm，年水面蒸发量700～800mm。作物水热生长期为156～171d，平均164d，全年无霜期130～150d。水热条件适中，在解决水资源条件下，适宜发展灌溉农业。

2. 农业结构调整方向

根据《全国种植业结构调整规划（2016—2020年）》，稳定松嫩平原等优势产区的水稻面积；东北冷凉区实行玉米—大豆轮作、玉米—苜蓿轮作、小麦—大豆轮作等生态友好型耕作制度，发挥生物固氮和养地肥田作用；调减黑龙江北部、内蒙古呼伦贝尔等第四、五积温带以及农牧交错带的玉米种植面积；调减的玉米面积改种大豆、春小麦、杂粮杂豆及青贮玉米等作物；在黑龙江、内蒙古第四、五积温带推行玉米—大豆、小麦—大豆、马铃薯—大豆轮作，在黑龙江南部、吉林和辽宁东部地区推行玉米—大豆轮作。

3. 节水农业发展制约因素

松嫩平原多年平均降水量与作物生育期需水量相比，均存在不同程度的缺水。长期抽取地下水进行农业灌溉，导致地下水位持续下降，哈尔滨市江南地区和大庆工业区处于较严重超采状态，齐齐哈尔市区以北地区水位下降。砂土地区土壤保蓄水分有限，由于土壤风蚀，部分地区出现了沙漠化现象，在干旱缺水条件下对土地的不合理开发利用加速了这种现象。水源工程分布不合理，有效灌溉面积少，缺少大型控制性工程。现存机电井及提水泵站等水源工程主要分布在西部平原区、丘陵半山区，而高平原区分布很少。

4. 适应区域特点的节水高效农业技术模式

（1）松嫩低平原区

西部低平原区位于松嫩平原西部、龙江及甘南部分山丘坡地，地处大兴安岭东麓，地表水、地下水资源均较贫乏，可采用小型分散式单井开采地下水，以保证抗旱用水，井网不宜过密，在适宜地段可修建小水库、塘坝截蓄地表径流；齐齐哈尔郊区、富裕、泰来为潜水承压区，地下水位埋藏浅，主要补给来源为地下径流侧向补给和降水入渗补给，地下水资源较丰富，提水成本低，可适度开采地下水；东部为扎龙湿地保护区，应限制开采地下水，保护湿地提供水源，逐步恢复湿地的规模，确保湿地生态环境。

中南部低平原区包括大庆市和绥化市部分地区。大庆市区中、北部由于超量开采地下

水，地下水位大幅度下降，形成区域降落漏斗，不宜再打井发展地下水灌溉，在灌溉水源有限的情况下，应大面积发展坐水种面积，旱田灌溉适当减少灌水次数。该区地势低洼，局部分布有易涝区及盐碱地，在这些地段尽量采用生物、农艺与工程措施相结合进行盐碱土综合治理，借鉴国外经验和国内生态治理示范成果，应充分利用天然草地和人工牧草，同时采用灌关键水方法，以达到节水灌溉目的。在井灌区加强地下水资源开发管理，推广低压管道技术、地面灌溉技术，适当发展喷灌、微灌，保持灌溉水量与供水量基本平衡。

东南部低平原区大部分地区的潜水可发展井灌，该地区农业机械化程度高，是重点产粮区。

（2）松嫩高平原区

北部高平原区地处松嫩平原北缘，是山脉伸向平原的过渡地带。农业以杂粮为主，经济作物以甜菜、亚麻、向日葵、马铃薯为主。该地区除河谷潜水和承压水盆地，大部分地区地下水贫乏，应慎重发展井灌，积极推广旱地农业技术，大力发展蓄水保墒，通过耕作栽培方法，尽可能把降水蓄在土壤里，减轻旱灾的影响。

中北部高平原区地形多样，分为低丘陵、岗地和平原，水土极易流失。地下水资源相对较贫乏，可少量打井，慎重发展井灌，切实调整以抽取地下水为主的灌溉方法，加大力度开发利用地表水。该地区是以农业为主体的农林牧结合区域，是小麦、大豆主产区，积极推广农业生态建设，应以固土保水、营造水源涵养林，适当发展节水灌溉。

东南部高平原区位于松花江南岸，多山地、丘陵。主要粮食作物有玉米、大豆、水稻、小麦，经济作物除亚麻、甜菜以外以大蒜著名。该区充分发挥面向大城市的地理优势，发展粮食及经济作物，采取综合节水技术措施，提高水的利用率。

东部丘陵漫岗区位于松花江北岸，地处松嫩平原向山丘区的过渡地带，其中巴彦、木兰两县丘陵、漫岗分别占有60%以上。农作物以杂粮为主，经济作物有亚麻、大麻、甜菜。该地区年降水量接近600mm，是松嫩平原区域内降水量最多的地区，应充分利用水热资源充沛的条件，提高农业及经济作物产量和质量。江河两岸的平原区地表水和地下水比较丰富，可以发展综合节水农业技术（卢玉邦等，2002；魏天宇，2012）。

5. 区域典型作物灌溉技术模式——寒地水稻节水控制灌溉技术模式

松嫩平原区水稻节水灌溉技术可参照三江平原区寒地水稻节水控制灌溉技术模式（何权，2011），只是蓄水上限、灌水上限、灌水下限和土壤裂缝表相不同。松嫩平原寒地水稻节水控制灌溉技术模式如表2-12所示。

表2–12　松嫩平原寒地水稻节水控制灌溉技术模式

水稻生育期		返青期	分蘖期			拔节孕穗期	抽穗开花期	乳熟期	黄熟期
			前期	中期	末期				
天数（d）		9～16	17～22	11～24	9～11	15～21	11～14	13～19	23～26
生育进程		返青期	分蘖期		拔节孕穗期	抽穗开花期		乳熟期	黄熟期
田间水分调控指标	蓄雨上限（mm）	50	50	30～50	0	50	50	20～30	0
	灌水上限（mm）	20～30	20～50	20～30	0	20～50	20～30	20～30	0
	灌水下限（%）	80～90	85～95	85～95	60～80	85～95	85～95	70～80	60～70
	土壤裂缝表相（mm）	2～8	2～6	2～6	4～15	1～6	1～6	4～10	5～20
水稻节水控制灌溉技术操作要点	①进行格田平整，格田内平均地面高差宜控制在20mm内。对于一些暂时达不到土地平整要求的田块，灌水上限可适当调整，但不宜超过50mm。 ②灌水下限可按照对应的土壤裂缝宽度来判断，裂缝大小不应超过最大限值。 ③自流灌区预测来水少时，达不到灌水下限也应及时灌水。 ④返青期至分蘖中期宜中控，应在达到灌水下限时再灌水；分蘖末期宜排水晒田重控，晒田结束后应及时、适量灌水；拔节孕穗期和抽穗开花期应轻控。 ⑤水层管理应与喷药、施肥等农艺措施的用水相结合，保持一定水层。 ⑥泡田定额宜为1 200m³/hm²。 ⑦生育期灌溉定额宜为4 500～5 400m³/hm²，全生育期灌水6～10次，单次灌水定额为600～900m³/hm²。 ⑧泡田期应结合水耙地封闭灭草；分蘖前期应进行二次封闭灭草，灌水上限宜达到50mm，宜保留水层10d左右。 ⑨插秧期宜采用泡田插秧一茬水；在盐碱土、白浆土和活动积温低于2 300℃的地区，插秧时田间水层宜为20～30mm，其他区域“花达水”插秧；达到灌水下限时灌第一次水，灌水深度20～30mm。 ⑩应高效利用天然降水，接近或达到灌水下限时应结合降水预报适时适量灌水。当降水超过蓄雨上限应及时排水，达到蓄雨上限的连续时间不应超过7d。 ⑪应视土壤类型、肥力水平、水稻长势等情况采取相应的重控、中控或轻控。土壤肥力大的地区可控得重些，土壤肥力小的地区可控得轻些。 ⑫盐碱地应结合泡田进行洗盐，灌水上限可达到50～100mm，洗盐次数可根据盐碱程度和排盐效果确定。 ⑬渗透性较大、保水性差的土壤宜少灌、勤灌，适度轻控。 ⑭防御障碍型冷害时，灌水深度可达100mm以上，冷害期过后应及时排水至灌水上限。 ⑮如遇干旱天气，宜在水稻收割前15d左右灌一次饱和水。 ⑯控制灌溉的育苗要求旱育壮秧、带蘖插秧，应采用水稻旱育稀植育苗，按DB23/T 020规定执行；种子及质量等要求应按GB 4404.1规定执行。 ⑰水稻泡田期、本田期的整地、耙地等农艺管理应按DB23/T 020执行，本田除草应按GB/T 8321（所有部分）的规定。 ⑱稻田基肥、追肥等施肥管理应按NY/T 496规定执行。 ⑲防治水稻二化螟应按NY/T 59的规定，防病稻瘟病等用药管理应按GB/T 15790的规定执行									

（三）内蒙古东部牧区

1．区域特征

内蒙古东部牧区位于高纬度、高寒地区，包括内蒙古东北部第四、五积温带，是连接农业种植区和草原生态区的过渡地带，属于半干旱半湿润气候区，冬季漫长而严寒，夏季短促，≥10℃有效积温1 900～2 300℃，无霜期仅90d左右，昼夜气温变化较大，农作物生产容易遭受低温冷害、早霜等灾害的影响。该区光热条件好，土地资源丰富，但水资源紧缺，土壤退化沙化，是我国灾害种类多、发生频繁、灾情严重的地区，其中干旱发生概率最大、影响范围最广、为害程度最重。由于多年玉米连作，造成土壤板结、除草剂残留药害严重，影响单产提高和品质提升。

2．农业结构调整方向

根据《全国农业可持续发展规划（2015—2030年）》，在东北区农牧交错地带，积极推广农牧结合、粮草兼顾、生态循环的种养模式，种植青贮玉米和苜蓿。根据《全国种植业结构调整规划（2016—2020年）》，调减黑龙江北部、内蒙古呼伦贝尔等第四、五积温带以及农牧交错带的玉米种植面积，调减的玉米面积改种大豆、春小麦、杂粮杂豆及青贮玉米等作物；构建合理轮作制度，在黑龙江、内蒙古第四、五积温带推行玉米—大豆轮作、小麦—大豆轮作、马铃薯—大豆轮作，在东北的农牧交错区推行“525轮作”（即5年苜蓿、2年玉米、5年苜蓿）。根据水资源条件，在草原牧区积极发展节水灌溉饲（草）料地。

3．适应区域特点的节水高效农业技术模式

内蒙古东部牧区处于偏远地区，劳动力相对缺乏，要实现牧区畜牧业的规模化经营，首先要进行牧草（主要为青贮玉米）规模化发展，但是青贮玉米生育期需水较多，从种子发芽、出苗到收割的整个生育期，除了苗期应适当控制水分进行蹲苗，都必须适当满足植株对水分的需求，才能保证青贮玉米的生长发育。而内蒙古东部牧区是严重缺水地区，发展喷灌、滴灌等高效节水技术是解决水资源短缺的必然趋势。近年来，随着青贮玉米种植水肥一体化的需要和节水灌溉技术的发展，青贮玉米中心支轴式喷灌技术在牧区得到了较大的推广。

4．区域典型作物灌溉技术模式——青贮玉米中心支轴式喷灌综合技术集成模式

内蒙古自治区水利科学研究院通过对青贮玉米中心支轴式喷灌需水需肥规律、水分

利用率、肥料利用率和产量、效益等方面的研究，建立了青贮玉米中心支轴式喷灌综合技术集成模式。2014年，内蒙古颁布了《青贮玉米中心支轴式喷灌水肥管理技术规程》（DB15/T 681—2014），中心支轴式喷灌作为一项新型节水技术已经在内蒙古得到广泛应用。

表2-13　青贮玉米中心支轴式喷灌综合技术集成模式

<table>
<tr><th colspan="2" rowspan="2">日期</th><th colspan="3">5月</th><th colspan="3">6月</th><th colspan="3">7月</th><th colspan="3">8月</th></tr>
<tr><th>上旬</th><th>中旬</th><th>下旬</th><th>上旬</th><th>中旬</th><th>下旬</th><th>上旬</th><th>中旬</th><th>下旬</th><th>上旬</th><th>中旬</th><th>下旬</th></tr>
<tr><td colspan="2">有效降水量（mm）</td><td colspan="3">23.2</td><td colspan="3">45.0</td><td colspan="3">89.0</td><td colspan="3">70.2</td></tr>
<tr><td colspan="2">玉米需水量（mm）</td><td colspan="3">20</td><td colspan="3">95</td><td colspan="3">201</td><td colspan="3">183</td></tr>
<tr><td colspan="2">主攻目标</td><td colspan="3">精细整地、适时早播</td><td colspan="3">保全苗、促根、育壮苗</td><td colspan="2">促叶、壮秆</td><td>防早衰、夺高产</td><td colspan="3">适时收获、青贮</td></tr>
<tr><td colspan="2">生育进程</td><td colspan="12"></td></tr>
<tr><td rowspan="2">灌水技术</td><td>一般年</td><td colspan="3">播后喷灌1次，灌水量30mm（20m³/亩），保证出苗</td><td colspan="3">6月中旬大苗、6月下旬拔节期需灌水2次，每次灌水量30～45mm（20～30m³/亩）</td><td colspan="3">7月拔节后期、吐丝期、抽穗前后是需水关键期，需灌水2次，每次灌水量45mm（30m³/亩）</td><td colspan="3">8月抽雄扬花期是需水关键期，需灌水2次，每次灌水量30～45mm（20～30m³/亩）</td></tr>
<tr><td>干旱年</td><td colspan="3">播后喷灌1次，灌水量30mm（20m³/亩），保证出苗</td><td colspan="3">6月中旬大苗、6月下旬拔节期需灌水2次，每次灌水量30～45mm（20～30m³/亩）</td><td colspan="3">7月拔节后期、吐丝期、抽穗前后是需水关键期，需灌水3次，每次灌水量45mm（30m³/亩）</td><td colspan="3">8月抽雄扬花期是需水关键期，需灌水2次，每次灌水量45mm（30m³/亩）</td></tr>
<tr><td>农艺配套技术</td><td>施肥技术</td><td colspan="3">亩基施有机肥1 500～2 000kg，种肥二铵15～20kg，氯化钾7～10kg</td><td colspan="3">追肥（6月30日左右）：结合喷灌追施拔节肥，每亩追施尿素15～20kg</td><td colspan="6">大喇叭口期7月15日左右：亩追施尿素15～20kg</td></tr>
</table>

（续）

<table>
<tr><th colspan="2" rowspan="2">日期</th><th colspan="3">5月</th><th colspan="3">6月</th><th colspan="3">7月</th><th colspan="3">8月</th></tr>
<tr><th>上旬</th><th>中旬</th><th>下旬</th><th>上旬</th><th>中旬</th><th>下旬</th><th>上旬</th><th>中旬</th><th>下旬</th><th>上旬</th><th>中旬</th><th>下旬</th></tr>
<tr><td rowspan="2">农艺配套技术</td><td>耕作栽培技术</td><td colspan="3">①适时整地播种，土壤化冻15cm以上时进行耕翻、耙耱，当地温稳定在8℃以上时播种，播种时间5月23—28日。②品种选择龙单38、双宝青贮等包衣种子。③采用60cm垄种植模式，播种、覆膜、施肥一次作业完成</td><td colspan="3">①防除杂草：使用40%异丙草胺·阿塔拉津悬浮剂进行播后一苗前土壤封闭除草，利用施药机械喷施药，亩用药量200mL。②在施药前后进行喷灌。在玉米3～5叶期，选用玉农思等药剂行间喷雾防除杂草。③如果来年倒茬，不宜化学除草</td><td>①中耕培土，在垄间进行浅中耕，一次完成除草培土。②防治抽穗期虫害，主要是一代黏虫为害，应进行化学药剂防治，同时消灭幼虫</td><td colspan="2">①发现白化苗喷施锌肥，发现紫色叶喷施磷酸二氢钾。②防治花粒期病虫害，采取频振式杀虫灯配合释放赤眼蜂进行统防统治</td><td>防治大小斑病和金龟甲成虫，用50%多菌灵WS、75%百菌清WS、80%代森锰锌喷施防治</td><td colspan="2">玉米扬花半个月后，即可收获青贮。一般是8月20日至9月初</td></tr>
<tr><td>产量结构</td><td colspan="3">亩株数：6 000株</td><td colspan="3">行距：60cm</td><td colspan="3">株距：15～18cm</td><td colspan="3">单株重：1.7 kg；亩产量：10 000kg</td></tr>
<tr><td colspan="2">农机配套技术</td><td colspan="3">播前耕整地，达到播种机播种作业要求；精量播种</td><td colspan="3">喷灌机灌水技术：喷灌机按照灌溉制度进行灌水</td><td colspan="2">生长期喷药除草，田间植保</td><td colspan="2">按照农艺要求进行定期水肥一体化灌溉、施肥</td><td colspan="2">机械化收获：按照农艺要求选择玉米收获机</td></tr>
<tr><td colspan="2">管理技术</td><td colspan="3">①制定喷灌圈范围内的统一管理形式。②提早检查喷灌机、水源井、机电、耕作机械的完好情况，做好播种灌水准备。③适时早播，统一进行机械播种</td><td colspan="3">统一进行喷灌浇水，灌水深度一次达到30mm（20 m³/亩）</td><td colspan="2">及时喷灌浇水，灌水深度一次达到45mm（30 m³/亩）；结合喷灌按施肥定额统一追肥</td><td colspan="2">①促叶、壮秆夺高产。②结合喷灌按施肥定额进行统一追肥。③发现病虫害时统一治理</td><td colspan="2">适时收获；青贮实行“播种时间、作物品种、灌水技术、施肥技术、田间管理、收获”六统一</td></tr>
</table>

（四）黄淮海平原区

1. 区域特征

黄淮海平原区指位于秦岭—淮河线以北、长城以南的广大区域，包括北京、天津、河北、山东、河南、山西东部以及江苏北部、安徽北部地区。耕地总面积5.07亿亩，其中水浇地2.58亿亩，旱作耕地2.49亿亩。西部和北部为山丘地，其余大部分属于黄

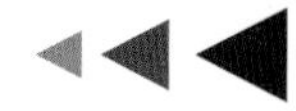

河、淮河、海河下游冲积平原，平均海拔50～1 200m。属温带大陆性季风气候，农业生产条件较好，土地平整，光热资源丰富。年降水量400～800mm，≥10℃有效积温4 000～4 500℃，无霜期175～220d，日照时数2 200～2 800h，可以两年三熟或一年两熟。土壤类型多样，大部分土壤比较肥沃，耕性良好，是我国冬小麦、棉花、夏玉米、花生和大豆等农作物的主要产区，是应季蔬菜和设施蔬菜的重要产区。

2．农业结构调整方向

根据《全国种植业结构调整规划（2016—2020年）》，黄淮海平原区农业结构调整重点是稳定小麦面积，完善小麦—玉米、小麦—大豆（花生）一年两熟种植模式，搞好茬口衔接，大力发展优质强筋小麦；稳定蔬菜面积，扩大青贮玉米面积；在稳步提升粮食产能的前提下，适度调减华北地下水严重超采区小麦种植面积，改种耐旱、耐盐碱的棉花和油葵等作物，扩种马铃薯、苜蓿等耐旱作物；保持滨海盐碱地、滩涂地棉花面积稳定；统筹粮棉油菜饲生产，适当扩种花生、大豆、饲草。

3．节水农业发展制约因素

黄淮海小麦主产区资源性缺水和工程性缺水并存，缺水与浪费并存，地下水严重超采，用水矛盾日益突出。水资源短缺、地下水超采、利用效率低、耕地数量和质量下降已成为制约黄淮海平原区农业可持续发展的关键因素。

4．农业节水技术发展方向

《全国农业可持续发展规划（2015—2030年）》已确定该区以治理地下水超采、控肥控药和废弃物资源化利用为重点，构建与资源环境承载力相适应、粮食和“菜篮子”产品稳定发展的现代农业生产体系。黄淮海平原区农业节水技术发展方向为：

在地表水和地下水资源过度开发地区，因地制宜调整种植结构，适度压减高耗水作物种植面积，大力发展水肥一体化等高效节水灌溉，实行灌溉定额制度，加强灌溉用水水质管理，实施地下水开采井封填、地表水取水口调整处置和用水监测、监控措施，推行农艺节水和深耕深松、保护性耕作措施。在具备条件的地区，可适度采取地表水替代地下水灌溉。

在地下水超采区严格控制新增灌溉面积，大力推广非常规水源工程技术，合理利用雨洪资源、微咸水、再生水等。在淮河流域等面源污染较重地区，大力推广配方施肥、绿色防控技术，推行秸秆肥料化、饲料化利用。

围绕冬小麦、玉米和棉花重点推广节水灌溉制度、农业节水管理制度、覆盖保墒技术、耕作节水技术等节水技术；围绕蔬菜、瓜果等，发展微灌和新型节水灌溉技术，重点推广水肥一体化技术。推广土壤墒情监测技术，改善灌溉制度，优化输水、灌水方式，重点推广应用低压管道输水、喷灌、长畦改短畦等技术。

在井灌区重点发展低压管道输水技术，积极发展喷灌、微灌、集雨节灌和水肥一体化，推广农业节水信息化技术、用水计量和智能控制技术，建立健全农业节水管理制度。在渠灌区、井渠结合灌区重点发展渠道防渗，因地制宜发展低压管道输水灌溉，推广水稻控制灌溉技术。

5．适应区域特点的节水高效农业技术模式

（1）北京市

北京市是一座人口密集、水资源短缺的特大型城市，人均水资源占有量不足300m^3，仅为全国人均水资源占有量的1/7、世界人均水资源占有量的1/30。由于城市人口与经济的发展，对水资源的需求不断加大，多年来一直以超采地下水和牺牲水环境为代价维持着供需平衡。近年来，北京市开展地表水和地下水联合调度、雨洪利用、地下水回灌等措施，地下水位的下降趋势初步得到了控制。同时大力发展高效节水农业，出台《北京市推进“两田一园”高效节水工作方案》，严格实行灌溉用水限额管理，设施作物每年用水量不超过500m^3/亩，粮田、露地菜田每年用水量不超过200m^3/亩，鲜果果园每年用水量不超过100m^3/亩。具体节水灌溉工程技术模式总结如下：

①设施农业先进灌溉技术高新农业节水模式。一是设施农业技术，包括设施种植业，如日光温室栽培、塑料大棚栽培、无土栽培等。二是现代节灌技术，采用节水效果好、自动化程度高的节水灌溉技术，如在大田作物推广喷灌和微喷灌等先进节水灌溉技术，设施农业中推广现代化的自动控制灌溉技术，并与施肥、施药结合起来。三是调整农业种植结构、减少粮食作物种植比例，增种稀特蔬菜、瓜果、花卉等高产值园艺作物。四是建立高标准农业节水示范园区，即把节水灌溉、农业种植、园林技术融合为一体，发展特色农业、高效农业和休闲观光农业。

②北京西南山区以集雨蓄水为主的节水灌溉综合模式。该模式由集雨系统、蓄水系统、节水灌溉系统、农艺措施与管理措施等有机结合形成，通过集雨、存储和节水灌溉等措施，实现山区雨水利用，提高山区农产品产量和质量，改善地区生态环境、水资源环境。其特点是：工程规模小、实用可靠；便于山区施工，群众易于掌握；成本较低，符合山区农民经济承受能力和地区经济发展需求（徐忠辉等，2008）。

(2) 天津市

天津市是我国北方严重缺水的地区之一，水资源十分有限。近年来随着农村经济的发展，天津市农业产业结构发生了较大调整，农业需水量大大增加，供水、需水矛盾不断增加，严重阻碍了农业的可持续发展。要建设现代化农业，必须实施农业节水战略。天津市各区、县结合本地特点均采用了不同的节水灌溉工程技术模式，可总结为以下几种（辛召东、张廷孝，2005）：

①城郊设施农业节水高效工程技术模式。近郊区发展设施农业节水高效工程技术，针对天津地区缺水的现状，设施农业采用滴灌技术。包括水源工程、日光温室（或塑膜大棚）、灌溉枢纽（水泵、控设制备、施肥设备、过滤设备）、输水管道、灌水器。灌水器常用滴头、滴灌管（带）、涌水器，还可结合覆膜进行膜下灌溉。

②井灌区生态农业节水灌溉工程技术模式。采取非充分灌方法，即在水分对作物产量形成的最敏感时期实行充分供水，而在其他时期实行少供水甚至不供水，不追求作物单产最高，而追求总产最高。同时，适度发展雨养农业。

③水库灌区自压管道输水灌溉工程技术模式。在各区、县水库周边灌溉水源紧缺、农业生产水平高的灌区，采用自压管道输水灌溉工程技术，配套喷灌、滴灌等田间节水措施，重点解决规划设计和田间用水管理的技术问题。

④引河补源、渠井结合灌区节水灌溉工程技术模式。渠井结合灌溉主要有两种形式：一种是在灌区上游引用河水灌溉，下游用井水灌溉，采用渠灌和井灌两套灌溉工程系统；另一种是灌区内同一地块既用河水灌又用井水灌，共用一套灌溉工程系统。这类灌区既可以采用渠道防渗和先进的灌水技术减少渠道输水损失和田间灌水损失的工程技术措施，也可以渠道不防渗，田间灌水仍用传统方法，而采用相应的工程技术和管理措施提高灌溉水的重复利用量（辛召东、张廷孝，2005）。

(3) 河北省

河北是我国农业大省，也是典型的资源型缺水省份，人均水资源量307m^3，仅为全国的1/7。数据显示，农业用水占河北总用水量70%以上，全省80%以上农田是井灌区。过去数十年，河北平原地区过度抽取地下水支撑粮食生产，目前平原区地下水超采面积达6.71万km^2（占全省国土面积的35%），年均超采量近50亿m^3，已形成了七大地下水漏斗区。

近年来，河北严格控制地下水超采，坚持“节水增产、节水增效”理念，2014—

2016年制订了分年度的《河北省地下水超采综合治理试点方案》，以地下水超采最严重的黑龙港流域为试点范围，全面涵盖了冀枣衡、沧州、南宫三大深层地下水漏斗区。调整农业种植结构、加快水利设施建设、创新用水管水机制、开展人工增雨增雪等，探索合理用水、高效节水、水肥耦合的技术模式，研究建立可复制、可推广的综合治理模式。具体的节水技术模式可归纳为以下几种：

①一季生态绿肥一季雨养种植模式。在地下水超采区，适当压减依靠地下水灌溉的冬小麦种植面积，将冬小麦、夏玉米一年两熟种植模式，改为一季自然休耕一季雨养种植模式，只种植一季雨热同季的玉米、棉花、花生、油葵、杂粮等一年一熟制作物。可在休耕季种植“二月兰”、黑麦草等绿肥作物，推行“一季生态绿肥、一季雨养种植”种养结合模式。探索发展旱作冬油菜+青贮玉米、旱作冬油菜（绿肥）+夏玉米、旱作油葵+早熟谷子等种养结合或旱作农业模式。

②冬小麦节水稳产配套技术模式。在地下水超采区，选择蓄水保墒能力较好的麦田，大力推广节水抗旱品种，农机农艺良种良法结合，配套推广土壤深松、秸秆还田、播后镇压等综合节水保墒技术，小麦生育期内减少浇水1～2次，突出浇好拔节水，适墒浇灌孕穗灌浆水，实现小麦节水稳产。亩均节水50m^3。

③冬小麦保护性耕作节水技术模式。在地下水超采区，实施免耕、少耕和农作物秸秆及根茬粉碎覆盖还田，采用小麦免耕播种机一次完成开沟、施肥、播种、覆土和镇压等复式作业，选择性进行深松（隔3～4年深松一次）和其他表土耕作，结合进行化学防除病虫草害，控制土壤风蚀水蚀，提高项目实施区域耕地的蓄水保墒和抗旱节水能力，减少水土流失，保护农田，培肥地力，促进农业可持续发展。亩均节水50m^3。

④水肥一体化高效节水技术模式。按照“节水灌溉、水肥一体、高效稳产”的原则，因地制宜建设固定式、微喷式、膜下滴灌式、卷盘式、指针式等高效节水灌溉施肥设施，示范推广粮食作物水肥一体化技术。小麦、玉米亩均节水60m^3，蔬菜亩均节水200m^3。

（4）河南省

河南省地形复杂，各地水资源状况、经济条件相差很大，根据河南省发展节水灌溉技术多年的探索和实践，并充分考虑河南省水资源量分布、行政区划、地形情况以及抗旱节水生产的基本特点，发展适宜的节水灌溉技术模式（樊向阳等，2012）。

①豫北地区。豫北地区主要分布在河南省北部，涵盖安阳市、濮阳市、鹤壁市、新乡市、焦作市，下辖25县，地形有低山丘陵地和豫北平原，相应适宜节水灌溉技术模

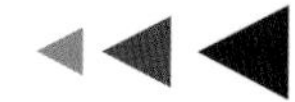

式如下：

低山丘陵区宜采用拦蓄地表径流，建设小水塘、小堰坝、小水窖等微型集水工程，提高水资源利用率。在无水源保证和灌溉条件的丘陵旱地，发展旱作农业节水技术。采取秸秆覆盖等耕作技术，提高雨水利用效率。同时，调整作物种植结构，扩大耐旱、抗旱作物的种植面积。引进、推广省水耐旱的作物品种，变对抗性种植为适应性种植。

豫北平原适宜的节水灌溉技术模式有：在引水渠灌区和水库自流灌区（如广利灌区）推广渠道防渗衬砌技术，进一步完善灌区配套工程建设，提高渠系水利用系数、提升灌溉水保证率；在渠灌区，进行输水渠道防渗；在井灌区，在充分利用降水同时，实行井渠结合的灌溉农业发展模式，推广低压管道输水、小畦灌溉和微喷灌等节水技术以及非充分灌溉技术。在井渠结合灌区（如人民胜利渠灌区），应充分利用降水，实行井渠结合的灌溉农业发展模式，推广低压管道输水、小畦灌溉和微喷灌等节水技术。

②豫西地区。豫西地区主要包括河南省洛阳市辖4县，宜推行井渠结合的灌溉农业发展模式。推广渠道防渗衬砌技术、低压管道输水、小畦灌溉和微喷灌等节水技术。适度推广非充分灌溉技术。此外，选用耐旱作物和抗旱品种，广泛采用各种抗旱节水农艺措施，大力推广化学抑蒸技术，有效提高水资源的利用效率。

③豫中地区。豫中地区主要分布在许昌市、平顶山市、漯河市，下辖11县，农业节水灌溉技术相对较为发达。市郊宜采用喷灌、微灌技术；在地表水和地下水都相对缺乏的平原地区，采用低压管道设施技术；在山地丘陵区，修建水塘拦蓄地面径流，或者修建水窖、水池，采用集雨补灌技术。

④豫东地区。豫东地区主要涵盖开封市、周口市、商丘市，下辖23县（区），地下水相对丰富，地表水以天然降水为主，宜发展井灌为主的节水灌溉技术，大力发展田间工程节水灌溉技术，普及低压管道输水、小畦灌溉技术。逐步对低压输水管道进行改造，积极发展喷灌、微灌技术，建设节水型井灌区。

⑤豫南地区。豫南地区主要涵盖南阳市、驻马店市、信阳市，下辖31县（区）。其中南阳盆地宜推广工程措施和生物措施相结合的节水灌溉技术，防治水土流失，广积有机肥，广泛采用各项抗旱农艺措施及推广喷灌、微喷灌节水灌溉技术；豫东南平原区宜采用渠道防渗为主的节水灌溉技术，田间实施小畦灌溉，也可选用管道输水，并适度发展喷灌，且以移动式喷灌为主，井灌部分采用管道输水，采用末级固定管道接移动软管退灌技术、田间可实施秸秆覆盖等节水措施；豫南山丘节水生产区宜修建和维修改造

引、蓄、提相结合的灌溉系统和工程，提高工程拦蓄地表径流能力。对现有的输水工程进行防渗改造，合理规划，可有效减少输水损失，提高灌溉水的利用效率。

（5）山东省

由于地形、地貌、水资源条件、经济发展水平、农业种植结构以及各种农业技术措施等各方面存在的明显的地域差异性，山东省各地区发展灌溉农业有各自不同特点，根据山东省各种节水模式的特点、适用条件、节水效果、投资情况等，并结合不同农业灌溉分区的具体情况，按照技术可行、方便实用、经济合理、易于管理的原则，总结出不同区域的节水模式（王薇等，2012）。

①鲁中平原、丘陵区。该区平原种植小麦、玉米等作物，山丘区种植果树。

在平原区，大力推广低压管道输水灌溉技术，配套窄短畦田，进行地面精准灌溉。在管道布设、管材标准方面，低压管道输水灌溉系统采用输配水两级PVC固定管道为宜，平均每亩管道长度应为6～10m，管道工作压力0.25～0.40MPa。

在低山丘陵区，推广沟河梯级拦蓄节水灌溉工程技术模式：通过建设梯级拦水坝，提高地表径流的拦蓄能力，直接为两岸农田灌溉提供水源，梯级拦蓄工程与沿河移动式喷灌结合在一起，形成一个完整的灌溉系统；高位水池节水灌溉工程技术模式：该技术模式对山丘区复杂地形适应性强，山丘区茶园、果园多分布于沟、坡、岭地，高位水池可全面控制其灌溉；风光互补发电提水灌溉技术模式：将风能和太阳能转换为高位蓄水池蓄水势能储存起来，以备农田灌溉之需，这种能源开发方式将传统的水能、风能、太阳能等能源开发相结合，利用三种能源在时空分布上的差异实现互补开发。

②胶东丘陵区。该区经济发达，农业机械化程度较高，农作物以小麦和玉米为主。宜发展多水源联网高标准节水灌溉模式。

多水源联网是指农业灌溉中为了使有限的灌溉水源充分发挥最大的灌溉效益，使地表水、地下水能够实现优化配置而采取的灌溉工程形式。其特点是将供水量大小不同的水源采用地下输水管道连接成网状，从而提高灌溉保证率，扩大灌溉面积。通过在山谷修建塘坝，河道建橡胶坝拦蓄地表水，对多水源实行联网控制，对降水、地表水、地下水进行联合调控，实现水资源的集中控制管理，使有限的水资源合理配置；通过发展高标准的节水工程，实现粮田喷灌化、大棚标准化、果园微喷化；建设喷灌、微灌自动控制工程，提高农业现代化水平。

③鲁西南平原区。该区是山东省粮、棉、油生产基地，农作物主要是以小麦为主、

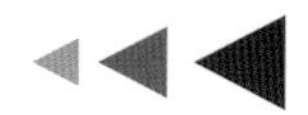

玉米为辅，并有少量的水稻。为高效利用黄河水，全面提高该区的节水水平，支撑山东省粮食安全，并对地下水漏斗区逐步进行恢复，需要在引黄灌区水资源统一配置和管理的基础上，发展三大节水技术模式：一是以渠系衬砌为主的自流灌溉技术模式；二是通过引黄干、支渠道自流引水为水源，发展泵站提水规模化管道灌溉技术模式；三是发展"以河补源，以井保丰，井灌为主"的技术模式。

④鲁南山区。该区为经济欠发达地区，主要以农业为主，农作物以小麦和玉米为主。该区发展节水灌溉的重点有三：一是自流灌溉渠系防渗配套工程技术模式。二是明渠+暗涵（管道）输水灌溉工程技术模式：充分利用水库灌区自然水头，将原灌溉支渠以下土渠进行改造，采取渠道防渗输水与管道输水联合运用，即利用水库灌区原建的保存完好的干、支渠道，在适宜的位置以水工衔接建筑物将渠道输水过渡到暗涵（管道）输水，实现自压管道输水灌溉。三是小型水库多库联网工程技术模式：按照"压力分区"的要求，根据各种节水灌溉工程需要的最低水头，确定不同的节水工程形式。落差小于15m的区域多采用自压管道灌溉；落差在15～20m的区域可采用自压滴灌工程；落差在20～30m的区域可采取自压微喷灌；水头落差大于30m的区域可考虑自压喷灌工程。

⑤鲁西北平原区。该区灌溉水源主要为黄河客水，灌溉方式以沟引提灌为主，输水渠道大多为土渠。该区经济较为落后，灌区田间工程配套较差，管理水平较低，灌溉水量偏大，淡水资源不足，已经成为该区社会经济发展的主要制约因素之一。该区发展节水灌溉的重点是：结合暗管排水等技术应用，主要采取微咸水灌溉技术模式。目前利用咸水灌溉的方式主要有直接利用咸水灌溉（直灌）、咸水与淡水混合灌溉（混灌）、咸水与淡水交替灌溉（轮灌或补灌）。采用咸淡水交替灌溉、种植咸水芦笋、菜花等耐盐作物，推广"上粮下渔"发展模式，扩大棉花等耐盐作物种植面积。可以通过发展微咸水灌溉农业，促进该区水资源的循环利用，缓解该区区水资源供需矛盾，支撑区域生态建设。

（6）安徽省（淮北地区）

根据淮北平原降水、土壤、水资源分布状况及经济发展水平，该地区可划分成3个二级区，即北部分区、南部分区和中部分区。

淮北平原北部分区位于界首、涡阳、濉溪一线以北，包括砀山、萧县，亳州市谯城区全部，界首、太和、涡阳、濉溪北部。多年平均降水量750～850mm，地下水埋藏较深，一般3～4m，没有较大的蓄水载体，现有河道(包括排水大沟)容量有限，在干旱年份利用地面水灌溉的保证率非常小。黄潮土土层深厚，质地良好，目前全区水土光热资源适宜粮、棉、油、果树等生长。该分区适宜节水灌溉发展模式为：以低压管道输水灌溉为主，田间平地，划小畦块实行小畦灌溉或采用退管浇技术；蔬菜、果树、药材、花卉等经济作物可发展喷微灌；经济较发达地区，大田作物可适度发展喷灌；此外，与非充分灌、覆盖保墒、化学保水剂等农艺节水措施相结合，在维持地下水采补平衡的基础上，以水定地发展灌溉。

淮北平原南部分区位于淮北平原的南部，沿淮河呈一狭条带状分布，由沿淮河漫滩(湾地)和低平阶地(岗地)组成，包括阜南、颍上、淮南、怀远、五河的大部和蚌埠市北郊区。年降水量900mm，由于地势低洼，地表水、地下水资源均较丰富，便于发展灌溉。岗地主要为潮棕壤，地下水埋深2～3m，湖洼地区多为潮土和砂姜黑土，地下水埋深1～2m。适宜小麦、玉米、大豆、水稻等多种农作物生长。该分区适宜节水灌溉发展模式为：以渠道防渗为主，经济条件较好的地区可选用管道输水；旱作物灌溉可从渠道或管道取水，采用移动式喷灌；平整土地，重新确定沟渠规格，实行小、沟灌、长畦短灌等先进的地面灌水技术；通过水稻节水灌溉、非充分灌、降低土壤湿润层深度和采用覆盖保墒等农业综合节水技术，实现全方位节水。

淮北平原中部分区介于划定的南部和北部之间的广大地区，多年平均降水量800～900mm，地下水多年平均补给模数在15～25m^3/km^2，为淮北地区浅层地下水较丰富地区。该分区土壤主要为砂姜黑土，由于砂姜黑土渗漏严重，土渠输水损失大，加之砂姜黑土土地平整难度大，传统的沟畦灌渗漏严重，灌水定额大、效益差，手持软管灌溉可有效控制灌水定额，尤其是具有抗旱播种造墒突出优点，已逐渐被当地接受。该分区节水灌溉发展模式为：开展地表水和地下水在时间和空间上的联合调度，渠灌部分渠道进行适度防渗，可适度发展喷灌，且以投资较少的移动式喷灌为主；井灌部分采用管道输水，采用末级固定管道接移动软管退管浇技术；田间可采取长畦改短畦，实施小畦灌溉及覆盖、化学节水、节水灌溉制度等农艺及管理节水措施，实现水资源的优化调度与高效利用。

(7) 江苏省 (淮北地区)

江苏淮北地区位于江苏省北部。多年平均降水量921mm，为江苏省最低值区，春季气温上升快、秋季降温较早；春秋两季光照足，昼夜温差大；夏季炎热，雨水集中，冬季寒冷干燥；多发生春旱、夏涝、秋旱。地貌类型以黄泛冲积平原为主，另有少量丘陵岗地及波状、倾斜平原，土壤类型以潮土为主，土壤肥力较低。该区经济发展速度相对较慢，与江苏省其地区相比，属相对落后地区。灌溉用水主要以拦蓄地表径流、利用回归水、地下水或其他外来水源为主灌溉，用水不足部分以北调江水作为补充水源，通过多级提水供给。由于该区域农田灌溉工程年久失修、老化、破损严重，有些地方无水无渠、或有水无渠、或大水漫灌，灌溉保证率较低，排水条件较差，旱涝灾害威胁较大，是江苏省缺水最严重和农业灌溉矛盾最突出的地区，也是江苏省发展节水农业的重点区域。主要节水农业发展模式为渠道防渗、低压管道输水技术为主+田间节水技术。主要节水技术模式为：

加强渠首工程、渠系建筑物的配套和维修，重视渠道防渗工作。自流灌区砂土区可修建混凝土防渗渠道，自流灌区黏壤土区可采用土料夯实防渗，小型提水灌区、井灌区可适当发展造价低廉的低压管道输水、移动式喷灌技术和沟灌畦灌相结合的节水农业技术。对于经济条件相对较好的城郊经济作物区，可发展喷灌、微灌技术。对于水田作物，应以发展衬砌渠道为主。

由于位于江苏境内南水北调的北端，跨流域调水工程线路长，运行成本较高，因此应促进调整种植结构，在减少水稻种植面积，特别是多级提水地区应在大面积削减高耗水作物种植面积的基础上，全面推广湿润灌溉、控制灌溉和旱育秧、水稻覆膜旱作等水稻节水灌溉技术；旱作物种植区除注重节水农业技术和田间灌溉技术，须结合先进节水农业管理技术（主要是灌溉制度）的应用，以提高水分生产效率；水源条件较好的灌区需消除大水漫灌的落后灌溉方式，推广畦灌、沟灌技术。

平原灌区注重地表水、地下水的联合运用，地下水的开采以开发利用浅层地下水为主，严格控制深层地下水开采量。在保证防洪安全的前提下，利用雨季洪水人工补给地下水，逐步做到采补平衡。有条件的地区可实行井渠结合，引水、蓄水、提水结合。山区丘陵在做好水土保持工作的前提下，大力发展集雨工程，充分利用天然降水，合理配置地表水、地下水，提高水资源的总体利用效率，增加抗旱水源，通过修建塘、坝，提高当地径流的拦蓄能力。

6. 区域典型作物灌溉技术模式——河北省冬小麦节水综合技术模式

以地下水超采最严重的河北省为典型区域，以冬小麦为典型作物，结合河北省2014—2016年制订的分年度《河北省地下水超采综合治理试点方案》，总结出河北省冬小麦节水综合技术模式如表2-14所示。

表2-14 河北省冬小麦节水综合技术模式

<table>
<tr><td colspan="2">月份</td><td>9</td><td colspan="3">10</td><td colspan="3">11</td><td colspan="3">12</td><td colspan="3">1</td><td colspan="3">2</td><td colspan="3">3</td><td colspan="3">4</td><td colspan="3">5</td><td colspan="3">6</td></tr>
<tr><td colspan="2">旬</td><td>下</td><td>上</td><td>中</td><td>下</td><td>上</td><td>中</td><td>下</td><td>上</td><td>中</td><td>下</td><td>上</td><td>中</td><td>下</td><td>上</td><td>中</td><td>下</td><td>上</td><td>中</td><td>下</td><td>上</td><td>中</td><td>下</td><td>上</td><td>中</td><td>下</td><td>上</td><td>中</td><td>下</td></tr>
<tr><td colspan="2">生育期</td><td colspan="4">播种期</td><td colspan="4">分蘖期</td><td colspan="6">越冬期</td><td colspan="3">返青期</td><td colspan="3">拔节期</td><td colspan="3">抽穗期</td><td colspan="5">灌浆成熟期</td></tr>
<tr><td colspan="2">生育进程</td><td colspan="28">出苗 1叶 1.5~2叶 3叶 第一分蘖出现 4叶 5叶 分蘖 第一节点出现 第二节点出现 最后一片叶子出现 最后一片叶鞘出现 孕穗 拔节 抽穗 开花 抽穗 成熟</td></tr>
<tr><td rowspan="3">灌溉制度/灌溉定额</td><td>湿润年</td><td colspan="8">仅燕山山前平原区需要冬灌，灌水40m³/亩，其余地区不冬灌</td><td colspan="9">拔节期灌1次，灌水40m³/亩</td><td colspan="6"></td><td colspan="5" rowspan="3">灌浆期灌1次，灌水35~40m³/亩</td></tr>
<tr><td>一般年</td><td colspan="8">仅燕山山前平原区需要冬灌，灌水40m³/亩，其余地区不冬灌</td><td colspan="9">拔节期灌1次，灌水30~40m³/亩</td><td colspan="6">抽穗期灌1次，灌水30~40m³/亩</td></tr>
<tr><td>干旱年</td><td colspan="8">仅燕山山前平原区需要冬灌，灌水40m³/亩，其余地区不冬灌</td><td colspan="9">拔节期灌1次，灌水35~40m³/亩</td><td colspan="6">抽穗期灌1次，灌水35~40m³/亩</td></tr>
<tr><td colspan="2">灌水技术要求</td><td colspan="8">①足墒播种，合理安排越冬水。砂土地保水力差，必须浇越冬水；壤土地和黏土地只要是足墒播种、播后镇压后，一般不用浇越冬水。②对于整地播种质量差的地块，越冬前0~20cm土壤相对含水量<70%时，必须进行冬灌。③秸秆还田地块和整地播种质量差的地块，在播后未降水又未镇压的情况下，必须进行冬灌</td><td colspan="9">控制越冬到返青期浇水。推迟春1水的灌溉，促使小麦根系下扎到1.5~2m，提高对深层水的利用率，一般高产麦田可推迟到小麦拔节期前后</td><td colspan="11">保证浇好小麦拔节水、抽穗水。丰水年份冬后浇1水（即拔节末期水），平水年份浇2水（即拔节水和扬花水），干旱年份浇3水（即拔节水、孕穗水、灌浆水），浇4水(加浇返青水)反而会减产</td></tr>
<tr><td colspan="2">工程技术</td><td colspan="28">①应用U形水泥渠道、地下防渗管网、PVC管道和塑料管带相互配合的近、远程输水技术。②改大畦漫灌为小畦灌溉，小畦的畦宽一般为播种机宽度的2倍、畦长30~50m，75~150个/hm²畦田，可使灌水分布均匀，提高灌溉水的利用率</td></tr>
<tr><td colspan="2">生物化学技术</td><td colspan="28">①选用节水抗旱品种，实现生物节水，石家庄8号、石麦15、石麦18、邯6172、衡4399、冀麦38、农大3291、鲁麦2等品种节水高产效果突出。②应用新型叶面喷施技术，实现化学节水，河南省科学院生物所和化学所研制的抗旱剂一号(黄腐酸)节水增产效果显著</td></tr>
</table>

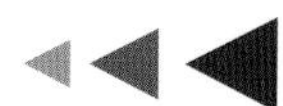

（续）

<table>
<tr><td colspan="2">月份</td><td>9</td><td colspan="3">10</td><td colspan="3">11</td><td colspan="3">12</td><td colspan="3">1</td><td colspan="3">2</td><td colspan="3">3</td><td colspan="3">4</td><td colspan="3">5</td><td colspan="3">6</td></tr>
<tr><td colspan="2">旬</td><td>下</td><td>上</td><td>中</td><td>下</td><td>上</td><td>中</td><td>下</td><td>上</td><td>中</td><td>下</td><td>上</td><td>中</td><td>下</td><td>上</td><td>中</td><td>下</td><td>上</td><td>中</td><td>下</td><td>上</td><td>中</td><td>下</td><td>上</td><td>中</td><td>下</td><td>上</td><td>中</td><td>下</td></tr>
<tr><td rowspan="2">农艺配套技术</td><td>耕作栽培技术</td><td colspan="8">①精细整地，土壤深松15～20cm。②全密种植，10～15cm等行距。③适时晚播，适当加大播量，沧州一带的适宜播期为10月10—20日，越冬苗以3～5叶为宜</td><td colspan="6">播种后，镇压垄沟、垄背暄土具有很好的保墒效果，机播镇压后轻耙一遍，使土壤上暄下实</td><td colspan="9">春季灌水后及时松土，能显著减少蒸发耗水</td><td colspan="5">适时收获，小麦收获机械采用带有秸秆粉碎和切抛装置的小麦联合收割机；小麦留茬高度不超过10cm，切碎后的麦秸在田间抛撒均匀</td></tr>
<tr><td>施肥技术</td><td colspan="28">①底肥中增施30%左右的氮、钾肥，利用水肥耦合规律，以肥代水，可显著增强小麦抗旱耐旱能力，提高产量。②拔节期浇水过程中追施尿素225kg/hm^{2}左右</td></tr>
<tr><td colspan="2">适用地区</td><td colspan="28">河北省太行山前平原区和黑龙港地区</td></tr>
<tr><td colspan="2">节水增产增效情况</td><td colspan="28">该模式较常规种植方法可节水50m^3/亩以上，并实现全生育期灌1水产量400kg/亩、灌2水产量500kg/亩的目标</td></tr>
</table>

（五）长江中下游地区

1．区域特征

长江中下游地区指长江三峡以东的中下游沿岸带状平原，地跨鄂、湘、赣、皖、苏、浙、沪7省（直辖市）。介于东经111°05′～123°、北纬27°50′～34°之间，西起巫山东麓，东到黄海、东海滨，北接桐柏山、大别山南麓及黄淮平原，南至江南丘陵及钱塘江、杭州湾以北沿江平原，总面积约20万km^2，主要由江汉平原、洞庭湖平原、鄱阳湖平原、皖苏沿江平原、里下河平原及长江三角洲平原组成。长江中下游地区地形的显著特点是地势低平，河渠纵横，湖泊星布，一般海拔5～100m，海拔大部分在50m以下。中部和沿江沿海地区为泛滥平原和滨海平原。汉江三角洲地势自西北向东南微倾，湖泊成群聚集于东南前缘。洞庭湖平原大部海拔在50m以下，地势北高南低。鄱阳湖平原地势低平，大部海拔在50m以下，水网稠密，地表覆盖为红土及河流冲积物。三角洲以北即为里下河平原，为周高中低的碟形洼地，洼地北缘为黄河故道，南缘为三角洲长江北岸部分，西缘是洪泽湖和运西大堤，东缘则是苏北滨海平原。

该区属亚热带季风气候，水热资源丰富，河网密布，水系发达，是我国传统的鱼米

之乡。年降水量800～160mm，年均气温14～18℃，无霜期210～300d，≥10℃有效积温4 500～5 600℃，日照时数2 000～2 300h。耕作制度以一年两熟或三熟为主，大部分地区可以发展双季稻，实施一年三熟制。耕地以水田为主，占耕地总面积的60%左右。种植业以水稻、小麦、油菜、棉花等作物为主，是我国重要的粮、棉、油生产基地。

2．农业结构调整方向

根据《全国种植业结构调整规划（2016—2020年）》，该区农业结构调整方向：

一是稳定双季稻面积。推广水稻集中育秧和机插秧，提高秧苗素质，减轻劳动强度，保持双季稻面积稳定。规范直播稻发展，减少除草剂使用，规避倒春寒、寒露风等灾害，修复稻田生态，因地制宜发展再生稻。

二是稳定油菜面积。加快选育推广生育期短、宜机收的油菜品种，做好茬口衔接。开发利用冬闲田，扩大油菜种植。加快选育不同用途的油菜品种，积极拓展菜用、花用、肥用、饲用等多种功能。

3．节水农业发展制约因素

农业面源污染严重，水体污染加剧。随着长江中下游地区经济快速发展，污水排放有增无减，由于大量工业废水和生活污水未经处理直接排入内河水系，加之农业大量使用化肥农药，农业面源污染严重，长江中下游地区河沟、湖泊水污染难以有效控制，导致水环境恶化、水生态系统退化，水质型缺水普遍，水生态环境恶化，天然鱼类等水生生物资源衰退，物种生物多样性下降。

湖泊萎缩，调蓄洪水能力降低。由于围垦和泥沙淤积等原因，长江中下游地区的湖泊面积由20世纪50年代的17 198km^{2}减少到2012年的6 600km^2。因湖泊大幅度萎缩，长江中下游地区调蓄洪水的能力大减，防洪压力增大，与过去同样频率洪水造成的危害相比，损失明显上升，出现了中洪水、高水位、大损失的现象。在湖泊萎缩严重影响防洪能力的同时，湖泊生态系统也在逐渐退化。

土壤潜沼化、盐渍化。长江中下游平原湖区低洼地与湖荡沼泽，由于泥沙淤积与多年的人工围垦，随着地下水位下降，土壤不断向着潜育型水稻土方向演化，形成湖沼—沼泽土—潜育土—重度潜育化水稻土—中度潜育化水稻土—轻度潜育化水稻土—潜育化水稻土—渗育型水稻土（水旱轮作）的演化系列，不同阶段的土壤系列几乎遍布整个平原湖区。一旦地下水位提高，这种演替方式可以出现逆转。

长江河口、三角洲地区由于历史的发育过程和沉积特点，出现河口盐渍化土壤，形成了与海岸平行、呈带状的土壤分布规律，从海边到内陆依次分布着盐渍淤泥带、滨海盐土带、强度盐化土带、中度盐化土带、轻度盐化与脱盐土带。

4. 农业节水技术发展方向

《全国农业可持续发展规划（2015—2030年）》确定长江中下游地区以治理农业面源污染和耕地重金属污染为重点，加快水稻节水防污型灌区建设。长江中下游地区农业节水技术发展方向应为：调整农业结构，发展节水灌溉，解决季节性缺水和面源污染问题。适当增加灌溉取水工程，以灌区渠系改造为主，注重工程措施和管理措施相结合，因地制宜发展喷灌、微灌等。适当发展低压管道输水工程，山区可开展集雨灌溉工程建设。防治农业面源污染和耕地重金属污染具体应采取以下措施：

科学施用化肥农药，通过建设拦截坝、种植绿肥等措施，减少化肥、农药对农田和水域的污染；严控工矿业污染排放，从源头上控制水体污染，确保农业用水水质。

加强耕地重金属污染治理，开展绿肥种植、增施有机肥、秸秆还田、冬耕翻土晒田，施用钝化剂，建立缓冲带，优化种植结构，减轻重金属污染对农业生产的影响。

开展建设占用耕地的耕作层剥离试点，剥离的耕作层重点用于土地开发复垦、中低产田改造等。

5. 适应区域特点的节水高效农业技术模式

灌区农业面源污染生态治理模式是江西省灌溉试验中心站和武汉大学长期开展水稻灌溉制度、肥料运筹方式以及农业面源污染防治等研究的技术集成（顾宏等，2015；项和平，2015）。水稻灌区农业面源污染生态治理模式由三道防线构成：第一道防线是面源污染源头控制，即通过田间水肥的高效利用减少氮磷流失；第二道防线是排水沟渠对面源污染的去除净化；第三道防线是塘堰湿地对面源污染的去除净化。[①]通过三道防线的协同运行，采用生态方法达到削减和治理农业面源污染的目的。

（1）第一道防线：水肥综合调控的源头控制

用浅水层泡田，并缩短泡田时间，尽量减少施入基肥通过渗漏及田面排水流失。泡田时间早稻以2～3d为宜，晚稻以1～2d为宜，泡田深度在满足耕作的前提下尽量浅，土地平整后田面保持20～30mm的水层。按水稻水肥高效利用控制模式进行施肥管理，追肥要避免追肥后遇大雨排水。

① 引自崔远来2014年6月10日于北京的讲座《水稻节水防污技术研究及推广应用》。

(2) 第二道防线：沟渠湿地对面源污染的去除净化

沟渠设计总体原则为避免进行硬化处理，在满足设计排涝排渍要求的前提下，尽量采用宽浅式横断面，采用较平缓的纵坡。具体设计如下：

断面：根据《灌溉与排水技术规范》，按照排涝排渍标准要求设计排水沟成梯形横断面或者复式断面。

护坡：生态袋护坡、木桩护坡、蜂窝状混凝土预制板植草护坡等形式。

植被：当地的主要沉水植物或挺水植物，如苦草、金鱼藻、水蕴草、黑藻、狐尾藻、菖蒲、灯芯草、莲藕、香蒲、鸢尾，以及睡莲等浮水植物。

沟底比降：根据沿线地形、地质条件、上下级沟道的水位衔接条件，不冲不淤要求，以及承泄区水位变化情况等确定，并宜与沟道沿线地面坡度接近，在满足《灌溉与排水技术规范》排水要求的基础上，适当平缓，以利于植物生长。

控制建筑物：生态沟中每隔300～500m设置拦水闸，该闸门采用多级闸板，可对生态沟中水位进行调节，日常水位维持在20～60m为宜。

排水观测：在闸门一侧设置量水刻度，便于进行水量计量。或在排水口设置标准量水槽进行观测、计量。

运行管理：汛期时，满足排涝的要求，打开闸板，让排水快速通过；日常时，通过闸板控制排水沟中水深，降低水流速度，延长排水滞留时间至3～7d为宜。

植被收割：11月以后对沟渠中的植物进行收割，防止植物残体分解产生的二次污染。

清淤：多年运行后的沟渠湿地，应对底泥进行疏浚，深度宜控制在20～60cm的范围，降低淤泥中腐殖质含量，利于植被恢复。

(3) 第三道防线：塘堰湿地对面源污染的去除净化

南方灌区存在多水塘湿地系统，灌区中的自然塘堰湿地主要为自由表面流湿地类型的湿地，具有降低净流量速度、贮存暴雨径流、减少排水及农业面源污染输出的功能。传统意义上灌渠塘堰的主要功能为蓄水、灌溉、水产养殖、日常洗衣、生活用水等，较少考虑塘堰湿地的污染物净化功能。

塘堰湿地的设计技术要点首先要考虑净化农业面源污染，同时兼顾蓄水灌溉及水产养殖。具体设计如下：

单个塘堰湿地面积：一般每个塘堰面积300～1 000m^2。塘堰湿地与稻田面积比：综合考虑合理利用土地及达到适宜的净化效果，一般按1∶15～1∶20即可。

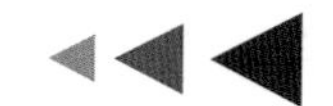

塘堰湿地平面形状：自然洼地改造或扩建即可。完全平整的土地上新修塘堰采用椭圆形布置，长宽比3∶1左右，宽度在10m以上，水流方向为椭圆的长边方向。

边坡形状：迎水面边坡陡于1∶1，背水面边坡不陡于1∶1.5。

护坡：草皮、生态袋护坡、背水面坡脚可根据需要设反滤、排水设施。迎水面上部草坡生态护坡不宜低于1m。

水深：植被全部覆盖区水深0.6～0.9m，无植物覆盖区水深1.2～1.5m，进口区域水深1.0m。一般0.6～1.5m，如兼有蓄水灌溉的要求，可适当增加蓄水深度。

湿地植被：适宜的湿地塘堰植被为白莲、莲藕、菖蒲、茭白或其他植被。

运行管理：塘堰蓄水位在正常蓄水位以下，尽量拦截田面排水和地表径流，储蓄在塘堰湿地中进行自然净化处理，重复应用于灌溉。塘堰蓄水位超正常蓄水位时，预先排出湿地净化后的储水，腾出部分库容。

停滞时间：湿地的最佳滞留时间为3～4d；水流方向：沿塘堰湿地最长方向进出湿地；水量分配：尽量使进出塘堰湿地的水能够均匀分配，同时避免湿地中出现水流的"死区"。可考虑设置多个进出水口。

植被收割：11月以后对塘堰中的植物进行收割，防止植物残体分解产生的二次污染。

清淤：多年运行后的塘堰湿地，应对底泥进行疏浚，深度宜控制在20～60cm的范围，降低淤泥中腐殖质含量，利于植被恢复。

6. 区域典型作物灌溉技术模式——水稻田间水肥高效利用综合调控技术模式

水稻田间水肥高效利用综合调控技术是江西省灌溉试验中心站长期开展水稻灌溉制度、肥料运筹方式以及农业面源污染防治等研究的技术集成，该技术在江西省得到大面积示范推广，取得了显著的示范效果，对促进农民增产增收、减轻农业面源污染起到积极作用（江西省赣抚平原水利工程管理局，2014）（表2–15）。

表2–15　水稻田间水肥高效利用综合调控技术模式

水稻生育期	返青期	分蘖期		拔节孕穗期	抽穗开花期	乳熟期	黄熟期
		前期	后期				
生育进程	返青期	分蘖期		拔节孕穗期	抽穗开花期	乳熟期	黄熟期

（续）

水稻生育期		返青期	分蘖期		拔节孕穗期	抽穗开花期	乳熟期	黄熟期
			前期	后期				
早稻水分调控指标	灌前下限（%）	100	85	65～70	90	90	85	65
	灌后上限（mm）	30	30	晒田	40	40	40	落干
	雨后极限（mm）	40	50		60	60	50	
	间歇脱水天数（d）	0	4～6		1～3	1～3	3～5	
间歇灌与追肥调控模式	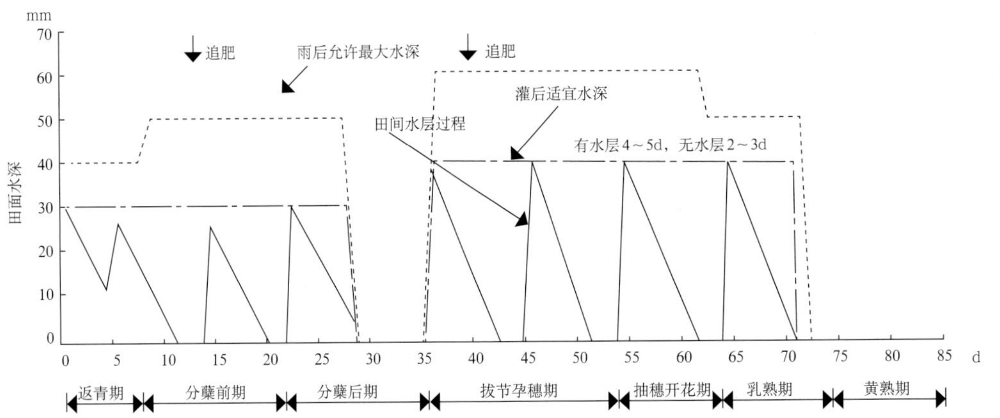 mm 田面水深 0 10 20 30 40 50 60 70；0 5 10 15 20 25 30 35 40 45 50 55 60 65 70 75 80 85 d；追肥 雨后允许最大水深 追肥 灌后适宜水深 田间水层过程 有水层4～5d，无水层2～3d；返青期 分蘖前期 分蘖后期 拔节孕穗期 抽穗开花期 乳熟期 黄熟期							
施肥技术操作要点	①氮肥采用施基肥与二次追肥模式。第一次追肥在分蘖初期，即插秧后10～12d（分蘖肥），第二次在拔节初期（约插秧后35～40d，拔节孕穗期）。总氮肥用量为150～225kg/hm^2。基肥：分蘖肥：拔节肥=5：3：2。 ②在稻田施氮肥水平总量根据当地土壤肥力合理确定的条件下，节水灌溉与适当增加施肥次数为较好的模式，推荐三种最优的水肥调控模式： 模式一：间歇灌溉与1次基肥、2次追肥的水肥管理模式（施氮肥量比例为5：3：2），追肥时间分别在分蘖期、拔节期。 模式二：间歇灌溉与1次基肥、3次追肥的水肥管理模式（基肥与三次追肥施氮量比例为3：3：3：1），追肥时间分别在分蘖期、拔节期和抽穗开花期。 模式三：薄露灌溉与1次基肥、2次追肥的水肥管理模式（施氮肥量比例为5：3：2），追肥时间分别在分蘖期、拔节期							

（六）四川盆地

1．区域特征

四川盆地囊括四川中东部和重庆大部，总面积约26万km^2，由青藏高原、大巴山、巫山、大娄山、云贵高原环绕而成。四川盆地主要分为川东平行岭谷、川中丘陵和川西成都平原三部分。盆地西部地势低平，土质肥沃，其间的成都平原更是水域遍布、河网纵横、物产丰富，是长江流域有名的鱼米之乡，有“天府之国”的美誉。盆地东部为低山丘陵。盆地中部为方山丘陵，占总面积的62%，主要由紫红色砂岩、页岩组成。属亚热带季风性湿润气候，平均气温25℃左右，最热月气温高达26～29℃，长江河谷近30℃；盛夏连晴高温天气又造成盆地东南部严重的夏伏旱。各地年均温16～18℃。≥10℃有效积温4 500～6 000℃，持续期8～9个月。东南部的长江河谷积温超过6 000℃，相当于中国南岭以南的南亚热带气候。盆地气温东高西低，南高北低，盆底高而边缘低，等温线分布呈现同心圆状。最冷月均温5～8℃，极端最低温−6～−2℃。霜雪少见，年无霜期长达280～350d。良好的自然条件和温暖湿润的气候环境奠定四川盆地发达的农业基础。

2. 农业结构调整方向

四川盆地是我国稻谷集中产区、长江流域水稻优势区，农业机构调整方向主要是稳定双季稻面积。

3. 农业节水技术发展方向

①盆地腹部区。盆地腹部区地貌结构为平原、丘陵、低山，以丘陵为主，地面海拔高程一般为200～750m，由西北向东南倾斜，西部为成都平原，是四川省最大的平原区，中部为丘陵，东部为一系列北东—南西走向的山脉平行排列，形成盆东平行岭谷区。该区发展节水灌溉的方向：在充分合理利用当地径流的前提下，从盆周山区调水，发展节水灌溉。大型灌区进行渠道防渗、田间工程配套等灌区工程的技术改造，大力推广渠道防渗技术和低压管道输水灌溉技术；中小型灌区重点进行渠道防渗工程建设，对旱地实施集雨节灌工程。

②盆周山区。盆周山区地势高峻，相对高差较大，自然条件的垂直差异比较明显，尤其表现在热量条件上。该区的节水灌溉发展方向：对现有灌区进行渠道防渗以及田间工程配套的技术改造，大力推广渠道防渗技术和低压管道输水灌溉技术；在建工程必须满足节水灌溉工程技术要求；拟建工程要按节水灌溉要求设计和施工；充分利用自然水能实施自流灌溉（楼豫红，2007）。

4. 适应区域特点的节水高效农业技术模式

在成都平原直灌区，注重渠道防渗技术和低压管道输水灌溉技术，解决灌溉输水过程中的损失，推广“节水改造+农艺节水+管理节水”高效用水模式。

在丘陵引蓄灌区，推广“水资源合理利用+非充分灌溉+农业节水”高效用水模式。

在山丘区和尾水灌区有集雨面积的地方，注重集雨微灌技术，推广“适水种植+集雨节灌+农艺节水”旱作农业节水模式。

在城市郊区，推广“调整种植结构+设施农业技术+先进灌溉技术”高新农业节水模式（孙文樵、周芸，2008）。

5．区域典型作物灌溉技术模式——水稻“湿、晒、浅、间”控制性节水高效灌溉技术模式

四川农业大学和四川省农业技术推广总站在对水稻抗旱性深入研究的基础上，结合水稻高产或超高产栽培以及目前水资源状况和水稻灌溉现状，提出了水稻“湿、晒、浅、间”控制性节水高效灌溉技术，其技术核心是：根据水稻的抗旱性和高产水稻的需水规律，实行控制性节水高效灌溉，分蘖前期湿润灌溉促根促蘖，分蘖后期排水晒田强根壮秆，穗分化期浅水灌溉孕大穗，灌浆结实期间隙灌溉养根保叶促灌浆，该模式节水效果突出、增产效果显著（马均等，2010）（表2-16）。

表2-16　四川盆地水稻“湿、晒、浅、间”控制性节水高效灌溉技术模式

日期	5月下旬—6月初	6月初—6月下旬	6月下旬—7月中旬	7月中旬—8月中旬	8月中旬—8月底	8月底—9月初	9月初—9月中旬
水稻生育期	返青期	分蘖前期	分蘖后期	拔节孕穗期	抽穗开花期	乳熟期	黄熟期
生育进程	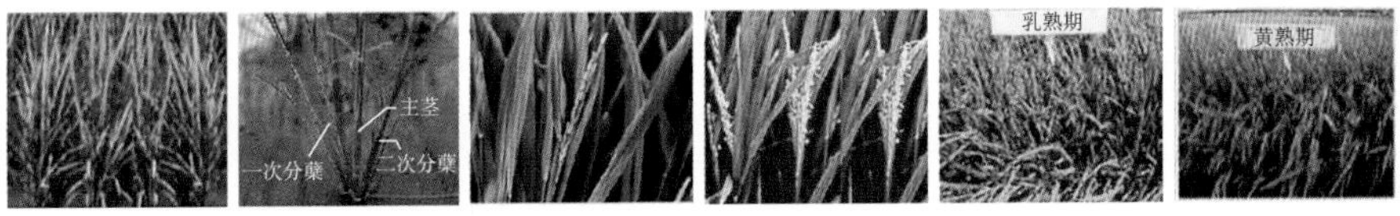 返青期	分蘖期（主茎、一次分蘖、二次分蘖）	拔节孕穗期	抽穗开花期	乳熟期	黄熟期	
淹水层深度（mm）	10～30～50	20～50～70	30～60～90	30～60～120	10～30～100	10～20～60	落干
品种选用	推荐选用D优527、川香9838、宜香1577、内香2550、冈优188、B优827、冈优725、Ⅱ优498、金优527等高产优质杂交中稻品种						
育秧技术	采用技术成熟度较高的中、早熟杂交稻中、小苗机械化育插秧技术。麦（油）茬稻田于4月1—10日播种，秧龄越短越好，最长不超过40d；采用塑料软盘旱育秧，集中育秧、精量匀播、水肥调控或化控技术控制苗高，培育株高15～20cm、叶绿矮健苗挺、茎粗根旺色白、生长均匀整齐、无病虫的机插秧苗；严格控制机插密度和质量，每亩栽插2.5万株左右，插秧深度2～3cm，达到插秧稳、匀、直、浅						

（续）

日期	5月下旬—6月初	6月初—6月下旬	6月下旬—7月中旬	7月中旬—8月中旬	8月中旬—8月底	8月底—9月初	9月初—9月中旬
灌溉技术	采用“湿、晒、浅、间”控制性节水高效灌溉技术：前期（分蘖期）湿润灌溉，在水稻返青成活后至分蘖前期，采取湿润灌溉或浅水干湿交替灌溉，田间不长期保持水层，只是在厢沟内保持有水，促进分蘖早生快发。分蘖后期“够苗晒田”，即当全田总苗数达到预定有效穗数（15万～18万穗/亩）时排水晒田，对长势旺或排水困难的田块，应在达到预定有效穗数的80%时开始排水晒田；晒田轻重视田间长势而定，长势旺应重晒，长势一般则轻晒，保证分蘖成穗率在70%～80%。中期（幼穗分化至抽穗扬花期）浅水灌溉，即当水稻进入幼穗分化（拔节）时，采取浅水（2cm左右）灌溉，切忌干旱，以促大穗。后期（灌浆结实期）间歇灌溉，即在籽粒灌浆结实期，采取干湿交替间隙灌溉，养根保叶促进籽粒灌浆						
农艺配套技术	免耕栽培：为了有效降低生产成本、改良土壤结构、培肥土壤，稻田实行免耕强化栽培和优化定抛技术，增产增收效果尤为显著。即在头季作物收获后及时清理残茬并选用安全、高效、无残留的触杀型或内吸型除草剂进行化学除草，施除草剂3～5d后泡水、平田、施底肥，等水自然落干2～3d后栽秧或抛秧。可以实行固定厢沟连续免耕。 撬窝移栽免耕移栽稻田：待水层自然落干至花花水时，即可用免耕撬窝机具撬窝，以高质量群体构建为目标，根据品种特性、秧苗素质、土壤肥力、施肥水平等因素综合确定撬窝器行距和穴距。每穴移栽1～2株秧苗，移栽时将秧苗摁在撬窝器打的穴内，使秧苗的根部与泥土充分接触，利于秧苗返青成活						
施肥技术	精确分次施肥。每亩总施氮量10～12kg，氮、磷、钾配比2：1：（1～2）。有机肥和化肥配合施用，有机肥占总施肥量的20%～30%。施肥方式采用前肥后移，增施穗、粒肥。氮肥中底、蘖、穗粒肥比例为5：3：2，分蘖肥在移栽后5d、15d分2次追施。磷肥全作底肥，钾肥底、穗肥比例为7：3。做到“前期促蘖早发，中期控肥控水壮蘖促根，后期养根保叶促灌浆”						
病虫害防治技术	根据当地病虫害预测预报信息，采用以高频灯诱杀、BT杀虫剂及其他生物农药或国家标准允许的低毒、低残留、安全、高效农药为主的稻田病虫害综合防治技术						
实施效果	一般可比常规栽培增产稻谷10%～30%，每亩节省用工、耕田等生产投入50～80元，增收节支可达60～200元，社会经济效益十分显著。同时，还可有效提高稻米品质，节省灌溉用水20%～30%						
适宜区域	四川盆地平原及丘陵区土壤较为肥沃、水源基本有保证的麦（油）茬杂交中稻稻田						

（七）广西甘蔗产区

1. 区域特征

广西地处南、中亚热带季风气候区，光照充足，年日照时数1 400～1 800h，降水充沛，年均降水量1 537mm，年均气温21.8℃，年均有效积温6 800℃，无霜期330d以上，温光雨同季，是全国甘蔗最大生产适宜区，年种植面积680万～780万亩，产糖量

约占全国食糖总量的40%。经过多年的发展，制糖产业已成为广西经济支柱产业。但广西90%以上的糖料蔗种植无灌溉条件，且耕作层比较浅薄，糖料蔗产量的多少和糖分的高低除受品种、施肥水平和耕作技术影响，在很大程度上受气象条件的制约，尤其是广西春旱、秋旱和霜冻天气等灾害天气对糖料蔗的产量和糖分影响很大。

2. 农业结构调整方向

《全国种植业结构调整规划（2016—2020年）》规划要求稳定广西甘蔗优势产区，到2020年，广西区糖料蔗种植面积稳定在1 600万亩。

3. 甘蔗发展主要制约因素

资源条件较差。广西90%以上的蔗田为旱坡地，蔗田坡度大、石头多、土壤瘠薄，缺少灌排等基础设施。蔗区极端气象灾害多，糖料蔗生长关键期春寒、秋旱时有发生，经常造成减产。

品种研发滞后。新台糖系列品种占据主导地位，种植品种单一，糖料蔗成熟期集中，增加了收购、加工压力和病虫害大面积传播的风险。

机械化发展滞后。机械化发展缓慢的主要原因：蔗田以山坡地为主，田块小且平整度差，大部分田块不符合机械化作业要求；国产糖料蔗收获机械不成熟，可靠性差、故障率高；农机农艺措施不配套，种植制度与收获机具要求不匹配；机械收获后的运输、除杂以及加工工艺不配套等。

高产栽培技术普及率低。农艺措施发展缓慢，植保措施不到位，肥料滥施现象严重，严重影响糖料蔗的可持续发展（赵木林、阮清波，2011）。

4. 农业节水技术发展方向

改善基础设施条件，加快推进土地平整及坡改梯，提高灌溉比例和保水保墒能力，增加土地产出能力。

优化糖料蔗品种栽培结构，加快新品种繁育推广，扩大脱毒健康种苗栽培面积，依靠品种提高单产。

全面推广综合农艺措施，大力推广地膜覆盖栽培、土壤深松、病虫草鼠害综合防治、测土配方施肥等实用农业技术。

以机械化收获为突破，推进糖料蔗生产全程机械化（梁钧威、吴卫熊，2015）。

5. 适应区域特点的节水高效农业技术模式

根据《糖料蔗主产区生产发展规划（2015—2020年）》，广西甘蔗产区的节水高效农业技术可总结为以下几种主要模式：

广西主要以桂南诸河、红水河、柳江、左江、郁江支流等为灌溉水源，重点建设提水泵站、输配水管（渠）道、高位调蓄池等水源及输配水系统。加快小型蓄水工程、泵站、机井、窖池等抗旱水源工程建设，配套完善输配水渠（管）网等。引导蔗农配套滴灌带、小白龙等田间水利设施，结合旱情需要及时补灌。

全面推广综合农艺措施。大力推广温水脱毒(组培脱毒)健康种苗，重点应用以“节水抗旱技术”和“秋冬植”为主的高产技术、可降解地膜全膜覆盖技术、复合施肥技术、病虫害综合防治技术等，强化技术集成和配套。

促进机收区农机农艺融合。科学安排机收区糖料蔗品种，早熟、中熟、晚熟品种合理搭配，并形成区域化、规模化布局，满足机械化耕作连续作业要求。重点推广适宜机收的糖料蔗品种，推广宽窄行（90～140cm）种植方式以及机收后破垄、松蔸等农艺措施，避免收获机具和配套辅助车辆对蔗地碾压损失，稳定糖料蔗产量。

6．区域典型作物灌溉技术模式——甘蔗膜下滴灌水肥一体化灌溉技术模式

崇左市江州区是国家重点“双高”糖料蔗基地，属广西33个蔗糖优势区域县(市、区)之一，人均产蔗、产糖量居全国第一。长期以来，江州区地处左江旱片，甘蔗生产长期面临干旱缺水、单产低、劳动力缺乏等问题。2011年，江州区成功申报中央财政第三批小型农田水利建设重点县，获得扶持资金。以此为契机，实施30万亩甘蔗高效节水灌溉富民工程，大规模土地流转，全程机械化耕作，推广水、肥、农药一体化滴灌技术，发展甘蔗现代农业种植模式，实现节约水、肥、农药70%以上。并在此基础上，于2012年编写了《广西崇左市江州区糖料甘蔗膜下滴灌亩产八吨栽培技术规范》，该模式已在崇左市获得大面积推广（表2-17）。

表2-17　广西崇左市江州区甘蔗膜下滴灌水肥一体化灌溉技术模式

月份	1	2	3	4	5	6	7	8	9	10	11	12
生育期	萌芽期		成苗期	分蘖期	拔节伸长期						成熟期	
生育进程	萌芽期		 成苗期	 分蘖期	 拔节伸长期						 成熟期	

（续）

<table>
<tr><th>月份</th><th>1</th><th>2</th><th>3</th><th>4</th><th>5</th><th>6</th><th>7</th><th>8</th><th>9</th><th>10</th><th>11</th><th>12</th></tr>
<tr><td>灌溉技术</td><td colspan="12">采用膜下滴灌，铺设地表或地埋滴灌带，一般使用内镶式、单翼迷宫式、圆柱式滴灌带，可地表铺设或地埋（埋于窄行中间），深度为20～25cm，内镶式、圆柱式滴灌带播种时机械铺设，地表式滴灌带在甘蔗收获前回收重复使用。地膜宽度70～80cm，透光部分不少于50cm</td></tr>
<tr><td>灌溉技术要求</td><td colspan="2">1—3月播种，采取干播湿出，播种后根据土壤墒情滴灌</td><td>2—3月出苗，根据墒情、苗情，结合实时降水情况进行滴灌</td><td colspan="2">3—5月上旬分蘖，甘蔗长到30cm开始分蘖，30～45d完成分蘖，形成亩有效株数重要期，必须满足甘蔗分蘖期水肥，确保单苗有效分蘖2株以上，亩有效株数达到6 000～7 000株。结合实时降水情况进行滴灌</td><td colspan="5">5—10月是甘蔗的拔节期，一年内气温最高的时段，是产量、质量形成的重要期，此时需要大水大肥支撑，用肥量占生长周期70%～80%。结合实时降水情况进行滴灌</td><td colspan="2">10—12月为甘蔗成熟期，糖分形成重要期，必须保证土壤含水量，促进糖分形成，根据土壤墒情和实时降水情况进行滴灌。保持土壤湿润度，确保甘蔗新鲜度</td></tr>
<tr><td>灌溉定额</td><td colspan="2">次滴灌水量5～6m³/亩</td><td>滴灌1～2次，次滴灌水量5～6m³/亩</td><td colspan="2">滴灌2～3次，次滴灌水量6～8m³/亩</td><td colspan="5">滴灌4～5次，次滴灌水量6～8m³/亩</td><td colspan="2">滴灌1～2次，次滴灌水量6～8m³/亩</td></tr>
<tr><td>农艺配套技术</td><td colspan="12">①播种前要进行种茎选择和处理，合理密植，亩基本株数6 000～7 000株，采用宽窄行距，宽行距1.2～1.4m，窄行距0.5～0.6m。采用施肥、砍种、播种、培土、铺设滴灌带、覆膜一次性甘蔗机械化种植机种植。
②苗期管理：幼苗长3～4叶时查苗补苗，断垄缺苗在30cm以上的应及时选阴雨天补苗。
③分蘖期管理：小培土宜在分蘖初期，幼苗长出6～7叶时进行，用甘蔗中耕培土机轻培土，甘蔗封行前用甘蔗喷药机除草剂防止宽行间杂草，此间进行滴灌施肥施药预防地下害虫和蔗螟等。
④拔节伸长期管理：甘蔗长出13～14叶时，蔗根未达行间中部时（未封行）进行大培土。滴灌重施“攻茎肥”和施药预防地下害虫和蔗螟等。大培土后用甘蔗喷药机除草剂喷洒宽行间杂草。
⑤成熟期管理：去除甘蔗下部枯黄叶1次</td></tr>
<tr><td>主要经济技术指标</td><td colspan="12">亩产糖料甘蔗8t，甘蔗糖分达到或超过一般水平</td></tr>
</table>

（八）新疆棉花产区

1. 区域特征

新疆水土光热资源丰富，气候干旱少雨，种植棉花条件得天独厚，耕作制度为一

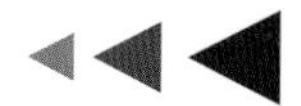

年一熟，棉田集中，种植规模大，机械化程度较高，单产水平高，原棉色泽好。近几年棉花种植面积增加很快。从种植区域看，新疆已初步形成了3个产棉区，即南疆棉区、北疆棉区和东疆棉区。南疆棉区是新疆棉花的主产区，光照更充足，昼夜温差大，其棉花产量约占新疆棉区产量的80%，也是我国最适宜的植棉地区，是长绒棉的生产基地。

2. 农业结构调整方向

根据《全国种植业结构调整规划（2016—2020年）》，在已有的西北内陆棉区、黄河流域棉区、长江流域棉区“三足鼎立”的格局下，提升新疆棉区，巩固沿海沿江沿黄环湖盐碱滩涂棉区。到2020年，棉花面积稳定在5 000万亩左右，其中新疆棉花面积稳定在2 500万亩左右。

推进棉花规模化种植、标准化生产、机械化作业，提高生产水平和效率。发挥新疆光热和土地资源优势，推广膜下滴灌、水肥一体等节本增效技术，积极推进棉花机械采收。

3. 节水农业发展制约因素

据调查，新疆棉田约有40%以上的棉田不能得到及时灌水，约有20%左右的棉田生育期内处于极度缺水和严重缺水状态。

由于大量水资源用于农业种植开发，严重挤占新疆生态用水，土地沙化严重，大量土地撂荒。

在南疆棉区，还存在粮、棉、果、畜等农业内部结构失衡问题。由于棉田面积过大，南疆一些地区粮草生产萎缩严重，农区畜牧业发展受到严重威胁（锦科华，2015）。

4. 农业节水技术发展方向

加强新疆棉花产区现代化集约高效先进技术集成示范基地建设，系统开展棉田高效栽培管理技术、全程机械化技术、智能信息技术的集成示范，加快优良新品种、节水节肥和全程机械化等新疆生产技术的推广进程。棉花种植发展方向为：加大棉田膜下滴灌技术推广力度，有效缓解农田旱情，增强棉花抵御自然灾害的能力。

5. 区域典型作物灌溉技术模式——棉花膜下滴灌综合技术模式

膜下滴灌技术因具有显著的节水、保温、抑盐、增产效果，在新疆维吾尔自治区棉田中已获得大面积推广应用，棉花主产区玛纳斯县的棉花膜下滴灌综合技术模式如表2-18所示（徐飞鹏等，2003；马富裕等，2004）。

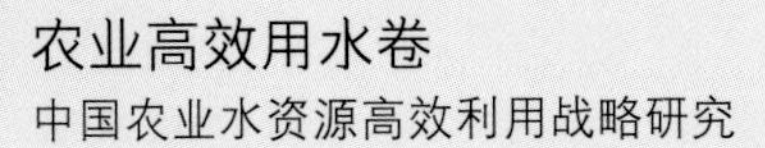

表2-18　新疆玛纳斯县棉花膜下滴灌综合技术模式

月份	4	5	6	7	8	9	10
旬	上 中 下	上 中 下	上 中 下	上 中 下	上 中 下	上 中 下	上 中 下
生育期	播种	苗期	蕾期	花铃期		吐絮期	收获期
生育进程							
主攻目标	保证种子和播种质量，实现早播种，早出苗	实现苗全、苗匀、苗壮、早发和壮根，促使棉花稳健生长	协调营养生长与生殖生长，合理进行化调，实现多显蕾、显大蕾，植株生长稳健	保稳长，保蕾、增铃、防旺长、防早衰、防晚熟、防脱落、防烂铃		保铃增重，促进早熟	
灌水技术：灌溉制度	灌出苗水，出苗水4月15—25日，灌水量25～30m^3/亩	灌水2次： 第1次：6月10—19日，灌水量30～35m^3/亩，头水宜晚宜大； 第2次：6月20—30日，灌水量30～35m^3/亩		灌水6次： 第1次：7月1—8日，灌水量30～35m^3/亩； 第2次：7月8—15日，灌水量30～40m^3/亩； 第3次：7月16—23日，灌水量30～40m^3/亩； 第4次：7月24—31日，灌水量30～40m^3/亩； 第5次：8月1—8日，灌水量30～40m^3/亩； 第6次：8月10—18日，灌水量30～35m^3/亩		灌水1次：8月20—28日，灌水量25～30m^3/亩，8月底应停止灌溉	
灌水技术：滴灌系统技术要求	①滴灌带在铺设时应保持滴头朝上，采用单翼迷宫滴灌带的凸面朝上。 ②滴灌带在铺设过程中不能被挂坏或磨损。 ③滴灌系统运行时，按轮灌制度打开相应的分干管及支管阀门，当一个轮灌区灌溉结束后，先开启下一个轮灌组阀门，再关闭当前轮灌组阀门，先开后关，严禁先关后开。 ④滴灌系统运行当中，应严格按照过滤器设计流量与压力进行操作，严禁超压、超流量运行，并及时对过滤设备进行清洗。 ⑤管网运行时，要定期冲洗管道，灌溉水质较差时，要经常冲洗滴灌带，顺序要按照干管、支管、毛管依次冲洗。在田间进行其他农事活动，应避免损伤滴灌带。 ⑥灌溉施肥时，前1/4时段灌清水，中间1/2时段施肥，最后1/4时段用水冲洗管网。 ⑦灌溉季节结束时，要排干蓄水池、沉淀池及过滤池的水，以免冻胀破坏；要将输配水管网冲洗干净，排空积水，并关闭阀门或堵头，及时对田间支管进行回收，妥善保管，对检查井、排水井和出地桩进行安全保护，防止损坏						

（续）

<table>
<tr><th colspan="2">月份</th><th colspan="3">4</th><th colspan="3">5</th><th colspan="3">6</th><th colspan="3">7</th><th colspan="3">8</th><th colspan="3">9</th><th colspan="3">10</th></tr>
<tr><th colspan="2">旬</th><th>上</th><th>中</th><th>下</th><th>上</th><th>中</th><th>下</th><th>上</th><th>中</th><th>下</th><th>上</th><th>中</th><th>下</th><th>上</th><th>中</th><th>下</th><th>上</th><th>中</th><th>下</th><th>上</th><th>中</th><th>下</th></tr>
<tr><td rowspan="2">农艺配套技术</td><td>主要耕作栽培措施</td><td colspan="9">①选用“早熟、高产、稳产，品质优良、适合采收”的品种，生育期110～123d的品种。
②适时播种，一般在4月8—25日。
③干播湿出，播后及时滴出苗水。
④采用机采种植模式：一是膜宽（小膜）125cm，播种行4行，一般采用一膜两管，滴灌带置于中行内侧。行距为10+66模式。二是膜宽（宽膜）205cm，播种行6行，一般采用一膜两管或三管，根据实践效果来看，一膜两行的滴水时间太长、滴量太大，效果不好，一般用一膜三行为宜。行距为10+66模式</td><td colspan="6">①化学调控：采用整个生育期全程化调技术，全生育期用缩节胺化调5～7次，同时结合水肥运筹，达到塑造理想株型的目标。
②水肥调控：根据棉花需水肥“两头大中间小”的规律、棉花长势长相和土壤肥力，确定滴水时间和施肥数量。
③适时打顶，在7月5日前结束打顶。
④结合测报工作做好盲椿象、红蜘蛛、棉铃虫、棉蚜虫的防治</td><td colspan="6">①保稳长、促早熟：对早衰和脱肥棉田通过追施叶面肥防止早衰，对贪青晚熟的棉田要在9月上旬根据温度变化情况进行催熟工作。
②及时停水：正常情况下最后一水于8月底前结束。
③机采棉脱叶：对进行机采的棉田要在9月初及早做好喷施脱叶剂的准备工作</td></tr>
<tr><td>施肥方案</td><td colspan="3">施有机肥2.5～4m³/亩，犁地前施底肥二胺15～20kg，尿素10kg，硫酸钾5kg。对于弱苗及时追施叶面肥。一般用尿素0.1～0.2kg/亩、磷酸二氢钾水溶液、赤霉素喷施1～2次。缺锌棉田用0.1%～0.3%硫酸锌溶液喷施</td><td colspan="6">滴水滴肥2次（每次灌水期间施1次肥）：第1次：滴施尿素3.0kg/亩；
第2次：滴施尿素3.0kg/亩，专用肥2.5kg/亩</td><td colspan="6">滴水滴肥6次（每次灌水期间施1次肥）：
第1次：滴施尿素4.0kg/亩，专用肥2.5kg/亩；
第2次：滴施尿素4.0kg/亩，专用肥2.5kg/亩；
第3次：滴施尿素4.0kg/亩，专用肥2.5kg/亩；
第4次：滴施尿素3.0kg/亩，专用肥2.5kg/亩；
第5次：滴施尿素3.0kg/亩，专用肥2.0kg/亩；
第6次：滴施尿素2.0kg/亩，专用肥2.0kg/亩</td><td colspan="6">滴水施肥1次（每次灌水期间施1次肥）：
滴施专用肥2.0kg/亩</td></tr>
<tr><td colspan="2">产量</td><td colspan="21">单株结铃5～6个，单铃重5g左右，保苗株数1.3万～1.6万株，单株果枝台数8～10个，亩产皮棉130～160kg</td></tr>
</table>

四、现代旱作农业优化技术模式

（一）西北黄土高原区

1．区域特征

西北黄土高原区主要包括甘肃、陕西、宁夏、青海4省（自治区）的黄土高原区域，地处我国湿润向西北干旱区的过渡地带，属于半干旱半湿润区。该区降水量偏少，地表水资源贫乏，大部分地区以雨养农业为主。随着社会经济及农业的发展，该区域在水资源开发及农业用水中的问题日益凸显，表现为农业灌溉方式落后、农业生产结构单一、水土流失及水体污染严重、渠道防渗衬砌率低、水资源渗漏损失严重等。

2．旱作节水农业技术发展方向

针对西北旱塬区粮食产量低而不稳、生产效益低等问题，以提高旱塬粮食优质稳产水平和生产效益为目标，建立粮食稳产高效型旱作农业综合发展模式与技术体系。针对西北半干旱偏旱区气候极其干旱、冬春季节风多风大和耕地风蚀沙化严重等问题，以保护旱地环境和提高种植业生产能力为主攻方向，建立聚水保土型旱作农业发展模式和技术体系（龚道枝等，2015）。

3．旱作节水农业模式

黄土高原区域的旱作节水农业模式为“适水种植＋集雨节灌＋农艺措施＋生态措施”的节水农业模式（图2－18）（田万慧、陈润羊，2011）。模式实施的主要配套技术及措施：

（1）适水种植技术及措施

一是大力开展灌区土地整治，扩大实灌面积。在难以灌溉的旱台塬地，大力推行以蓄水保墒为中心的旱地农业体系。注重对下湿地、盐碱地及沙土地等低产田的改造，建设高标准基本农田，扩大有效灌溉面积，提高保灌率。发展渠井双灌，采补结合，促进地面水、地下水、大气降水“三水”循环。二是注重发展高效立体种植。三是以高扬程灌区为重点，实施农田大块改小块、渠道防渗衬砌、低压管道输

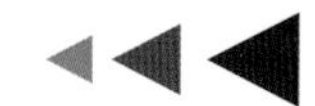

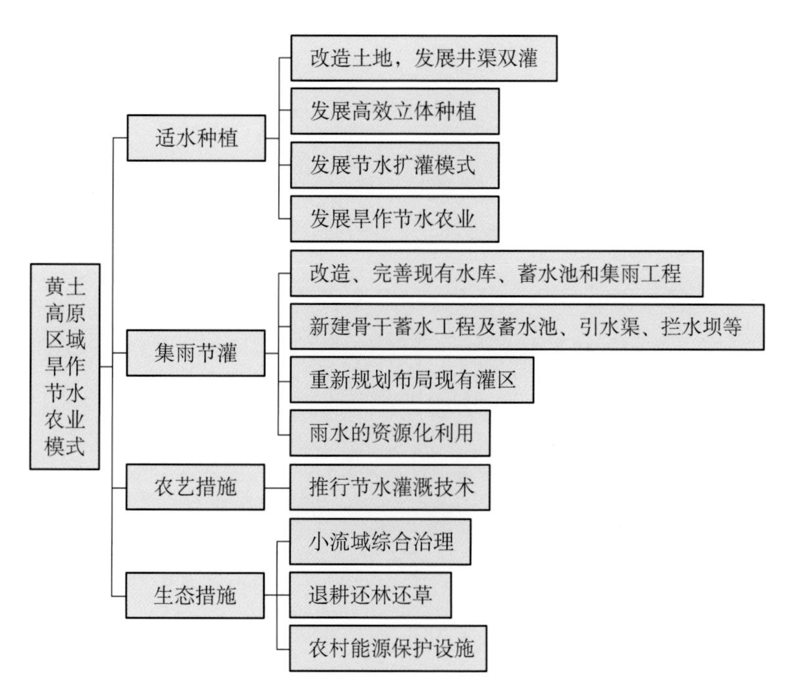

图2-18　黄土高原区域旱作节水农业模式

水、调整种植结构和膜上灌溉等常规节水技术，推广微喷灌、滴灌和渗灌等高效节水模式和小畦灌、沟灌、长畦短灌和涌流间歇灌溉等先进的地面灌水技术，发展节水扩灌模式。四是以旱作农业区为重点，推广“梯田＋地膜＋集雨＋结构调整”的技术，发展旱作节水农业。

(2) 集雨节灌技术及措施

一是对现有的水库、蓄水池和集雨工程等水利设施挖潜配套，更新改造，完善病险水库除险加固任务，建设以生态为主体的水利工程设施。二是加快该区域骨干蓄水工程建设及蓄水池、引水渠、水窖、水池、拦水坝等微型与小型水利设施建设。三是对现有灌区进行重新规划布局，确立能够覆盖全区的现代排灌网络，使地面水、地下水结合，蓄、引、提、灌、排结合，实现水量联合调度，增加供水量。四是发展雨水的资源化利用。雨水资源化利用就是利用集雨技术，发展旱作农业，即通过调节集蓄天然降水来解决水资源的时空错位问题，实现水资源的就地入渗和拦蓄利用。

(3) 农艺技术及措施

西北黄土高原区域在农艺节水方面的重点是大力推行节水灌溉技术措施。在发展点播、穴灌、膜上沟灌、膜下渗灌等不充分灌技术的基础上，通过土壤改良、农田覆膜保墒及立体复合种植技术，增强土壤保水能力，减少土壤蒸发损失，提高灌溉水利用率。

（4）生态技术及措施

一是实行小流域综合治理的生态设施措施。二是实行退耕还林还草，恢复生态建设措施。三是实行农村能源保护设施措施。西北黄土高原区应积极推广、普及节柴炕、节柴灶、太阳灶、太阳能暖房等节能技术；引导和扶持以沼气为纽带的“四位一体”生态农业工程建设。

4．区域典型作物旱作技术模式——甘肃玉米全膜双垄沟播一膜两年用技术模式

甘肃干旱少雨、水资源短缺，旱作农业发展形成了一套比较完整的适用技术体系和生产方式，即修梯田、打水窖、铺地膜、调结构，甘肃省农业科技人员总结创造了全膜双垄沟播新技术，开辟了旱作农业发展的新途径（表2–19）。

全膜双垄沟播技术集覆盖抑蒸、垄沟集雨、垄沟种植技术为一体，实现了保墒蓄墒、就地入渗和雨水富集的效果。其特点：一是显著减少了土壤水分的蒸发。尤其是秋覆膜和顶凌覆膜避免了秋冬早春休闲期土壤水分的无效蒸发，又减轻了风蚀和水蚀，保墒增墒效果显著。二是显著的雨水集流作用。田间相间的大小垄面是良好的集流面，将微小降水集流入渗于玉米根部，大大提高了天然降水的利用率。三是增加了积温，扩大了玉米及中晚熟品种的种植区域。四是有效抑制田间杂草，减轻土壤的盐碱为害（李含琳，2014；马海灵等，2015；陆浩，2010）。

表2–19　甘肃玉米全膜双垄沟播一膜两年用技术模式

生育期	播种期	出苗期	拔节期	抽雄期	收获期
全膜双垄沟播技术					
一膜两年用技术	①技术特点：全膜双垄沟播一膜两年用技术就是在全膜双垄沟播玉米收获后，不再揭膜和耕翻土地，来年春季在原地膜上播种下茬作物的栽培技术。能最大限度地防止秋、冬、春季土壤水分的蒸发，增强土壤微生物活性，使土壤保持良好的通透性；可减少风蚀和水蚀，改善生态环境；可减少地膜投资、用工等费用；玉米根茬可直接还田，增加土壤有机质。在保证肥料供应的情况下，仍可获得高产。 ②操作方法：在上年全膜双垄沟播玉米收获后，用细土将破损处封好，保护好地膜。次年，若种植玉米，在前作根茬中间打孔点播，每穴播2粒，若种植马铃薯，可在大垄垄侧播种马铃薯，也可种植小麦、油菜、豆类、蔬菜等其他作物				

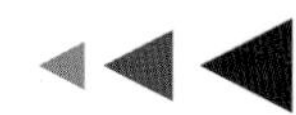

（续）

生育期	播种期	出苗期	拔节期	抽雄期	收获期
播前准备	①选地整地：选择地势平坦、土层深厚、土质疏松、肥力中上，土壤理化性状良好、保水保肥能力强、坡度在15°以下的地块，不宜选择陡坡地、石砾地、重盐碱等瘠薄地。在伏秋前茬作物收获后及时深耕灭茬，耕深达到25～30cm，耕后及时耙耱；秋季整地质量好的地块，春季尽量不耕翻，直接起垄覆膜，秋季整地质量差的地块，覆膜前要浅耕，平整地表，有条件的地区可采用旋耕机旋耕，做到地面平整、无根茬、无坷垃，为覆膜、播种创造良好的土壤条件。 ②施肥：一般亩施优质腐熟农家肥3 000～5 000kg（一膜两年用地块，由于第二年施肥困难，第一年农肥施用量应增加到7 000kg以上），起垄前均匀撒在地表。亩施尿素25～30kg，过磷酸钙50～70kg，硫酸钾15～20kg，硫酸锌2～3kg或亩施玉米专用肥80kg，划行后将化肥混合均匀撒在小垄的垄带内。 ③划行起垄：划行：每幅垄分为大小两垄，垄幅宽110cm。 起垄：川台地按作物种植走向开沟起垄、缓坡地沿等高线开沟起垄，大垄宽70cm、高10cm，小垄宽40cm、高15cm。 ④土壤消毒：地下害虫为害严重的地块，起垄后每亩用40%辛硫磷乳油0.5kg加细砂土30kg，拌成毒土撒施，或兑水50kg喷施；杂草为害严重的地块，起垄后用50%乙草胺乳油100g兑水50kg全地面喷施，喷完一垄后及时覆膜。 ⑤覆膜：秋季覆膜时间：前茬作物收获后，及时深耕耙地，在10月中下旬起垄覆膜。 顶凌覆膜时间：早春3月上中旬土壤消冻15cm时，起垄覆膜。 覆后管理：覆膜后一周左右，地膜与地面贴紧时，在沟中间每隔50cm处打一直径3mm的渗水孔，使垄沟的集雨入渗。 ⑥种子准备：选用良种结合当地的自然条件（降水、积温）和气候特征（晚霜时间、小气候特点），选择株型紧凑、抗病性强、适应性广、品质优良、增产潜力大的杂交玉米品种，主要有沈单16号、豫玉22号、金穗系列、金源系列、酒试20等				
适期播种	①播种时间：当气温稳定通过10℃时为玉米宜播期，各地可结合当地气候特点确定播种时间，一般在4月中下旬。 ②播种方法：用玉米点播器按规定的株距将种子破膜穴播在沟内，每穴下籽2～3粒，播深3～5 cm，点播后随即踩压播种孔，使种子与土壤紧密结合，或用细砂土、牲畜圈粪等疏松物封严播种孔，防止播种孔散墒和遇雨板结影响出苗。 ③合理密植：按照土壤肥力状况、降水条件和品种特性确定种植密度。年降水量300～350mm的地区以3 000～3 500株为宜，株距为35～40cm；年降水量350～450mm的地区以3 500～4 000株为宜，株距为30～35cm；年降水量450mm以上地区以4 000～4 500株为宜，株距为27～30cm。肥力较高，墒情好的地块可适当加大种植密度				
田间管理	①苗期管理（出苗—拔节期）：苗期管理的重点是在保证全苗的基础上，促进根系发育、培育壮苗，达到苗早、苗足、苗齐、苗壮的“四苗”要求。 破土引苗：在春旱时期遇雨，覆土容易形成板结，导致幼苗出土困难，使出苗参差不齐或缺苗，所以在播后出苗时要破土引苗，不提倡沟内覆土。 查苗补苗：在苗期要随时到田间查看，发现缺苗断垄要及时移栽，在缺苗处补苗后，浇少量水，然后用细湿土封住孔眼。 定苗幼苗达到4～5叶时，即可定苗，每穴留苗1株，除去病、弱、杂苗，保留生长整齐一致的壮苗。 打杈：全膜玉米生长旺盛，常常产生大量分蘖（杈），消耗养分，定苗后至拔节期间，要勤查勤看，及时将分蘖彻底从基部掰掉，注意防止玉米顶腐病、白化苗及虫害。				

（续）

生育期	播种期	出苗期	拔节期	抽雄期	收获期
田间管理	②中期管理（拔节—抽雄期）：中期管理的重点是促进叶面积增大，特别是中上部叶片（棒三叶），促进茎秆粗壮敦实。此期要注意防治玉米顶腐病、瘤黑粉病、玉米螟等虫害。 当玉米进入大喇叭口期，追施壮秆攻穗肥，一般每亩追施尿素15～20kg。追肥方法是用玉米点播器或追肥枪从两株中间打孔施肥，或将肥料溶解在150～200kg水中，用壶在两株间打孔浇灌50mm左右。玉米全膜双垄沟播后，水肥热量条件好，双穗率高，时常还出现第三穗，应尽早掰除第三穗，减少养分消耗。 ③后期管理（抽雄—成熟期）：后期管理的重点是防早衰、增粒重、防病虫。要保护叶片，提高光合强度，延长光合时间，促进粒多、粒重，肥力高的地块一般不追肥以防贪青；若发现植株发黄等缺肥症状时，应及时追施增粒肥，一般以每亩追施尿素5kg为宜。 ④适时收获：当玉米籽粒乳线消失、籽粒变硬有光泽时收获。果穗收后，秸秆应及时收获青贮。将地膜保留在地里，保蓄秋、冬季土壤水分，在第二年土壤消冻后顶凌覆膜时，撤膜、整地、施肥、起垄、覆膜。注意残旧地膜的回收				

（二）东北西部半干旱区

1．区域特征

东北西部半干旱区主要包括黑龙江、吉林、辽宁3省的西部地区，该区生长季节光照充足、雨热同季、昼夜温差大、有效积温多，为农作物生长提供了很好的光热条件。但由于受强大的蒙古高压控制，冬春降水少，春季气温回升快、大风次数多，春季干旱严重，是典型的旱作农业区。该区降水量年内季节分配不均，80%以上集中于夏季，冬春两季不足全年降水量的15%，春旱严重威胁农业生产。

2．旱作节水农业技术发展方向

针对东北西部半干旱区风蚀沙化严重、粮食产量不稳、经济效益低下等问题，以改善环境和提高旱作农业生产效益为主攻方向，建立林粮结合型旱作农业综合发展模式与技术体系（龚道枝等，2015）。

3．旱作节水农业技术模式

（1）蓄水增墒技术—增施有机肥营造土壤水库技术

该技术是以增施有机肥为核心，配套使用坐水种和抗旱品种相结合的一项技术。不同于经济作物，旱田作物自身经济效益比较低，在增施有机肥方面要有选择性。对于玉米产区来说，玉米秸秆正是很好的有机肥源，秸秆占农作物光合作用产物约为65%，其主要成分为有机碳和一些营养元素，要重点利用粮饲兼用型玉米的秸秆。在保持玉米产量

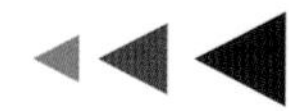

平产、稳产、增产的前提下，利用玉米秸秆作造酒的副料，酒糟加工粉碎后的玉米秸秆喂牛，再用牛粪熟化后还田，称为“过腹还田”。该项技术措施增加了土壤有机质含量，提高了地力，促进作物根系下扎，提高根系吸水能力，较好地利用土壤深层水分；以肥调水，增强抗旱性，提高土壤胶体和团粒结构的形成，提高土壤自身保水能力，为充分发挥旱地土壤水的效果创造了良好的生态环境条件；土壤有机质本身就是很好的保水剂，它可以吸取和保存高于自身重量5～10倍的土壤水，从而加大了土壤中水的蓄存量，即建造了隐形土壤水库。

（2）蓄水增墒技术—机械深松深翻营造土壤水库技术

该技术是以机械深松深翻技术为核心，配套使用坐水种和抗旱品种相结合的一项技术。主要采用机械深松蓄水保墒、春季不动土，既能提高天然降水的蓄积能力，又减少土壤水分蒸发，保持土壤墒情，实现伏雨、冬雪春用。其主要的技术要点是利用大中型拖拉机牵引深松犁进行深松，一般深松深度在35～50cm。疏松土壤，增大活土层，增强雨水入渗速度和入渗量，减少降水径流的流失；切断毛细管，减少土壤水分蒸发。干旱地方深松后进行耙耢整地作业，以达到翌年播种状态为止。根茬散落在地表，就地还田，可起到防风保土、春天不再整地的作用，降低春季水分蒸发。

（3）补水增墒—机械化一条龙抗旱坐水种技术

该技术包含两项技术内容：一是坐水播种技术，即在种子周围土壤局部施水增墒以保障种子发芽出苗；二是苗期灌溉技术，即在苗根区土壤灌溉增墒保苗。行走式节水灌溉技术以节水为前提，采用高效的局部灌溉方式，以少量的水定量准确地施到种子周围或苗的根区土壤中，能达到滴灌渗灌的节水效果，大大提高水的利用率。一般施水量为15～60m^3/hm^2，与人工刨埯坐水种相比，节水50%以上，比漫灌节水80%以上。目前行走式节水机械灌溉播种技术的主要工艺是用拖拉机牵引载有水箱的拖车，后部牵引播种，同时进行施水、施肥作业，水箱上引出的水管与播种机施水装置相连，播种时可一次实现开沟、施水、施肥、播种、覆土等多项作业。如果土壤墒情不好，可以结合苗侧施水、施肥联合作业。该技术配套播种机具结构简单、多功能、复式作业、造价低，能够适应当前农民的收入水平，是解决春旱播不了种、出不了苗、保不住苗的高效节水新技术（徐铁男，2010；朱玉双，2012；陈良宇、桑立君，2015）。

4. 区域典型作物旱作技术模式——东北旱作玉米单粒精播关键栽培技术（王新国，2013）

表2-20　东北旱作玉米单粒精播关键栽培技术模式

生育期	播种期	苗期	拔节期	穗期	花粒期
生育进程	出苗期 → 三叶期 → 拔节期 → 大喇叭口期 → 抽雄期 → 乳熟期 → 完熟期				
准备农资	①精选种子：种子选用良玉99号。选留籽粒饱满、色泽好、大小均匀、无病斑、无虫口的籽粒做种，选好的种子按大小粒分两级播种。 ②晒种：临近播种时，选阳光充足的天气，摊在干燥的室外，连续翻晒2～3d，晚上收回。 ③包衣：晒完的种子用前述的种衣剂及用量包衣，包衣后略微阴干装袋即可。需催芽播种的可先催芽后包衣，催芽以刚破嘴露白为佳。 ④中等肥力以上的地块单粒精播种植，一般需种量为7.5万粒/hm^2，整地质量差、土壤墒情差、盐碱地以及鼠害、地下害虫严重的地块不宜采用单粒精播技术				
耕作技术	最好是秋耕春整，秋耕越早越好，春季整地抢在早春地表化冻到5cm深时顶凌进行，以保住返浆水				
施肥技术	底肥需用总量：尿素100kg/hm^2+磷酸二铵200kg/hm^2+硫酸钾（或氯化钾）150kg/hm^2+硫酸锌15kg/hm^2，或选购等含量的复合肥。追肥需用量：尿素350kg/hm^2；在保障化肥施用量的前提下，配施适量的微生物肥，效果更佳				
种植技术	①播种期的确定：一般4月25日至5月5日为最佳播期。 ②合理密植：中等肥力以上的地块密度6.75万～7.50万株/hm^2。合理密植的原则：土壤疏松肥沃、施肥充足、降水充沛、光照充足的取密度上限，反之用下限；精细管理的地块取密度上限，管理粗放的用下限。 ③足墒后播种，以利苗齐、苗全。先开播种沟，沟内浇透底水（一般每公顷用水量为60～90t），待水渗入后再播种。实践证明，此法不仅省水，而且出苗效果好。 ④准确把握播种深度：镇压后种子垂直距离土表3cm为宜。 ⑤具备条件的宜使用气吸式精播机，要求单粒率≥90%，空穴率＜5%。 ⑥底肥要深施：底肥和种子隔离10cm以上。 ⑦播种后芽前喷施前述除草剂，降水后土壤墒情好时施药，每公顷兑水900L以上				

（续）

生育期	播种期	苗期	拔节期	穗期	花粒期
田间管理	①定苗：单粒精播仍需简单定苗，宜在5叶期进行。间去病虫株、弱株、茎圆高挑苗、过大株和杂株，留下茎扁、色绿、无病虫、大小整齐一致的大苗、壮苗，可不等距留苗。 ②分蘖处理：缺苗断条处必须尽早掰除分蘖，苗数正常处分蘖可以不管。 ③追肥：拔节后大喇叭口期（第11～12叶展开，大约齐腰高时）前追施尿素，距根部10～15cm处，追施深度以10cm为宜，根据天气预报决定追肥时间。 ④有条件的地方，最好采用凿式深松铲进行间隔深松，打破犁底层，一般深松深度为35～40cm。 ⑤叶面施肥：粒期（雄穗完全抽出至成熟），是以开花授粉和籽粒形成为中心的生殖生长阶段。这个时期的主攻目标是要尽可能保持青枝绿叶，活秆成熟，保持根系吸收能力，最终达到粒多粒饱。叶面施肥在授完粉后，花丝由红转暗时喷第一次，间隔10～15d后，再喷1～2次。每次每公顷用磷酸二氢钾3kg或尿素5kg兑水750L。下午4时后喷施效果最佳。 ⑥若人力充足，最好进行以下促早熟措施：割除空秆和自交株、隔行去雄、人工辅助授粉、打底叶、掰小穗、放秋垄、拔大草和站秆扒皮晾晒等。 ⑦适时晚收、壮籽提质：完熟期（即果穗苞叶干枯松散、植株叶片枯干、茎秆尚有韧性时）收获为佳，可以增加粒重，提高产量和品质				

（三）华北西北部半干旱区

1. 区域特征

华北西北部半干旱区主要包括山西、河北西北部、内蒙古中部等地区。该区年降水量400～600mm，多种植玉米、谷子和小杂粮，一年一作或两年三作，水资源缺乏，水土流失严重，土壤瘠薄，耕作粗放，环境恶劣。春旱发生频率较高。

2. 旱作节水农业技术发展方向

针对华北西北部半干旱区人均水资源严重不足、粮经饲结构不尽合理、秸秆转化利用率低等问题，以提高水资源产出效益为主攻方向，建立农牧结合型旱作农业发展模式与技术体系（龚道枝等，2015）。

3. 旱作节水农业技术模式

（1）农田土壤水库建设技术模式

该模式是修造梯田、生土熟化、增施土壤结构改良剂、丰产沟、起垄耕作等技术的组合。应用该技术模式可以起到保水保土、培肥地力的效果。试验表明，通过实施农田土壤水库建设技术，可以减少水土流失量40%～60%，提高土壤含水量3%～5%，增加自然降水利用率0.1～0.2kg/（mm·亩）。山西省东、西部的丘陵山区多年来结合小流域治理，把15°

以下的坡耕地修筑成水平梯田；15°～25°坡耕地采用农牧结合的方式，进行隔坡梯田建设，梯坎种植花椒、金银花等经济型灌木篱，坡面种植优质牧草；25°以上坡地全部退耕还林还草。同时积极推广应用生土熟化技术，施用土壤结构改良剂技术、聚肥蓄水丰产沟技术和等高沟垄种植技术，变“三跑田”为“三保田”，有力促进了当地旱作节水农业的发展。

（2）覆盖保墒培肥技术模式

该模式包括生物覆盖技术、地膜覆盖技术和生物、地膜二元覆盖技术。生物覆盖包括作物生育期覆盖和休闲期覆盖；地膜覆盖包括平地覆盖、双沟W形覆盖和单沟V形覆盖；生物、地膜二元覆盖包括二元单覆盖、二元双覆盖。应用生物覆盖技术可以起到提高土壤蓄水保墒能力、培肥地力、减少水土流失的效果。应用地膜覆盖技术可以起到保肥保水、增温增产的效果。试验表明，玉米秸秆覆盖田土壤含水量提高2%～5%，水分利用率提高25%左右，每毫米降水利用效率提高0.28kg，地面径流降低69.5%，土壤流失量减少89.5%，土壤渗水率增加40%～50%；同时提高了土壤肥力，改善了土壤结构。春玉米地膜覆盖田可减少土壤水分蒸发90%左右，提高水分利用率32%～65%，同时可以提高地温。

（3）集雨补灌技术模式

该模式是雨水积蓄技术和节水补灌技术的组合。应用该技术模式可以有效地积蓄自然降水，解决自然降水时空分布不均的问题，变无效降水为有效降水，同时通过节水补灌，实现降水资源的高效利用。

（4）保护性耕作技术模式

该模式是作物残茬覆盖、少耕、免耕、深松、耙茬播种、旋耕播种、深松耙茬播种、耙茬垄播等技术的组合。通过实施该技术模式可以起到减少水土流失、减少风蚀、减少地表水分蒸发、提高自然降水利用率和利用效率、提高土壤肥力的效果。

（5）化学调控节水技术模式

该模式包括合理施肥、应用抗旱保水剂、采用携水载体播种等技术。应用该技术模式可以提高作物对水分的利用效率，减少地面蒸发，增强根系吸水能力。试验表明，应用抗旱保水剂可以提高土壤持水量40%左右。

（6）生物节水技术模式

该模式是抗旱品种改良、繁育和应用技术的组合。应用该技术模式可以利用作物对干旱的生理响应和调节，实现对光、热、水、土资源的合理利用，提高作物适应干旱的能力，达到抗旱节水、在同等水分供应条件下获得更多农业产出的效果（康宇，2007）。

4．区域典型作物旱作技术模式——山西春播旱地玉米高产高效栽培技术模式

山西省农业科学院谷子研究所在“山西旱作节水高效农业综合配套技术研究与示范”与“十一五”重大专项“旱地玉米高产高效栽培技术研究与示范”课题研究中，结合多年试验成果，在进一步试验研究的基础上，研究组装形成以增加种植密度为核心的山西春播中晚熟旱地玉米“113”生化调控节水简耕高产高效栽培技术模式，取得了显著效果（表2-21）。该技术模式创造了山西旱地玉米的高产纪录（刘永忠等，2009）。

表2-21　山西春播旱地玉米高产高效栽培技术模式

生育期	播种期	苗期	拔节期	穗期	花粒期
生育进程	出苗期 → 三叶期 → 拔节期 → 大喇叭口期 → 抽雄期 → 乳熟期 → 完熟期				
品种选择	宜选用郑单958、先玉335等中穗节水型耐密品种，种植密度75 000～82 500株/hm^2，收获有效株数达到67 500～78 000株/hm^2（因地力和品种调整），较当前农民种植密度增加50%～80%				
耕作技术	在玉米收获后，机械粉碎秸秆并在土壤适耕期尽早耕翻，早春刚解冻后进行旋耕，播后苗前喷施玉米田专用化学除草剂。玉米生长期不中耕、不培土。较当前农民耕作次数减少30%～50%，且旋耕时间提早30d左右				
施肥技术	在秸秆还田的基础上，有条件的情况下，尽量多施农家肥，氮、磷、钾、锌、锰等化肥按地力差减法确定，根据肥料的特性和玉米需肥特点科学施用。即通过生物措施（秸秆、农家肥）和化学措施（化肥）实现以肥调水和满足玉米高产营养要求。根据土壤养分供应状况、农家肥施用情况和计划产量补充施足化肥，一般氮肥、磷肥、钾肥和微肥分别按玉米计划产量所需纯氮、磷、钾和微肥分别按理论所需量的100%～130%、150%～180%、30%～60%、50%～80%确定（因地力、农家肥施用情况调整）。施肥方法上，农家肥、磷肥、钾肥和微肥随早春旋耕一次底施，氮肥60%底施、25%玉米拔节后抽雄前追施、15%玉米灌浆初期追施				
种植技术	①使用纯度、芽率完全达标的正牌种子，播前精选，并用防治地下害虫、丝黑穗病包衣剂规范包衣、晒种； ②宽窄行种植，宽窄行行比2∶1，平均行距与株距比2.3∶1，即大行距70～80cm，小行距30～40cm（因计划密度调整），株距依密度确定； ③严格按行、株距设计规范播种，机播、人工播种都要下子均匀、播深一致，确保一次播种保全苗，不移苗、不补种				

（续）

生育期	播种期	苗期	拔节期	穗期	花粒期
管理技术	①机械化作业，秸秆粉碎、土壤耕作、播种、收获机械化一条龙作业； ②化学除草，播前、苗后喷施玉米田专用化学除草剂除草，杂草严重地块苗期二次喷施除草剂； ③化学调控，苗期喷施玉米专用调控剂，缩短玉米下部节间，促进根系生长，促苗壮、抗倒伏； ④隔行人工抽雄； ⑤根据测报，及时防治地下害虫、玉米螟、红蜘蛛、蚜虫等为害； ⑥推迟收获，玉米完熟后收获				
适用地区	山西省春播中晚熟玉米区，包括忻定盆地、晋中市、吕梁市、太原市、阳泉市、长治市、晋城市全部及临汾市的东西丘陵地区				
增产情况	比传统旱地玉米种植模式增产60%～80%				

五、现代灌溉农业体系及其有效管理措施

（一）现代灌溉农业体系

1. 灌溉现代化与现代灌溉农业体系

灌溉作为农业发展的基础支撑，对国家粮食安全保障和国民经济可持续发展至关重要。要实现农业现代化，离不开灌溉现代化。根据联合国粮食及农业组织（FAO）对灌溉现代化的定义："与体制、制度改革相结合，在技术上和管理上改进与提高灌溉系统的过程；其目标是改进对劳动力资源、水资源、经济资源和环境资源的利用，以及改进对农民的配水服务。"根据FAO的定义可以看出，灌溉现代化是对灌溉系统改进和提高的过程，这个过程不是简单的工程改造和设备更新，而是根据当代先进、适用的工程、技术、管理等多种手段，实现水资源的高效利用，达到高效与节水的灌溉目标。

灌溉现代化是灌溉系统不断完善和改进的过程，其目标是实现现代灌溉；核心是提供优质高效的供水服务，这不仅体现为用水效率的达标、用水技术的先进，还体现为灌溉活动与生态环境的协调性、友好性以及与现代农业生产经营方式转变的适应和融合。

近年来，随着我国社会经济形势的发展变化，信息技术的发展和应用，尤其是"互联网+"和云平台技术的日新月异，我国水资源供需态势发展和农业经营方式发生转变，灌溉农业发展面临着新的形势和要求。其一，农业生产方式的转变和农业需供水矛

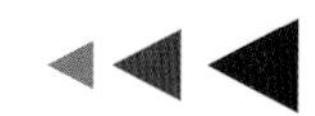

盾的加剧导致高效节水技术开始向区域化、规模化、大田化发展的趋势。其二，在田间灌溉技术方面，从以往以追求用水效率最大化向水肥一体化发展，灌溉控制手段更趋向于基于数字化、信息化技术的精准智能控制灌溉。其三，在信息技术、遥感技术和云平台技术日益成熟的背景下，灌溉用水管理技术由信息化、数字化逐渐向智能化发展。其四，强调灌溉发展与生态环境、社会经济发展协调。其五，重视现代高效灌溉技术手段与管理机制的配套，通过机制的建立和健全推动技术的推广和应用。现代灌溉农业体系是指为了适应和支撑现代农业生产和经营体系，以高效节水灌溉技术为基础，以水肥一体化为核心，以现代信息技术等新技术为支撑形成的现代化灌溉体系。通过现代灌溉农业体系，提高水、肥、药综合利用效果，促进农业可持续发展。

2．现代灌溉农业体系基本特征

根据现代灌溉技术发展的趋势和社会对灌溉农业发展的要求来看，现代灌溉农业体系呈现以下基本特征：

高效节水灌溉呈现规模化、大田化和区域化发展趋势。与传统的大田漫灌方式相比，高效节水技术具有高投入、高效率的特点。随着技术的逐渐成熟和成本的降低，过去主要用于设施农业和经济作物发展的高效节水技术开始广泛应用于大田作物。尤其是在土地流转、农业生产经营方式转变以及调整供给侧改革等新形势下，高效节水灌溉模式开始呈现规模化、大田化和区域化的发展趋势。

灌溉技术呈现综合化、集成化发展趋势。为了适应现代农业发展要求，灌溉的功能也由单一的灌溉供水转向水肥一体化综合供给发展，以高效节水灌溉工程技术措施为基础，集成农艺、农机、种子、化肥、信息技术等多项技术，由单一的灌溉技术模式转变为农业综合集成技术模式。

农业用水管理向信息化、数字化和智能化方向发展。在现代信息基础的支撑下，灌区用水管理借助于自动化监测技术、无人机与卫星遥感技术等新技术手段和水分亏缺监控技术等，实现灌溉信息感知诊断、决策智能优化、实时反馈调控，提供灌区用水多过程智能解决方案与优化调控模式。

多方合力、社会化发展。发展现代灌溉，尤其是基于高效节水灌溉模式的集成化技术模式，除了需要国家的重视投入以及技术支持，还需要改变土地经营方式（通过土地流转，形成规模化、集约化生产），并建立相应的运行机制，这样才能真正达到节水增效、增粮目标。技术手段与经营方式相互促进，使得高效节水技术规模化、区域化发展的趋势越来越明显，加上现代信息技术的支撑，灌溉农业实现现代化已经达成全社会的共识。无论是政府部门、科研机构还是社会企业，对参与和推动灌溉现代化的热情和积极性都日益高涨，政府、受益主体、企业和科研单位推动灌溉现代化发展的合力已经形成。

生态友好型发展。现代灌溉农业体系以尊重自然、顺应自然、保护自然为理念，促进农业生产与环境保护相结合，大力推进灌区生态文明建设，维系良好的水生态，创建优美的水环境，着力打造田绿、水清、林荫、路畅的美丽田园。

3. 现代灌溉农业体系的主要内容

现代灌溉农业体系包括三大体系：现代灌溉技术体系、技术支撑体系和政策保障体系。

(1) 现代灌溉技术体系

从农业现代化的要求和灌溉技术发展的趋势来看，现代灌溉技术体系包括现代化田间高效节水灌溉技术、渠系输配水自动化控制技术、灌区用水预测、预报与配置技术。

①田间高效节水灌溉技术体系

田间灌水技术：包括改进地面灌水技术、低压管灌、喷灌和微灌技术以及非工程灌溉技术措施。其中，以低压管灌、喷灌、微灌为重点的高效节水灌溉技术是现代灌溉农业体系的基础。

改进地面灌水技术：目前及未来相当长的时期内，地面灌溉仍是最主要的田间灌溉方式，因此改进地面灌水技术的田间节水潜力巨大。具体措施包括：推广小畦灌溉、细流沟灌、波涌灌溉；合理确定沟畦规格和地面坡降，缩小畦块和沟长；推广高精度平整土地技术；科学控制入畦（沟）流量、灌水定额等灌水要素，淘汰无畦漫灌等。

低压管灌技术：以管道代替明渠输水灌溉系统的一种工程形式。灌水时使用较低的压力，通过压力管道系统，把水输送到田间沟、畦，灌溉农田。一般比渠道输水流速大、输水快，供水及时，有利于提高灌水效率、适时供水、节约灌水劳力。

喷灌、微灌技术：由于投资较高，喷灌技术主要适用于经济作物种植区、城郊农业区及集中连片规模种植的地区；在山丘区或有自压条件的地区，鼓励发展自压喷灌技术。在果树种植、设施农业、高效农业、创汇农业中可推广微喷灌与滴灌技术，提倡微灌技术与地膜覆盖、水肥同步供给等农艺技术有机结合；在山丘区，可利用地面自然坡降，发展自压微喷灌、滴灌、小管出流等微灌技术；结合雨水集蓄利用工程，推广低水

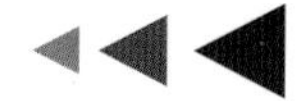

头重力式微灌技术。

非工程技术措施：主要指农艺节水技术与生物（生理）节水技术。农艺节水措施包括调整作物种植结构，如我国北方适当减少耗水量大的水稻、小麦等的种植面积；采用耐旱节水品种；加强耕作覆盖，如秸秆覆盖、塑膜覆盖等；施用化学保水剂；推行节水灌溉制度；其他耕作技术等。生物（生理）节水技术措施是指利用作物需水机理，将作物水分生理调控机制与作物高效用水技术紧密结合，采用调亏灌溉、分根区交替灌溉和部分根干燥等方式提高水分利用效率的节水技术。

水肥一体化技术：将灌溉与施肥融为一体的农业新技术。将可溶性固体或液体肥料，按土壤养分含量和作物种类的需肥规律、特点配兑成肥液，与灌溉水一起通过可控管道系统进行供给，实现水分、养分定时定量地精准提供给作物。水肥一体化是种植业灌溉和施肥技术发展的必然方向。

精量控制灌溉技术：通过对作物生理生态、土壤水分状况以及田间小气候的观测和监测，对作物的生长状况进行详尽分析，综合反映作物需水程度，以指导灌溉的“适时”和“适量”。按照作物生长过程的要求，通过现代化的监测手段，对作物的每一个生长发育状态、过程以及环境要素实现数字化、网络化、智能化监控，并运用3S技术以及计算机等先进技术实现对农作物、土壤墒情、气候等从宏观到微观的监测预测，并根据监控结果，采用最精确的灌溉设施对作物进行精准施肥灌水，以确保作物生长用水需求，实现高产、优质、高效和节水。

非充分灌技术（调亏灌溉技术）：针对水资源的紧缺性与用水效率低下的普遍性而发展起来的一种新的节水灌溉技术。可利用的灌溉水资源不能满足大面积充分灌溉需求时，必然有部分作物或作物生长过程中的某些生育阶段要受到一定的水分胁迫。非充分灌技术就是在这样条件下，根据不同作物以及同一作物不同生育阶段对水分亏缺敏感程度的差异，对总水量进行优化分配，尽可能将有限的水灌溉在对水分亏缺最敏感的作物或生育时段，而将水分胁迫安排在敏感程度较低的作物或生育时期上。非充分灌作为一种新的灌溉制度，不追求单位面积上最高产量，允许一定限度的减产。在水资源有限地区，建立合理的水量与产量关系模式，通过亏缺灌溉或调亏灌溉等方式，一方面可以有效减少水分胁迫的影响，确保受到水分胁迫的作物获得较好的产量结果；另一方面可以减少单位面积的灌溉耗水量，扩大灌溉受益面积，从而最大限度提高有效水资源的总体利用效益，在水分利用效率、产量、经济效益三方面达到有效统一。

坐水种技术：指在播种的土坑先注水后播种，使作物种子落在灌溉水湿润过的土之上，然后覆土。不仅能够保障作物的正常萌发和苗期的生长，而且由于其湿润面积和体积小而减少了土壤蒸发，提高了水分利用效率；提高土壤墒情，保障出苗率；可增加积温，提前出苗。

②渠系输配水自动化控制技术。为了减少输配水过程中的渗漏和蒸发损失，提高输配水的利用效率，现代灌溉农业不仅要求提高输配水过程中的工程防渗和输配水技术，更注重输配水全过程的智能化控制。渠系输配水现代化控制技术通过在输配水过程中各关键节点安装的水位—流量监测、闸门启闭系统和数据传输装置，以实时采集的灌区供需水信息为依托，实现对输配水系统的远程控制，从而实现水资源的自动配置和自动计量。

③基于现代信息技术的灌区用水预测、预报与优化配置技术。

基于作物冠层气温差的作物水分信息采集技术：作物冠层温度是由土壤—植物—大气连续体内热量和水汽通量所决定，当供水状况不能满足植物蒸腾需水要求时，蒸腾速率降低，植物温度升高，因此冠气温差能够较好反映作物水分状况。利用红外测温仪或红外冠层温度传感器可同时测量空气和作物冠层的温度，进而计算冠气温差，以判断作物是否缺水。

土壤墒情监测技术：通过将高精度传感技术、GPRS无线通信技术、数据库存储和处理等先进关键技术进行集成，实现在无人值守情况下，自动、实时采集土壤墒情数据和数据传输、处理和存储等功能。

基于遥感的灌区需（耗）水预测预报技术：借助于无人机近地遥感和高分卫星遥感信息，提取灌区地表、土壤、植被等参数的空间分布信息，进行区域作物ET监测及耗水解析，从而实现灌区需（耗）水快速预测与预报。

灌区水资源优化配置技术：以农田水肥诊断和需水决策分析为基础，结合灌区输配水系统优化调度，分析预测不同作物在不同节水灌溉方式下的灌溉用水量，实现灌溉水量分配、水源调度、水资源优化配置。

④基于灌溉云平台的信息化服务体系。随着物联网发展和云技术的成熟应用，需要基于灌溉试验网资料、灌溉用水监测站数据和遥感资料等，建立大数据灌溉云服务平台，实现数据云化、管理智能化，为全国灌区生产和运行提供信息和计算服务，包括灌区信息管理、服务系统，实现灌溉信息动态数据采集、管理、决策与服务等功能。

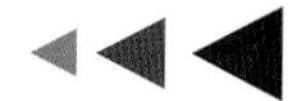

（2）政策保障体系

推进与现代灌区相适应的灌溉管理体制改革、农田水利工程产权制度改革、农业水权市场建设和农业水价综合改革。

推行基于PPP模式的工程建管模式及专业化运维服务体系。按照公益优先保障、盘活资产、综合效益最大化的原则，创新工程管护机制，积极引导社会企业、团体和个人参与工程建设、管理和维护工作，大力推行基于PPP模式的灌溉工程建设管理新模式，有效解决工程管理维护费用，确保工程的运行和维护实现可持续。同时，积极推进灌区管理体制机制改革，将工程维修养护业务和人员从原灌区管理单位剥离出来，发展专业化运行维护服务体系，形成良性运转的灌区养护市场秩序。

推进小型农田水利设施运行管理体制机制改革。按照“谁投资、谁所有、谁受益、谁负责”的原则，明确小型农田水利设施的所有权，并落实管护责任，所需经费原则上由产权所有者负责筹集，财政适当补助。在确保工程安全、公益属性和生态保护的前提下，允许小型农田水利设施以承包、租赁、拍卖、股份合作和委托管理等方式进行产权流转交易，搞活经营权，提高工程管护能力和水平，促进灌溉效益发挥。研究探索将财政投资形成的小型农田水利设施资产转为集体股权，或者量化为受益农户的股份，调动农村集体经济组织、农民个人参与水利设施管护的积极性。

全面推进农业水价综合改革。建立健全农业水价形成机制，逐步建立农业灌溉用水总量控制和定额管理制度，创新管理体制机制，鼓励和发展农民用水自治、专业化服务、水管单位管理和用水户参与等多种形式的用水管理模式。逐步形成分级定价、分类定价、分档定价的农业水价形成机制，建立农业用水精准补贴机制和节水奖励机制，最终促进现代灌溉农业体系的实现。

严格执行灌溉用水计量收费制度。全面加强农业灌溉用水监测计量，渠灌区逐步实现斗口计量，井灌区逐步实现井口计量，有条件的地区要实现田头计量，逐步推进灌溉用水的自动化、智能化监测。推行灌溉用水计量收费制度，根据当地确定的灌溉水价政策，严格水费征收流程，加强对水费征收使用的监管，建立公开透明的水费计收使用制度。

建立和完善农业水权转让机制。以行政区域“三条红线”指标为基础，全面落实总量控制、定额管理制度，明确用水户单元的农业水权。鼓励用水户转让节水量，可在不同前提下实现用户之间、区域之间和行业之间的有偿转让。探索基于耗水控制的水权管理机制，明确耕地的初始耗水权和取水权，形成以耗水控制促进农户节水和水权交易的倒逼机制。

（二）现代灌溉农业体系的总体发展措施

1. 政策措施

（1）科学布局与合理规划，确保农业灌溉供水安全

进一步明确农业灌溉对农民增收、粮食安全、农业增长和国民经济可持续发展的战略地位和作用，继续完善和制定近期、中期和长期全国农业灌溉发展规划和节水灌溉规划等各种发展规划。确保从国家战略方针政策层面上保障我国农业灌溉供水安全的延续性和长效性。加强计划用水和需求管理，严格限制和压缩水资源短缺和生态脆弱地区高用水、低产出作物种植面积，促进农业发展从粗放向节约高效精细农业发展。

（2）严格灌溉用水定额管理，提高灌溉用水效率

紧紧围绕粮食增产、农民增收、农业增效，提高水资源的集约高效利用水平。优化农业生产布局与种植业、养殖业结构，因地制宜合理调整农、林、牧、渔业比例，建立与水资源条件相适应的节水高效农作制度。按照水资源高效利用的要求，各地区要科学合理地制定不同作物灌溉用水定额，实行严格的灌溉用水定额管理，明确用水效率控制性指标。以提高灌溉水利用效率为核心，加大农田水利基础设施建设的力度，加快对现有大中型灌区现代化改造，建设高效输配水工程等农业节水基础设施，加强旱作节水农业建设，加快推广和普及优化配水、田间灌水、生物节水与农艺节水等先进农业节水技术。

（3）深化用水管理改革，建立适应现代灌溉农业要求的管理体制和机制

通过改革创新，努力解决农业灌溉面临的制度性障碍，逐步建立体制健全、机制合理、法制完备的农业灌溉用水管理制度。要建立从水源保护，到取水工程、输配水工程和田间灌溉工程建设、管理、维护等相配套的科学合理的管理体制和机制，尤其是要重视末级渠系的建设、管理和维护的机制问题，彻底解决灌溉基础设施“重建设、轻管理”的弊端以及“抓骨干、放末端”的建设思路问题。要严格执行灌溉用水有偿使用原则，按照《水利工程供水价格管理办法》，考虑农业用水的特殊性，合理制定和调整水价，推动以农业终端水价改革为核心的农业水价制度改革。建立健全以水权转让机制和节水补贴机制为核心的节水奖励机制，允许节约水量进行水权转让，实现经济收益，鼓励地方政府设立专项资金，对节水灌溉技术设备的研发、推广应用进行补贴。

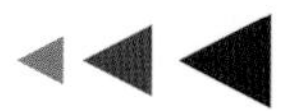

(4) 完善科技支撑体系

加强产学研结合，提高科技成果转化率和转换速度，逐步建立政府扶持与市场机制相结合的现代灌溉技术服务推广体系。加强灌溉试验等基础研究和推广应用，健全现代灌溉技术标准体系。建立健全基层水利服务体系，提高服务能力和水平。

2. 工程技术措施

现代灌区是实现现代灌溉农业技术的重要平台。结合灌区续建配套　节水改造和高标准农田建设，按现代灌区要求，加快已有灌区向现代灌区的升级。灌区升级的总体要求：一是信息化系统等管理设施要与工程设施同步升级；二是要集中连片、整体推进，以适应现代农业生产和经营方式；三是田间道路等的升级，要方便农机作业，以提高劳动生产率，适应农村劳动力转移的形势；四是要切实保护灌区生态环境。灌区新建和改造的主要设施包括水源工程、输配水系统、排水系统、灌排建筑物、田间工程等。通过这些工程建设在薄弱环节、关键领域的突破，着力提高灌排保证程度和农业抗御水旱灾害能力。

(1) 灌区续建配套与节水改造工程

在已有工作的基础上，进一步加强已有灌区续建配套与节水改造，着力解决设施不足、配套不全、标准不高、老化失修等突出问题。主要改造内容包括：整修、加固引水建筑物等渠首工程，完善引水功能；加强灌溉输水渠道续建配套、防渗衬砌，消除险工险段，做好特殊地区的泥沙处理和抗冻胀处理，有条件的地区逐步将明渠改造为暗渠或管道输水工程；完善配套渠系分水、节制、撇洪、泄洪等灌排渠系建筑物设施，对老化损坏严重的建筑物，根据老化损坏程度，分别采取加固或重建等措施；加强对兼有灌溉水调蓄作用的灌排两用沟渠、井灌井排工程以及除涝排水“卡脖子工程”的排水系统进行改造，进一步提高除涝排水标准；进行沟畦、渠（管）道、排水沟、道路与林带等田间工程的配套改造，着力解决“上通下阻”现象。

(2) 新建灌区工程

遵循旱、涝、洪、渍、盐、碱综合治理，田、水、路、林、电、村统一规划，灌排设施与水源工程同步、田间工程与骨干工程同步、农艺及生物措施与工程措施同步、管理设施与工程设施同步的要求，结合《全国新增1 000亿斤粮食生产能力规划（2009—2020年）》、全国大中型水库建设规划、近年灌溉水源工程建设情况以及项目前期工作基础和建设条件，适度新建大中型现代灌区，扩大灌溉面积，着力加强农产品主产区的新灌区建设。

(3) 高效节水灌溉工程

分区域、规模化推进灌区节水改造，重点发展高效节水灌溉工程建设，通过管道输水灌溉、喷灌、微灌等工程建设和改造，发展高效节水农业，加大粮食主产区、严重缺水区和生态脆弱区的节水灌溉工程建设力度，推广渠道防渗、管道输水、喷灌、微灌等节水灌溉技术，完善灌溉用水计量设施，到2020年发展高效节水灌溉面积3.69亿亩，到2030年发展高效节水灌溉面积5亿亩。

3. 灌区信息化建设

灌区信息化就是充分利用现代信息化技术，深入开发和广泛利用灌区信息资源，提高信息采集和加工的准确性以及传输的时效性，做出及时、准确的反馈和预测（曾炎等，2015），为灌区管理部门提供科学的决策依据，全面提升灌区管理的效率和效能。

灌区信息化管理系统主要包括以下几个方面：

监测系统。监测系统主要包括雨情、水情、闸位、工情、墒情、水质、气象和视频等内容，这些内容根据灌区实际情况和所处地域不同而有所变化。

控制系统。对于灌区来说，控制系统的控制目标一般只有闸门和泵站两个对象。此系统结合了当前世界最前沿的无线远程控制技术，针对传统的闸门和泵站控制系统实现远程集中控制，且无延时、稳定性高、无流量费用。

通信网络系统。通信网络是灌区信息化的载体，是数据、视频、语音传输的途径，主要使用自组网或公网。由于灌区地域广阔，地形复杂，位置偏僻，考虑到如果以有线的方式传输数据，施工成本高、难度大、时间长，所以系统采取无线覆盖的方式，实现终端传感器与服务器的无线、实时连接和通信。

云服务器及应用软件系统。云服务具有简单高效、安全可靠、处理能力强的特点。监测系统采集的数据经过云服务器强大的计算能力分析后，提供精确的决策辅助支持。软件系统是灌区信息化能否发挥作用的关键所在，包括预测预报、水量综合调度、水流模拟仿真、测控操作、水费征收、办公自动化、公用信息发布、用水户管理等。

（三）现代灌溉农业体系分区发展措施

1. 总体发展布局

根据国家现代农业发展战略对地区农业发展定位，综合地区水土资源禀赋条件、环

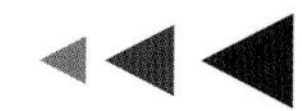

境容量、社会经济发展条件等因素，现代灌溉农业体系分区发展措施要体现区域特征，合理布局、分类推进（表2-22）。

北方地区总体“水少地多”，以高效节约利用水资源、提高水肥一体化综合利用效率效益为中心，全面发展高效节水灌溉方式，按“东北地区节水增粮、华北地区节水压采、西北地区节水增效”的总体思路发展现代灌溉农业体系，大力推广水肥一体化、精量控制灌溉、非充分灌等现代新型灌溉技术与模式。南方地区总体“水多地少”，未来以节约集约利用土地资源、提高土地资源利用效率效益为中心，按“节水减排防污”的总体思路发展现代灌溉农业体系，优化灌溉面积发展规模，按示范带动的要求发展高效节水灌溉和现代灌溉新技术，大力推广水稻控制灌溉技术，着力节水减排减污。

2. 分区发展措施

(1) 东北地区

东北地区是我国重要的粮食主产区和未来重要的粮食增产区域。该区土地资源丰富，水资源开发利用率、耕地灌溉率在北方3个分区中均为最低，水土资源尚有一定的开发利用潜力。东北地区现代灌溉农业发展方向是：以“节水增粮”为主要目标，发展以机械化、自动化和规模化为特点的东北现代灌溉农业体系。在有规模化耕种条件的地区集中连片发展大中型机械化行走式喷灌；重点发展喷灌、微灌等高效节水灌溉技术和水肥一体化技术，推广用水计量和智能控制技术；在旱作区根据水资源承载能力，重点发展膜下滴灌、水肥一体化技术综合集成，采用抗旱坐水种等技术措施。

主要发展措施有：

通过改造或新建灌区，适度发展灌溉面积，提高灌溉保证率。东北地区耕地面积大，水资源在局部地区尚有开发潜力，根据水土资源优化配置原则，通过新建水源工程、灌区新建和改扩建工程适度发展灌溉面积，提高灌溉保证率。在发展灌溉面积时，要充分考虑水土资源的承载能力和水资源优化配置，不能盲目开采利用，以免造成新的环境问题。

大力发展节水灌溉技术与水肥一体化技术，实现水、肥高效利用。在东北地区西部水资源紧缺地区，应根据水资源承载能力，积极推广应用喷灌、微灌和新型节水灌溉技术，合理发展膜下滴灌、喷灌，在有规模化耕作条件的区域集中连片发展大中型机械化行走式喷灌；同时在该地区大力推广各种覆盖保墒技术、耕作保墒技术和化学调控技术，采用适宜的大田作物节水灌溉制度。在东北地区东部水资源较丰富地区，在现有灌区续建配套与节水改造的基础上，积极推广应用渠道防渗、管道输水技术，保证新建灌区达到节水灌溉工程规范要求。同时，在整个东北地区积极发展输配水工程节水技术，加强输水管道防冻胀标准，适度发展与大型机械相结合的水肥一体化技术，达到省工增产的目的，实现现代农业可持续发展。

改善旱地农业条件，大力发展坐水种等抗旱补水措施。在东北旱作区根据水资源承载能力，合理发展滴灌、喷灌等高效节水灌溉技术与水肥一体化技术，积极采用抗旱坐水种等措施。同时，推广应用秸秆覆盖和地膜覆盖技术、深松整地技术、秸秆还田技术、坐水种技术、有机肥技术。

在管理措施方面，以大中型灌区管理体制改革为契机，建立适应现代灌溉体系的灌区管理体制，结合灌区节水改造开展灌区信息化和智能化建设工作。

(2) 华北地区

华北地区是典型的资源型缺水地区和地下水严重超采区。水土资源开发利用潜力较小，水资源紧缺、供需矛盾突出、水生态环境趋于恶化已成为该区经济社会发展的瓶颈，而粮食产能仍有较大需求。华北地区现代灌溉农业发展方向是：以缓解水资源供需矛盾、改善农田生态环境、实行现代灌溉农业发展要求为目标，以高效节水灌溉技术与水肥一体化集成为重点，以水资源管理体制和政策改革为突破口，率先建立适合区域特点的现代灌溉农业体系，实现区域水资源优化配置和高效利用。

华北地区现代灌溉农业体系发展的主要措施包括：

实现水资源的统一管理与合理调配。加强降水、地表水、地下水和土壤水的联合调度与高效利用，同时合理利用再生水资源，采用综合措施限制和减少地下水开采。

调整农业种植结构，压缩高耗水作物种植比例。以区域水资源承载力和作物需水规律为基础，合理调整农业布局。适当减少高耗水的大田粮食作物种植面积，严格控制和减少水稻种植面积，增加耐旱作物、雨养作物和高附加值作物的种植比例，从而减少作物耗水量，提高单位水的产出和效益。

全面发展现代灌溉农业技术，率先建立现代农业灌溉体系。华北地区现代灌溉农业发展以综合提高水肥利用效率、减少农业用水总量、改善农业生态环境为目标；其灌溉体系的发展重点不是在扩大灌溉面积上，而是重点解决现有灌溉面积的节水改造，推进高效节水灌溉技术与水肥一体化技术向集成化、大田化、规模化、区域化全面发展，灌溉管理和控制手段实现信息化、数字化和智能化，率先建立适合华北地区特点的现代灌

溉农业体系。工程措施方面，结合灌区续建配套与节水改造和高标准农田建设等工程措施，实现现有灌区的升级改造。井灌区全面推广管道输水技术，同时结合喷微灌技术实现与水肥一体化技术集成。渠灌区在支渠以上通过渠道防渗技术解决输水渗漏问题，支渠以下发展大口径管道输水。根据不同作物类型，发展相适应的灌溉技术模式。大田粮食作物方面，优化灌溉制度，全面实现以亏缺灌溉或调亏灌溉为主的非充分灌制度，发展管道输水灌溉和水肥一体化综合集成；大田水稻实行控制灌溉技术。大田经济作物全面发展喷灌、微灌等高效节水灌溉技术与水肥一体化技术综合集成。城郊农业、设施农业发展以精量控制灌溉和水肥一体化为核心的自动化控制灌溉。在灌溉输配水控制方面，实现输配水系统计量设施全覆盖，灌溉供水实现100%“计量收费”。开展灌区信息化、数字化和智能化建设，实现输配水、灌溉等过程监测、预测、预报全自动控制。

严格执行最严格水资源管理制度，以“节水压采”为核心，强化地下水取水许可证制度，停止新的灌溉机井打井申请许可。建立基于“目标ET”的灌溉决策管理体系，从供耗平衡的角度来明确耕地初设耗水权和取水权。完善水费计量征收体系，推行IC卡智能水费计量征收系统，实现阶梯水价、超定额加价的水费计收体系。建立和完善跨区域水生态补偿机制，对区域调水置换、水稻改旱田区高效节水农业节水和水生态环境建设加大生态补偿力度。

（3）西北地区

西北地区光热资源和土地资源丰富，水资源严重短缺，生态环境脆弱，生产能力低下。该区现代灌溉农业体系发展的核心是围绕“节水增效”，严格按照水资源配置总量，控制灌溉发展规模，通过大力发展现代高效节水灌溉技术与水肥一体化技术，实现农业生产条件改善和生态环境保护相结合；优先在内陆河区、传统井灌区发展高效节水灌溉与水肥一体化技术，重点推广非充分灌制度；在地表水过度开发或供水矛盾突出的灌区，推广应用滴灌、喷灌、管灌技术；在水资源过度开发区，适度调减灌溉面积，维护生态环境建设；在草原牧区，根据水资源条件发展高效节水灌溉饲（草）料地，严格限制生态脆弱地区抽取地下水灌溉人工草场。西北地区现代灌溉农业体系发展的具体发展措施包括：

严格水资源总量配置，以农业节水促进地区生态环境改善。对区域内河流上下游水利实现统一调配，避免因为上游过量用水导致下游生态环境恶化。根据水资源限制条件制定用水规划，控制灌溉发展规模，重点发展节水灌溉技术与水肥一体化技术。调整农、林、牧业结构和农业种植结构，减少高耗水作物，发展果树、草药等适合当地气候

特点的特色产品。

大力发展现代灌溉农业技术，在灌区重点发展渠道防渗，在适宜地区大力推广膜下滴灌、喷灌、新型节水灌溉技术。加强土地平整，改进沟畦灌水技术，推广垄膜沟灌、覆盖保墒等技术，配套施用有机肥、保水剂或抗旱剂等。

加强小水源和雨水积蓄工程建设。该区由于降水量少，因此要加强雨水集蓄利用，提高雨水资源利用率；并充分利用西北地区丰富的清洁能源（太阳能和风能），发展太阳能提水工程技术和风能提水工程技术。将雨水集蓄利用工程技术、清洁能源提水技术、田间节水灌溉技术（改进地面灌溉技术、喷灌和微灌）以及水肥一体化技术集成应用。在水资源极度匮乏的黄土高原和山丘区，大力发展雨水积蓄工程和集雨灌溉工程。平原区采用工程措施与非工程措施结合，加强雨洪资源调蓄利用，减少地下水超采。

在管理措施方面，严格落实最严格水资源管理制度，科学合理规划布局基于灌溉取水红线下的灌溉发展规模。建立健全基本农田初始水权配置和转让机制，以基本耕地为基础，明确基本农田初始水权，允许水权交易。完善农业水价计量征收体系，完善水费计量设施配套，通过两部制水价、阶梯水价和惩罚性水价等水价机制调节超水权、非基本农田的灌溉用水情况。在水资源供需矛盾特别突出地区，通过实行关井退田、关井退地政策，逐步退耕，减少地下水超采，实现采补平衡。

（4）南方地区

南方地区总体特点是耕地少，水资源相对丰富。发展现代灌溉农业体系的总体方向为：以规模化高效节水工程为重点，兼顾水源工程、排水沟和堰塘改造；在传统地表水灌区，积极发展管道输水灌溉；在丘陵山区兴建“五小水利”工程，推广高效节水灌溉技术，提高抗旱减灾能力；在果园、茶园、设施农业区等高附加值作物区，全面实现喷灌、微灌技术与水肥一体化技术集成；在甘蔗种植区大力推广喷灌、微灌技术。

南方地区现代灌溉农业体系发展的主要措施包括：

东南沿海经济发达地区应积极推广应用高附加经济值作物的高效节水技术，建设山丘区微小水利工程集雨，采用低压管道输水灌溉、喷灌、微灌。另外由于土地成本较高，因此建议推广应用管道输水技术，用管道代替渠道输水，增加可利用土地，提高经济效益，并可推广应用喷灌、滴灌、微喷灌和新型节水灌溉技术，提高灌溉保证率，实现农田水利现代化。

长江中下游地区重点改造升级已有灌区，加强低洼易涝区排涝体系建设，完善灌排设施。在中游水土条件适宜地区，适度新建灌区，扩大灌溉面积；在下游地区，结合水资源承载能力和城镇化布局，合理调整灌溉面积。节水灌溉以渠道防渗为主，适当发展管灌，大力发展水稻控制灌溉技术，因地制宜发展喷灌、微灌。

西南地区属于季节性干旱地区，在山丘区重点加强坡改梯以及田间集雨、灌排设施建设，增强蓄水调水能力，围绕玉米、马铃薯等作物，主推地膜覆盖、生物覆盖和集雨补灌等技术；在经济园艺作物区发展以现代微喷灌、水肥一体化为核心的高效节水技术；在水田推广水稻浅湿灌溉、薄晒灌溉、控制灌溉等技术，促进水肥耦合。

表2-22　现代灌溉农业技术分区发展措施

地区	作物类型	输配水控制技术		高效节水灌溉技术	现代灌溉新技术			大中型灌区信息化
		灌溉计量	全自动控制技术		水肥一体化	精量控制灌溉	非充分灌溉	
东北地区	粮食作物	B	D	C	D	D	C	B
	经济作物	A	D	B	C	C	C	
	设施农业	A	B	A	A	B	—	
华北地区	粮食作物	A	C	B	C	D	A	A
	经济作物	A	C	A	B	B	C	
	设施农业	A	A	A	A	A	—	
西北地区	粮食作物	B	D	C	D	D	B	A
	经济作物	A	D	B	B	B	B	
	设施农业	A	B	A	A	A	—	
西南地区	粮食作物	B	D	D	D	D	D	C
	经济作物	A	D	C	D	D	D	
	设施农业	A	C	A	B	C	—	
长江中下游地区	粮食作物	B	D	D	D	D	D	C
	经济作物	A	D	C	D	D	D	
	设施农业	A	C	A	B	C	—	
华南地区	粮食作物	B	D	D	D	D	D	C
	经济作物	A	D	C	D	D	D	
	设施农业	A	D	A	B	C	—	

注：字母A、B、C、D表示发展程度：A表示区域全覆盖，同类型作物面积比例90%；B表示区划规模化，同类型作物面积比例60%～90%；C表示重点发展，同类型作物面积比例20%～60%；D表示范推广，同类型作物面积比例10%～20%。

专题报告三

中国农业非常规水灌溉安全保障策略

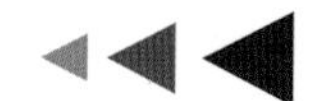

一、农业非常规水资源开发利用现状评价

我国农业非常规水资源利用以再生水和微咸水为主，具有水量大、水量集中的特点。再生水（Reclaimed water）是指污水经适当工艺处理后，达到一定的水质标准，满足某种使用功能要求，可以进行有益使用的水（GB/T 19923—2005）；微咸水一般指矿化度为2～5g/L的含盐水(徐秉信等，2013)。在农业灌溉中合理开发利用非常规水资源，既增辟了灌溉水源，又提高了灌溉保障率，是缓解水资源短缺矛盾的重要举措之一(Romero-Trigueros等，2017；吴文勇等，2008)，已成为我国及全球范围内缓解水危机的重要途径之一(刘昌明，2001)。

（一）国外农业非常规水资源开发利用状况

1. 再生水灌溉利用

农业灌溉是再生水回用的主要方向，美国、以色列等发达国家再生水灌溉水量占总回用量的40%以上(USEPA，2012)。联合国粮食及农业组织（FAO）38号水报告*Coping with water scarcity: An action framework for agriculture and food security*提出“将再生水灌溉列为解决水危机的重要举措，据估计全世界污水灌溉面积约2 000万hm^2”(Library P P，2012)，全球污灌面积占总灌溉面积的10%(Jiménez B，Asano T，2008)。

再生水灌溉之前经历了较长时间的污水直接灌溉。较早有文献记载的污水灌溉是1531年在苏格兰的爱丁堡和大约1650年在德国的本茨劳地区实施的。其后许多地区例如伦敦、巴黎（1868年）、柏林（1876年）和墨尔本（1897年）都陆续建成了污灌区(刘洪禄、吴文勇，2009)。到20世纪30年代，随着污水处理技术的发展，利用再生水灌溉成为各国保护生态环境、促进水资源可持续开发利用的重要措施。美国、以色列、加拿大、沙特阿拉伯等国家是世界上再生水灌溉实施较为丰富的国家（刘洪禄、吴文勇，2009）。

美国。美国是世界上较早将污水再生利用于灌溉的国家之一，1932年美国在加利福尼亚州的旧金山，建立了世界上第一个回补公园湖泊景观用水的污水处理厂，到1947

年每天为公园的湖泊和灌溉供水达3.8万m^3，占公园园艺总需水量的1/4。到1977年，美国有357个城市实现了污水处理后再利用，其中回用于农业者占58.3%，回用于工业者占40.5%。美国50个州中有45个州采用处理后的再生水进行灌溉，加利福尼亚州再生水灌溉利用经验最为丰富，在加利福尼亚州的200个污水处理厂中，42个厂用于绿地灌溉（公园、高尔夫球场、高速干道绿地）与农业灌溉（玉米、苜蓿、棉花、大麦、甜菜等作物），占总水量的1/4，经过深度处理的再生水可以灌溉沙拉蔬菜。2012年美国国家环保局修订的《污水回用指南》中涉及了污水回用的范例、管理规范和方法，为再生水的广泛利用提供了可靠的技术依据。

以色列。以色列是个严重缺水国家，也是世界上再生水利用程度最高、回用经验最为丰富的国家，其40%的农业用水是再生水。再生水灌溉利用可以减少污染物排放和促进作物生长，污水再生利用工程包括三个部分：预处理工程、水源调蓄工程和节水灌溉工程。对于未经土壤渗滤处理的再生水，主要用于棉花、饲料作物、林草的灌溉；对于经过土壤渗滤处理的再生水，可用于各种作物的灌溉，并广泛采用先进的滴灌技术，避免了灌溉时再生水直接与作物接触，或喷灌时病菌在空气中的传播。以色列建有200多座地表水库，储存能力约1.5亿m^3，用来储水并进行处理，冬季储存再生水到夏季用于灌溉。

澳大利亚。澳大利亚再生水灌溉利用制定了严格的灌溉水质卫生标准，耐热大肠菌群小于10个/100mL，寄生虫小于1个/L，原生动物小于1个/50L，病毒小于1个/50L。澳大利亚的Werribee农场从1897年开始利用再生水灌溉，引来的污水通过土地渗滤、地表渗流（草皮渗滤）和氧化塘处理后，生化需氧量（BOD）去除率为99%，悬浮物去除率为98%，有机碳去除率为94%，重金属去除率为75%～95%。土地渗滤系统处理污水后主要用于灌溉牧草，弗吉尼亚再生水利用工程（Virginia Project）通过修建管道工程从阿德莱德（Adelaide）的Bolivar污水处理厂输送2 000万m^3的再生水；然后将二级再生水通过过滤系统进行深度处理，使大肠杆菌数量低于10个/100mL，达到该国食用作物灌溉标准，主要用于灌溉食根类作物和沙拉作物，以及芸薹、酿酒葡萄和橄榄等作物。工程从2000年开始运行，虽未发生公共健康问题，但仍进行环境影响监测，比如灌溉对地下水位的影响评价以及土壤剖面盐分累积状况等。

沙特阿拉伯。沙特阿拉伯极度缺水，可更新水资源每年仅24亿m^3。1985年，沙特

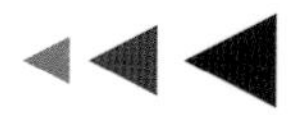

阿拉伯通过国家计划寻求经济可行的新水源，提出加强再生水利用，并作为国策执行。在吉达地区，建成了日处理能力3.8万m^3的活性污泥处理厂，生产出来的再生水接近饮用水标准。沙特阿拉伯计划进行大规模基础设施规划以满足2021年700万人的居住需要，计划建设12座微型污水处理厂，并将处理标准达到三级，以回用于居民区花园、停车场和其他景观灌溉，部分用于工业及商业使用。

日本。早在20世纪60年代，日本沿海和西南一些缺水城市（如东京、名古屋、福冈等地）即开始考虑将城市污水处理厂的出水进一步处理后回用于工业、生活杂用等。日本的城市再生水回用工程，以有较多的“中水道”（即中水系统）供生活杂用而著称，约占再生水回用总量的40%。为了改进农村生活环境和水源水质，日本从1997年开始实行农村污水处理计划，到目前为止，已建成约2 000家污水处理厂，而且多数采用日本农村污水处理协会研制的JARUS小型污水处理系统，处理过的废污水各项指标都达到污水处理水质标准，多数引入农田中灌溉水稻或果园。

2．微咸水灌溉利用

从20世纪30年代开始，突尼斯、阿尔及利亚、摩洛哥、印度、意大利、美国、德国、瑞典、苏联和西班牙等国家开始研究咸水灌溉农田的可能性，研究区域涉及干旱地带、湿润地带等不同气候类型。在联合国教科文组织协助下，印度、西南亚、地中海沿岸、北海和波罗的海潮湿地区的一些试验站进行咸水灌溉试验，试验作物200余种。印度、意大利、西班牙、德国等国家建立专门的科学实验站研究海水灌溉问题，含盐量6～33g/L，均有成功的实例。美国西南部的咸水灌溉至今已有100多年的历史（Rhoades等，1992），在中东如以色列、伊拉克、科威特等国都大量使用咸水进行灌溉；其他国家如印度、日本、西班牙、突尼斯、摩洛哥、阿尔及利亚、苏联的中亚地区等都有很长的咸水灌溉的历史，咸水灌溉作物包括玉米、小麦、棉花、蔬菜、高粱、甜菜、燕麦、苜蓿、黑麦草、洋蓟、枣椰树、梨树和谷类作物等。

以色列。以色列是世界上咸水灌溉发展最为成功的国家。全国可供利用的微咸水和咸水储量为589亿m^3（郭永杰等，2003）。由于严重缺水，微咸水代替淡水资源是一个重要的战略选择（Oron G，1993）。人们通过咸、淡混合进行田间滴灌和喷灌，在地下渗排条件良好的情况下，一般不会造成土壤次生盐渍化。尤其是滴灌灌溉方法的发明，给以色列微咸水农业灌溉带来了极大的可能性，滴灌促使盐分峰值向湿润体外围扩散，在湿润体内形成低盐区，为作物生长创造了较为适宜的生长环境且其中充足的氧气也可

减轻盐分的毒害作用（Hanson B等，1995）。

美国。美国在20世纪50年代初就开始了农田灌溉水质评价工作，其中美国盐渍土实验室在灌溉水质、作物耐盐性、作物生长和盐碱度以及盐分控制等方面进行了大量工作（曾路生、石元亮，1999）。美国农业部于1954年颁布的灌溉水质标准，至今仍为许多国家采用或借鉴。1976年美国科学家对世界范围内咸水利用的现状进行调查后，发现矿化度低于6g/L的咸水都可成功地用于灌溉。美国东部各州，特别是大西洋沿岸，利用位于涨潮区域的河水、水塘和其他水流的咸水灌溉蔬菜和作物，并依靠大气降水和人工冲洗来降低耕作土层中积蓄的盐分；在轻黏土上3年的实验研究表明，扁豆对矿化水灌溉非常敏感，而大头菜和白菜比较适应盐分。在美国西部和西南部，如科罗多州的阿肯色河谷、亚利桑那州的咸水河谷、得克萨斯州的格兰德河谷和佩科斯河谷，微咸水种植甜菜、苜蓿、棉花等作物，亩产量达到甚至超过了相同灌溉方式的淡水田地（王全九等，2002）。

苏联。苏联的干旱和半干旱地带，分布有大量的轻矿化度水资源。在卡拉库姆沙漠几千万顷范围内分布有轻矿化度和中矿化度的地下水，埋藏深度一般为20～30cm。这些轻矿化和中矿化水可以用来改善天然草场和灌溉当地的人工草地和灌木丛，以及其他有发展前途的耐干旱及耐盐植物。根据土库曼斯坦、乌兹别克斯坦和其他地区的实验资料，采用咸水灌溉时，收成可以提高5～10倍（郑九华，2010）。

突尼斯。突尼斯咸水灌溉历史悠久，自1962年成立咸水灌溉研究中心以来，就灌溉方法、适宜作物、气候对咸水利用的影响、咸水灌溉对无盐碱化土壤的影响等展开大量研究。研究表明，在砂壤土上可以利用含盐量达5g/L甚至更高的水灌溉；在重壤土上，可用含盐量为2～5g/L的灌溉水（宋云，2003）；在排水条件良好的情况下，利用咸水灌溉盐碱土壤，经过几年时间可以显著地降低盐碱化程度。用矿化度为1.6～6.2g/L的地下水灌溉玉米、小麦、棉花、蔬菜等作物，效果良好（贺涤新，1980）；用含盐量为2.7g/L水灌溉玉米、紫苜蓿、小麦和棉株，其产量在个别情况下甚至比用轻度矿化水灌溉还要高。咸水灌溉可能引起严重的土地盐碱化和板结问题，可通过选择合适的作物品种和耕作方式减轻土壤次生盐渍化的危害（阮明艳，2006）。

埃及。埃及内陆地区年降水量不足50mm，年蒸发量高达3 000～6 000mm，灌溉是农业的主要水源。受水资源短缺和盐碱地的双重压力，主要通过排水方式改良盐碱地，

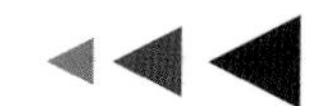

并利用所排出的微咸水进行农田灌溉。特别是在几乎没有淡水资源的Northern Delta地区，已成功利用微咸水灌溉30多年，种植作物包括水稻、小麦、甜菜和棉花。如果选择适宜作物品种，采用合理方法改良土壤、减少渗漏，施有机肥并进行土壤覆盖，利用农业排水进行灌溉，便不会对土壤形成长期的危害（苏莹，2006）。

（二）国内农业非常规水资源利用的空间分布特征与利用规模

根据《中国水资源公报》及其相关资料，2015年非常规水资源灌溉用量64.5亿m^3，其中，再生水量52.6亿m^3（深度处理），再生水灌溉对于缓解农业缺水、保障国家粮食安全具有重要意义。

1．再生水灌溉利用

我国自20世纪50年代开始大规模采用污水灌溉。污水灌溉初期，全国工业发展水平较低，工业废水不多，排水污染程度很低，污水灌溉是国家层面推广资源循环利用的一种途径，国家有关部门多次组织污水灌溉研讨会，国内形成了北京污灌区、天津武宝宁污灌区、辽宁沈抚污灌区、山西惠明污灌区及新疆石河子污灌区五大污灌区（代志远、高宝珠，2014）。到1991年，全国污灌面积已达到4600万亩（黄春国、王鑫，2009）。2000年以后，随着污水处理能力提高以及对农产品质量安全、土壤污染的重视，再生水灌溉利用受到广泛关注。北京市先后建设了新河灌区、南红门灌区等再生水灌区，是国内最大的再生水灌区，灌溉面积超过60万亩，2010年再生水灌溉量达到3亿m^3（潘兴瑶等，2012）。在北京、天津、内蒙古、陕西、山西等省（自治区、直辖市），再生水已在农田灌溉、绿地灌溉、景观补水等方面得到规模化推广利用。为推动再生水灌溉利用，国家颁布了《城市污水再生利用农田灌溉用水水质》（GB 20922—2007），编制了水利行业标准《再生水灌溉工程技术规范》（DB 13/T 2691—2018），北京市、内蒙古自治区等地颁布了再生水灌溉工程的地方标准，推动了再生水的广泛利用。

根据《2016中国城市建设统计年鉴》，2015年全国经过二、三级处理的再生水资源量约366.5亿m^3；按照处理后水量入河、从河道取水灌溉折算，2015年再生水农田灌溉量[①]约110.1亿m^3，其中，再生水灌溉利用量最大区域为华北区，约52.1亿m^3（表3-1）。

① 再生水农田灌溉量＝再生水资源量（再生水资源量＋地表水资源量）× 农田灌溉用水量。

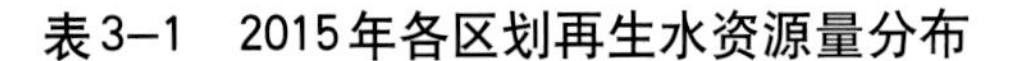

表3-1　2015年各区划再生水资源量分布

单位：亿m^3

区域划分	地表水资源量	农田灌溉用水量	再生水资源量	
			总量	农田灌溉量
东北区	1 110.0	468.6	30.2	13.1
华北区	339.9	374.7	77.8	52.1
长江区	7 640.7	967.0	123.3	25.7
华南区	5 876.2	484.5	78.1	6.8
蒙宁区	409.2	173.3	6.8	3.0
晋陕甘区	520.3	177.3	14.4	5.6
川渝区	2 675.6	144.4	18.9	0.9
云贵区	3 025.6	138.3	11.1	0.5
青藏区	4 423.1	34.1	1.2	0
西北区	880.1	433.2	4.7	2.3
全国	26 900.8	3 395.5	366.5	110.1

注：农田灌溉用水量为2014年数据。

2. 微咸水灌溉利用

我国微咸水分布广、数量大，广泛分布在华北、西北以及沿海地带，特别是盐渍土地区，且绝大部分埋深在地下10～100m处，易于开发利用（王全九、单鱼洋，2015）。我国从20世纪60—70年代才开始微咸水灌溉方面的研究，其中宁夏利用微咸水灌溉大麦和小麦取得了比旱地增产的效果；天津提出了符合干旱耕地质量安全的矿化度3～5g/L微咸水灌溉模式（邵玉翠等，2003）；衡水市利用微咸水灌溉，节约深层地下淡水1亿m^3，节约灌溉费用4 000多万元（周晓妮等，2008）；此外，在内蒙古、甘肃、河南、山东、辽宁、新疆等省（自治区）也都有不同程度的利用并获得高产的实践经验。目前，我国微咸水利用重点区域是海河流域、吉林西部、内蒙古中部、新疆等地。

2015年我国矿化度为2～5g/L的地下微咸水灌溉量达到14.8亿m^3，其中微咸水农田灌溉量最大区域为华北区，约9.3亿m^3，各区划微咸水农田灌溉量如表3-2所示。

表3-2　各区划微咸水农田灌溉量

区域划分	农田灌溉地下水用量（亿m^3）	1～5g/L微咸水（km^2）		2～5g/L微咸水农田灌溉量（万m^3）
		面积	其中灌溉农田	
东北区	205.9	57 720	29 769	0
华北区	202.7	95 472	78 316	92 978.3
长江区	17.8	60 060	40 353	4 957.0
华南区	7.7	5 994	791	16.6
蒙宁区	54.1	285 003	24 157	8 287.1
晋陕甘区	50.5	162 796	37 892	42 173.6
川渝区	4.0	32 469	6 106	0
云贵区	2.2	4 433	948	0
青藏区	1.2	2 179	337	0
西北区	90.1	345 695	10 686	0
全国	636.3	1 051 821	229 355	148 412.7

注：微咸水灌溉面积引自张宗祜《中国地下水资源与环境图集》，其中微咸水灌溉农田面积为耕地面积上微咸水覆盖区域面积；微咸水农田灌溉量＝区域微咸水灌溉面积／区域耕地面积×农业灌溉地下水利用量×校正系数。

（三）国内外农业非常规水资源开发利用模式总结

1．再生水灌溉利用模式

用于灌溉的再生水是污水经适当工艺处理后的水，与清水相比，仍含有一定的有害物质，因此，污水的净化程度成为保证再生水灌溉安全利用的重中之重。根据再生水灌溉系统中预处理工程的组成，可以将再生水灌溉模式可分为4种，包括二级出水经土地处理系统（Soil Aquifer Treatment System，SATS）净化后用于灌溉的SR模式、二级出水经湿地系统（Wetland Treatment System，WTS）净化后用于灌溉的WR模式、二级出水经自然水系循环联调改善后用于灌溉的CR模式以及深度处理出水直接用于农林绿地灌溉的DR模式，简称“4R”模式（表3-3）。各种灌溉技术模式应综合考虑适宜的植被类型和灌溉方式。

表3-3　再生水灌溉“4R”模式

分项	SR模式	WR模式	CR模式	DR模式
模式描述	以土地处理系统（SATS）为预处理设施对再生水水质进行深度净化，出水进入灌溉输配水管网系统	以湿地处理系统（WTS）为预处理设施对再生水水质进行深度净化，出水进入灌溉输配水系统	污水处理厂二级处理出水达标排放进入上游河湖系统景观水体，通过向下游自流净化作用使得水质改善后用于灌溉	深度处理出水经过调蓄系统与灌溉管网系统相连接，用于田间灌溉
水质要求	二级处理出水及以上	二级处理出水及以上	二级处理出水及以上	三级处理出水
作物类型	任何作物	任何作物（除了生食类蔬菜、草本水果等）	任何作物（除了生食类蔬菜、草本水果等）	任何作物
灌溉方式	喷滴灌	地面灌、喷滴灌	地面灌、喷滴灌	喷滴灌

2. 微咸水灌溉利用模式

研究表明，同样矿化度的微咸水在不同的灌溉方式下，灌溉效果不同。目前，常见的微咸水灌溉模式可以分为3类，包括微咸水直接灌溉（DI）、咸淡水混灌（MI）和咸淡水轮灌（AI），即“3I模式”（表3-4）。微咸水直接灌溉（DI）主要用于土地渗透性好且淡水资源十分紧缺的地区，同时选择耐盐类植物进行种植（Leogrande R 等，2016；万书勤等，2008）；咸淡水混灌（MI）是将淡水与咸水混合，通过冲淡盐水的办法进行灌溉（郝远远等，2016）；对于苗期对盐分比较敏感的作物，可采用交替轮灌方式（AI）（Liu Xiuwei等，2016）。微咸水灌溉以耐盐、抗旱作物为主，在充分考虑作物品质、水质状况、土壤类型、气象条件、地下水埋深等状况基础上，结合地面灌、喷滴灌等灌溉方式及相应的农艺措施，合理控制灌水量和灌水次数，选取适宜的灌溉模式。

表3-4　微咸水灌溉“3I”模式

分项	微咸水直接灌溉模式（DI）	咸淡水混灌模式（MI）	咸淡水轮灌模式（AI）
模式描述	将开采的微咸水直接灌溉农田	根据咸水的水质情况，混合相应比例的淡水，使得混合后的淡水符合灌溉水质标准，可灌溉所有作物	根据作物生育期对盐分的敏感性的不同，选择在作物盐分敏感期采用淡水灌溉，在非敏感期采用咸水灌溉
作物类型	耐盐类植物	适用作物较为广泛	盐分敏感作物
土壤要求	土壤渗透性好	需结合农艺措施，土壤渗透性好	需结合农艺措施
灌溉方式	地面灌、喷滴灌	地面灌、喷滴灌	地面灌、喷滴灌

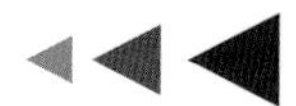

二、农业非常规水资源利用效益分析与生境影响

（一）农业再生水利用效益分析与生境影响

1．再生水利用对作物产量品质的影响

（1）冬小麦

北京再生水灌溉利用示范研究项目深入研究了再生水灌溉对产量与品质的影响，清水和再生水灌溉条件下冬小麦的产量状况如表3–5所示，冬小麦产量在再生水处理条件下为4 822.2～5 416.9kg/hm^2，比清水处理增产2.70%～12.72%，再生水灌溉对冬小麦产量无显著性影响（$p \leqslant 0.05$）。

表3–5　灌溉水质处理对冬小麦的产量影响

单位：kg/hm^2，%

年份	各处理产量			比清水处理增产幅度	
	再生水	间隔	清水	再生水	间隔
2006	5 416.9	5 222.5	4 805.8	12.72	8.67
2007	5 278.0		5 139.1	2.70	
2008	4 822.2	4 480.6	4 566.5	5.60	−1.88

2008—2009年，开展的5个品种的冬小麦再生水灌溉条件下籽粒养分状况与对照的清水灌溉处理相比较如表3–6所示，再生水灌溉并未对各品种的冬小麦养分指标产生一致性影响，显著提高了中麦12的粗脂肪含量，却显著降低了中麦15的粗脂肪含量，显著提高了京冬8号的粗纤维含量，对其他品质指标无显著性影响。

表3–6　各处理冬小麦籽粒养分状况

单位：%，mg/kg

供试品种	处理	养分指标					
		粗淀粉	粗纤维	粗蛋白	粗脂肪	可溶性总糖	还原型维生素C
中麦12	再生水	77.0±5.8	3.6±0.4	17.7±1.8	3.6±0.2[a]	2.3±0.3	29.3±7.2
	清水	78.7±5.4	2.9±0.5	16.1±0.7	2.2±0.2[b]	3.0±0.7	25.1±0.1
	变幅	−2.16	22.20	10.09	63.38	−23.12	16.76

（续）

供试品种	处理	养分指标					
		粗淀粉	粗纤维	粗蛋白	粗脂肪	可溶性总糖	还原型维生素C
中麦13	再生水	69.0±1.8	3.2±0.3	18.6±0.6	3.1±2.3	2.1±0.1	20.9±7.3
	清水	64.7±5.3	3.3±0.2	18.1±0.5	2.9±1.6	2.2±0.4	29.3±7.2
	变幅	6.65	−3.99	2.99	7.70	−5.38	−28.59
京冬8号	再生水	76.6±4.1	3.4±0.3[a]	18.6±0.2	3.6±1.1	2.4±0.4	25.1±0.0
	清水	66.6±8.4	3.2±0.3[b]	18.5±0.0	3.0±1.0	2.5±0.5	20.9±7.3
	变幅	15.02	5.39	0.47	22.44	−4.83	20.10
中麦15	再生水	72.7±4.1	3.2±0.2	17.8±0.5	1.5±0.5[a]	2.2±0.3	25.1±0.0
	清水	72.6±1.6	3.1±0.1	18.2±0.4	2.4±0.5[b]	2.6±0.5	25.1±0.0
	变幅	0.14	1.91	−1.85	−36.43	−14.51	−16.73
京411	再生水	77.6±2.9	2.9±0.2	17.2±0.4	2.4±1.7	2.2±0.1	25.1±0.0
	清水	73.3±14.4	2.7±0.3	17.2±0.7	3.2±1.2	2.8±0.5	25.1±0.0
	变幅	5.87	7.98	−0.14	−24.37	−22.62	0.00

注：本书仅对同一品种进行差异性检验，不同品种间不进行显著性检验。上角标a、b表示数据间存在显著性差异（$p<0.05$），无上角标表示差异不显著。

（2）夏玉米

2007年清水灌溉处理的夏玉米平均产量为8 183.7kg/hm²，再生水灌溉处理的夏玉米平均产量为10 094.9kg/hm²，而间隔处理的夏玉米平均产量是7 605.9kg/hm²（表3−7）。经显著性检验，再生水灌溉处理显著提高了夏玉米产量，比清水灌溉处理提高了23.4%，比间隔处理提高了32.7%。

表3−7　不同灌溉水质处理夏玉米产量

单位：kg/hm²，%

年份	处理产量			再生水比清水增产幅度
	再生水	间隔	清水	
2005	5 569.7	5 275.3	5 353.0	4.05
2006	7 925.4±508.6		8 019.8±1 004.3	−1.18
2007	10 094.9±135.7	7 605.9±91.8	8 183.7± 997.7	23.40

再生水和清水灌溉处理下夏玉米养分状况如表3−8所示，各处理间各项指标无显著性差异（$p<0.05$）。

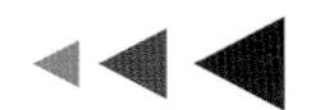

表3-8　再生水和清水处理条件下夏玉米养分状况

单位：%，mg/kg

年份	处理	养分指标				
		粗灰分	粗蛋白	粗淀粉	还原型维生素C	可溶性总糖
2006	清水	0.994±0.014	7.77±0.16	78.43±2.86	6.44±2.41	1.57±0.04
	再生水	1.047±0.038	7.73±0.25	79.23±2.21	5.31±0.50	1.73±0.17
2007	清水	1.03	7.19	77.05	15.3	0.77
	再生水	1.02	7.38	77.99	17.8	0.92

（3）棉花

各处理条件下，再生水灌溉处理的棉花籽棉产量为9 118.5kg/hm^2，间隔灌溉处理的棉花籽棉产量为9 097.7kg/hm^2，清水灌溉处理的棉花籽棉产量为9 028.2kg/hm^2；再生水灌溉处理的皮棉产量为6 496.9kg/hm^2，间隔处理的皮棉产量为6 624.6kg/hm^2，清水灌溉处理的皮棉产量为6 201.7kg/hm^2（表3-9）。各处理间棉花的籽棉和皮棉产量均无显著性差异（$p<0.05$）。再生水灌溉对棉花品质无显著影响（$p<0.05$），各处理皮棉的长度级和马克隆值基本相同（表3-10）。

表3-9　各处理的棉花产量

单位：kg/hm^2

处理	籽棉产量	皮棉产量
再生水	9 118.5±106.9	6 496.9±467.5
间隔	9 097.7±258.8	6 624.6±254.7
清水	9 028.2±157.8	6 201.7±104.3

表3-10　2007年各处理皮棉品质

单位：mm

处理	指标	
	长度级	马克隆值
再生水	29	3.8
间隔	30	4.0
清水	29	3.8

（4）花生和大豆

再生水处理提高了花生仁和花生果的产量，提高幅度分别是24.02%和11.67%，间隔处理和清水灌溉处理产量基本持平。显著性检验结果表明，各处理间产量差异不明显。各处理花生籽粒中Hg、As、Pb和Cd含量均比农业行业标准《食用花生》和《无公害花生》中的限值低1～2个数量级。

再生水灌溉处理、清水灌溉处理产量无显著差异，大豆籽粒的重金属含量无明显变化，均低于食品中污染物限量（GB 2762—2005）和国家标准粮食卫生标准（GB 2715—2005），如表3-11所示，各处理间指标含量差异不显著。

表3-11　大豆不同灌水条件下籽粒重金属含量

单位：mg/kg

处理	汞（Hg）	砷（As）	铅（Pb）	镉（Cd）	铬（Cr）	铜（Cu）	锌（Zn）
再生水	<0.000 6	<0.010	0.030	< 0.002	0.53	14.80	44.10
地下水	<0.000 6	<0.010	0.067	< 0.002	0.30	15.70	44.60

2．再生水利用对土壤质量的影响

农业再生水利用对土壤质量的影响包括对土壤盐碱性、重金属累积、土壤微生物、有机污染物等方面的影响。

研究表明，在华北半湿润区长期再生水灌溉导致土壤次生盐渍化的风险较低。30年历史污灌区93.61%的表土属于非盐化土（含盐量0.05%～0.1%），可见长期污水灌溉并未导致土壤次生盐渍化（图3-1）。研究区土壤Na^+、Mg^{2+}、Cl^-、EC、Salt、SAR含量的Cv值为22.83%～64.81%，均属于中等变异强度，土壤pH的Cv值仅为1.82%，属于弱变异强度。研究区土壤Cl^-、EC的空间分布主要受空间结构性因素影响，土壤pH、Ca^{2+}、Mg^{2+}、Na^+、SAR空间相关性属于中等水平，主要受结构性因素和随机性因素影响。地势低洼、地下水埋深浅等结构性因素是导致土壤Cl^-、Na^+、Mg^{2+}空间分布总体表现为中部较高的原因，土壤SAR、Cl^-、Na^+含量随灌溉保证率的提高而增加，总体土壤盐碱性处于较低水平。

徐小元等（2010）研究了不同再生水灌溉年限对土壤盐分的影响，结果表明在华北地区气候条件下再生水灌溉引起耕层土壤盐分显著累积的风险较低。黄冠华（2007）通过总结国内外再生水灌溉对土壤盐分和不同类型盐分变化对土壤形状影响研究，指出：

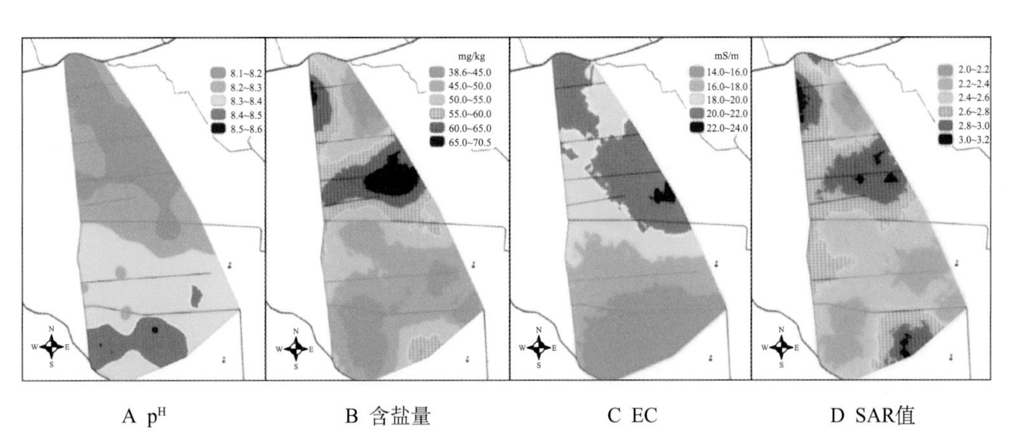

图3-1　再生水灌区土壤盐分参数含量空间分布

一般情况下，当连续使用含盐分和Na^+的水进行灌溉时，土壤的物理性质不会发生很大的改变。根据国内外的长期监测数据显示，因再生水使用产生的土壤含盐量和硼浓度的改变不会减少产量。

北京市东南郊再生水灌区土壤污灌区As、Cd、Cr、Cu、Hg、Pb、Zn、Se和Mn的平均含量分别为10.72mg/kg、0.167mg/kg、69.64mg/kg、25.14mg/kg、0.091mg/kg、24.58mg/kg、67.11mg/kg、0.219mg/kg和700.06mg/kg（图3-2）。Hg、Cu、Zn自南向北随污灌历史增加而增加，其他重金属分布与污灌年限无相关性，与国内外其他污灌区相比，北京市历史污灌区重金属总体处于较低水平，低于国家二级标准限值（GB 15618—1995）。综合相关系数法、主成分分析法（PCA）和地统计法得出，灌区土壤Cu、Zn主要来源于施肥和污灌；Hg、Pb主要来源于污水灌溉、大气降尘以及尾气排放；As主要受自然成因影响；Cd、Cr源于自然成因、污灌、施肥等；Hg、Cu、Pb为灌区优先控制污染物。邓金锋等（2008）对北京东南郊再生水灌溉小麦土壤中Cd的累积进行了模拟和预测，随着作物收获而离开土壤的Cd量相对于灌溉水带入土壤的

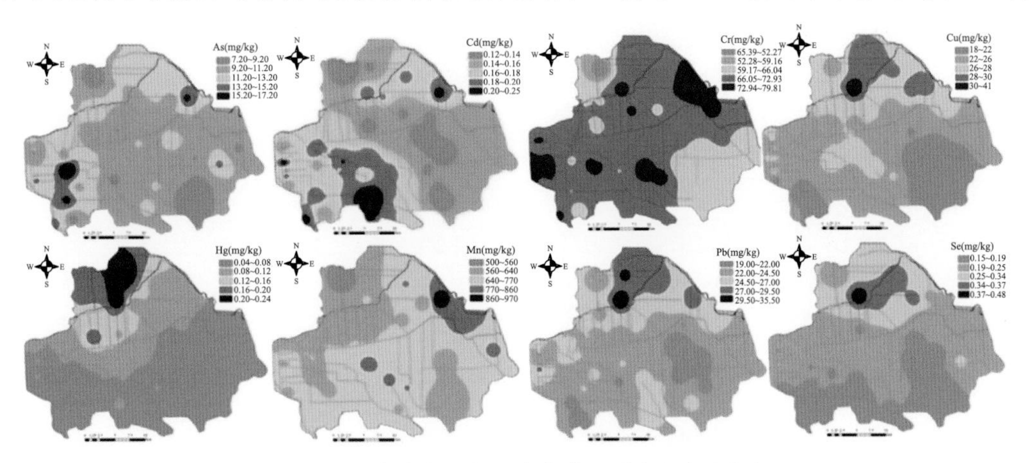

图3-2　北京市东南郊再生水灌区重金属含量分布

量非常小，但土壤中Cd含量较低时，随作物收获而离开土壤的重金属Cd量则相对较大。齐学斌等（2008）采用不同灌溉技术和灌溉方式进行再生水灌溉对土壤重金属残留影响的田间试验，表明二级处理污水灌溉土壤Cd含量较试验前增加0.62%～7.78%。

实验研究揭示了不同水源灌区持久性有机污染物（POPs）的空间分布特征与富集规律，为土壤POPs含量预测提供重要基础数据。如图3-3A所示，北京市东南郊污灌区表土中多环芳烃（PAHs）除蒽和苯并[a]蒽，均有检出，总量为763.8 μg/kg，萘浓度最高，占PAHs总量的55%，2环PAHs占总量的59%，低环占比高。如图3-3B所示，再生水灌区表土中PAHs除二氢苊和苯并[a]蒽，均有检出，荧蒽占PAHs总量的19.4%，4环以上PAHs占总量的70%，高环占比高。如图3-3C所示，清灌区表土中16种PAHs均有检出，菲的浓度最高（5.12 μg/kg），占PAHs总量的12%，4环以上PAHs是主要的检出物。依据土壤PAHs特征比值分析得出，历史污灌区、再生水灌区和清灌区中PAHs分别来源于石油源、燃烧源和燃烧源。历史污灌区接近老工业区，土壤PAHs增加受工业降尘、汽车尾气、污水灌溉的共同作用（刘洪禄、吴文勇，2009）。而按照加拿大评价标准（CCME,1991），再生水灌区、清水灌区PAHs含量水平不易导致农产品污染，萘、菲是土壤PAHs优先控制的污染物。

在大豆苗期和拔节期土壤中，二级再生水灌溉下自生固氮菌均低于清水对照组，大豆收获期则明显高于清水对照组，再生水灌溉在大豆生长期能显著促进土壤肥力增加。在大豆各个生长时期的土壤中，再生水灌溉下的氨化细菌均低于清水对照组，在大豆苗期和拔节期，再生水灌溉与清水对照组具有显著性差异，而在收获期差异不明显，说明二级再生水灌溉在前期对土壤氨化细菌有一定的影响，而到后期没有显著性影响（焦志华等，2010）（表3-12）。

表3-12 再生水灌溉对大豆土壤微生物数量的影响

处理		细菌（1×10^5）	真菌（1×10^2）	放线菌（1×10^7）	自生固氮菌（1×10^7）	氨化细菌（1×10^7）
苗期	清水	4.21±2.72	7.39±3.43	2.57±0.71	1.66±0.40	4.82±1.07
	再生水	8.51±1.88	6.59±2.69	1.47±0.99	1.23±0.65	2.64±0.60
拔节期	清水	2.96±1.84	2.46±1.59	5.34±0.96	3.98±0.40	2.05±0.20
	再生水	0.81±0.24	1.09±0.01	1.32±0.46	0.90±0.06	0.76±0.46
收获期	清水	1.30±0.22	0.81±0.68	0.21±0.17	4.34±1.15	0.45±0.11
	再生水	1.05±0.05	1.42±0.57	0.16±0.11	15.7±2.30	0.40±0.18

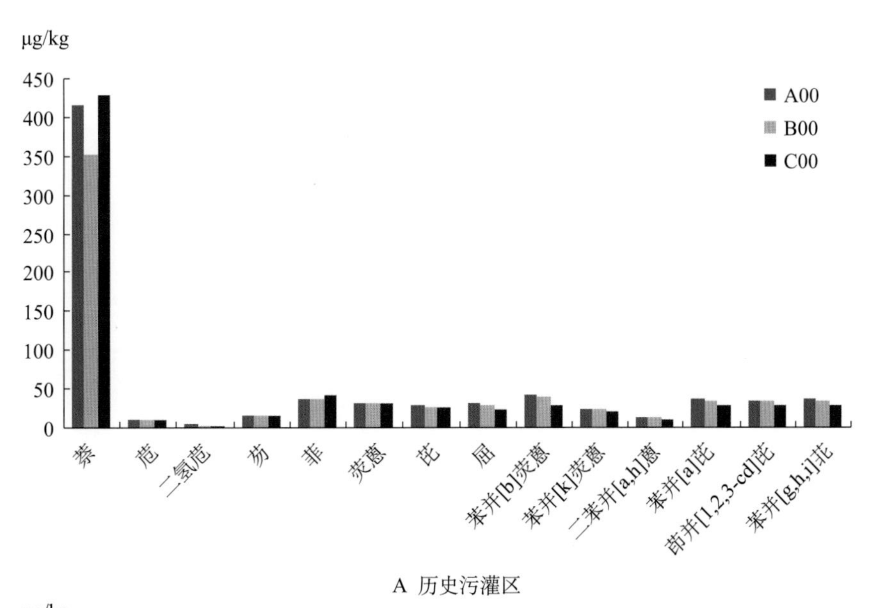

A 历史污灌区

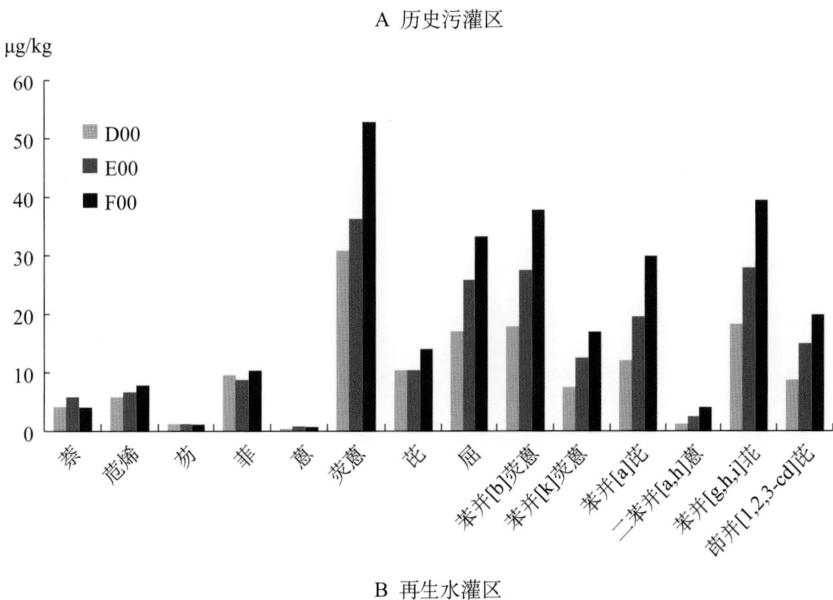

B 再生水灌区

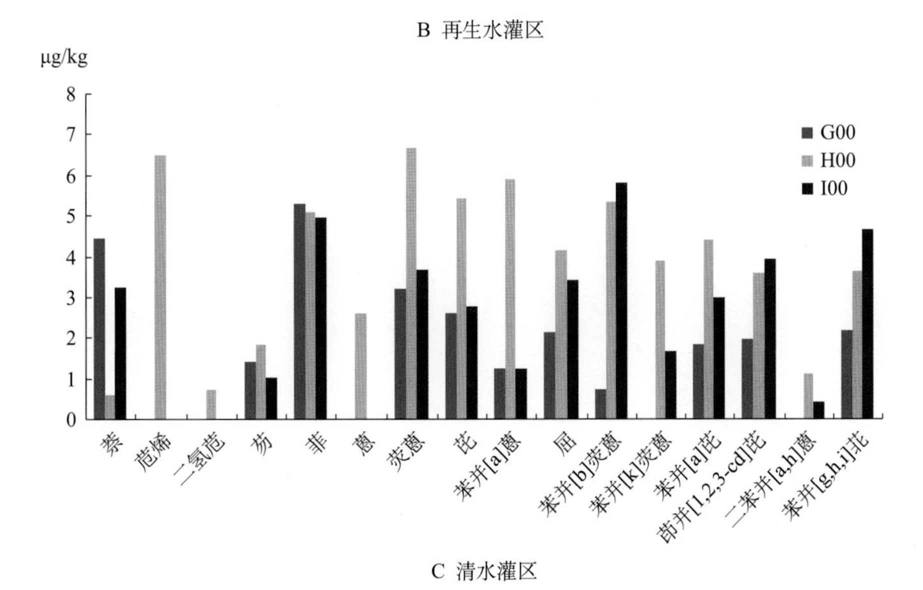

C 清水灌区

图3-3　北京市东南郊历史污灌区、再生水灌区和清水灌区表土PAHs含量

再生水灌溉玉米土壤碱性磷酸酶和过氧化氢酶活性均高于清水对照组；而土壤脲酶活性低于清水对照组，但都无显著性差异，说明再生水浇灌对玉米土壤酶活性的影响不明显（表3-13）；从玉米生育期分析，脲酶活性逐渐增强；过氧化氢酶活性变化不大；磷酸酶活性表现先升高后降低的趋势，花荚期最高（焦志华等，2010）。

表3-13 再生水灌溉对不同时期玉米土壤酶的影响

处理方式		脲酶（NH_3^-N,mg/g）	碱性磷酸酶（酚，mg/g）	过氧化氢酶（0.1mol/LMnO_4,mL/g）
苗期	清水	37.359±2.053	0.366±0.024	0.210±0.001
	再生水	33.254±1.159	0.373±0.030	0.214±0
拔节期	清水	44.486±1.041	0.411±0.012	0.229±0.002
	再生水	43.474±0.871	0.452±0.081	0.232±0.003
成熟期	清水	51.232±3.511	0.403±0.056	0.229±0.002
	再生水	45.147±2.892	0.424±0.037	0.231±0.001

3. 再生水利用对地下水质量的影响

北京市东南郊再生水灌区第一层含水层（17～24m埋深）地下水（井WC1、WM1）的δ^{18}O平均值分别为−10.06‰和−9.29‰，散点分布在大气降水线（BMWL）附近，此含水层位主要受降水入渗补给影响。28～32m、53～55m含水层地下水（井WC2、WM2、WF2、WC3、WM3）δ^{2}H、δ^{18}O分布在再生水线（FHL）附近（图3-4），此含水层主要受再生水入渗补给影响；而68～72m含水层并未受到再生水补给的影响。

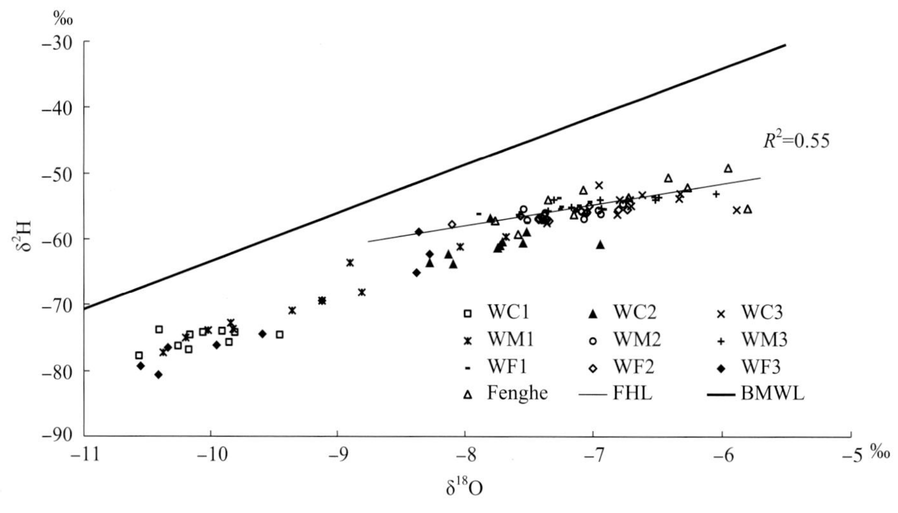

图3-4 再生水入渗不同含水层δ^{2}H和δ^{18}O的关系图

再生水入渗过程存在显著的Na和Ca+Mg的交换吸附作用，导致地下水EC值增加9.6%，硬度也明显增加，接近于灌区地下水背景值（图3–5）。如图3–6所示，再生水中总氮（TN）为5.67～38.10mg/L、总磷（TP）为0.48～6.52mg/L，受降水补给和受再生水补给的含水层TN和TP无显著差异（$p<0.05$）。再生水灌区砂黏交替包气带结构对TN、TP的去除效率分别为97.2%和95.8%以上，研究区域砂黏交替包气带和含水层岩性对TN、TP具有较好的防护性能，北京市东南郊灌区再生水入渗导致地下水氮磷污染的风险较低。

灌区地下水中壬基酚（NP）总量变化范围为ND～1 047.9μg/L，均值为(209.4±232.9)μg/L，灌区再生水、地表水和地下水中壬基酚总量均低于美国国家环境保护局规定的淡水中壬基酚总量限值（6.6μg/L）（图3–7）。

空间结构特征表现为：（中部）NP>（西部）NP>（东部）NP，灌区地下水NP总量与污灌年限、灌溉保证率、入渗负荷等因素相关。再生水入渗过程壬基酚总量和异构体类型随着含水层深度增加而减少，综合分析得出，NP5、NP7、NP9、NP11、NP12迁移性强，NP2、NP3、NP10迁移性中等，NP1、NP4、NP6、NP8迁移性弱，雌激素效应相对较大的NP7具有较强的迁移性（图3–8）。

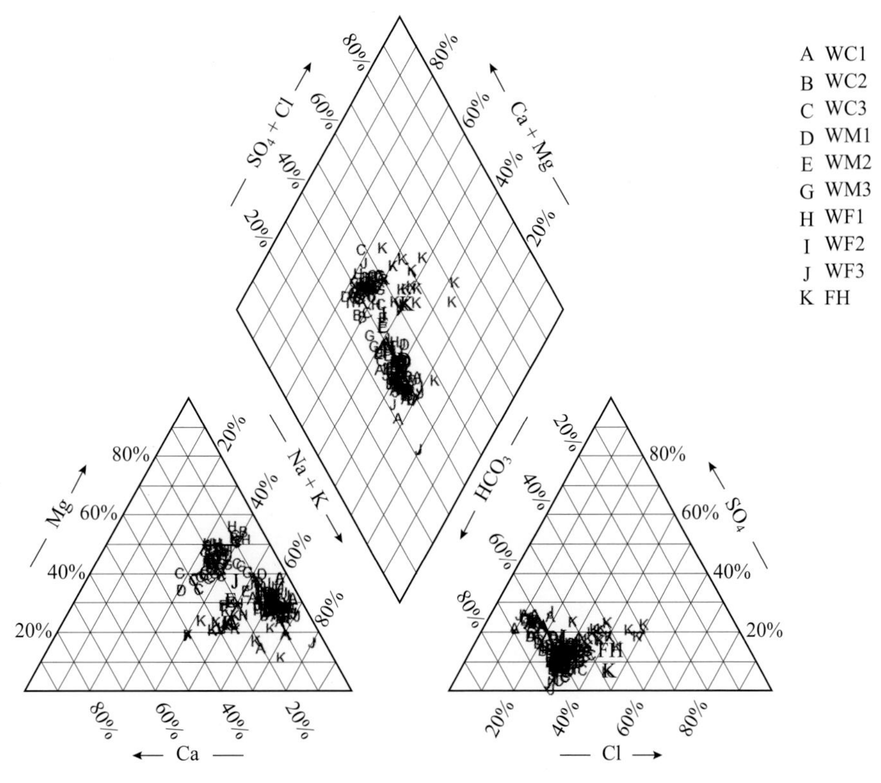

图3–5　再生水入渗不同监测井地下水化学Piper图

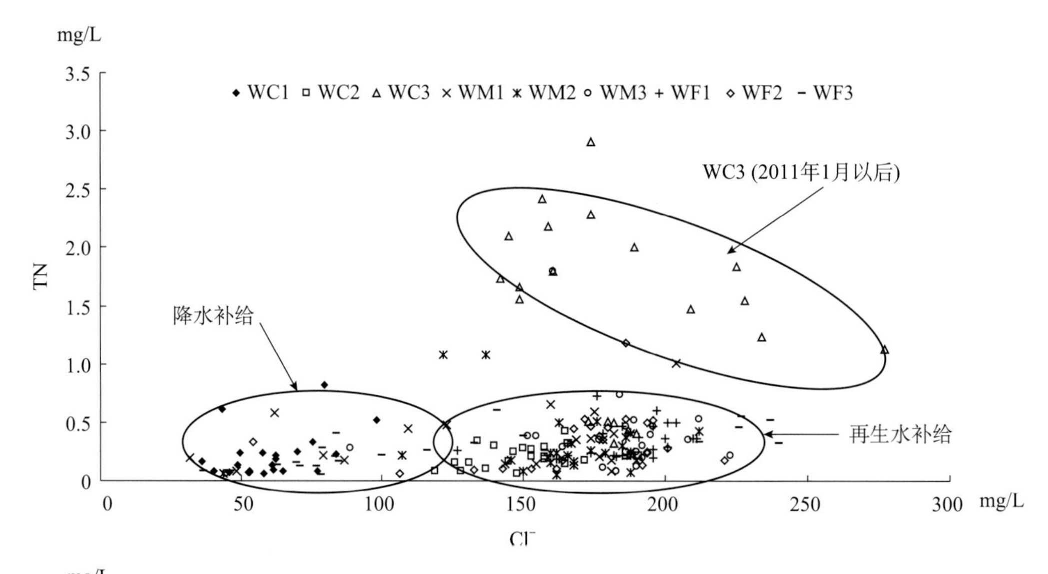

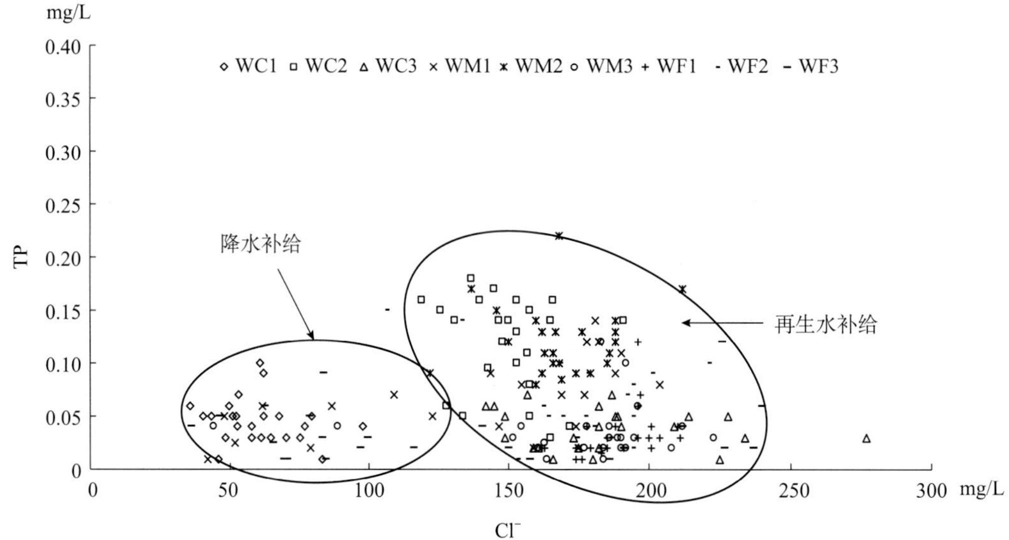

图3-6 地下水补给来源Cl^--TN和Cl^--TP散点图

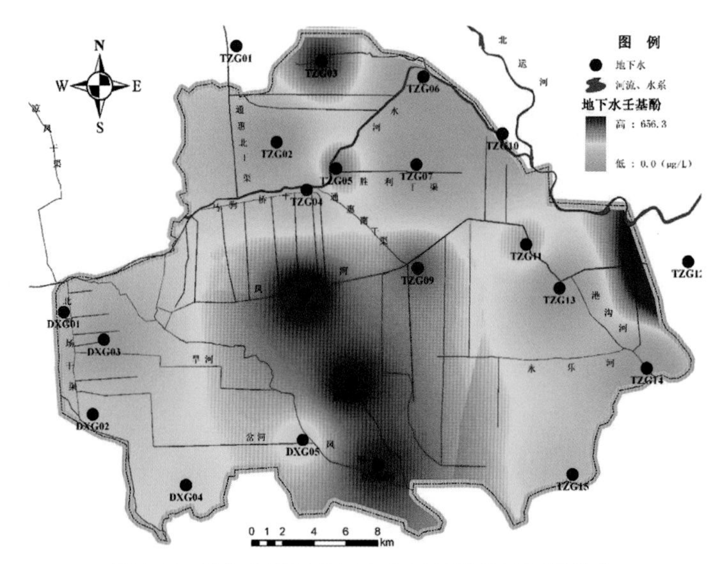

图3-7 再生水灌区地下水中壬基酚总量空间分布

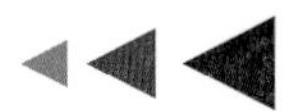

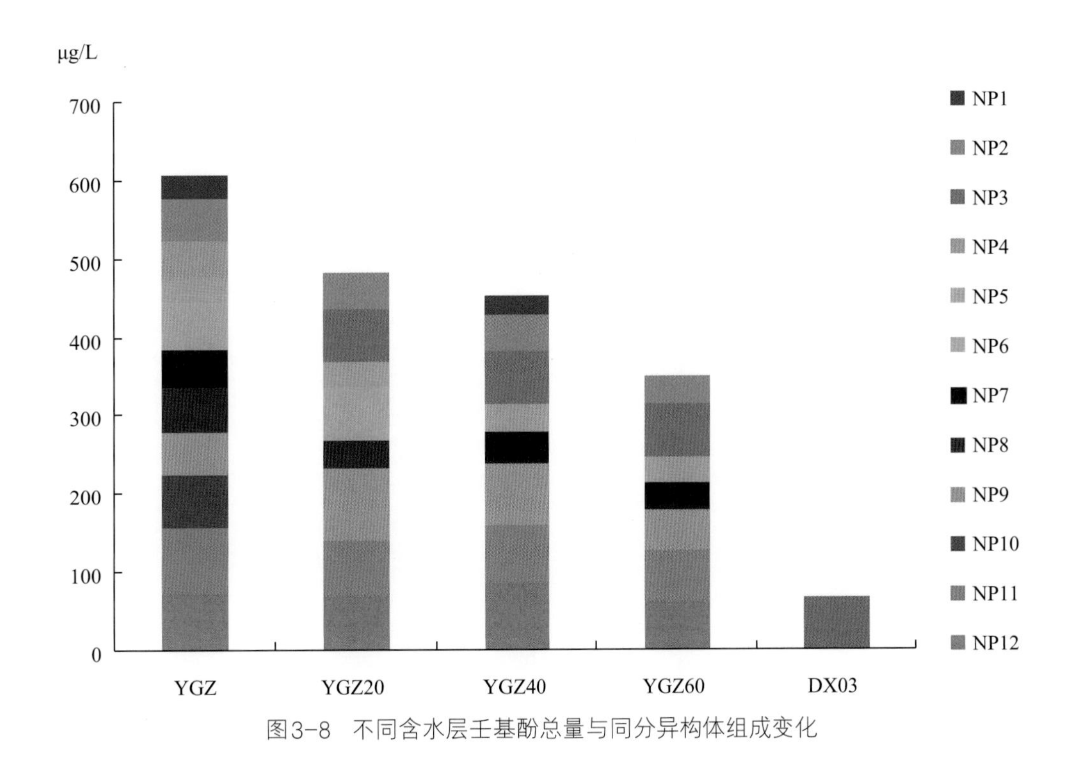

图3-8　不同含水层壬基酚总量与同分异构体组成变化

（二）农业微咸水利用效益分析与生境影响

1．微咸水灌溉对作物产量品质的影响

微咸水灌溉可分为直接利用咸水灌溉、淡咸交替灌溉或混合灌溉。冬小麦幼苗期对盐分比较敏感（Wand X F等，1991），可采用咸淡轮灌，按冬小麦生长期，底墒水和冬水灌溉淡水，微咸水可以安排在拔节期、孕穗期、灌浆期，为了避免盐分的过度伤害，需播种前灌60mm淡水作底墒水（崔世明等，2009）。咸淡混合灌溉的冬小麦产量介于生育期全部淡水灌溉和全部微咸水灌溉的产量之间（吴忠东、王全九，2007）。咸水灌溉采用高定额灌溉，有利于土壤溶液含盐量的降低；对于一直用咸水灌溉的地区，可以降低土壤溶液的浓度以及淋洗土壤中的盐分，减轻盐分胁迫，降低盐害程度（叶海燕等，2005）。冬小麦对微咸水矿化度的反应十分敏感，其产量与咸水矿化度呈负相关关系，随着矿化度的增加，冬小麦的产量随之降低，其在正常灌溉定额和淋洗灌溉定额下的耐盐能力为4.5g/L（胡文明，2007）。邵玉翠等（2003）研究表明，利用矿化度2.5g/L微咸水灌溉对小麦有增产效果，而用矿化度3.0～6.0g/L微咸水灌溉则使小麦不同程度减产。冬小麦减产幅度随着微咸水矿化度的增加而增加，微咸水灌溉作物产量与淡水相比变幅为−36.31%～14.63%（表3-14）。

表 3–14 微咸水矿化度对冬小麦产量的影响

单位：g/L,kg/hm²

地区	淡水	2～3	3～4	4～5	＞5	阈值	参考文献
内蒙古乌拉特前旗	—	6 120.0	5 505.0(↓10.05%)	4 980.0(↓18.63%)	3 900.0～4 425.0(↓27.70%～36.27%)	4.5	胡文明，2007
山东陵县	6 700.0	—	7 680.0(↑14.63%)	—	—	—	逄焕成等，2004
河北衡水	6 279.0	6 055.4(↓3.56%)	5 721.9(↓8.87%)	—	3 999.0～4 960.7(↓21.00%～36.31%)	4.0	郑春莲等，2010
河北沧州	5 242.0	5 011.0(↓4.41%)	4 540.0(↓13.39)	4 280.0(↓18.35%)	—	3.0	吴忠东、王全九，2008
天津静海	—	—	4 039.9	3 124.9(↓22.65%)	—	3.7	杨军等，2013

表 3–15 微咸水矿化度对玉米产量的影响

单位：g/L,kg/hm²

地区	淡水	2～3	3～4	4～5	＞5	阈值	参考文献
内蒙古乌拉特前旗	—	—	6 795.0	6 600.0 (↓2.87%)	4 395.0～4 800.0 (↓29.36%～35.32%)	3.0～3.5	胡文明，2007
宁夏	15 576.4	13 950.0（↓10.44%）	—	—	—	—	郝远远等，2016
山东陵县	6 130.0	—	3 280.0 (↓46.49%)	—	—	4.0	逄焕成等，2004
河北衡水	9 437.5	8 956.4（↓5.10%）	8 598.0 (↓8.90%)	—	7 290.1～7 871.4 (↓16.59%～22.75%)		郑春莲等，2010
宁夏石嘴山	10 700.0	—	7 756.0(↓27.51%)	—	—		杨建国等，2010
天津静海	—	—	7 246.5	6 937.2 (↓4.27%)	—	3.7	杨军等，2013

微咸水造熵灌溉会影响玉米的发芽势、发芽率、发芽指数、萌发活力指数等，微咸水造熵对玉米的出苗及苗期生长有不同程度的抑制作用，低于3g/L对幼苗及苗期生长有促进作用，高于3g/L对幼苗生长有抑制作用（郑九华等，2002）。与雨养夏玉米相比，灌微咸水的玉米产量会有所增加（尉宝龙、邢黎明，1997）。与灌充足淡水相比，咸水矿化度对玉米产量影响较大，作物产量会随矿化度增高而降低（郑九华等，2002；王军涛、李强坤，2013），郑九华等（2002）研究表明，在微咸水胁迫下，玉米的相对发芽率、相对发芽指数和相对萌发活力指数呈显著下降趋势，且矿化度越高，影响越明显。如表3-15所示，玉米产量随着矿化度增加而降低，产量与淡水相比变化幅度是-46.49%～5.10%。

华北平原的黄淮海平原、河北低平原、滨海地区和新疆是棉花的主要产区，也是具备丰富微咸水资源的地区，以较低含盐量的微咸水进行灌溉，能取得增产和增效的效果。棉花是耐盐性较强的作物之一，是盐渍地区的先锋作物（张俊鹏等，2010）。研究表明适度的盐分可以促进棉花根系和地上部的生长，提高棉花干物质积累量；但盐度过高会抑制棉花生长，导致棉花根系长度和数量显著下降，叶面积减少，茎秆细弱；长期盐分胁迫会影响棉花生育进程，造成棉花长势减弱，出叶速度变慢。总的来说，盐分会延迟作物发芽、生长，并降低作物产量，但适宜的管理措施下，咸水灌溉对一些耐盐作物的经济产量影响并不大，甚至提高了果实的品质（Maggio A等，2004；雷廷武等，2003）。

2. 微咸水灌溉对土壤和地下水质量的影响

研究表明，微咸水灌溉会增加土壤含盐量，造成土壤耕层的盐分积累，而盐分积累的程度取决于灌溉水的矿化度、灌水次数和灌水总量。微咸水灌溉后，随着土壤的蒸发和植物蒸腾，作物根层土壤会明显积盐，但是经雨季集中降雨或淡水灌溉淋洗后，土壤都会有所脱盐，一般可以达到盐分的周年平衡或多年平衡。对于由于微咸水灌溉而造成的土壤次生盐渍化问题，世界上许多国家都进行了研究，包括澳大利亚、孟加拉国、中国、印度、以色列、意大利、德国、沙特阿拉伯、南非、荷兰和美国。国内一些研究表明：用矿化度为3～5g/L的微咸水直接灌溉，会造成土壤耕层不同程度的盐渍化；长期使用矿化度为2～3g/ L的微咸水直接灌溉，对土壤有潜在的影响。

肖振华（1994）研究表明，在高含盐水灌溉期间，盐分在土壤剖面中积累，低含盐

水灌溉和冬季降雨期间部分土壤盐分被淋洗，可溶性盐在60～90cm土层明显增加。毛振强等（2003）研究了微咸水灌溉条件下不同深度原位土壤溶液的电导率变化，根据不同层次土壤受外界影响大小不同，将土壤盐分情况分为强烈变动型（0～20cm）、逐渐积累型（20～80cm）和相对稳定型（100cm以下各土层）。尤全刚等（2011）研究表明对于地下水深埋的干旱绿洲区，在地下水深埋区进行咸水灌溉，灌溉水带入的盐分是土壤表层盐分积累的主要来源。张余良等（2006）研究发现长期灌溉微咸水能逐年降低土壤水初始入渗率，从灌溉第1年的4.58mm/min降低为灌溉20年后的2.19mm/min，且微咸水灌溉对土壤水稳性团聚体的影响与连续灌溉微咸水的年限有关，短时间灌溉有破坏土壤水稳性团聚体的作用。

杨树青等（2007）研究发现抽取地下微咸水灌溉后地下水位略有下降，10年后水位降深量仅为0.057～0.11m，可达到动态平衡，采用微咸水灌溉后含水层盐分有增加趋势，但增加幅度较小，仅为4%～9%；通过对比正常灌溉定额和淋洗灌溉定额两种浇灌方案，发现淋洗灌溉定额比正常灌溉定额的方案对环境有利，虽然淋洗灌溉定额也使含水层盐分增加，但就增加的幅度来看，在未来相当一段时间内不会造成严重的环境问题。

总体来说，采用微咸水灌溉致使土壤增加的盐分，可经过淋洗排出，达到土壤盐分的周年平衡或多年平衡。确保不发生作物根层的盐分累积，是微咸水灌溉管理的技术关键，不当的微咸水灌溉，会导致土壤的盐碱化并对环境带来严重的影响。

三、农业非常规水资源利用的前景及保障策略

（一）农业非常规水资源利用潜力分析

1. 2030年再生水资源量预测

2015年全国常住人口为13.7亿人，《国家人口发展规划（2016—2030年）》（国发〔2016〕87号）预测2030年全国常住人口将达到14.5亿人。根据人口增幅，预测2030年城市污水排放量将达到806.3亿m^3，按照2030年城市污水处理率指标（90%，新疆污水处理率取95%），预测2030年再生水资源量（生活源）为726.3亿m^3。

按十大农业分区，预测2030年长江区再生水资源量最多，为212.5亿m^3，其余从

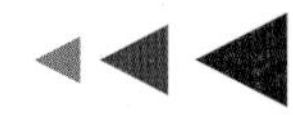

大到小依次为华北区169.5亿m^3、华南区112.2亿m^3、川渝区58.4亿m^3、东北区50.4亿m^3、晋陕甘区50.0亿m^3、云贵区39.7亿m^3、蒙宁区16.5亿m^3、西北区13.0亿m^3、青藏区4.1亿m^3。2030年各区划再生水资源量预测情况如表3-16所示。

表3-16　2030年各区划再生水资源量预测情况

单位：万人，亿m^3

区域划分	2015年			2030年		
	常住人口	城市污水排放量	再生水资源量	常住人口	城市污水排放量	再生水资源量
东北区	10 947	45.3	30.2	10 566	56.0	50.4
华北区	30 470	92.2	77.8	33 093	188.3	169.5
长江区	39 275	152.0	123.3	41 060	236.1	212.5
华南区	20 395	95.3	78.1	22 361	124.7	112.2
蒙宁区	3 179	8.7	6.8	3 315	18.4	16.5
晋陕甘区	10 057	21.1	14.4	10 043	55.6	50.0
川渝区	11 221	28.3	18.9	11 874	64.9	58.4
云贵区	8 272	13.5	11.1	8 695	44.1	39.7
青藏区	912	3.2	1.2	1 053	4.6	4.1
西北区	2 360	7.1	4.7	2 940	13.7	13.0
全国	137 462	466.6	366.5	145 000	806.3	726.3

注：城市污水排放量=常住人口数×城镇化率×人均生活用水定额×污水排放系数，其中，人均综合定额取240L/（人·d）、污水排放系数取0.85。再生水资源量=城市污水排放量×污水处理率，其中，污水处理率取90%（新疆污水处理率取95%）。

2．2030年微咸水资源量预测

根据《中国水资源及其开发利用调查评价》（水利部，2015）和2003年国土资源大调查预警工程项目“新一轮全国地下水资源评价”综合研究成果分析，我国矿化度为2～5g/L的微咸水天然补给量约245.9亿m^3（其中2～3g/L为124.4亿m^3，3～5g/L为121.5亿m^3），可开采量约87.8亿m^3（其中2～3g/L为33.3亿m^3，3～5g/L为54.5亿m^3），绝大部分存在于地下10～100m处，宜于开采利用。各区划微咸水资源量分布情况如表3-17所示。

表3-17　各区划微咸水资源量分布

单位：亿m³

区域划分	天然补给量			可开采量		
	矿化度 2~3g/L	矿化度 3~5g/L	小计	矿化度 2~3g/L	矿化度 3~5g/L	小计
东北区	0	0	0	0	0	0
华北区	19.8	23.2	43.0	15.5	12.5	28.0
长江区	1.4	52.2	53.6	0.3	38.0	38.3
华南区	4.1	0.5	4.6	3.1	0	3.1
蒙宁区	2.8	6.7	9.5	1.7	4.0	5.7
晋陕甘区	18.9	9.1	28.0	11.0	0	11.0
川渝区	0	0	0	0	0	0
云贵区	1.0	4.1	5.1	0	0	0
青藏区	76.4	25.8	102.2	1.7	0	1.7
西北区	0	0	0	0	0	0
全国	124.4	121.5	245.9	33.3	54.5	87.8

注：2~3g/L为根据水利部《中国水资源及其开发利用调查评价》中<2g/L的数据，将2003年国土资源大调查预警工程项目“新一轮全国地下水资源评价”综合研究成果中<3g/L的数据进行折算后的结果；3~5g/L天然补给量来源于2003年国土资源大调查预警工程项目“新一轮全国地下水资源评价”综合研究成果。

3．2030年农业非常规水资源利用潜力

如表3-18所示，预计2030年非常规水资源量814.1亿m³，其中，再生水资源量达726.3亿m³，微咸水（矿化度2~5g/L）资源量87.8亿m³。参考发达国家开发利用经验，结合我国国情，再生水农业开发利用率取40%（新疆取75%）；东北区、华北区、蒙宁区、晋陕甘区、青藏区和西北区微咸水农业开发利用率取80%，长江区、华南区、川渝区和云贵区微咸水农业开发利用率取30%。经分析，2030年农业可利用非常规水资源量约343.8亿m³。预计农业可利用再生水量295.1亿m³，其中农田灌溉量164.5亿m³（新增54.4亿m³）；预计农业可利用微咸水量48.7亿m³，其中农田灌溉量24.8亿m³（新增10.0亿m³）。

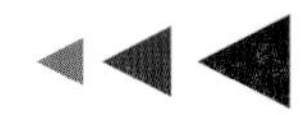

表3-18　2030年农业非常规水资源利用潜力预测

单位：亿m^3

区域划分	再生水预测			微咸水预测		
	资源量	农业可利用量	农田灌溉量	资源量	农业可利用量	农田灌溉量
东北区	50.4	20.2	13.1	0	0	0
华北区	169.5	67.8	49.9	28.0	22.4	18.7
长江区	212.5	85.0	52.7	38.3	11.5	0.5
华南区	112.2	44.9	25.8	3.1	0.9	0.8
蒙宁区	16.5	6.6	3.0	5.7	4.6	0.8
晋陕甘区	50.0	20.0	5.8	11.0	8.8	4.0
川渝区	58.4	23.4	4.0	0	0	0
云贵区	39.7	15.9	0.5	0	0	0
青藏区	4.1	1.6	0	1.7	0.5	0
西北区	13.0	9.8	9.6	0	0	0
全国	726.3	295.1	164.5	87.8	48.7	24.8

（二）农业非常规水资源利用技术保障

我国农业利用再生水、微咸水等非常规水资源具有较高的潜力，为促进非常规水资源安全高效利用，需要在农业非常规水灌溉区划技术、适宜作物分类、风险评估技术、高效灌水技术、监测评价技术、集成应用模式六方面不断完善技术成果，实现必要的技术保障。

1．灌溉区划技术

灌溉区划技术对于农业非常规水资源利用十分重要，再生水灌溉要重点防止伴生污染，微咸水灌溉要重点防控土壤次生盐渍化，应通过灌溉区划对回用区域进行分区，提高农业非常规水资源安全高效利用水平。

农业再生水灌溉分区。应根据再生水灌区土壤理化性状、土壤质量、地下水埋深以及地面坡度等进行再生水灌区灌溉适宜性分区，控制性指标如表3-19所示。

表3–19 再生水灌溉适宜性分区标准

单位：m，m/d，%

类型	控制指标		
	地下水埋深D	包气带渗透系数K	地面坡度I
适宜灌溉区	$D \geqslant 8.0$	$K < 0.5$	$I < 2.0$
控制灌溉区	$3.0 \leqslant D < 8.0$	$0.5 \leqslant K < 0.8$	$2.0 \leqslant I < 6.0$
不宜灌溉区	$D < 3.0$	$K \geqslant 0.8$	$I \geqslant 6.0$

农业微咸水灌溉分区。土壤中的可溶性钠百分率$SSP < 65\%$且钠吸附比$SAR \leqslant 10$的区域适宜利用微咸水灌溉（DB13/T 1280—2010），应依据灌区气候类型、微咸水水质、地下水埋深条件和土壤质地类型等指标进行微咸水灌溉适宜性分区，水利行业标准《再生水与微咸水灌溉工程技术规范》编制组提出的分区标准如表3–20所示。

表3–20 微咸水灌溉适宜性分区标准

水盐性	土壤类型	非碱性水								弱碱性水	强碱性水
		$R < 200$			$200 \leqslant R \leqslant 800$			$R > 800$			
		$D < 3.0$	$3.0 \leqslant D \leqslant 6.0$	$D > 6.0$	$D < 1.5$	$1.5 \leqslant D \leqslant 3.0$	$D > 3.0$	$D < 1.5$	$D \geqslant 1.5$		
轻度微咸水1~2g/L	砂土	×	Δ	√	Δ	√	√	Δ	√	√	×
	壤土	×	Δ	√	×	Δ	√	Δ	√	Δ	×
	黏土	×	×	Δ	×	×	Δ	×	Δ	Δ	×
中度微咸水2~3g/L	砂土	×	Δ	√	Δ	√	√	Δ	√	√	×
	壤土	×	Δ	√	×	Δ	√	Δ	√	Δ	×
	黏土	×	×	Δ	×	×	Δ	×	Δ	×	×
重度微咸水3~5g/L	砂土	×	×	Δ	×	Δ	√	Δ	√	√	×
	壤土	×	×	Δ	×	×	√	Δ	√	Δ	×
	黏土	×	×	×	×	×	×	×	×	×	×

注：R表示降水（mm）；D表示地下水埋深（m）；✓表示适宜灌溉区；Δ表示控制灌溉区；×表示不宜灌溉区。

2. 适宜作物分类

（1）再生水灌溉作物分类

优先推荐工业原料类植物、园林绿地、林木等；推荐大田粮食作物、烹调及去皮蔬

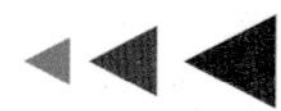

菜、瓜类、果树、牧草、饲料类等；不推荐生食类蔬菜、草本水果等。

（2）微咸水灌溉作物分类

耐盐植物，可以利用中度或重度微咸水进行灌溉；中等耐盐植物，可利用轻度或中度微咸水进行灌溉，在淋洗分数$LF \geqslant 36\%$的排水控盐条件较好灌区可利用重度微咸水进行灌溉；中等盐分敏感植物，可利用轻度微咸水灌溉，在淋洗分数$LF \geqslant 50\%$的排水控盐条件较好灌区可利用中度微咸水进行灌溉，不得利用重度微咸水进行灌溉；盐分敏感植物，在淋洗分数$LF \geqslant 80\%$的排水控盐条件较好灌区可利用轻度微咸水进行灌溉，不得利用中度或重度微咸水进行灌溉。

植物耐盐能力分类如表3-21所示（Wallender W W等,1990）。

表3-21　植物耐盐能力分类

耐盐等级	耐盐	中等耐盐	中等盐分敏感	盐分敏感
植物种类	大麦、甜菜、棉花、芦笋等	小麦、燕麦、黑麦、高粱、大豆、豇豆、红花、苜蓿、油菜、油葵、南瓜、石榴、无花果、橄榄、菠萝、向日葵等	玉米、亚麻、粟、花生、水稻、甘蔗、甘蓝、芹菜、黄瓜、茄子、莴苣、香瓜、胡椒、马铃薯、番茄、萝卜、菠菜、西瓜、葡萄等	菜豆、芝麻、胡萝卜、洋葱、梨、苹果、柑橘、梅子、李子、杏、桃、草莓等
耐盐阈值 EC_e(dS/m)	$6.0 \leqslant EC_e < 10.0$	$3.0 \leqslant EC_e < 6.0$	$1.3 \leqslant EC_e < 3.0$	$EC_e < 1.3$

3. 风险评估技术

完善风险评估技术是推进农业非常规水资源灌溉安全利用的重要技术环节，通过风险评估技术可以定量表征非常规水资源开发利用的现状风险，预测目标灌溉年限后环境演变趋势，应重点关注以下几个方面。评估对象：土壤、作物、地下水等环境质量以及公众健康等评估对象；评估方法：主要采取试验研究和数值模拟相结合的方法，如何评估复合污染条件下再生水利用风险是今后需要深入研究的难点之一；评估阈值：针对不同的回用目标确定相应的阈值指标体系，作为风险评判的依据。目前，在再生水持久性新兴污染物影响的风险评估方面国内外均处于起步阶段，还需要开展深入研究，建立再生水灌溉条件下新兴污染物健康风险评价是目前再生水安全利用的技术瓶颈。

4. 高效灌水技术

农业非常规水资源高效利用技术涉及灌水技术和灌溉制度：农业再生水高效利用技术

在区域层面重点解决大中型再生水灌区水资源优化调度问题，在田块尺度层面重点解决再生水利用过程中悬浮物对喷灌和滴灌系统的影响机制和性能提升技术，提高灌水均匀度和设备使用寿命。农业微咸水高效利用技术重点突破微咸水安全高效灌溉制度，提出微咸水灌溉土壤水肥盐耦合模拟模型，建立微咸水微灌水盐优化调控灌溉制度和调控模式。

5. 监测评价技术

农业非常规水资源开发利用应当建立监测评价制度，定量评估环境质量演变过程。监测指标：根据非常规水资源灌溉对土壤、作物和地下水等环境要素的影响机制，筛选相应物理、化学及生物指标，作为年度监测指标；监测密度和频率：根据主要监测污染物指标的时空变异性和地统计学特征，建立监测密度和频率的计算方法；评价方法：研究建立单因子评价法和综合评价法，明确不同评价方法的适用条件。

6. 集成应用模式

开展再生水灌溉和微咸水灌溉关键技术及集成应用研究，是深入推进农业非常规水资源推广应用的重要方面。第一，提出典型灌溉模式工程结构和规模，建立农业非常规水资源灌溉的规划设计方法，明确典型灌区不同灌溉工程的技术参数；第二，针对不同水质特点，建立灌溉运行管理调控阈值体系，提高灌溉运行管理效益；第三，开展相应的标准规范和管理体制机制研究，构建工程措施、农艺措施、管理措施相结合的非常规水资源集成应用模式。

（三）农业非常规水资源利用政策保障

与美国、以色列等发达国家相比，我国在农业非常规水资源利用方面的基础研究、政策法规尚不健全，为促进非常规水资源开发利用，应重点考虑以下四个方面。

1. 加强农业非常规水资源灌溉技术研究与推广

我国农业非常规水资源利用研究起步较晚，与发达国家相比还有较大差距。我国再生水利用研究起步于2000年前后，美国、以色列等国家在20世纪70年代就开始系统研究再生水利用技术，并且制定了完善的回用技术体系。我国虽然在再生水灌溉研究领域取得重要进展，但与国家对再生水利用的科技需求相比还有较大差距。美国在20世纪50年代初就开始了农田灌溉水质评价工作，其中美国盐渍土实验室针对灌溉水质、作物耐盐性、作物生长和盐碱度以及盐分控制等方面进行了大量工作，我国在这方面还有较大差距。2000年以来，国家“863”计划、科技支撑计划以及“十三五”时期实施的

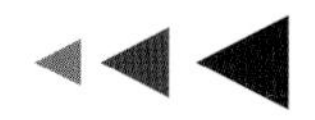

“水资源重点研发专项”均涉及农业非常规水资源开发利用研究课题，今后研究应重点关注非常规水资源利用的风险评估技术、高效灌溉技术等领域，建立适合我国气候特点和国情的农业非常规水资源利用技术体系。面向公众和农户，开展农业非常规水资源开发利用宣传推广工作，建设不同类型示范区。

2．完善农业非常规水资源利用的标准规范体系

《中国节水技术政策大纲》（2005）明确提出“在研究试验的基础上，安全使用部分再生水、微咸水和淡化后的海水等非常规水以及通过人工增雨技术等非常规手段增加农业水资源”，从国家政策衔接来看，尚需制定农业非常规水资源利用技术指南。技术标准体系不完善也是制约因素之一，目前国内已经制定了《城市污水再生利用农田灌溉用水水质》（GB 20922—2007），尚未制定微咸水灌溉水质标准以及再生水、微咸水灌溉的技术规范，北京、内蒙古等地制定了再生水灌溉的地方标准，河北、内蒙古等地制定了微咸水灌溉的地方标准，其他地区尚未制定农业非常规水资源开发利用的地方标准。应因地制宜地制定农业非常规水资源开发利用的地方标准，以保障农业非常规水资源开发利用。

3．将非常规水资源纳入水资源配置与开发利用规划

将非常规水资源纳入行政区水资源统一配置是推动农业非常规水资源灌溉利用的基础性工作，目前，国家尚未编制农业非常规水资源开发利用规划，尚未将非常规水资源纳入水资源配置。国家和地方政府制定的水利发展五年规划中应当设立专题规划，规划农业非常规水资源开发利用目标、工程任务和资金投入等，从源头上加强农业非常规水资源的开发利用，对于开发利用农业非常规水资源的工程给予财政补贴、减免水费等政策支持。

4．制定激励农业非常规水资源开发利用的政策措施

科学制定农业非常规水资源的价格，使价格杠杆在水资源市场中充分发挥主导作用，建立和完善农业非常规水资源的收费制度，以补充农业非常规水资源开发利用设施的投资、建设和运营的支出；通过价格、补贴、税收优惠等措施使得非常规水资源与常规水源相比具有明显的价格优势和盈利空间，调动企业的积极性。综合运用多种金融、财税政策与制度，设立专项扶持基金，对农业非常规水资源开发利用相关企业、公司、科研院所从税收、项目资助等方面进行扶持，以促进农业非常规水源开发利用技术的升级换代和向实用阶段转化，将农田灌溉列入公益性非常规水资源开发利用，纳入政府补贴配置范畴，降低农业非常规水资源开发利用成本，使农业非常规水资源开发利用具有相对竞争优势。

参考文献

安徽省水利规划设计院，等，2015．引江济淮工程可行性研究报告：第一册［R］．

安云凯，2010．三江平原发展水稻生产应当处理好的几个关系［J］．黑龙江水利科技，38（4）：123−125．

蔡凤如，王玉萍，闫玉赞，2011．沧州地区小麦节水高产高效栽培技术总结［J］．中国种业（1）：31−32．

曾炎，王爱莉，黄藏，2015．全国水利信息化发展“十三五”规划关键问题的研究与思考［J］．水利信息化（1）：14−19．

陈飞，侯杰，于丽丽，等，2016．全国地下水超采治理分析［J］．水利规划与设计（11）：3−7．

陈良宇，桑立君，2015．东北西部地区抗旱坐水种技术［J］．园艺与种苗（8）：87−88．

陈玉民，郭国双，1993．中国主要农作物需水量等值线图研究［M］．北京：中国农业科技出版社．

褚琳琳，2014．江苏省节水农业分区及发展模式［J］．节水灌溉（11）：91−95．

崔世明，于振文，王东，等，2009．灌水时期和数量对小麦耗水特性及产量的影响［J］．麦类作物学报，29（3）：442−446．

代志远，高宝珠，2014．再生水灌溉研究进展［J］．水资源保护，30（1）：8−13．

邓金锋，焦志华，何晨玲，等，2008．再生水灌溉土壤Cd累积的模拟和预测［J］．灌溉排水学报，27（2）：113−115．

段爱旺，孙景生，刘钰，等，2004．北方地区主要农作物灌溉用水定额［M］．北京：中国农业科学技术出版社．

樊向阳，杨慎骄，王和洲，等，2012．河南省粮食核心区节水灌溉现状及适宜发展模式研究［J］．河南水利与南水北调（2）：19−20．

范晓慧，2012．不同水分胁迫下青贮需水量及优化灌溉制度的分析研究［D］．呼和浩特：内蒙古农业大学．

龚道枝，郝卫平，王庆锁，2015．中国旱作节水农业科技进展与未来研发重点［J］．农业展望，11（5）：52−56．

顾宏，孙勇，叶明林，2015．南方灌区生态节水防污技术与应用：以高邮灌区为例［J］．中国农村水利水电（8）：55−58．

广西崇左市江州区水利局，农业局，糖业局，农机局，2012．广西崇左市江州区—糖料甘蔗膜下滴

 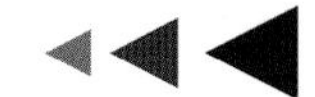

灌亩产八吨栽培技术规程 [S].

郭进考，史占良，何明琦，等，2010. 发展节水小麦缓解北方水资源短缺 [J]. 中国生态农业学报，18 (4)：876-879.

郭永杰，崔云玲，吕晓东，等，2003. 国内外微咸水利用现状及利用途径 [J]. 甘肃农业科技 (8)：3-5.

郝远远，郑建华，黄权中，2016. 微咸水灌溉对土壤水盐及春玉米产量的影响 [J]. 灌溉排水学报，35 (10)：36-41.

何权，2011. 寒地水稻控制灌溉技术在黑龙江省推广应用分析 [J]. 黑龙江水利科技，39 (4)：170-171.

贺涤新，1980. 盐碱土的形成与改良 [M]. 兰州：甘肃人民出版社.

胡文明，2007. 微咸水灌溉对作物生长影响的试验研究 [J]. 灌溉排水学报，26 (1)：86-88.

黄春国，王鑫，2009. 我国农田污灌发展现状及其对作物的影响研究进展 [J]. 安徽农业科学，37 (22)：10692-10693.

黄冠华，2007. 再生水农业灌溉安全的有关问题研究 [J]. 中国农业科技导报，9 (1)：26-35.

江西省赣抚平原水利工程管理局，2014. 省灌溉试验中心站组织推广的“水稻田间水肥高效利用综合调控技术”示范推广现场测产会在奉新举行 [EB/OL]. (10-29) [2018-08-01]. http：//info. cjk3d. net/viewnews-913091.

焦志华，黄占斌，李勇，等，2010. 再生水灌溉对土壤性能和土壤微生物的影响研究 [J]. 农业环境科学学报，29 (2)：319-323.

锦科华，2015. 新常态下新疆棉花产业可持续发展观察 [N]. 新疆日报，08-09.

康宇，2007. 山西省旱作节水农业现状及技术模式初探 [J]. 山西农业科学，35 (9)：6-8.

雷廷武，肖娟，王建平，等，2003. 微咸水滴灌对盐碱地西瓜产量品质及土壤盐渍度的影响 [J]. 水利学报 (4)：85-89.

李含琳，2014. 甘肃省旱作节水农业运行模式探讨 [J]. 甘肃农业 (7)：12-14.

李勇，杨晓光，叶清，等，2011. 1961—2007年长江中下游地区水稻需水量的变化特征 [J]. 农业工程学报，27 (9)：175-183.

李长明，段琪瑾，陈健，2005. 三江平原节水灌溉技术模式及其推广对策 [J]. 黑龙江水利科技，33 (5)：74-75.

郦建强，王建生，颜勇，2011. 我国水资源安全现状与主要存在问题分析 [J]. 中国水利 (23)：42-51.

梁钧威，吴卫熊，2015. 广西糖料蔗高效节水灌溉发展策略分析 [J]. 广西水利水电 (3)：69-74.

刘昌明，2001. 节水优先需水控制开源节流统一观 [J]. 水利发展研究，1 (1)：3-4.

刘洪禄，丁跃元，郝仲勇，等，2005. 现代化农业高效用水技术研究 [M]. 北京：中国水利水电出

版社：163-168.

刘洪禄，吴文勇，2009. 再生水灌溉技术研究 [M]. 北京：中国水利水电出版社.

刘磊，2011. 干旱区棉花膜下滴灌水盐运移规律及数值模拟研究 [D]. 乌鲁木齐：新疆农业大学：99-106.

刘永忠，李万星，靳鲲鹏，等，2009. 山西省春播中晚熟旱地玉米高产高效栽培技术 [J]. 山西农业科学，37 (4)：87-88.

刘钰，汪林，倪广恒，等，2009. 中国主要作物灌溉需水量空间分布特征 [J]. 农业工程学报，25 (12)：6-12.

刘正茂，吕宪国，夏广亮，等，2010. 三江平原绿色农业节水理论与技术路线研究 [J]. 水利发展研究，10 (9)：50-53.

楼豫红，付晓光，2007. 四川省节水灌溉建设现状及对策探讨 [J]. 中国农村水利水电 (12)：32-34.

卢玉邦，郎景波，韩福友，2002. 松嫩平原节水农业发展模式 [J]. 中国农村水利水电 (12)：22-24.

陆浩，2010. 雨养旱作农业的一场绿色革命：关于总结推广全膜双垄沟播技术的思考 [J]. 当代生态农业 (Z1)：54-57.

吕纯波，2016. 理论指导与世界探索相结合推进农村水利：关于现代生态灌溉农业发展战略的思考 [C]. 中国水利学会农村水利专业委员会、中国国家灌排委员会2016年学术年会：15-23.

吕丽华，梁双波，贾秀领,2013. 黑龙港平原节水技术模式推广应用潜力研究 [J]. 节水灌溉 (11)：69-72.

马富裕，周治国，郑重，2004. 新疆棉花膜下滴灌技术的发展与完善 [J]. 干旱地区农业研究，22 (3)：202-208.

马海灵，郭有琴，王泽宇，等，2015. 全膜双垄沟播玉米—谷子一膜两年用栽培技术 [J]. 甘肃农业科技 (10)：53-54.

马均，郑家国，刘代银，2010. 四川盆地麦（油）茬杂交中稻优质高产生产技术模式 [J]. 四川农业科技 (6)：17-18.

毛振强，宇振荣，马永良，2003. 微咸水灌溉对土壤盐分及冬小麦和夏玉米产量的影响 [J]. 中国农业大学学报，8 (S1)：20-25.

内蒙古自治区质量技术监督局，2014. DB15/T 681—2014青贮玉米中心支轴式喷灌水肥管理技术规程 [S]. 03-20.

倪广恒，李新红，丛振涛，等，2006. 中国参考作物腾发量时空变化特性分析 [J]. 农业工程学报，22 (5)：1-4.

潘兴瑶，吴文勇，杨胜利，等，2012. 北京市再生水灌区规划研究 [J]. 灌溉排水学报，31 (4)：

115-119.

逄焕成，杨劲松，严惠峻，2004．微咸水灌溉对土壤盐分和作物产量影响研究［J］．植物营养与肥料学报，10（6）：599-603．

齐学斌，李平，樊向阳，等，2008．再生水灌溉方式对重金属在土壤中残留累积的影响［J］．中国生态农业学报，16（4）：839-842．

秦潮，胡春胜，2007．华北井灌区节水技术模式集成与实践［J］．干旱地区农业研究，25（4）：141-145．

任仕周，2014．蔗农采用甘蔗节水灌溉技术影响因素研究：基于广西甘蔗主产区农户的调查［D］．南宁：广西大学．

阮明艳，2006．咸水灌溉的应用及发展措施［J］．新疆农垦经济（4）：66-68．

邵玉翠，张余良，李悦，等，2003．微咸水农田灌溉技术研究［J］．天津农业科学，9（4）：25-27．

申孝军，张寄阳，刘祖贵，等，2012．膜下滴灌条件下不同水分处理对棉花产量和水分利用效率的影响［J］．干旱地区农业研究，30（2）：118-124．

石玉林，2004．西北地区水资源配置生态环境建设和可持续发展战略研究：土地沙漠化卷［M］．北京：科学出版社：22，166．

石元亮，许翠华，王立春，等,2003．松嫩平原玉米带土壤水分利用率研究［J］．土壤通报,34（5）：385-388．

宋慧欣，叶彩华，王克武，郎书文，2010．京郊不同生态区玉米雨养旱作生产降雨保证率分析［J］．作物杂志（1）：36-39．

宋云，2003．农村总体规划设计与城镇化建设实用手册［M］．长春：吉林音像出版社．

苏莹，2006．微咸水地面灌溉试验研究［D］．西安：西安理工大学．

孙文樵，周芸，2008．四川节水农业现状、发展趋势与对策研究［J］．四川水利，29（2）：13-17．

田万慧，陈润羊，2011．西北干旱区节水型农业模式研究［J］．甘肃水利水电技术，47（3）：47-50．

万书勤，康跃虎，王丹，等，2008．华北半湿润地区微咸水滴灌对番茄生长和产量的影响［J］．农业工程学报，24（8）：30-35．

王浩，王建华，贾仰文，等，2016．黑河流域水循环演变机理与水资源高效利用［M］．北京：科学出版社：12．

王和洲，2008．黄淮平原小麦玉米一体化节水高产栽培技术研究［D］．郑州：河南农业大学．

王静，杨晓光，李勇，等，2011．气候变化背景下中国农业气候资源变化Ⅵ：黑龙江省三江平原地区降水资源变化特征及其对春玉米生产的可能影响［J］．应用生态学报，22（6）：1511-1522．

王军涛，李强坤，2013．黄河下游地区微咸水灌溉利用研究［J］．水资源与水工程学报，24（5）：149-151．

王莉莉，2009．安徽省农业综合开发节水灌溉潜力与模式研究［D］．合肥：合肥工业大学．

王全九，徐益敏，王金栋，等，2002．咸水与微咸水在农业灌溉中的应用［J］．灌溉排水学报，21（4）：73-77．

王全九，单鱼洋，2015．微咸水灌溉与土壤水盐调控研究进展［J］．农业机械学报，46（12）：117-126．

王薇，冯永军，李其光，等，2012．山东省农业灌溉发展态势及分区节水模式探析［J］．中国农村水利水电（12）：3-8．

尉宝龙，邢黎明，1997．咸水灌溉试验研究［J］．人民黄河（9）：28-31．

魏天宇，2012．松嫩平原发展高效节水灌溉工程措施探讨［J］．中国水利（13）：54-55．

吴文勇，刘洪禄，郝仲勇，等,2008．再生水灌溉技术研究现状与展望［J］．农业工程学报,24（5）：302-306．

吴忠东，王全九，2007．不同微咸水组合灌溉对土壤水盐分布和冬小麦产量影响的田间试验研究［J］．农业工程学报，23（11）：71-76．

吴忠东，王全九，2008．微咸水混灌对土壤理化性质及冬小麦产量的影响［J］．农业工程学报，24（6）：69-73．

武剑，2015．河北平原区冬小麦合理灌溉制度试验研究［J］．南水北调与水利科技，13（4）：785-787．

项和平，2015．水稻节水防污技术在铜山源灌区示范推广应用实践［J］．浙江水利科技（5）：27-30．

肖振华，1994．灌溉水质对土壤水盐动态的影响［J］．土壤学报，31（1）：8-17．

辛召东，张廷孝，2005．浅谈天津市几种节水灌溉工程技术模式［J］．天津农林科技（4）：28-30．

徐秉信，李如意，武东波，等，2013．咸水的利用现状和研究进展［J］．安徽农业科学，41（36）：13914-13916，13981．

徐飞鹏，李云开，任树梅，2003．新疆棉花膜下滴灌技术的应用与发展的思考［J］．农业工程学报，19（1）：25-27．

徐铁男，2010．辽宁省西北部地区旱田增墒技术研究［J］．节水灌溉（11）：51-52．

徐小元，孙维红，吴文勇，等，2010．再生水灌溉对典型土壤盐分和离子浓度的影响［J］．农业工程学报，26（5）：34-39．

徐忠辉，潘卫国，苏利茂，2008．北京郊区节水灌溉工程的技术模式［J］．北京水务（2）：9-11．

杨建国，樊丽琴，郃日坤，等，2010．微咸水灌溉对土壤盐分和春玉米生长发育的影响［J］．浙江农业学报，22（6）：813-817．

杨军，邵玉翠，高伟，等，2013．微咸水灌溉对土壤盐分和作物产量的影响研究［J］．水土保持通报，33（2）：17-20．

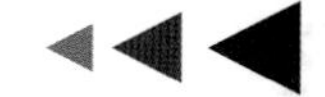

杨树青，史海滨，杨金忠，等，2007．干旱区微咸水灌溉对地下水环境影响的研究［J］．水利学报，38（5）：565-574．

叶海燕，王全九，刘小京，2005．冬小麦微咸水灌溉制度的研究［J］．农业工程学报，21（9）：27-32．

尤全刚，薛娴，黄翠华，2011．地下水深埋区咸水灌溉对土壤盐渍化影响的初步研究：以民勤绿洲为例［J］．中国沙漠，31（2）：302-308．

于大鹏，姚章村，2004．三江平原水田“三低”问题的探讨［J］．黑龙江水专学报，31（3）：30-32．

袁先江，2007．安徽省节水灌溉技术及其发展模式研究［D］．南京：河海大学．

曾路生，石元亮，1999．矿化及碱性水农业利用研究进展［C］．中国土壤学会海峡两岸土壤肥料学术研讨会．

张俊鹏，孙景生，张寄阳，等，2010．棉花微咸水灌溉技术研究现状与展望［J］．节水灌溉（10）：56-59．

张荣萍，2003．不同灌水方式对水稻特性和产量及其水分利用率的影响［D］．成都：四川农业大学．

张余良，陆文龙，张伟，等，2006．长期微咸水灌溉对耕地土壤理化性状的影响［J］．农业环境科学学报，25（4）：969-973．

张正斌，段子渊，徐萍，等，2013．中国粮食和水资源安全协同战略［J］．中国生态农业学报，21（12）：1441-1448．

赵广才，朱新开，王法宏，2015．黄淮冬麦区水地小麦高产高效技术模式［J］．作物杂志（1）：163-164．

赵木林，阮清波，2011．加快高效节水灌溉规模化建设支撑广西特色农业可持续发展［J］．节水灌溉（9）：14-17．

郑春莲，曹彩云，李伟，等，2010．不同矿化度咸水灌溉对小麦和玉米产量及土壤盐分运移的影响［J］．河北农业科学，14（9）：49-51．

郑九华，冯永军，于开芹，等，2002．秸秆覆盖条件下微咸水灌溉棉花试验研究［J］．农业工程学报，18（4）：26-31．

郑九华，2010．咸水灌溉［M］．北京：中国水利水电出版社．

郑耀凯，2009．干旱区棉花膜下滴灌水盐调控适宜灌溉制度试验研究［D］．乌鲁木齐：石河子大学．

中国国家统计局．中国统计年鉴2000—2015［M］．北京：中国统计出版社．

中华人民共和国国家统计局，2016．中国统计年鉴［M］．北京：中国统计出版社．

中华人民共和国环境保护部，2015．中国环境状况公报［R］．

中华人民共和国水利部，2015. 中国水资源公报2015［M］. 北京：中国水利水电出版社.

中华人民共和国水利部. 中国水资源公报：2000—2015（历年）［R］.

周蕊蕊，2014. 中国主要粮食作物需水满足度时空特征分析［D］. 武汉：华中师范大学.

周晓妮，刘少玉，王哲，等，2008. 华北平原典型区浅层地下水化学特征及可利用性分析：以衡水为例［J］. 水科学与工程技术（2）：56-59.

朱福文，周振泉，2006. 三江平原节水灌溉工程技术模式简介［J］. 水利天地（5）：41.

朱玉双，2012. 黑龙江省发展旱作农业的技术措施［J］. 现代化农业（6）：50-51.

宗洁，吕谋超，翟国亮，2014. 北方小麦节水灌溉技术及发展模式研究［J］. 节水灌溉（7）：69-71.

Hanson B，Fulton A，Munk D，et al，1995. Drip irrigation of row crops：An overview[J]. *Irrigation Journal*，45(3)：8-13.

Jiménez B，Asano T，2008. Water reclamation and reuse around the world[J]. *Water Reuse：An International Survey of Current Practice，Issues and Needs*：3-26.

Leogrande R，Vitti C，Lopedota O，et al，2016. Effects of irrigation volume and saline water on maize yield and soil in Southern Italy[J]. *Irrigation and Drainage*，65：243-253.

Library P P，2012. Coping with water scarcity：An action framework for agriculture and food security[R]. FAO Water Reports.

Liu Xiuwei，Feike Til，Chen Suying，et al，2016. Effects of saline irrigation on soil salt accumulation and grain yield in the winter wheat-summer maize double cropping system in the low plain of North China[J]. *Journal of Integrative Agriculture*，15(12)：2886-2898.

Maggio A，De P S，Angelino G，et al，2004. Physiological response of tomato to saline irrigation in long-term salinized soils[J]. *European Journal of Agronomy*，21(2)：149-159.

Oron G，1993. Recycling drainage water in San Joaquin Valley，California[J]. *Journal of Irrigation and Drainage Engineering*，119(2)：265-285.

Rhoades，Kandiah，Mashali，1992. The use of saline waters for crop production[M]. FAO.

Romero-Trigueros C，Parra M，Bayona J M，et al，2017. Effect of deficit irrigation and reclaimed water on yield and quality of grapefruits at harvest and postharvest[J]. *LWT-Food Science and Technology*.

Wallender W W，Tanji K K，1990. Agricultural salinity assessment and management[J]. *American Society of Civil Engineers*.

Wand X F，You W R，Wang Z Q，1991. Salt water dynamics in highly salinized topsoil of salt-affected soil during water infiltration[J]. *Pedosphere*，1(4)：315-323.